MYTHOS MAYBACH

Harry Niemann

[illegible]

[illegible]

MAYBACH

MYTHOS Harry Niemann

MAYBACH

Einbandgestaltung: Katja Draehnert unter Verwendung von Vorlagen
aus dem DaimlerChrysler Konzernarchiv, Stuttgart.

Herausgegeben von DaimlerChrysler Classic Stuttgart,
für den Herausgeber: Max Gerrit von Pein

Autor: Dr. Harry Niemann

Bildquellen:
DaimlerChrysler Konzernarchiv, Untertürkheim
Stadtarchiv Heilbronn
Archiv der mtu, Friedrichshafen
Gustav-Werner-Stiftung zum Bruderhaus Reutlingen
Privatbesitz Frau Irmgard Schmid-Maybach
Markus Bolsinger

Das Repertorium des Heilbronner Maybach-Archivs wurde vom Stadtarchiv Heilbronn (Walter Hirschmann und
Dr. Jörg Leuschner) erstellt.

Die Abb. auf den Vorsätzen sowie auf den Seiten152/153 und 162/163 zeigen Gemälde von Carlo Demand
Vorderer Vorsatz: 1899, Woche von Nizza: Bergrennen (Daimler Phönix)
Hinterer Vorsatz: 1901, Woche von Nizza: Wilhelm Werner auf Mercedes 35 PS siegt beim Berg-, Langstrecken- und
Sprintrennen
S. 152/153: 1903, Gordon Bennett Cup, Rundkurs Athy, Camille Jenatzy auf 60 PS-Mercedes überholt Owens und wird
Sieger des Rennens
S. 162/163: 1904: Gordon Bennett Cup, Taunus-Rundkurs, Camille Jenatzy auf Mercedes 90 PS vor Girling auf Wolseley in
Grävenwiesbach.

ISBN 3-613-02275-3

4. Auflage 2002
Copyright © by Motorbuch Verlag
Postfach 10 73 43, 70032 Stuttgart

Druck und Bindung: Fotolito Longo, Bozen
Printed in Italy

Inhalt

Geleitwort

Mit dem Maybach Typ 57 und 62 präsentiert unser Haus im Jahr 2002 ein neues Automobil der absoluten Spitzenklasse und belebt zugleich eine Traditionsmarke neu: Maybach.

Die Geschichte unseres Unternehmens ist mit dem Namen Maybach auf das engste verknüpft. 1901 entwickelte Wilhelm Maybach nicht nur den ersten Mercedes und schuf in der Folge eine Fahrzeuggeneration, die ihm in Frankreich den Ehrentitel »Roi des Constructeurs« eintrug, sondern auch die Wurzeln der Beziehung, zwischen Gottlieb Daimler und Wilhelm Maybach, reichen zurück bis in das Jahr 1865.

Seit diesem Zeitpunkt, lange bevor es 1890 zur Gründung der Daimler-Motoren-Gesellschaft kam, arbeiteten diese beiden Männer an der Vision der Motorisierung zu Lande zu Wasser und in der Luft.

Konsequent übertrug Wilhelm Maybach später sein Wissen auf seinen Sohn Karl, der in den 20er und 30er Jahren mit dem 12 Zylinder Maybach Zeppelin den Luxuswagen schlechthin baute und dessen Motorkonstruktionen der Konkurrenz oft um Längen voraus waren. Dem hohen Anspruch dieser legendären Luxusmarke fühlen wir uns verpflichtet.

Als sich DaimlerChrysler entschloß, wieder eine Reiselimousine der absoluten Spitzenklasse auf die Räder

zu stellen, was lag da näher als die Marke Maybach wieder zu neuem Leben zu erwecken, als Homage sowohl an Wilhelm Maybach als auch an die Luxusautomobile seines Sohnes Karl, aber auch als Tribut an unsere eigene Geschichte. »Herkunft schafft Zukunft«, dieser Devise hat sich unser Haus stets verpflichtet gefühlt. Maybach – das ist ein Teil unserer ureigensten Geschichte.

Der Autor hat diese enge Verknüpfung zwischen Gottlieb Daimler und Wilhelm Maybach, aber auch die der Maybach Automobile facentenreich nachgezeichnet und damit die Geschichte dieses großen Namens auch einer jüngeren Generation zugänglich gemacht.

Durch den neuen Maybach wird dieser Name auch in Zukunft wieder Inbegriff für höchste automobile Exklusivität und Eleganz sein. Damit schließt sich der Kreis.

Prof. Jürgen Hubbert
Mitglied des Vorstandes der DaimlerChrysler AG
Geschäftsbereich Mercedes-Benz personenwagen,
smart & Maybach

Geleitwort

Es erfüllt mich persönlich mit großer Freude, dass das Leben und Wirken meines Großvaters Wilhelm Maybach, aber auch die Automobile meines Vaters Karl Maybach in diesem Buch eine entsprechende Würdigung erfahren. Vor dem Hintergrund des neuen »Maybach«, den DaimlerChrysler in Sindelfingen baut, taucht der Name Maybach endlich aus dem Dunkel der Automobilgeschichte wieder auf.

Um so wichtiger ist es, an die Anfänge zu erinnern, in denen mein Großvater zusammen mit Gottlieb Daimler den Anstoß zu einer weltweiten Automobilproduktion gegeben hat. Auch mein Vater Karl begann seinen Werdegang mit einem Praktikum bei der Daimler-Motoren-Gesellschaft. Insofern hat DaimlerChrysler mit dem Namen »Maybach« einen Namen wieder zum Leben erweckt, der von jeher eng mit der Unternehmensgeschichte dieses Hauses verbunden war.

Wilhelm Maybach schuf nicht nur zusammen mit Gottlieb Daimler den ersten schnelllaufenden Verbrennungsmotor, sondern auch den ersten Mercedes Wagen. In der Folge dominierten diese Fahrzeuge das internationale Renngeschehen derart, dass die Franzosen ihm den Ehrentitel »König der Konstrukteure« gaben.

Zusammen mit seinem Sohn Karl gründete Wilhelm Maybach die »Luftfahrzeug-Motorenbau GmbH«, den Vorläufer der Firma »Maybach-Motorenbau«, die seit 1969 als »MTU Friedrichshafen GmbH« Großdieselmotoren baut und in alle Welt verkauft.

Nicht zuletzt die Aufnahme meines Großvaters in die Automotive Hall of Fame anläßlich seines 150jährigen Geburtstags im Jahr 1996 führte mit dazu, dass nun wieder ein Automobil den Namen »Maybach« trägt und an die einzigartigen Luxuswagen erinnert, die mein Vater in den 20er und 30er Jahren baute.

Irmgard Schmid Maybach

Irmgard Schmid Maybach,
Enkelin von Wilhelm Maybach und
Tochter von Karl Maybach

Der Mythos Maybach

Vater und Sohn –
die Pioniere des Luxus-Automobilbaus

Die Keimzellen der weltweiten Automobilproduktion lagen in Mannheim und Stuttgart. Mit motorisierten Kutschen und fragilen Dreirädern nahm deren Siegeszug von hier aus 1886 ihren Ausgang. Wer sich mit der nun schon über 100 Jahre dauernden Geschichte des Automobils beschäftigt, wird bei den Gründungsvätern Gottlieb Daimler und Karl Benz einen weiteren Namen finden, der mit den Anstoß zur Motorisierung gegeben hat und ohne dessen Erfindungen das heutige Automobil nicht denkbar wäre: Wilhelm Maybach.

Lange Jahre war sein Geschick eng mit dem Gottlieb Daimlers und nach dessen Tod mit der Daimler-Motoren-Gesellschaft verknüpft.

Im Jahr 1901 läßt sich ein Entwicklungssprung in der Automobilkonstruktion mit der plakativen Bemerkung konstatieren: Das erste, von seinen konstruktiven Voraussetzungen »richtige« Auto war ein Rennwagen, und dieser Rennwagen war ein Mercedes. Ein Fahrzeug, das sich von allen bisher bei der Daimler-Motoren-Gesellschaft erdachten und gebauten Wagen deutlich abhob und das das Kutschenzeitalter im Automobilbau beendete.

Seine Entstehung verdankte es zwei Männern. Einer von ihnen, der »technische Kopf«, war Wilhelm Maybach. Der andere, Emil Jellinek, bezahlte für 36 dieser Wagen der Daimler-Motoren-Gesellschaft 550 000 Goldmark, unter der Bedingung, daß diese den Namen Mercedes tragen sollten.[1] Jellinek war aber nicht nur Kaufmann, sondern auch ein begeisterter Sportfahrer. Seine Liebe zur Geschwindigkeit kostete ihn in seinen beruflichen Anfangsjahren seine Stelle bei der Eisenbahn Roth-Kostelez, als er den Lokomotivführer überredete, den Zug zur Höchstgeschwindigkeit auszufahren. Die gleiche Liebe verhalf ihm jedoch im weiteren Verlauf seines Lebens zu Ruhm und Ehre: als Pionier des Automobilismus.

Es hieße Jellineks Verdienst schmälern, wollte man ihm lediglich die Namensgebung für den neuen Wagen zusprechen. Mercédès, dieser aus dem spanischen Sprachraum stammende Mädchenname, war für Jellinek ein Faszinosum, zu dem er offenbar ein metaphysisches Verhältnis hatte. Nicht nur seine erstgeborene Tochter benannte er so, nein, Mercédès war auch das Pseudonym, unter dem er bei seinen ersten motorsportlichen Einsätzen an den Start ging. Später führte er gar den Namen als Zusatz im Familiennamen und nannte sich Jellinek-Mercédès.

Sein Sohn, Guy Jellinek-Mercédès, skizzierte diese Namensgebung und ihre Bedeutung für die Daimler-Motoren-Gesellschaft metaphorisch wie folgt:

»Die Entwicklung der »Puppe« Daimler zum »Schmetterling« Mercedes hat sich in weniger als einem Jahr vollzogen. Ein solcher Fall steht in der so abwechslungsreichen Geschichte des Automobils einzig da. Der Aufstieg des Mercedes übertrifft alle Erwartungen. Die ausländischen Käufer melden sich. Könige, Prinzen, russische Aristokraten, Lords, Vanderbilts, Astor, Gould, Dinsmore sind meines Vaters Kunden. Er selbst ist Mitglied des Verwaltungsrates, dem Duttenhofer und Lorenz vorstehen. Nizza, wo Sport und Luxus Hand in Hand gehen, erweist sich als besonders vorteilhafter Wohnsitz.«[2]

Das erste richtige Automobil war die Symbiose der Gedanken und Ideen eines weltoffenen Geschäfts- und Lebemannes mit denen eines exakten Technikers, der vom Geist des schwäbischen Pietismus geprägt war. Wilhelm Maybach war der Adressat Jellinekscher Visionen, die da lauteten: Zu hochbeinig die Wagen, der Radstand zu kurz, die Fuhre ergo kippelig. Maybach ließ die Vision konkret werden, konstruierte einen Wagen, der einen Siegeszug ohnegleichen auf den europäischen Rennpisten antrat und

Karl Maybach (1879–1960)

Wilhelm Maybach (1846–1929)

der ihm den Ehrentitel »König der Konstrukteure« eintrug.

Mit der ähnlichen Leidenschaft, mit der er Motoren und Automobile konstruierte, erzog Wilhelm Maybach seinen Sohn Karl zu einem Techniker, der einmal sein Lebenswerk weiterführen sollte und der eine der exklusivsten Automarken schuf, die den Namen »Maybach« trug.[3]

Allerdings ging die Zeit, in der ein Auto in mühevoller Handarbeit zusammengesetzt wurde, langsam ihrem Ende entgegen. 1908 legt Henry Ford mit der legendären »Tin Lizzy« den Grundstein für ein Automobil, das die Massenmotorisierung einleiten sollte. Von diesem (nur in schwarz erhältlichen) Auto baute die Ford Motor Company 1909 bereits 19 000 Stück. Mit dem Einsatz moderner Fließbandproduktion waren es bis 1920 bereits über 1,2 Millionen produzierter Wagen. In Amerika entstanden, neben der Massenproduktion, aber ebenso unter der Holding von General Motors eine ganze Gruppe individueller und luxuriöser Wagen wie Chevrolet, Buick und Cadillac. Auch in Deutschland erblickte das Automobil ja nicht nur das Licht der Welt, sondern in der Folge blühte eine reiche automobile Kultur, die alle möglichen Varianten des Autobaus beinhaltete: repräsentative Marken, in Vergessenheit

geratene Kleinbetriebe, geniale Erfindungen und skurrile Konstruktionen, es war alles geboten.

Es gab zwischen 1898 und 1945 hunderte von Automobilherstellern im deutschen Reich, allein in Berlin und dem Gebiet der ehemaligen DDR gab es, angefangen von Audi bis zur Omega Kleinautobau GmbH, die in den Jahren 1921/22 in Berlin einen 3/10 PS Kleinwagen baute, 157 Marken. Das waren aber nur etwa ein Fünftel aller deutschen Fabrikate.

Mit dem ersten Weltkrieg kam, zumindest für Europa erst einmal das »Aus« für die stürmische Weiterentwicklung des Automobils. Die Techniker werden für andere Zwecke gebraucht als für die Konstruktion luxuriöser Limousinen und schneller Rennwagen.

Das Ende des Krieges war zugleich auch das Ende der alten Ordnung. Wilhelm II. ging nach Holland ins Exil, in Berlin tobten blutige Kämpfe; der neue Staat hatte es schwer, sich zu konsolidieren. In der Weimarer Republik prallen die alten Kräfte mit neuen Gedanken und sozialem Engagement aufeinander; die ungünstigen Bedingungen, die der Versailler Friedensvertrag mit sich brachte, taten ein Übriges.

Maybach W5 Coupé aus dem Jahr 1930. Die elegante Karosserie des zweisitzigen Coupés mit abnehmbarem Oberteil und Notsitz im Fahrzeugheck wurde in Stuttgart bei der Firma Auer gefertigt.

Maybach W5 SG Coupé de Ville von 1930. Am Heck dieses für Kaiser Haile Selassie von Äthiopien gebauten Fahrzeugs waren zwei Freisitze für Leibwächter montiert.

Luftaufnahme der Werksanlage der Maybach-Motorenbau GmbH, aufgenommen im Jahr 1917.

In Berlin begannen »Die letzten Tage der Menschheit«. Freilich nur auf der Bühne; als satirische Bühnenszenen von Karl Kraus. In Rußland leitet die Uraufführung des Sergej-Eisenstein-Films »Panzerkreuzer Potemkin« eine neue Epoche des Films ein und in Deutschland kommt 1929 Erich Maria Remarques Roman »Im Westen nichts Neues« auf den Markt; ein Buch, das die Schrecken des Krieges erstmals ohne Pathos und in aller Brutalität zeigt.

Der Nachholbedarf der Menschen ist groß und bedingt ein neues Lebensgefühl, das sich in allen Bereichen Ausdruck verschafft und diesem Jahrzehnt wohl zu Recht den Titel »Die goldenen Zwanziger« verleiht.

Es geht langsam wieder aufwärts und auch die Anfänge der Luxus-Automobile von Karl Maybach, die in Friedrichshafen von 1921 bis 1941 für eine exklusive Kundschaft gebaut wurden, waren zu Beginn eher bescheiden. Da die Restriktionen des Versailler Vertrages ein Verbot vom Bau, Luftschiff- und Flugzeugmotoren zu bauen einschloß, entschied sich Karl Maybach, andere Betätigungsfelder für seine 1909 mit Vater Wilhelm und weiteren Partnern gegründete Firma Maybach-Motorenbau GmbH

in Friedrichshafen zu suchen. Das Unternehmen sollte sich der Entwicklung und dem Bau von Motoren für Pkw, Lkw und sonstige Fahrzeuge widmen und diese an Hersteller im In- und Ausland verkaufen.

Der Neustart als Motorenproduzent war alles andere als vielversprechend. Unter der Bezeichnung W 1 firmierte der erste Versuchsmotor dessen Leistung bescheidene 46 PS bei 2000/min betrug und der 1919 in den gleichnamigen Versuchswagen – Typ W 1 – eingebaut wurde. Die Weiterentwicklung, der Motor W 2, war der erste betriebsreife Maybach Pkw-Motor, der 70 PS bei 2200/min (5,7 Liter Hubraum) leistete. Das Scheitern der Geschäftsbeziehung zu der niederländischen Automobil- und Flugzeugfabrik Trompenburg führte zu dem Entschluß, nicht mehr nur als Motorenlieferant aufzutreten, sondern komplette Automobile unter dem Namen Maybach anzubieten. Schon im September 1921 stellte die Firma auf der deutschen Automobilausstellung in Berlin den Maybach Typ 22/70 PS (interne Bezeichnung W 3) vor. Die Fachzeitschrift Motor berichtete: »Ein neuer Stern, aber einer, dessen Glanz nach den ausgestellten Objekten zu urteilen,

Die Schalthebel des Maybach Zeppelin befinden sich auf der Lenkradmitte. Geschaltet wird ohne Kuppeln, außer beim Anfahren, beim Halten oder Rückwärtsfahren.

(V. l. n. r.) 1. Gang, 2. Gang, 3. Gang, 4. Gang

nicht verblassen wird. Es hat wohl wenig Firmen gegeben, die, wie jetzt Maybach, bei ihrem Debut gleich mit derartig hervorragenden Leistungen erstmalig an die Öffentlichkeit treten.«

Dieses Luxusautomobil, gebaut von 1922 bis 1928, war mit dem 70 PS starken 6-Zylinder-Reihenmotor ausgestattet und besaß eine Vierradbremse, was eine Neuheit auf dem deutschen Markt darstellte. Hauptziel der Konstrukteure, allen voran Karl Maybach, war eine erleichterte Bedienung. Um es dem Fahrer zu ersparen, die Hand vom Lenkrad nehmen müssen; wurden die Handschalthebel und das übliche Wechselgetriebe weggelassen und durch ein einfaches Planetengetriebe ohne besondere Kupplung mit Betätigung der Gänge durch einen Fußhebel ersetzt; in einer Zeit, da die Lenkkräfte exorbitant hoch waren, eine sehr sinnvolle Erfindung.

Adelige wie Herzog Albrecht von Württemberg, Fürst Hohenzollern-Sigmaringen und Fürst Esterhazy, um nur einige zu nennen, waren, wie auch der Erzbischof von Köln und der Luftschiffpionier Dr. Hugo Eckener und viele Großindustrielle Eigentümer eines W 3.

Für die Wagen, es wurden ca. 20 Stück pro Monat bei der Maybach-Motorenbau GmbH bestellt, ließen sich die wohlhabenden Kunden ihre Karosserien bei so renommierten Karosseriefirmen wie Auer in Stuttgart, Dörr & Schreck in Frankfurt am Main, Erdmann & Rossi, Alexis Kellner und Josef Neuss in Berlin und Gläser-Karosserie GmbH in Dresden »maßschneidern«. Für das Fahrgetsell

waren 22.500 RM zu entrichten, zwischen 3.000 und 12.000 RM waren dann noch für die Arbeit des Karosseriebauers zu bezahlen.

Der Drang nach Geschwindigkeit und räumlicher Veränderung wurde zum Lebenselixier dieser Zeitepoche. Neben Maybach entstanden weitere große Marken.

Etwa zur gleichen Zeit wie die Maybach-Motorenbau GmbH begann der Italiener Ettore Bugatti im elsässischen Molsheim (1909) mit dem Bau seiner legendären Sport- und Luxuswagen. Und auch in England entschlossen sich die beiden Herren Rolls und Royce zum Bau eines ganz exklusiven Automobils (1906). Markenzeichen dieser Wagen sind, neben jener sich mit nymphenhafter Anmut in den Fahrtwind legenden Dame mit dem Spitznamen »Emily« die beiden in rot gehaltenen Initialen der Firmengründer. Nach dem Tod von Charles Steward Rolls und Frederick Henry Royce wurden aus den roten ineinander verschlungenen R's schwarze.

Von 1926 an, als auch der zweite Maybach Typ 27/120 PS (intern als W 5 bezeichnet, ab 1928 W 5 SG mit Maybach Schnellganggetriebe) herauskam, begann die enge Geschäftsbeziehung zur Karosseriefirma Hermann Spohn in Ravensburg. Die Typen W 5 und W 5 SG erhielten einen 6-Zylinder-Motor mit 7 Liter Hubraum (interne Bezeichnung W 3-Motor) und einigen technischen Neuerungen, so z.B. einander gegenüberliegenden horizontalen Ventilen. Die Ventile wurden von zwei Nockenwellen aus durch Kipphebel bewegt. Den Typ W 5 SG stattete man mit einem Schnell-

ElegantesMaybach Zeppelin Sport-Cabriolet mit Karosserie des Budapester Karosseriebauers Balogh.

In der Maybach Montagehalle stehen die Maybach Doppel-Sechs-Halbe DSH)-Chassis zu Endmontage bereit. Ca. 1933.

Maybach Zeppelin DS8
auf der Automobilaus-
stellung Berlin 1933.
Die Firma Spohn in
Ravensburg rüstete den
Wagen mit einer Strom-
linienkarosserie aus.

»Kein Sensationsobjekt,
sondern ein nach aerody-
namischen Gesichts-
punkten durchgebildeter
Gebrauchswagen für
Stadt und Reise.« Aus
dem Maybach Verkaufs-
prospekt von 1933.

Das Luftschiff LZ 127 »Graf Zeppelin« um 1933 über dem Werk der Maybach-Motorenbau GmbH in Friedrichshafen.

ganggetriebe aus – einem zweigängigen Übersetzungsgetrie-be, das hinter das eigentliche Getriebe montiert war. Das eigentliche Schaltgetriebe des Maybach-Wagens war ein zwei-gängiges Umlaufgetriebe, mit einem direkten Gang und einem Berggang, der die Drehzahl der Kurbelwelle im Verhältnis von 1:2,4 verminderte. Bei einer normalen Reisegeschwindigkeit von 85 km/h drehte der Motor im direkten Gang mit 2400 Umdrehungen in der Minute.

Lediglich 300 Fahrzeuge betrug die Gesamtproduktion der zwei Typen W 5 und W 5 SG. Die Preise lagen für das Fahrgestell bei 22.600 RM. Das teuerste Exemplar des W 5 SG-Wagens erhielt 1928 Kaiser Haile Selassie von Äthiopi-en: es kostete 180.000 RM

Nachhaltig als Luxuswagenproduzent konnte sich Karl Maybach mit dem ersten in Deutschland produzierten 12 Zylinder Wagen profilieren. Dieser Wagen war auch eine

Hommage an seinen Vater Wilhelm, ein »Masterpiece«, mit dem er dem Vater eindrücklich bewies, daß er es als Techniker mit den besten der Welt aufnehmen konnte. Als die Allgemeine Automobil-Zeitung am 14.12.1929 melde-te: »Der »Maybach 12«, von dem man sich seit einem hal-ben Jahr unter Fachkreisen zuflüstert, ist fertig und kann jetzt für den Preis von 29 700 RM (Fahrgestellpreis 23 000 RM) von »jedem gekauft werden«, war dies der Start-schuß für einen neuen Stern am Himmel der Luxus-automobile. Ein geradezu patriotischer Akt: »...*denn nur wer viel im Ausland ist, weiß es zu würdigen, was es für das Ansehen der deutschen Industrie bedeutet, wenn man gleichzei-tig mit Rolls-Royce und Cadillac den Namen Maybach nennt!*«[5] Dieser besondere Repräsentationswagen zeichnete sich durch einen neukonstruierten 7 Liter, 12-Zylinder-V-Motor mit einer Leistung von 150 PS/105 kW) aus. Eine weitere

Facharbeiter bei der Arbeit an den Drehbänken der mechanischen Fertigung des Maybach-Motorenbaus.

Besonderheit war das Dreigang-Handschaltgetriebe mit dem Maybach-Schnellgang.

Mit den Typen Zeppelin DS 7 und DS 8, der Name Zeppelin stand gleichermaßen für Tradition und fortschrittliche Konstruktion, präsentierte Maybach 1930 (sie waren für den Kunden ab 1931 lieferbar) eine neue verbesserte Variante seines Spitzenmodells. Die Werbeabteilung, die damals noch literarische Abteilung hieß, dichtete: *»Eine Fahrt im Maybach 12 (Typ Zeppelin A.d.V.) kann nur mit jeder Erdschwere befreiten Dahinschweben über Berge und Täler des phantastischen Wolkenschiffes »Graf Zeppelin« verglichen werden.«*[6] Die Motorbezeichnung DS 7 bzw. DS 8 ergab sich aus der Zylinderzahl 12, was in der Maybachschen Nomenklatur- »Doppel-Sechs« heißt und dem Hubraum 7- und 8-Liter. Der DS 7 leistet wie schon der Typ 12, Baujahr 1929 150 PS. Der 8-Liter-Motor erreichte bei 3200/min sogar

200 PS (157 kW). Beide Typen erhielten das Maybach-Doppelschnellganggetriebe (kurz DSG) mit vier geräuschlosen Gängen, die wiederum ohne zu kuppeln vom Lenkrad aus geschaltet werden konnten. Der Maybach Typ »12« wurde anfangs parallel weitergebaut und konnte auch noch im Jahr 1931 geordert werden. *»Als Verkörperung des hochwertigen Reise- und Repräsentationswagens wie als rassiger Typ für den passionierten Sportsmann ist der »Maybach-Zeppelin« das Automobil letzter Wunscherfüllung mit ausgeprägtem Charakter vornehmster Eleganz und Kraft«*, so der Werbeprospekt der Maybach-Motorenbau GmbH.

Es gehörte schon Mut dazu, am Höhepunkt der Wirtschaftskrise, Ende der zwanziger, Anfang der dreißiger Jahre, ein solches Auto zu präsentieren.[7] 1929 hatte die Importquote von Automobilen 40 Prozent erreicht, in Deutschland stehen 38 000 Neuwagen »auf Halde«, der Inlandsabsatz sinkt bis

Der Schnelltriebwagen Bauart Köln (ca. 1934/35) wurde von zwei turboaufgeladenen Maybach-GO-6-Motoren angetrieben.

1932 auf einen Tiefstand, die freie Preisbildung für Automobile wird beschränkt, die Mineralölsteuer eingeführt. 1930 halbiert sich der Lastwagenmarkt, der Konjunktureinbruch erfordert bei allen Herstellern Notmaßnahmen. So müssen bei Daimler-Benz, um die Kapazitätsauslastung weiter gewährleisten zu können, Fremdaufträge angenommen werden und in Untertürkheim werden Aufbauten für den BMW 3/20 und Wanderer-Karosserien gefertigt.

Das in Friedrichshafen gefertigte Chassis, bei allen drei 12-Zylinder-Typen mit zwei Radständen erhältlich, kostete zwischen 23.000 und 34.000 RM. Für die nach allen erdenklichen Wünschen anfertigte Karosserie kam auf den Kunden unter Umständen noch einmal dieser Betrag zu. Die technischen Finessen der Fahrzeuge werden in einem Werbeprospekt wie folgt annonciert: *»Die Ausrüstung entspricht selbstverständlich dem hohen Preis. An jedem Rade sind hydraulische Stoßdämpfer, die Kühlerjalousie ... wird von einem*

Thermostat automatisch bedient. Ein Fernthermometer dient zur Überwachung. Winker, doppelte Scheibenwischer, Brennstoff-, Geschwindigkeits- und Zeituhren erscheinen selbstverständlich. Die Standardkarosserien, die von der Karosseriefabrik Spohn in Ravensburg gebaut werden, sind elegant und formschön und trotz niedrigem Äußeren durch Versenkungen des Fußbodens zwischen den Rahmenträgern ausgesprochen bequem.«

Mit der Karosseriefirma Spohn als Hauptlieferant für die Aufbauten hatte Maybach einen Partner gefunden, der den hohen Ansprüchen, die er an seine Produkte stellte, gerecht wurde. Der Automobilhistoriker Mirsching vermerkt in seiner Unternehmensgeschichte der Firma Spohn: *»Der Name Spohn gehörte zu den klangvollen Namen des deutschen, ja des europäischen Automobilkarosseriebaus. Er war mit dem Namen Maybach seit Mitte der zwanziger Jahre des vergangenen Jahrhunderts untrennbar verbunden. Die von Spohn gebauten Karosserien zeichneten sich durch eine vornehme und zurückhal-*

Die Werkseingänge der Maybach-Motorenbau GmbH und der Luftschiffbau Zeppelin GmbH lagen unmittelbar nebeneinander. Das Gleis im Vordergrund diente zum Gütertransport. Aufgenommen um 1935.

tende Linienführung und durch ein stilvoll und komfortabel gestaltetes Interieur aus; sie ergänzten in geradezu vollkommener Weise die von Maybach gebauten Chassis.«[8] Die erwähnte, in Ravensburg ansässige Karosseriebaufirma Hermann Spohn entwickelte sich in den dreißiger Jahren zum Hauptlieferanten für Maybach-Fahrzeuge.[9] Rein äußerlich war der 12-Zylinder-Typ nicht von seinen 6-Zylinder-Kollegen Maybach Typ W 6 oder DSH zu unterscheiden; lediglich der vergoldete Kranz mit der »12« als Teil der Kühlerfigur sowie das »Zeppelin« auf der verchromten Verbindungsstrebe zwischen den beiden Scheinwerfern waren unverwechselbare Merkmale. Am Heck verrieten die zwei Auspuffrohre den 12-Zylinder-Wagen. Neben der Firma Spohn waren zu Anfang der zwanziger Jahre drei weitere Karosseriefirmen mit der Fertigung von Aufbauten von Maybach Automobilen beschäftigt: 1. Christian Auer Karosseriefabrik, Stuttgart-Cannstatt, 2. Karosserie Joseph Neuss, Berlin-

Halensee, 3. Papler-Karosseriewerk GmbH., Köln. Im Lauf der Jahre arbeiteten viele weitere Karosseriehersteller für Maybach.[10] Für die Kunden war der individuelle Aufbau seines Fahrzeugs wichtig. Metternich hat sich in seiner Maybach-Fahrzeug- Monographie die Mühe gemacht, sie aufzuzählen: *»Limousine, Standard-Limousine, Allwetter-Limousine, Innenlenker, Innenlenker-Limousine, Herrenfahrerlimousine, Chauffeur-Limousine, Luxus-Limousine, Sport-Limousine, Stromlinien-Limousine, Stromlinien-Innenlenker, Ballonlimousine, Kombinationslimousine Sedanca, Berline, Pullman-Limousine, Pullman-Ballonlimousine, Town Car, Coupé-Limousine, Coupé, Sport-Coupé, Stadt-Coupé, Theather-Coupé, Coupé de Ville, Coupé-Chauffeur, Coupé-Landaulet, Landaulet, Coupé-Cabriolett, Sedanca-Landaulet, Cabrio-Limousine, Cabriolet, Innensteuer-Cabriolet, Spezial-Cabriolet, Reise-Cabriolet, Luxus-Cabriolet, Sport-Cabriolet, Sromlinien-Cabriolet, Sedan-Cabriolet, Poton-Sportcabriolet, Chauffeur-Cabriolet, Faux-Cabriolett,*

Als Antrieb dieses May-
bach DSH von 1931 diente
ein 5,2-Liter-6-Zylinder-
motor. Der fünfsitzige
Innenlenker-Cabriolet-
Aufbau wurde von der
Firma Spohn, Ravensburg
geliefert.

Fahrgestell eines Maybach
SW 38 (Schwingachswa-
gen 3,8-Liter). In seinen
Ausmaßen war dieser von
1936 bis 1939 gebaute Typ
wesentlich bescheideneRals
die vorangegangenen
Maybach-Modelle.

In der Abteilung Planung und Vorkalkulation der Maybach-Motorenbau GmbH wurden die einzelnen Arbeitsgänge der Werkmaschinen geplant und die Fertigungszeiten ausgerechnet.

Roadster-Cabriolet, Cabrio-Roadster, Transformations-Cabriolet, Pullman-Cabriolett, Cabriolet ohne Trennscheibe (Separations), Reise-Luxuscabriolet, Pullman-Leichtcabriolet, Tourer, Tourenwagen, Sport-Tourenwagen, Phaeton, Sport-Phaeton, Phaeton-Limousine, Spezial-Sportphaeton, offener Reisewagen, Roadster, Sport-Roadster, Spezial-Sportroadster, Wagen mit kombinierter Karosserie usw."[11]

Die ab 1938 ausgelieferten 12-Zylinder-Fahrzeuge, hauptsächlich mit 8-Liter-Motoren, erhielten das sogenannte Schaltreglergetriebe, ein 7-Gang-Vorwählgetriebe. Etwa 300 12-Zylinder-Fahrzeuge wurden von der Maybach-Motorenbau GmbH in Friedrichshafen zwischen 1929 und 1939 gebaut.

Maybach wird auch von der nationalen und internationalen Presse als die Krone automobiler Schöpfung betrachtet, auch wenn andere Hersteller mit ähnlichen Modellen

auf den Markt stoßen. So hatte Horch zum Pariser Salon 1931 einen Zwölfzylinder präsentiert, der auf den Mercedes-Benz Typ 770 und den Mybach DS 7 bzw DS 8 zielte. Der »Horch 12« konnte sich aber gegen seine Wettbewerber nicht durchsetzen. Von diesem Typ wurden nur 80 Exemplare gebaut, der letzte wurde im Februar 1935 ausgeliefert.[12] Beide Fahrzeuge vergleichend schreibt die AAZ 1931: *»Die Maybach Zwölfzylinder sind Lokomotiven gegenüber dem Zwölfzylinder von Horch. Das drückt sich in der Leistung der Motoren und auch im Preis aus. Sie sind das Riesenhafteste, was man heute auf dem internationalen Markt erwerben kann, und werden auch im Ausland entsprechend gewertet. Eine größere Serienfabrikation so kostspieliger Wagen verbietet sich von selbst.«*[13]

Die Maybach Fahrer bildeten eine geschlossene Gemeinschaft, die bis in die heutigen Tage andauert. Man fuhr den

Als Festwagen diente 1938 das Fahrgestell eines Maybach SW beim Mai-Umzug der Mitarbeiter in Ravensburg.

Wagen in der festen Überzeugung, daß es nichts Vergleichbares oder gar Besseres gäbe. Stephan von Szénasy, ein in den zwanziger und dreißiger Jahren bekannter Motorjournalist, schrieb in geradezu missionarischer Manier an seinen Kollegen Josef Ganz, seines Zeichens Herausgeber der »Motor-Kritik«: *»Auf, Freund Ganz, nach Friedrichshafen! Sehe Dir den Wagen an, fahre hin! Ich bin begierig zu hören, wie er Dir gefiel. Deine Kritik wird sicherlich auch Superlative enthalten!«*[14] Zuvor hatte Szénasy als Leserbrief und damit ohne Honorierung durch die »Motor-Kritik« eine Bewertung des Wagens abgegeben, die man eher von der Werbeabteilung denn von einem Motorjournalisten erwartet hätte. Im folgenden schreibt er: *»Um es späteren Erörterungen vorweg zu nehmen: den neuen Zwölfzylinder-Maybach zu loben ist nicht nur Ehrenpflicht, sondern auch der Ausdruck höchster Genugtuung, vor einem Werk zu stehen, das in jeder Beziehung geeignet ist, das Schild der deutschen Automobilindustrie neu vergolden zu helfen. Ich für meinen Teil werde in meinen noch*

folgenden Berichten in der Presse in aufrichtiger Überzeugung diesem Wagen das ihm gebührende Lob spenden, wobei ich gewiß bin, daß auch die so kritische „Motor-Kritik" sich meinem Urteil überzeugungsvoll anschließen wird.

Zugegeben, daß diese konstruktiven Feinheiten und die reichliche Ausrüstung für einen Preis erkauft werden, den nur sehr wenige ausgeben dürften. Aber im Verhältnis zu den Rolls-Royce, englischen Daimler, Isotta-Fraschini, Locomobile, Pierce-Arrow, Bently und wie sie alle heißen, die Du ebensogut kennst, ist der Preis immer noch bescheiden, so daß es ratsam wäre, wenn Maybach die Exportpreise wesentlich höher halten würde als den Inlandspreis. Im Grunde genommen ist die Konstruktion für den Wagenhalter und Laien unwesentlich; wesentlich sind lediglich die Fahreigenschaften eines Wagens. Wieviele Modelle habe ich in meinem Leben wohl schon gefahren? Ich muß aber ehrlich gestehen, daß ich noch nie komfortabler und fahrtechnisch besser befördert worden bin«[15]

24

Maybach SW 38 von 1938 als fünfsitziges Sport-Cabriolet mit einer Karosserie von Spohn, Ravensburg.

Ein würdiges Schlußwort zu diesem Kapitel, dem der Autor nichts hinzuzufügen hat, aber gleichzeitig auch Verpflichtung für die Ingenieure um Prof. Hermann Gaus, deren Ziel es ist, eine neuzeitliche Interpretation des Mythos Maybach zu liefern.

Doch nun wollen wir uns zurück begeben in die erste Hälfte des 19. Jahrhunderts als die ganze Geschichte mit einem zehnjährigen Jungen begann, der beide Eltern verloren hatte und nun auch noch von den Geschwistern getrennt seinen Weg in die Zukunft begann.

*Die Abteilung Disposition
und Fertigungssteuerung
um das Jahr 1940.*

*Auch Frauen waren in der
Maybach-Produktion tätig.
Hier eine Arbeiterin an der
Revolver-Drehbank, um
1942.*

[1] Jellinek und die DMG unterzeichnen am 2. April 1900 in Nizza eine vertragliche Vereinbarung über den Vertrieb von Daimler-Automobilen und -Motoren. Darin werden die Abgabepreise an Jellinek, die Aufteilung des Verkaufsgewinns und die Mindestverkaufspreise festgelegt. Letztere können »nur mit gegenseitiger Einwilligung« unterschritten werden, und der Verkaufsgewinn wird »zwischen beiden Gesellschaften zu gleichen Teilen geteilt, gleichgültig ob der Verkauf von der einen oder der anderen Seite erfolgt«. Jellineks Bestellungen wird der Vorrang vor Aufträgen Dritter eingeräumt.

Der Name Mercedes wird in folgendem Passus erwähnt: »Es soll eine neue Motorform hergestellt werden & dieselbe den Namen Daimler-Mercedes führen«.

Die 8 HP-Automobile von Jellineks zweiter 36-Stück-Bestellung sind im Kommissionsbuch der DMG mit Datum 26.Juni 1900 als »neuer Mercedes-Wagen mit 8 HP IIII cyl. Benzinmotor« verzeichnet.

In einer Mitteilung von Vischer an Duttenhofer heißt es am 15.September 1900 »... weil die Mercedes-Wagen für Herrn Jellinek, welche gegenwärtig in Arbeit sind, ausserordentlich pressieren und deren Fertigstellung mit allen Mitteln beschleunigt werden muss«.

[2] Ebd., S. 124.

[3] Vgl. Treue, Wilhelm/Zima Stefan: »Hochleistungsmotoren. Karl Maybach und sein Werk«, Düsseldorf, 1992.

[4] Die niederländische Automobil- und Flugzeugfabrik Trompenburg kaufte eine große Anzahl dieser W 2-Motoren für ihre Wagenmodelle namens »Spyker«. Zwischen 1921 und 1923 gab es umfangreiche Lieferungen dieser Maybach-Motoren nach Holland. Zahlungsschwierigkeiten von Trompenburg führten dazu, daß die Maybach-Motorenbau GmbH die Geschäftsbeziehung beendete.

[5] Allgemeine Automobil-Zeitung (AAZ), Nr. 13, 1930, S.15.

[6] Aus einer Werbeanzeige der Maybach-Motorenbau GmbH, 1931.

[7] Vgl. Treue, Wilhelm/Zima Stefan: »Hochleistungsmotoren. Karl Maybach und sein Werk«, Düsseldorf, 1992, S. 121.

[8] Mirsching, Gerhard: »Maybach-Karosserien aus Ravensburg. Hermann Spohn und sein Werk«, Friedrichshafen 2001, S. 15.

[9] Vgl. ebenda.

[10] So unter anderem die Aufbauhersteller Karosserie Alexis Kellner Akt. Ges., Berlin N./ Karosserie Autenrieth, Darmstadt/ Karosserie Erdmann & Rossi, Berlin-Halensee/ Karosseriebau Dörr und Schreck, Frankfurt a. Main/ Karosserie Voll und Ruhrbeck, Berlin-Charlottenburg/ Erhard Wendler, Wagen- und Karosseriefabrik Reutlingen/ Gläser Karosserie, Dresden/ Luftschiffbau Zeppelin GmbH, Friedrichshafen a. B./ Karosseriewerk Ludwig Kathe & Sohn, Halle a. d. Saale.

[11] Metternich, Michael Graf Wolff: »Distanz zur Masse«, Lorch/Lürttemberg 1990, S. 19.

[12] vgl. Oswald, Werner: »Alle Horch Automobile 1900–1945«, Stuttgart 1979, S. 47.

[13] Allgemeine Automobil-Zeitung (AAZ), Nr. 12, 1931, S.10.

[14] Allgemeine Automobil-Zeitung (AAZ), Nr.2, 1930, S.31 ff.

[15] ebenda.

1846 - 1869

Ein schwerer Start ins Leben
Die Zeit im Reutlinger Bruderhaus

Das Leben des Oberbaurats und Dr. Ing. e.h. Wilhelm Maybach begann mit dem größten Unglück, das einem Kind zuteil werden kann: Im Alter von zehn Jahren wurde er zum Vollwaisen. Am 9. Februar 1846 in Heilbronn, als zweiter von fünf Söhnen des Schreiners Christian Carl Maybach und dessen Frau Luise Barbara zur Welt gekommen, verlor er Vater und Mutter kurz hintereinander. Der Ursprung der Familie Maybach läßt sich bis in das 16. Jahrhundert zurückverfolgen. Im Lagerbuch des bei Heilbronn gelegenen Städtchens Löwenstein findet sich im Jahr 1592 der Eintrag eines Michael Maibach. Fast durchgängig übten die Maybachs das Schlosserhandwerk aus und zeigten eine ausgesprochene Begabung für technische Dinge.

Der Vater Wilhelm Maybachs, Christian Carl Maybach, der 1813 zur Welt kam, brach mit dieser Familientradition und wurde Schreiner. Kurz nach seiner Übersiedlung nach Heilbronn heiratete er am 26. November 1843 Luise Barbara Dannwolf aus Böblingen. Der Ehe entsprangen fünf Söhne: Karl, Wilhelm, Heinrich, Ferdinand und Adolf. Die Märzrevolution von 1848 sowie das dieser Entwicklung vorausgegangene Hungerjahr 1847 mit seinen Mißernten, das zu dem Stuttgarter »Brotkrawall« führte, bei dem nicht nur das Militär mit Steinen beworfen, sondern auch Wilhelm I. persönlich bedroht wurde, schufen in Württemberg eine desolate Wirtschaftslage.[1]

Im Jahre 1851 mußte Christian Carl Maybach aufgrund dieser widrigen wirtschaftlichen Verhältnisse seine Schreinerei und seinen Hausstand auflösen. Er begab sich nach Stuttgart und nahm dort die Stellung eines Schreiners in der Klavierfabrik Schiedmayer an. Keine drei Jahre nach dem Umzug starb 1854 Maybachs Mutter, und nur zweieinhalb Jahre später auch der Vater. Er ertrank, und es ist bis heute unklar, ob es sich um einen Unfall oder Freitod handelte, wobei letzteres eher wahrscheinlich ist.[2] Die Verwandten, die sich bis zum Tod des Vaters um die Kinder gekümmert hatten, sahen sich nach dessen Ableben außerstande, weiterhin für die fünf Jungen zu sorgen, und so erschien in der *Stuttgarter Zeitung* vom 20. März 1856 eine den Leser auch heute noch anrührende Anzeige folgenden Inhalts:

»Bitte an edle Menschenfreunde für 3 vater- und mutterlose Knaben von 12 bis 4 Jahren. Die Mutter dieser 5 Waisen starb vor 3 Jahren, und der Vater fand kürzlich seinen Tod in einem See in Böblingen; da sie nun gar keine Mittel zu ihrer Erhaltung haben, auch an Kleidern und Weißzeug sehr entblößt sind, so ergeht daher die herzliche Bitte an wohltätige Menschen, sich der armen Kinder durch Liebesgaben annehmen zu wollen, auch die kleinste Gabe ist willkommen. Beiträge übernehmen und werden zu seiner Zeit Rechenschaft ablegen: Louise Kaufmann, verlängerte Hauptstätterstraße 77, 3 Tr. Catharine Lott, im Mangold'schen Handschuhladen, Königsstraße Nr. 45.«[3]

Und tatsächlich gab es ihn, den edlen Menschenfreund, der sich eines der Kinder annahm und ihm ein neues Zuhause gab. Es war Gustav Werner, der Leben und Wirken von Wilhelm Maybach entschieden prägen und bestimmen sollte.

Gustav Werner, 1808 in Zwiefalten als Sohn einer württembergischen Beamtenfamilie geboren, hatte in Tübingen Theologie studiert und nach einem zweijährigen Intermezzo als Lehrer in Straßburg eine Vikarstelle in Walddorf angenommen. Seine sozial engagierten Predigten brachten ihn jedoch rasch in Konflikt mit dem evangelischen Oberkonservatorium, und er schied aus der Seelsorge aus. Den Anfang seiner Vorstellungen eines »modernen Industrialismus mit einem auf christlicher Bruderliebe gegründeten Sozialismus« bildete die 1837 ins Leben gerufene Kleinkinder- und Arbeiterschule in Walddorf.

Werners Schritt in die Industrie gründete auf der Einsicht:

»Die drohenden Gefahren des Kommunismus und Sozialismus zu überwinden vermag nur der christliche Gemeingeist; diesen in alle unsere gesellschaftlichen Verhältnisse, die fast unheilbar krank sind, namentlich in das gewerbliche Gebiet einzuführen, war die größte Aufgabe unserer Zeit; von ihrer Lösung hängt unsere Rettung ab. ... Ich habe mich daher entschlossen, meiner Anstalt ein gewerbliches Unternehmen beizufügen durch den Ankauf der hiesigen Papiermühle...«[4]

Evang. Gesamtkirchengemeinde Heilbronn
Kirchenbezirk Heilbronn

—

Auszug aus dem Taufregister

Band _15_ Seite _7_ Nr. _36_.

Täufling:

Name, Vornamen: _Maybach, August Wilhelm,_

Geburtstag: _9. Februar 1846_   Geburtsort: _Heilbronn_

Tauftag: _22. Februar 1846_   in Heilbronn.

Eltern:

Vater: Name, Vornamen, Beruf und Wohnort: _Maybach, Carol, Bürger und Schreinermeister in Löwenstein,_

Mutter: Vornamen und Geburtsname: _Maybach, Louise Barbara, geb. Dannwolf, von Böblingen._

Paten: _Vier Taufzeugen._

Sonstige für die Abstammung wichtige Angaben:

Heilbronn, den _20. November_ _1939_.

Evang. Kirchenregisteramt

(Stempel)

Gebühr 60 Pfg.

Verz. Nr. _684_

K 2. 39.

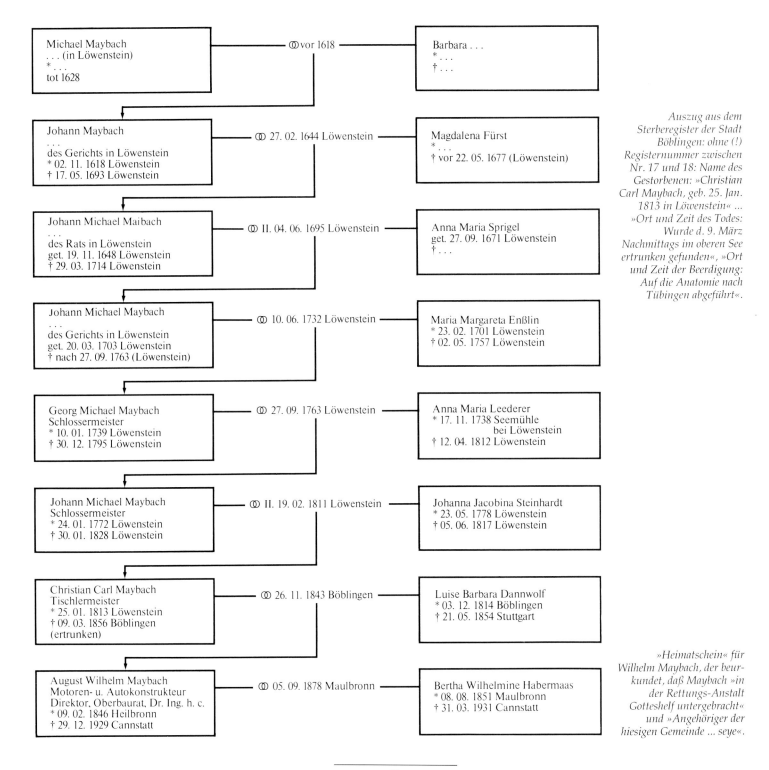

Michael Maybach
. . . (in Löwenstein)
* . . .
tot 1628

⚭ vor 1618

Barbara . . .
* . . .
† . . .

Johann Maybach
. . .
des Gerichts in Löwenstein
* 02. 11. 1618 Löwenstein
† 17. 05. 1693 Löwenstein

⚭ 27. 02. 1644 Löwenstein

Magdalena Fürst
* . . .
† vor 22. 05. 1677 (Löwenstein)

Johann Michael Maibach
. . .
des Rats in Löwenstein
get. 19. 11. 1648 Löwenstein
† 29. 03. 1714 Löwenstein

⚭ II. 04. 06. 1695 Löwenstein

Anna Maria Sprigel
get. 27. 09. 1671 Löwenstein
† . . .

Johann Michael Maybach
. . .
des Gerichts in Löwenstein
get. 20. 03. 1703 Löwenstein
† nach 27. 09. 1763 (Löwenstein)

⚭ 10. 06. 1732 Löwenstein

Maria Margareta Enßlin
* 23. 02. 1701 Löwenstein
† 02. 05. 1757 Löwenstein

Georg Michael Maybach
Schlossermeister
* 10. 01. 1739 Löwenstein
† 30. 12. 1795 Löwenstein

⚭ 27. 09. 1763 Löwenstein

Anna Maria Leederer
* 17. 11. 1738 Seemühle
                bei Löwenstein
† 12. 04. 1812 Löwenstein

Johann Michael Maybach
Schlossermeister
* 24. 01. 1772 Löwenstein
† 30. 01. 1828 Löwenstein

⚭ II. 19. 02. 1811 Löwenstein

Johanna Jacobina Steinhardt
* 23. 05. 1778 Löwenstein
† 05. 06. 1817 Löwenstein

Christian Carl Maybach
Tischlermeister
* 25. 01. 1813 Löwenstein
† 09. 03. 1856 Böblingen
(ertrunken)

⚭ 26. 11. 1843 Böblingen

Luise Barbara Dannwolf
* 03. 12. 1814 Böblingen
† 21. 05. 1854 Stuttgart

August Wilhelm Maybach
Motoren- u. Autokonstrukteur
Direktor, Oberbaurat, Dr. Ing. h. c.
* 09. 02. 1846 Heilbronn
† 29. 12. 1929 Cannstatt

⚭ 05. 09. 1878 Maulbronn

Bertha Wilhelmine Habermaas
* 08. 08. 1851 Maulbronn
† 31. 03. 1931 Cannstatt

Left table:

Zahl der Gestorbenen	Namen der Gestorbenen	Stand, Charakter, bisheriger Aufenthalts-Ort, Religion	Eltern	Ehegatten
16	Carl Gottlieb Brodbeck, geb. 7. Aug. 1818	Weingärtner	V. Johann Jakob Brodbeck, Weingärtner; M. Christina Dorothea geb. Held	M. Margareta Wilhelmine geb. Bürk
17	Christian Gottlob Dannwolf, geb. 21. Aug. 1847	Kind	V. Jakob Friedrich Dannwolf, Weingärtner; M. Agnes Rosa geb. Gaß	—
—	Christian Carl Maßbach, geb. 2. Dez. 1813 in Sieverstein	[...]	V. [...] Michael Maßbach [...]; M. Johanna [...] geb. Reinhardt	[...] geb. Dannwolf [...] (gest. Febr. 1843 mit 19)
18	Johannes Friedrich Burkhardt, geb. 13. Okt. 1855	Kind	V. Jakob Friedrich Burkhardt, Weingärtner; M. Luisa Wilhelmine geb. Diesch	—
19	Margarethe Friederike Braun geb. Hafner, geb. 28. Okt. 1790	Ehefrau	V. Georg Konrad Hafner, Schuhmacher; M. Catharina Friederike geb. Maier	Karl Heinrich Braun, Schreiner
20	Anne Marie [...]	Wittwe	V. Wilhelm [...]	[...]

Right table:

Alter	Krankheit oder zufällige Todesart	Ort und Zeit des Todes	Ort und Zeit der Beerdigung	Seitenzahl des Familien-Register
37 Jahr 2 Mon. 22 Tage	Auszehrung	Landerer Hospital in [...] d. 29. Febr. 1856 [...]	Am [...]	I. 98
8 Jahr 6 Mon. 16 Tage	[...]	Böblingen d. 6. März Abds. 8 U.	Böblingen d. 9. März Nachm. 3 U.	IV. 59
40 Jahr 1 Mon.	[...] d. 9. März [...] in obiger Anstalt [...]	[...] Anatomie nach Tübingen abgeschickt	[...]
5 Mon. 3 Tage	Brechfieber	Böblingen d. 16. März Vorm. 11 U.	Böblingen d. 18. März Nachm. 3 U.	I. 103
65 Jahr 4 Mon. 18 Tage	Altersschwäche	Böblingen d. 17. März Morg. 1 U.	Böblingen d. 19. März Nachm. 1 U.	IV. 23
[...]	[...]	[...]	[...]	I. [...]

Annonce aus dem »Stuttgarter Anzeiger« mit der »Bitte an edle Menschenfreunde« vom 29. März 1856.

Gustav Werner und Albertine Werner, geb. Zwißler, mit Amalie Wagenmann, einer der ersten Hausgenossinnen. (Foto: Gustav-Werner-Stiftung zum Bruderhaus Reutlingen)

Gustav Werner. (Foto: Gustav-Werner-Stiftung zum Bruderhaus Reutlingen)

Werner gewann immer mehr Anhänger, die sich schließlich 1858 zum »Verein zum Bruderhaus« zusammenschlossen. Rasch dehnte sich der Wirkungskreis der Wernerschen Initiative aus, bis 1863 eine wirtschaftliche Krise das Wirken des Bruderhauses gefährdete. Emil Kessler war es, der sich in Stuttgart für die Gründung eines »Aktienvereins zur Rettung der Werner'schen Anstalten« einsetzte, und er war es auch, der Gottlieb Daimler als beratenden Ingenieur nach Reutlingen berief, was für Maybachs weiteren Werdegang so bedeutsam werden sollte. Die Maschinenfabrik des Bruderhauses, der Daimler 1865 bis 1869 als technischer Leiter vorstand, bildete mit der Herstellung von Maschinen für Papierfabriken, Brückenwaagen, aber auch Ackergeräten einen wichtigen Grundstock zur weiteren Finanzierung der karitati-

ven Arbeit. So kam Daimler als Reorganisator der Wernerschen Betriebe nach Reutlingen, und unter dieser Konstellation lernten er und Maybach sich kennen.

Bis dahin aber war es für den zehn Jahre alten Wilhelm ein weiter Weg. In seinen Jugenderinnerungen vermerkte Maybach diese Zeit positiv. Er fühlte sich in Reutlingen bald heimisch, fand Kameraden, und auch die liebevolle Behandlung, die man dem Waisenkind angedeihen ließ, führte dazu, daß sich das anfängliche Heimweh rasch verlor. Neben Schule und Hausaufgaben gab es die Arbeit in Feld, Garten und den Ställen, aber auch gemeinsames Spielen und Turnen und am Sonntag, wie auch in den Ferien, Wanderungen - oft unter Führung von Werner selbst - zu den Zweigstätten im Schwarzwald. Ziel der Ausflüge waren aber auch Fabriken, wie die Gewehrfabrik in

Ackergeräte und Maschinen für bäuerliche Betriebe, hergestellt im Bruderhaus. (Fotos: Gustav-Werner-Stiftung zum Bruderhaus Reutlingen)

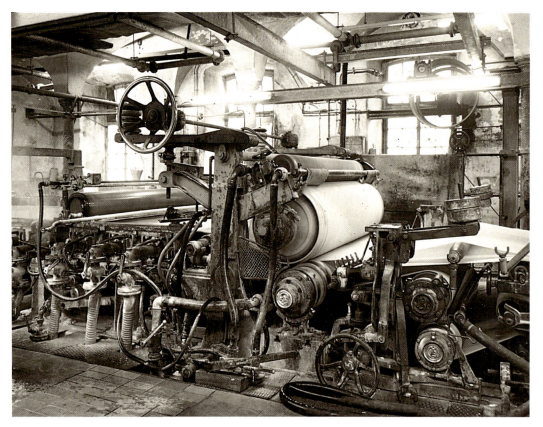

Nächste Seite:
Die Wernerschen Anstalten,
Reutlingen. Zeitgenössische
Ansichten.

Oberndorf, wo Werner und die Seinen stets gern gesehene Gäste waren. Maybach lernte die Geborgenheit kennen, die ein Kollektiv dem geben kann, der die Familie entbehren muß, und er verinnerlichte die Prinzipien, die die Gemeinschaft Wernerscher Provenienz auch heute noch auszeichnen.[5]

Es geht nicht um den Erfolg des Einzelnen, sondern es ist die gemeinschaftliche Idee, der sich Arbeit und Anstrengung des Individuums unterordnen. Dieser Grundsatz beherrschte Maybachs Leben, und er hat ihm in der harten Welt des industriellen Alltags nicht immer zum Vorteil gereicht. Ursprünglich sollte Maybach, so der Beschluß des Lehrerkonsiliums, das Konditor- und Bäckerhandwerk lernen, doch seine früh entwickelte zeichnerische Begabung führte dazu, daß Werner ihn als 15jährigen in das Zeichenbüro der Maschinenfabrik des Bruderhauses schickte. Der Beginn seiner Ausbildungszeit datiert auf das Jahr 1861. Neben seiner dortigen Tätigkeit besuchte er die städtische Fortbildungsschule, wo er Physik und Freihandzeichnen lernte. Ein kaufmännischer Angestellter erteilte ihm dazu regelmäßig, vor Beginn der eigentlichen Arbeitszeit, zusammen mit anderen Knaben Fremdsprachenunterricht in Englisch und Französisch. Kurz vor Ende seiner Lehrzeit besuchte Maybach noch die Oberrealschule in den mathematischen Fächern.

Zeichen seines Erfindergeistes war die Petroleumheizung, die er in der Buchbinderwerkstatt an der Vergolderpresse einrichtete. Er konstruierte dabei einen Stobwasserschen Petroleum-Flachbrenner dergestalt um, daß er die flache Flamme horizontal in den entsprechenden Hohlraum der Pressplatte leitete und die Abgase am anderen Ende durch ein vertikales Blechrohr abführte.[6] In diese Zeit fiel auch seine Vorliebe für das Zitherspiel. Sein älterer Bruder, der bei Schiedmayer den Beruf eines Instrumentenmachers gelernt hatte, schickte ihm eine selbstgefertigte Zither, auf der er bald spielen konnte.

1865 kam es zu jener Begegnung zwischen Wilhelm Maybach und Gottlieb Daimler, die für beide Männer prägend war. Daimler, als Reorganisator von Emil Kessler in die Maschinenfabrik gerufen, wurde für Maybach zur neuen Vaterfigur, mit der ihn zu dessen Lebzeiten ein symbiotisches Verhältnis verband. Als sich die beiden Männer kennenlernten, war Maybach gerade 19 und Gottlieb Daimler 31 Jahre alt. Der Biograph Kurt Rathke bemerkt zu dem in früheren Dezennien Distanz schaffenden Altersunterschied der beiden:

»Der damals einunddreißigjährige Daimler hatte auf ihn (Maybach, Anm. d. Verf.) einen starken Eindruck gemacht. Der sichere und selbstbewußt auftretende Herr, der seine Kenntnisse im Ausland erweitert hatte und der sich auch sonst den Wind

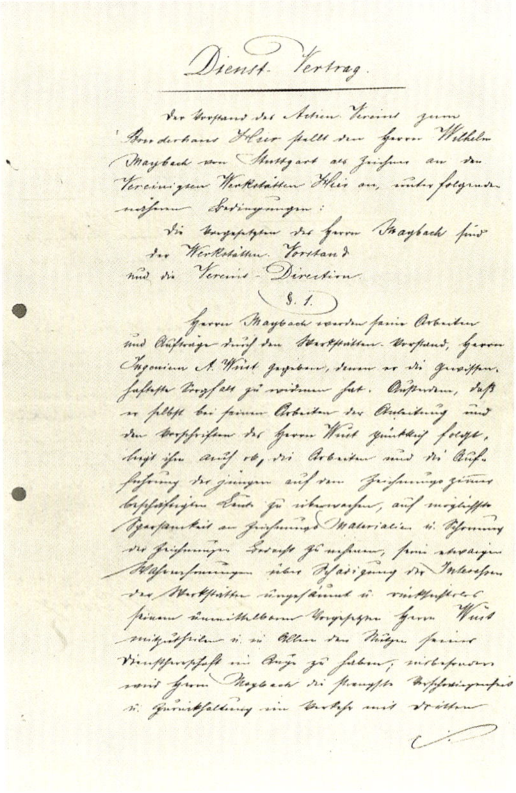
Dienst-Vertrag

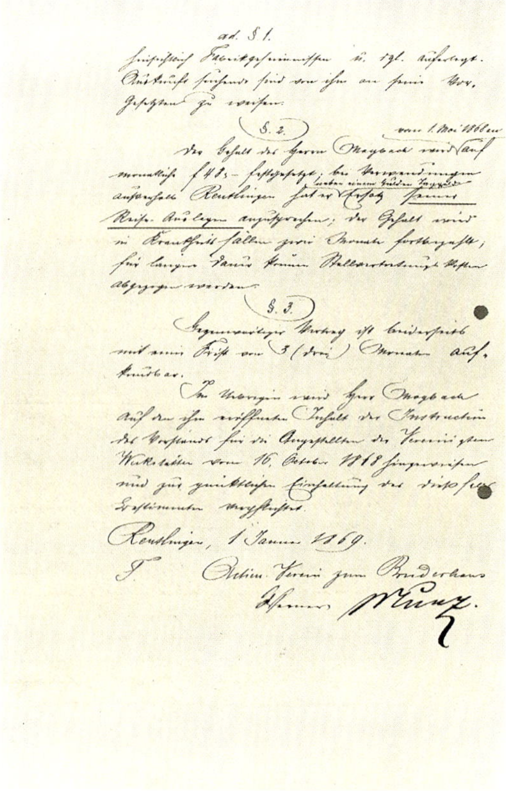
Reutlingen, 1 Januar 1869.

Actien Verein zum Bruderhaus

Dienst-Vertrag von Wilhelm Maybach mit dem Bruderhaus, 1869.

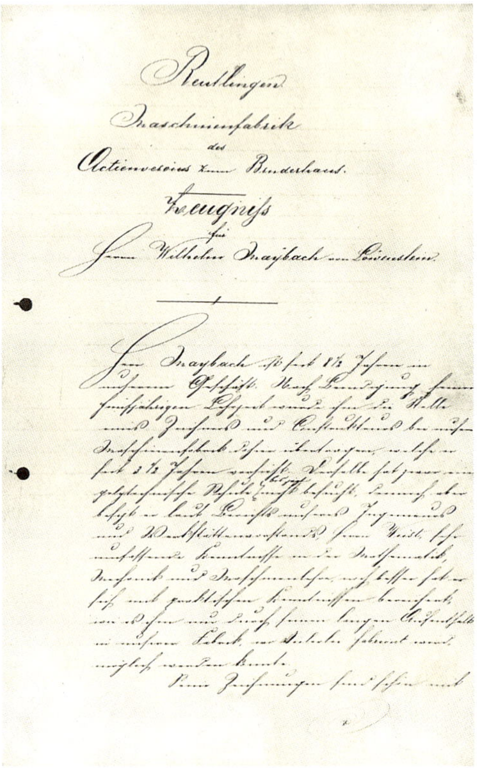
Reutlingen

Maschinenfabrik des Actienvereins zum Bruderhaus.

Zeugniß für Herrn Wilhelm Maybach von Löwenstein.

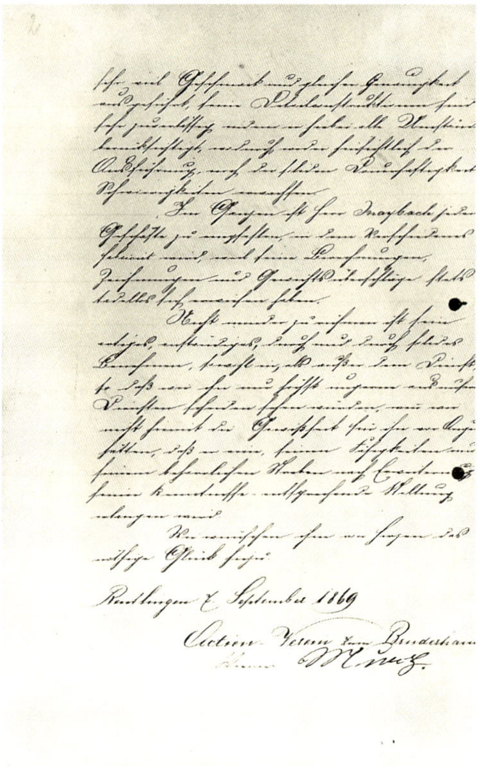
Reutlingen 7. September 1869

Actien Verein zum Bruderhaus

Abgangszeugnis der Maschinenfabrik zum Bruderhaus für Wilhelm Maybach vom 7. September 1869.

Gottlieb Daimler, ca. 30jährig.

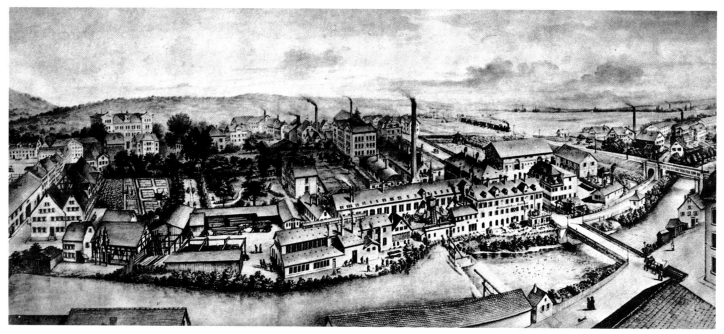

Bruderhaus 1886. (Foto: Gustav-Werner-Stiftung zum Bruderhaus Reutlingen)

hatte tüchtig um die Nase wehen lassen, imponierte dem jungen Burschen. Diese erste Bekanntschaft bildete das tragende Fundament und blieb richtungsgebend für das menschliche Verhältnis der beiden zueinander, besonders für Wilhelm Maybach. Starke Eindrücke der Jugendzeit bleiben haften. Sie setzen sich im Unterbewußtsein fest und können niemals ganz daraus vertrieben werden. So blieb Daimler in den ganzen 35 Jahren ihrer Zusammenarbeit für Wilhelm Maybach stets eine Persönlichkeit von Gewicht. Daran änderte sich auch später nur wenig, als Maybach durch den täglichen Umgang genügend Gelegenheit hatte, Daimlers Schwächen zu erkennen.[7]

Als Daimler zwei Jahre später nach Karlsruhe als Werkstattvorstand der dortigen Maschinenbau-Gesellschaft ging, konnte er die Einstellung Maybachs im Konstruktionsbüro veranlassen, dessen Leitung einem gewissen Herrn Schumm oblag. Daimlers Nachfolger bei den Wernerschen Anstalten war ein Herr Wüst, vormals Professor in Poppelsdorf bei Bonn. Er setzte Maybach als Aufsicht über das Büropersonal ein. Nach einem Jahr kam, ohne Zutun Maybachs, die Offerte aus Karlsruhe. Damit war für Maybach der 13 Jahre dauernde Lebensabschnitt im Bruderhaus passé, er blieb jedoch Gustav Werner und dieser Einrichtung ein Leben lang verbunden, oder, wie er es selbst auszudrücken pflegte, *»in dankbarer Fühlung«.*

[1] *Siehe Boelcke, Willi: Sozialgeschichte Baden-Württembergs 1800 - 1989. Stuttgart 1989 sowie Rinker, Reiner und Setzler, Wilfried (Hrsg.): Die Geschichte Baden-Württembergs. Stuttgart 1986, S. 229ff. und S. 346.*

[2] *Der Stadtarchivar von Böblingen, Erich Kläger bemerkt hierzu: »Leider ist aber die Mutter Maybachs schon im Alter von 39 1/2 Jahren gestorben, und ließ ihren Mann mit 5 Buben im Alter von 12 bis 4 Jahren in großer Not zurück. Wahrscheinlich hat der Vater deshalb knappe zwei Jahre später aus Verzweiflung den Freitod im Oberen See in Böblingen gesucht. Aus diesem Grund oder weil keine Mittel für eine Beerdigung vorhanden waren, wurde die Leiche auf die Anatomie nach Tübingen abgeführt. (Sterberegister Böblingen 1856).« Kläger, Erich: Böblingen. Eine Reise durch die Zeit. Hrsg. von der Stadt Böblingen, 1979.*

[3] *Stuttgarter Anzeiger, No. 68 v. 20. März 1856.*

[4] *Bartel, Karlheinz: Gustav Werner, eine Biographie. Stuttgart 1990, S. 177.*

[5] *Ebd., S. 250ff.*

[6] *Er selbst schreibt über diese Erfindung: »Der in meiner Lehrzeit viel gebräuchliche Stobwasser'sche Petroleum Flachbrenner, den ich zur Beleuchtung im Büro selbst richtete, war mir immer ein besonders interessantes Beobachtungsobjekt und benützte diesen bald zur Beheizung der Buchbinder-Vergoldpresse, indem ich eine ebenso geformte Flamme zwang - durch Anwendung des den Luftzug schaffenden senkrechten Zylinders über einen horizontalen Kanal - am anderen Ende horizontal einzumünden. Diese ersten Studien und Übungen im Verbrennungs- bzw. Heizfach fallen in die Zeit vor Daimlers Eintritt in Reutlingen.« Zitiert nach Schnauffer, Karl: Wilhelm Maybach in Deutz 1872 - 1882. Teil I: Text. Erstellt im Auftrag der Arbeitsgemeinschaft für die Geschichte des Deutschen Verbrennungsmotorenbaues, 1952, Archiv der mtu/Bestand »Wilhelm Maybach«, S. 3.*

[7] *Rathke, Kurt: Wilhelm Maybach - Anbruch eines neuen Zeitalters. Friedrichshafen 1953, S. 97.*

1869 - 1882

Erste Engagements
Karlsruhe und Deutz

Der Wechsel nach Karlsruhe erfolgte im September 1869. Es war Maybachs erstes berufliches Engagement außerhalb des Bruderhauses. Daimler, als technischer Direktor der Maschinenbau-Gesellschaft in Karlsruhe, hatte Maybach eine Stelle im technischen Büro vermittelt, damit er Erfahrungen im Schwermaschinenbau machen konnte. Maybach lebte sich bald ein und begann, sich an weitgehend selbständiges Arbeiten zu gewöhnen. In Reutlingen war er laut Zeugnis nur Detailkonstrukteur gewesen.

Doch die Verknüpfung mit Daimler war nicht nur beruflicher Natur. Als dieser am 09.11.1867 seine erste Frau Emma Kurz heiratete, lernte Maybach während der Hochzeitsfeierlichkeiten seine spätere Gattin, eine Freundin von Emma, kennen. Die Beziehung der beiden Männer wurde durch die intensive Freundschaft ihrer Frauen untermauert. Freilich war dieses Verhältnis nicht frei von Spannungen. Daimler präsentierte sich Maybach als unhinterfragbare Autorität, die bedingungslose Akzeptanz forderte. So kam es seitens Maybach schon bald zu Ablösungsversuchen von der autoritären Vaterfigur, als die er Daimler wohl empfunden haben mußte. 1882 mögen die Gedanken allerdings ein erstes, nicht artikulierbares Unbehagen gewesen sein, die er rückblickend 1913 an Carl Stein, den damaligen Leiter der Gasmotorenfabrik, richtete:

»Es hat mir seinerzeit sehr weh getan, daß die Herren Langen, Otto und Schumm, die mich doch alle sehr gut kannten, nach Verabschiedung des Herrn Daimlers mit mir keine Fühlung genommen haben, die mich hätte bestimmen können, in Deutz in meiner Stellung zu bleiben, denn ich kannte die Eigenschaften des Herrn Daimlers, die auch zu seiner Entfernung aus seiner dortigen Stellung führten, zu gut, ich selbst kam öfters mit ihm in Widerspruch. Aber Herr Schumm, mit dem ich vielleicht nur zu bekannt war, schenkte sein Vertrauen dem Herrn Bela Wolf und so blieb mir kein anderer Ausweg als schließlich der Aufforderung Daimlers Folge zu leisten.«[1]

Mag auch diese brieflich gemachte Äußerung Maybachs stark bestimmt sein von den negativen Erfahrungen der letzten Jahre in der Daimler-Motoren-Gesellschaft, so zeigt sie dennoch die Spannungen, die er sehr früh gegenüber Daimler empfand. Dieser Brief dokumentiert aber gleichzeitig, wie sehr Maybach sich zurücknahm, wie wenig er gewohnt war, seine persönlichen Interessen zu Gehör zu bringen, denn Direktorium und Aufsichtsrat in Deutz hatten gar nicht beabsichtigt, sich von ihrem Chefkonstrukteur zu trennen. Sie hielten ihn lediglich für

Gottlieb Daimler mit seiner ersten Frau Emma.

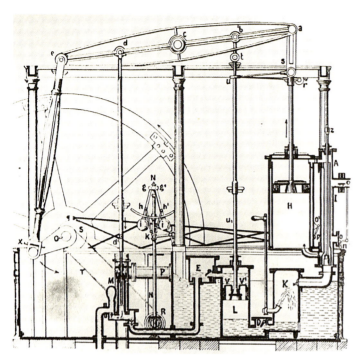

Niederdruck-Dampfmaschine von James Watt, 1765.

Montagehalle der Gasmotorenfabrik Deutz.

Gottlieb Daimler im Kreise der betrieblichen Führungskräfte bei der Gasmotorenfabrik Deutz, 1882.

Transmissionen für Arbeitsplätze.

Atmosphärische Gasmaschine von 1867, Längsschnitt und Ansicht von der Schieberseite.

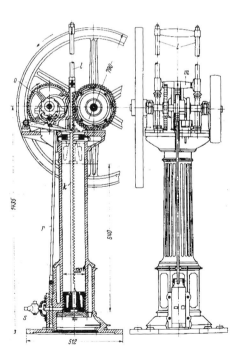

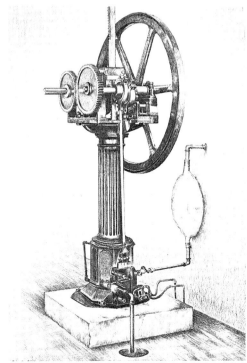

Der erste atmosphärische Flugkolben-Gasmotor von Nikolaus August Otto und Eugen Langen, 1867.

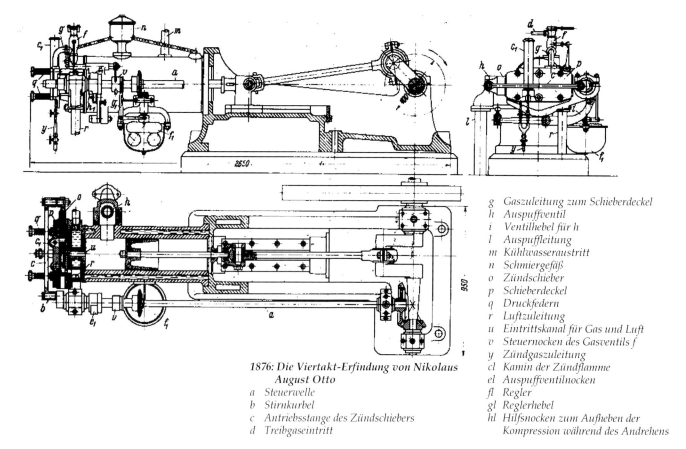

1876: Die Viertakt-Erfindung von Nikolaus
August Otto

a Steuerwelle
b Stirnkurbel
c Antriebsstange des Zündschiebers
d Treibgaseintritt

g   Gaszuleitung zum Schieberdeckel
h   Auspuffventil
i   Ventilhebel für h
l   Auspuffleitung
m   Kühlwasseraustritt
n   Schmiergefäß
o   Zündschieber
p   Schieberdeckel
q   Druckfedern
r   Luftzuleitung
u   Eintrittskanal für Gas und Luft
v   Steuernocken des Gasventils f
y   Zündgaszuleitung
cl Kamin der Zündflamme
el Auspuffventilnocken
fl Regler
gl Reglerhebel
hl Hilfsnocken zum Aufheben der
    Kompression während des Andrehens

Zeichnung des Viertaktmotors von Nikolaus August Otto.

einen engen Freund Daimlers und warteten deshalb auf Maybachs Entscheidung. Die danach folgende Kündigung Maybachs bekräftigte das Mißverständnis und schuf ein Fait accompli.

Wer vermag im Nachhinein zu sagen, wie Maybachs Lebensweg als Chefkonstrukteur in Deutz verlaufen wäre? Immerhin war es in Deutz gewesen, wo er vom einfachen Zeichner zum Chefkonstrukteur aufstieg, und hier sammelte Maybach auch seine ersten Erfahrungen mit dem Otto-Motor. Diese Tätigkeit hatte er am 1. Juli 1872 begonnen, und schon im Januar 1873 erfolgte die Beförderung des 27jährigen. Ziel seiner Arbeit sollte die konstruktive Verbesserung der atmosphärischen Gasmaschine zwecks kostengünstigerer Herstellung sein. Maybach konzipierte eine leichter herzustellende Form des Zylinders durch Trennung des Kühlmantels von demselben; die Steuerteile des Schaltwerks wurden von einer Welle angetrieben statt - wie bei Otto - von zwei. Insgesamt erhielt der Motor dadurch auch ein gefälligeres Aussehen, ohne daß jedoch die geringe Leistung von 4/5 PS gravierend gesteigert werden konnte. Schnauffer schreibt hierzu:

»Nachdem er »zunächst die Erweiterungsbauten mit Herrn Daimler in Karlsruhe durchdachten Pläne geleitet hatte«, wurde 1873 die Umkonstruktion der Otto- und Langen'schen atmosphärischen Gaskraftmaschine in Angriff genommen und den Bedürfnissen einer Großfabrikation angepaßt. Ein Vergleich dieser Maybachschen Konstruktion mit der ehemaligen Ottoschen läßt den Fortschritt erkennen, der mit dieser Umkonstruktion erreicht wurde. Der Sockel hatte allerdings schon zuvor eine für die Fabrikation günstigere Form erhalten. Rein äußerlich waren am auffallendsten die Mechanismen für die Betätigung der Gaszuführung und des Schaltwerkes, die zuvor zwei Wellen erforderlich machten und nun auf eine Welle zusammengedrängt worden waren. Auch der Zündschieber hatte Veränderungen erfahren. Diese bewährten sich jedoch nicht, so daß man wieder auf die ehemalige Ottosche Bauart zurückkehren mußte. Verbesserungen waren außerdem noch an der Kühlung vorgenommen worden. Alles in allem Verbesserungen, die beachtlich waren. Wie modernster Maschinenbau mutet es an, wenn man hört, daß bei dieser Konstruktion besonders darauf geachtet wurde, daß der Kolben ausgebaut werden konnte, ohne daß andere Steuerteile zuvor entfernt werden mußten. Als wirklich neu *wurde allerdings nur die abgeänderte Steuer- und Regulierungsvorrichtung und die Schieberkonstruktion anerkannt.«*[2]

Mehr als drei PS waren durch diese Motorenbauart nicht zu realisieren. Die atmosphärische Gaskraftmaschine hat ihre Namensgebung aufgrund der Tatsache, daß der atmosphärische Druck, also der Umgebungsdruck, auf einen Hilfskolben einwirkt. Das soll am Beispiel Ottos erster atmosphärischer Gaskraftmaschine etwas näher erläutert werden. Die Maschine verfügte über zwei Kolben: einen Hilfskolben, der über eine Pleuelstange mit der Kurbelwelle verbunden war, und einen Arbeitskolben, der fliegend, also ohne starre Verbindung, in der Kolbenstange des Hilfskolbens lief. Das Ansaugen und die Verbrennung des Gas-Luftgemischs geschah im Hubraum des Arbeitskolbens. Die Hubbewegung entstand dadurch, daß der Hilfskolben den Arbeitskolben bei der Aufwärtsbewegung mit nach oben zog. Nach Entzünden des Gemischs wurde der Arbeitskolben nach oben geschleudert und dadurch die Luft, die sich zwischen Arbeitskolben und Hilfskolben befand, durch im Hilfskolben befindliche Ventile herausgedrückt. Der im Verbrennungsraum entstehende Unterdruck führte nun zum Wirksamwerden des namensgebenden Prinzips: Der atmosphärische Druck bewegte beide Kolben wieder nach unten. Durch einen Kanal, der über eine Schiebersteuerung geöffnet und geschlossen wurde, konnte Frischluft zwischen die beiden Kolben strömen, wenn der Hilfskolben wieder nach oben ging.[3] Maybach erhielt für seine Konstruktionsleistung - die Neuerungen waren auf Daimlers Namen als Patent angemeldet - 100 Taler, was zwei Monatsgehältern entsprach.

In der geringen Leistung der Motoren aber lag auch das Problem für den relativ rasch stockenden Verkauf. Die Kunden wollten und brauchten mehr Leistung. Auch eine einfache Vergrößerung des Zylinderdurchmessers hätte keine Lösung erbracht. Das hätte eine Bauhöhe erfordert, die ein Aufstellen der Motoren in einer Werkstatt normaler Höhe nicht mehr ermöglicht hätte. Es war Ottos Erfindung des Viertaktmotors, die aus diesem Dilemma herausführte. Zuvor aber hatte Maybach schon Versuche am atmosphärischen Motor unternommen, diesen mit Benzin anzutreiben, indem er einfach ein mit Benzin getränktes Stück Putzwolle vor die Ansaugöffnung des laufenden Motors hielt. Doch der Benzinbetrieb war keine Idee Maybachs. Schon 1862 hatte Lenoir seine Motoren mit Benzin betrieben, dem waren 1842 durch Bealès und 1849 durch Mansfields Versuche aber auch Patentanmeldungen vorausgegangen. Auch Siegfried Marcus hat 1865 mit diesem Betriebstoff experimentiert.[4]

Ab 1876 wurde dieser Benzinmotor ebenfalls in geringen Stückzahlen verkauft, doch auch seine Leistung über-

Nikolaus August Otto (1832-1891).

schritt die magische drei PS-Grenze nicht, die die konkurrierenden Heißluftmotoren locker überschritten.

Für Maybach aber waren diese Konstruktionserfahrungen erste Fingerübungen für weit größere Aufgaben. Ottos[5] Erfindung des Viertaktmotors gründete auf einen Irrtum. Er selbst erkannte nicht, worauf die Genialität seiner Erfindung beruhte. Vielmehr hielt er das Abwegige - die von ihm angenommene Schichtladung[6], deren Idee ihm während der Beobachtung aufsteigenden Schornsteinrauchs gekommen war - für das eigentlich Revolutionäre seiner Konstruktion. Die konkrete Beschreibung des Viertaktverfahrens - nämlich

I) Ansaugen der Gasarten in den Zylinder,
II) Kompression derselben,
III) Verbrennung und Arbeit derselben,
IV) Austritt derselben aus dem Zylinder.

- war erst der vierte Punkt des Patentanspruchs. Weder Daimler, entgegen der Siebertzschen Meinung, noch Maybach, so konstatiert Sass[7], sind an der Erfindung des Viertaktmotors beteiligt gewesen. Dieser Verdienst gebührt allein Otto. Auch wenn Maybach mit der konstruktiven Umsetzung dieses Motors beschäftigt war, hat er nie einen Anspruch darauf erhoben, in irgendeiner Form an der Erfindung des Viertaktmotors beteiligt gewesen zu sein.

Maybach erhielt die von dem Konstrukteur Ottos, Herrn Rings, gezeichnete Maschine mit der Maßgabe, vier Größen zu fertigen. Der Versuchsmotor mit liegendem Zylinder war schon im Januar 1876 gebaut und getestet worden. Die dabei zutage tretenden Ergebnisse waren so ermutigend, daß im Juli 1876 beschlossen wurde, die Pro-

Angaben über den Ottoschen Motor finden wir daher in Maybachs Notizbuch unter dem 18.7.76. Da ja Maybach bekanntlich Anfang September eine Amerikareise machen wollte und er bis dahin alle 4 neuen Typen durchkonstruiert haben sollte, mußte er sich einen genauen Zeitplan festlegen. Und so sehen wir, was er in »einigen fernen Wochen« - zunächst hatte er drei Wochen dafür vorgesehen - alles erledigen wollte. Neben dem Fertigmachen der Konstruktion 170[1] sollten noch Kurbeln - wohl auch Zylinder der Typen 240[1], 115[1], und 320[1] aufgezeichnet, bzw. neugezeichnet werden, sowie Detailkonstruktionen aufgezeichnet werden. Vorgesehen waren ferner noch zwei Projekte mit Zylinder[1] von 140 mm, von denen der eine liegend ausgeführt werden sollte - der andere jedoch stehend. Leider enthält das Notizbuch keinerlei weitere Angaben über dieses Projekt mit stehendem Zylinder. Ob hier etwa Maybach schon

Eugen Langen (1833-1895).

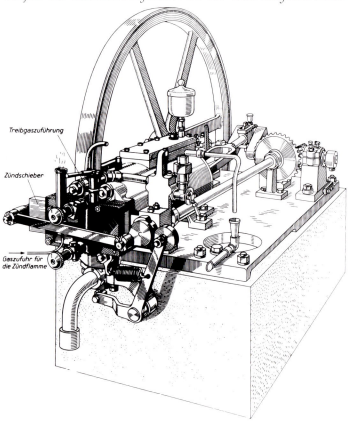

Ottos Versuchs-Viertaktmotor von 1876.

Treibgaszuführung

Zündschieber

Gaszufuhr für die Zündflamme

duktion der atmosphärischen Motoren einzustellen und sich mit der Produktion ganz auf den neuen Viertaktmotor zu verlegen. Schnauffer beschreibt diese auf Maybach zukommende Anstrengung, in so kurzer Zeit die Motoren produktionsreif zu bekommen wie folgt:

»Maybach als Chefkonstrukteur des Werkes hatte den Auftrag erhalten, die ersten 4 Typen, das waren eine 1, 2, 4, und 8 PS-Maschine, für die Serienfabrikation durchzuarbeiten. Die ersten

sich mit dem stehenden Motor beschäftigte, der dann bei seiner Arbeit unter Daimler 1883 Wirklichkeit werden sollte? Erstaunlich, daß Maybach sich während seiner noch 6jährigen Tätigkeit bei Deutz nie wieder mit einem solchen Projekt befaßte (...) So hoch diese Serienausführung des neuen Viertaktmotors anzuerkennen ist und so viel auch neu konstruiert und berechnet werden mußte, an der grundsätzlichen Bauart des neuen Viertakt-Motors, wurde jedoch trotzdem nichts geändert.«[8]

Das Deutsche Reichspatent (DRP) 532 wurde Otto am 4. August 1877 zugeteilt. Der »Otto Silent«, wie der Motor in der Folgezeit ob seines geräuschlosen Laufs genannt wurde, wurde zwischen 8- und 172 PS stark auf dem Markt angeboten. Maybach hatte durch die Verwendung temperaturfester Öle und Bronzelagerung der Schieber dafür gesorgt, daß die Maschine standfest wurde und der vorzeitige Verschleiß unterblieb. Es muß in dieser Zeit für Maybach nicht einfach gewesen sein, im Spannungsfeld der zwischen Otto und Daimler bestehenden Animositäten[9] seiner Arbeit nachzugehen. Dazu kam, daß Ottos Arbeit nicht nur von Daimler, sondern auch von den Arbeitern der Gasmotoren-Fabrik Deutz nicht ernst genommen wurde und man sich sogar dazu verstieg, Ottos Versuchswerkstatt spöttisch »Murksbude« zu nennen. Die

der Posthalter von Maulbronn, was neben den offiziellen Amtsräumen auch den Betrieb einer Gaststätte einschloß. Er war ein wohlhabender Mann und eine eigenwillige Persönlichkeit, der die Verbindung zwischen seiner Tochter und Maybach wohl eher kritisch gesehen haben mag. Weder in seiner Reutlinger noch in seiner Karlsruher Zeit hatte Maybach Bertha Habermaas wiedergesehen. Erst als Emma Daimler, von Heimweh geplagt, ihren Mann überredete, ihre Freundin zu sich nach Deutz einladen zu dürfen, begegneten sich beide im Hause Daimlers. Auch dadurch, daß Maybach seine Ferien im Vaterhaus von Emma Daimler verbrachte, dessen Garten direkt an das Habermaassche Grundstück anschloß, vertiefte sich die Beziehung. So sah man sich von Zeit zu Zeit im Garten, und bald war Maybach auch eifriger Besucher der

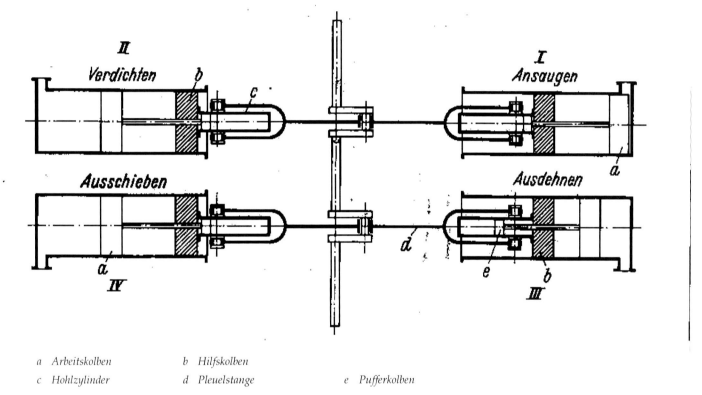

a   Arbeitskolben   b   Hilfskolben

c   Hohlzylinder   d   Pleuelstange   e   Pufferkolben

Viertaktprinzip von Nikolaus August Otto.

in der »Murksbude« gewonnenen Erkenntnisse haben, Ironie des Schicksals, Daimler erst zur Umsetzung seiner hochfliegenden Pläne befähigt.[10]

Die Zeit in Deutz bedeutete für Maybach sowohl berufliche Profilierung wie auch private Konsolidierung. Maybach hatte seine spätere Ehefrau, Bertha Habermaas, zum ersten Mal auf Daimlers Hochzeit im November 1867 getroffen. Sie kam, ebenso wie ihre Schulkameradin Emma Daimler, aus gutbürgerlichen Verhältnissen. Ihr Vater war

Wirtschaft, wo er den Elfinger Bergwein genoß, der zudem von Bertha kredenzt wurde. Der Heiratsantrag, den Maybach im Kurzschen Salon aussprach, wurde akzeptiert und im Juni 1878 Verlobung gefeiert. Die Hochzeit erfolgte am 5. September in Maulbronn. Man zog in die Deutzer Werkswohnung, mit von der Partie war ein Klavier, das Maybach seiner Frau zur Hochzeit geschenkt hatte.

Am 6. Juli 1879 wurde Karl Wilhelm Maybach geboren, der einmal das Lebenswerk seines Vaters fortsetzen sollte.

Otto-4-Zylinder-Gasmotor für ortsfesten Antrieb nach dem Patent von 1876

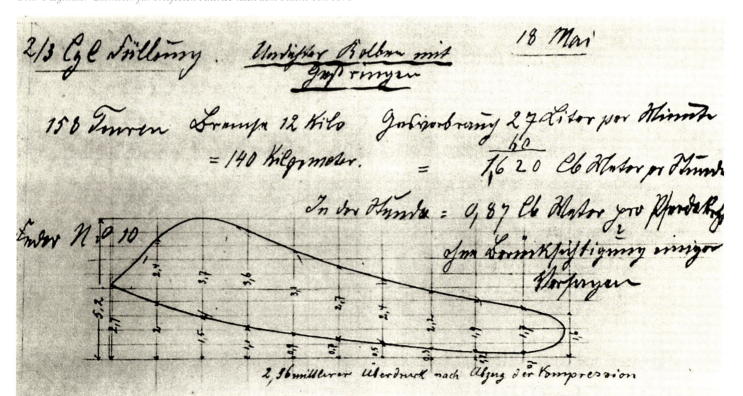

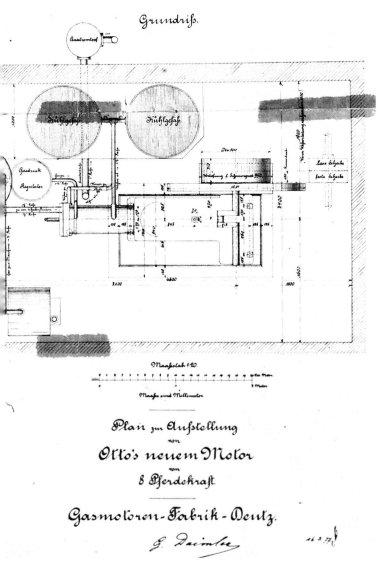

Grundriß.

Plan zur Aufstellung
von
Otto's neuem Motor
von
8 Pferdekraft.

Gasmotoren-Fabrik-Deutz.

G. Daimler

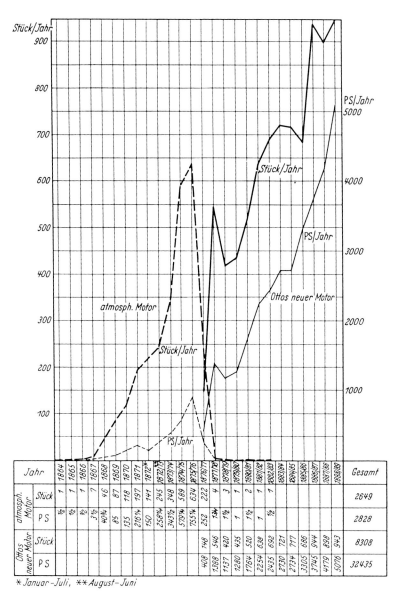

Jahr		1864	1865	1866	1867	1868	1869	1870	1871	1872*	1872/73**	1873/74	1874/75	1875/76	1876/77	1877/78	1878/79	1879/80	1880/81	1881/82	1882/83	1883/84	1884/85	1885/86	1886/87	1887/88	1888/89	Gesamt
atmosph. Motor	Stück	1	1	1	7	46	87	118	197	141	245	348	589	634	222	4	3	2	1									2649
	PS	½	½	⅔	3½	40¾	85	135	216¼	150	258¼	343½	579¾	755¾	252	13¼		1½	1	1½	1	½						2828
Ottos neuer Motor	Stück														148	546	420	435	520	638	692	721	717	686	944	898	943	8308
	PS														408	1388	1137	1280	1764	2254	2435	2730	2734	3305	3745	4179	5076	32435

* Januar–Juli, ** August–Juni

Umsatz der Gasmotorenfabrik Deutz in den Jahren 1864 bis 1889 nach fabrizierten Stückzahlen/Jahren und gesamter PS-Leistung/Jahr. Anhand des Diagramms läßt sich erkennen, daß nach dem Erscheinen des Viertaktmotors die Zahl der fabrizierten atmosphärischen Maschinen deutlich abnimmt.

Als dreijähriger Knirps streifte er öfter im Konstruktions-büro umher, und als die Zeichner ihn einmal in Abwesenheit Maybachs auf den Tisch stellten mit der Bitte: »Sag mal wat, Jüngelchen, sag mal wat«, entgegnete er: »Net so domme Sache mache, Maschine zeichne!« Dieser kindliche Ausspruch zeigt treffend die Stimmung, die im »Schwabennest«, so die Bezeichnung der schwäbischen Kolonie im rheinischen Deutz, herrschte.

1876, dem Jahr, als Sitting Bull den amerikanischen General Custer vernichtend am Little Big Horn schlug, fuhr Maybach nach Amerika.

Indikatordiagramm des ersten Viertaktmotors, aufgenommen am 18. Mai 1876.

Die Deutzer Direktion hatte sich entschlossen, ihre atmosphärischen Motoren auf dem amerikanischen Markt anzubieten, und Maybach sollte diese auf der Weltaus-stellung in Philadelphia erstmalig präsentieren. Im An-schluß daran besuchte Maybach die bedeutenden ameri-kanischen Industrieunternehmen. Er war damit der erste be-rühmte deutsche Ingenieur, der amerikanischen Boden be-trat. Über diese Reise, die sich vom 9. September bis zum 3. Dezember 1897 erstreckte, führte Maybach Tagebuch.[11]

In New York traf er seinen Bruder Karl wieder, der kurz nach dem Tod der Eltern nach Amerika ausgewandert war. Er hatte zum damaligen Zeitpunkt schon eine leiten-

*Die Eltern von Bertha Habermaas, der
späteren Frau von Wilhelm Maybach.*

*Der Eingang zum Kloster Maulbronn,
links im Bild die Treppe zur
»Posthalterei« und zum Eingang des
Habermaasschen Wirtshauses.*

Bertha Maybach (1851–1931).

Wilhelm Maybach in jungen Jahren (Original und Reproduktion: Stadtarchiv Heilbronn).

de Stellung in der Firma Steinway & Co., zu der später auch Daimler in geschäftliche Beziehungen treten sollte. Sein Bruder war verheiratet und hatte zwei Kinder, die, sehr zur Freude Maybachs, diesen gleich als Onkel akzeptierten. Maybach schrieb über den Besuch am Arbeitsplatz seines Bruders:

»Zuerst besuchte ich nun Steinway Pianoforte Manufactur in New York ½ Stunden von Steinway Hall entfernt. Dieses Etablissement ist in seiner Art das größte und ganz neu eingerichtet. Der große, zusammenhängende Bau ist von mehreren Feuerwänden mit einigen eisernen Türen durchzogen. Aller Transport in der Fabrik geschieht durch Rollwagen und Elevatoren.

Die Arbeitsteilung ist bis ins kleinste durchgeführt und werden die fertigen Details in ein Controlmagazin abgeliefert. Von da gelangen sie zu den Zusammensetzern. Statt Leimzwingen werden vielfach biegsame Holzstäbe zwischen das Stück und die Zimmerdecke gezwängt und zum Kochen des Leims sieht man nur Dampfapparate. Ferner war zu sehen eine hübsche Bohrmaschine zum Bohren schwerer Stücke; der Wagen leicht beweglich in horizontaler gerader Richtung der Bohrer radial und senkrecht. So findet man überhaupt für jedes Teil besondere Werkzeuge und Maschinen. Von dieser Fabrik kommen die fertigen Klaviere nach Steinway Hall, werden dort noch einmal auseinandergenommen, nachgesehen, gestimmt und verpackt; in

Das Hochzeitsbild von Bertha und Wilhelm Maybach.

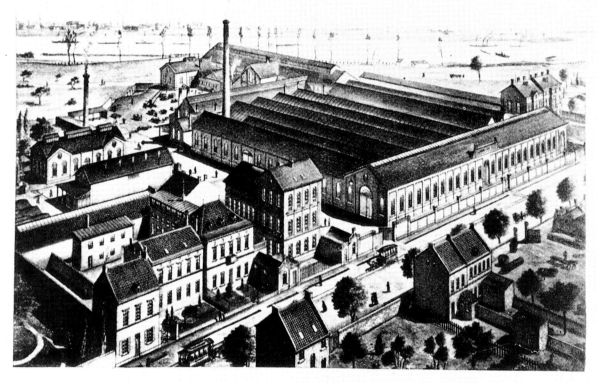

Ansicht der Deutzer Gasmotorenfabrik gegen Ende der siebziger Jahre.
Rechts, vom Fabrikgebäude halbverdeckt, ist das Doppelwohnhaus zu sehen, in welchem
die Familien Daimler und Otto wohnten.
Werk-Aufnahme.

guten Zeiten 10 Stück jeden Tag. Die Holzsägerei, Gießerei, Bildhauerei, Schlosserei und Vergolderei ist zwei Stunden von New York entfernt, die meisten Arbeiter wohnen aber in New-York und müssen um hinzugelangen zwei Pferdebahnen und ein Dampfboot benutzen.«[12]

Der Umstand, daß sein Bruder bei Steinway arbeitete, hatte Maybach 1876 veranlaßt, William Steinway in New York aufzusuchen und diesem von den technischen Entwicklungen, die er und Daimler in Arbeit hatten, zu erzählen. Daraus entspann sich ein Schriftwechsel zwischen Steinway und Daimler und in Folge eine persönliche Bekanntschaft. Am 29. September 1888 wurde die Daimler Motor Company gegründet, an der sich Daimler mit 5000 Dollar beteiligte. Im Jahr 1888 kam es zu einem Vertragsabschluß zwischen William Steinway und Gottlieb Daimler, der Steinway zu seinem Amerikarepräsentanten machte.[13]

Maybach hatte sich in seiner Deutzer Zeit sehr früh mit den universellen Nutzungsmöglichkeiten, die der kleine und schnellaufende Bezinmotor bot, befaßt. Es finden sich in den Unterlagen aus dieser Zeit sowohl eine Fleischhackmaschine (1876) als auch eine Lehmknetmaschine (1877) und Überlegungen zur Umstellung einer Zeitungsdruckerei auf Gasmotorenbetrieb (1881).[14] Diese Notizen zeigen, daß man sich in Deutz schon lange vor dem Verkauf des ersten Motors Gedanken über die Motorisierung der handwerklichen Arbeit machte. Erstaunlich ist auch, daß Maybach in Deutz weitgehend eigenständig arbeiten konnte, das zeigen seine Aufzeichnungen recht klar. Auch war es keinesfalls so, daß er, gemeinsam mit Daimler, Front gegen Otto machte; im Gegenteil, durch die Entwicklungsarbeit am neuen Viertaktmotor stand er zu Otto in einem engen Kontakt. Seine Zusammenarbeit mit Daimler kommentierte er zu einem späteren Zeitpunkt:

Weltausstellung in Philadelphia, 1876.

Aufzeichnungen aus Wilhelm Maybachs Tagebuch über den Besuch bei der Firma Steinway & Sons.

Karl, der in Amerika lebende Bruder Wilhelm Maybachs.

Die Schwägerin Maybachs in Amerika.

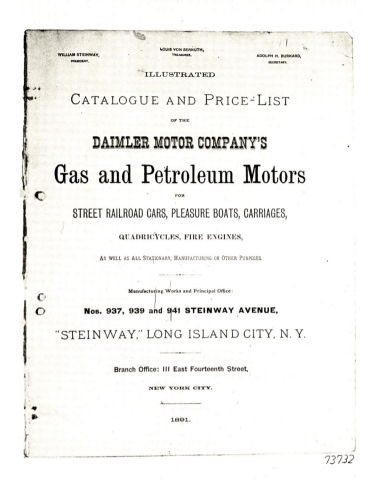

Gottlieb Daimlers Partner in Amerika: William Steinway.

Steinway Produktkatalog mit Preisliste von 1891.

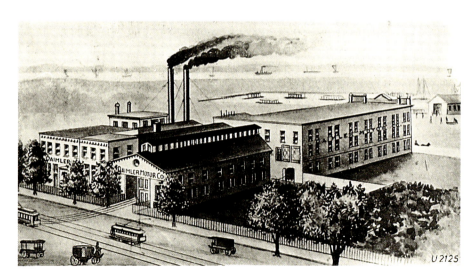

Zeitgenössische Ansicht der Steinway-Fabrik 1891.

»American Mercedes«, Modell des »Simplex« aus amerikanischer Produktion.

»Obgleich Herr Daimler mir in alle meine Versuche und Erfindungen in Deutz nichts dreinredete, war er andererseits sehr eifersüchtig darauf aus, unter jede meiner Zeichnungen seinen Namen zu setzen, gleichsam als Genehmigung zur Ausführung; im Ernste aber war es offenbar purer Ehrgeiz. Ich war dies aber so gewöhnt, daß ich mir gar nichts daraus machte.«[15]

Sein Leben lang verteidigte er die Priorität des Otto-Patents und betonte immer wieder, daß seine und die Arbeit Daimlers auf diesem aufbauen. So schreibt Maybach in einem Brief an die Daimler-Motoren-Gesellschaft vom 28. Juli 1913:

»Das (Daimlersche Motoren-) Patent war wie auf dem Titelblatt bemerkt, abhängig vom Patent Nr. 532, dem Ottoschen Viertaktmotor. Der Daimler-Motor hätte damals gar nicht ausgeführt werden dürfen, wenn nicht kurz vorher das Patent 532 gefallen wäre. Der Daimler-Motor war also von jeher ganz eindeutig ein Ottoscher Viertaktmotor, anfangs mittelst der Watsonschen Glührohr - später mittelst elektr. Zündung zum Schnelläufer gemacht, was Ihnen jeder Fachmann des In- und Auslandes bestätigen wird.«[16]

Der Weggang von Deutz ist Maybach, wie anfänglich erwähnt, alles andere als leicht gefallen. Er hat in diesen zehn Jahren sein konstruktives und analytisches Vermögen perfektionieren können, und Schnauffer bemerkt zu Recht:

»In diesen Jahren wurde er zu dem großen Ingenieur geformt, der er dereinst wurde. Wohl war er ein Anfänger auf dem Gebiet des Motorenbaues, als er seine Arbeiten dort begann. Es ist erstaunlich, daß man ihm, der im Motorenbau völlig unerfahren,

dazu noch so jung war, überhaupt als Chefkonstrukteur engagierte. All seine Aufzeichnungen, Skizzen und Ausführungen in seinen Notiz- und Berechnungsbüchern sind aber ein eindeutiger Beweis dafür, wie er die Deutzer Zeit nützte und wie überragend seine Kenntnisse auf jedem Gebiet des Motorenbaues nach dieser Zeit gewesen sind. Es zeigte sich, daß er auch die ausgefallensten Probleme beherrschte und in allem bewandert war. Er war nicht nur auf dem Gebiet des Schnellaufs (gemeint ist hier der schnellaufende Benzinmotor, Anm. d. Verf.) und des Benzinbetriebes absolut führend, nein, auch auf dem Gebiet der Zündung und der Verbrennung besaß er ganz außergewöhnliche Kenntnisse.«[17]

Die Umstände, die zum Ausscheiden Maybachs bei Deutz führen sollten, lagen außerhalb seines Einflußbereiches und hatten ihren Grund in der innigen Feindschaft Daimlers und Ottos. Schon 1874 hatte es wegen eines Patents[18] Streit zwischen Daimler und der Geschäftsleitung gegeben, der durch eine entsprechende Zahlung an Daimler beigelegt werden konnte. Als es dann aber im Zuge der Vermarktung des Viertaktmotors, der nach Ottos Meinung »Ottos neuer Motor« heißen sollte, erneut zu Differenzen kam, da Daimler dadurch seinen Anteil (tatsächlich war es der von Maybach) an der Entwicklung unter Wert verkauft sah, wendete sich das Blatt gegen Daimler. Gustav Langen, und das hätte Daimler mißtrauisch machen sollen, empfahl ihm, eine Filiale von Deutz zu übernehmen. Statt dessen ließ er sich auf eine Studienreise nach Rußland schicken, um sich über die dort vorhandenen Erdölquellen zu informieren, dem nun immer wichtiger werdenden Rohstoff zur Inbetriebnahme des schnellaufenden Benzinmotors.

Als Daimler am 22. Dezember 1881 über die Erkenntnisse seiner Reise im Deutzer Aufsichtsrat berichtete, tat er dies voller Optimismus im Hinblick auf seine weitere Geschäftstätigkeit in diesem Unternehmen, nichtsahnend, daß sein Schicksal schon beschlossene Sache war. Fünf Tage später dann erhielt er sein Kündigungsschreiben. Zu spät nun erkannte er die für ihn so tödliche Allianz innerhalb der Unternehmensleitung von Deutz. Noch einmal versuchte er, das Steuer herumzuwerfen, indem er nun Bereitschaft signalisierte, für die Deutzer Gasmotorenfabrik nach St. Petersburg zu gehen, allerdings mit einem Vertrag, der so weitreichende Zugeständnisse forderte, daß er abgelehnt wurde.[19] Maybach wurde das Opfer seiner introvertierten und zurückhaltenden Art. Statt mit Langen über den weiteren Verlauf der Dinge, seine Person betreffend, zu sprechen, hielt er sich zurück und wartete ab. In dem Glauben, nicht nur über Daimler, sondern auch über ihm sei der Stab gebrochen, kündigte er. Im Gegensatz zu Daimler hatte er ja keinen Grund, sich auf das Wagnis einer so unsicheren Zukunft einzulassen.

---

[1] Rathke, S. 100.

[2] Schnauffer, Maybach in Deutz 1872 - 1882, S. 6f.

[3] Vgl. Sass, Friedrich: Geschichte des deutschen Verbrennungsmotorenbaues von 1860 bis 1918. Berlin, Göttingen, Heidelberg 1962, S. 26ff.

[4] Vgl. Buberl, Alfred: Die Automobile des Siegfried Marcus. Wien 1994 sowie Goldbeck, Gustav; Schildberger, Friedrich: Siegfried Marcus und das Automobil - Ende einer Legende. In: ATZ 71 (1969) 6, S. 107f; ferner Goldbeck, Gustav: Siegfried Marcus - Ein Erfinderleben. Düsseldorf 1961.

[5] Zur Person Ottos und dessen Erfindung schreibt Rathke: »In welch hohem Maß die Gasmaschine die Gemüter bewegte und die Phantasie auch in Laienkreisen entzündete, zeigt das Beispiel von Nikolaus Otto, der als Autodidakt zum Schöpfer des Verbrennungsmotors werden sollte. Dieser liebenswürdige und sympathische junge Mann war bis zu seinem dreißigsten Lebensjahr Handlungsreisender für eine Kölner Firma. Er bereiste ganz Westdeutschland in Kolonialwaren, hauptsächlich in Tee, Kaffee, Reis und Zucker, hatte also nicht das geringste mit technischen Dingen zu tun. Sein ganzes Bestreben ging einzig und allein dahin, mit seinem Handel so viel Geld zu verdienen, um sein geliebtes Ännchen, das er als sechsundzwanzigjähriger tanz- und maskenfroher Jüngling auf dem Kölner Karneval kennengelernt hatte, heiraten und einen eigenen Hausstand gründen zu können... Im Jahr 1860 erhielt Otto Kenntnis von den erfolgreichen Arbeiten Lenoirs. In seinem jugendlichem Idealismus wälzte er Tag und Nacht die kühnsten Pläne, die sich alle mit der Gasmaschine und deren Verwendungs-möglichkeit beschäftigten.« Rathke, Kurt: Wilhelm Maybach - Anbruch eines neuen Zeitalters. Friedrichshafen 1953, S. 33. Zu Otto siehe ferner Langen, Arnold: Nikolaus Otto, der Schöpfer des Verbrennungsmotors. Stuttgart 1949.

[6] Dazu bemerkt Rathke, S. 64: »Dies (der Fabrikschornsteinrauch, Anm. d. Verf.) brachte ihn auf den Gedanken, daß man auch in einer Gasmaschine ähnlich verfahren könne, indem man an der Zündstelle, die er mit der Mündung des Kamins verglich, für ein reiches Gasgemisch sorgte und dieses Gemisch nach dem Kolbenboden zu in seinem Gasgehalt abnehmen ließ... Er wollte dies dadurch erreichen, daß er der Maschine beim Ansaugen zunächst nur reine Luft zuführte, die sich in einer Schicht über die in dem Zylinder von dem vorherigen Arbeitsgang verbliebenen Restgase lagerte. Erst dann sollte ein Gasluftgemisch angesaugt werden. Otto stellte sich nun vor, daß sich auf diese Weise gewissermaßen drei Schichten im Zylinder bilden würden und daß diese schichtweise Ladung auch bei der darauffolgenden Kompression und anschließenden Zündung im großen und ganzen beibehalten werden könnte.«

[7] Vgl. Sass, S. 55.

[8] Schnauffer, Karl: Maybach in Deutz 1872 - 1882, S. 12f.

[9] Im Frühjahr 1874 hatten die Spannungen zwischen beiden einen Grad erreicht, der den Aufsichtsrat veranlaßte eine »Instruktion« über die »Obliegenheiten und Stellung des kaufmännischen und technischen Direktors« zu verfassen, in der es hieß: »Die Stellung der beiden Direktoren ist eine koordinierte; es ist deshalb bei Ausübung der gleichmäßig zustehenden Rechte eine gewisse Beschränkung und Unterordnung notwendig, namentlich aber ein freundlich kollegialer Verkehr in stetem Hinblick auf die Erreichung des gemeinsamen Zieles. Wenn in strittigen Fällen die Meinungen der Direktoren dauernd auseinandergehen, so ist die Ansicht der Gesamtdirektion einzuholen und der Majoritätsbeschluß maßgebend.« Rathke, S. 57.

[10] Vgl. Löber, Ulrich (Hrsg.): Nicolaus August Otto - Ein Kaufmann baut Motoren. Eine Ausstellung des Landesmuseums Koblenz. Selbstverlag des Landesmuseums Koblenz 1987, S. 17ff.

[11] Dieses Tagebuch wurde von der mtu (Motoren- und Turbinen Union Friedrichshafen GmbH) als Faksimile-Druck herausgegeben und liegt auch in englischer Sprache vor.

[12] Tagebuch Wilhelm Maybach: Reise nach Amerika vom 9. September bis 3. Dezember 1876. S. 4f.

[13] Die Familie Steinway stammte aus Seesen im Harz, von wo aus der Vater von William, Heinrich Engelhard Steinway, 1850 nach Amerika ausgewandert war. Ursprünglich Kunsttischler, hatte er auf Instrumentenbau umgesattelt und nannte sich ab diesem Zeitpunkt Instrumentenmacher. Seit 1871 existierte die Firma Steinway & Sons in New York im Stadtteil Queens. Ein anderer Familienteil hatte mit der Klavierproduktion in Hamburg begonnen. So wurden nach Gründung der Gesellschaft Gas- und Petroleummotoren, als stationäre oder Schiffsmotoren, von der Daimler Motor Company hergestellt und vertrieben. Produziert wurde bei der National Machine Company in Hartford Connecticut. Bei der Columbian Exhibition in Chicago wurden eine verbesserte Ausführung des Maybachschen Stahlradwagens sowie eine Feuerspritze, ein Boot und eine kleine Bahn präsentiert. Die Fahrzeuge wurden aus Deutschland importiert, mit der Idee eines eigenen, in Amerika produzierten Automobils kam man nicht weiter. Es wurden in den Jahren 1891 und 1895 Kapitalerhöhungen im Wert von jeweils 200 000 Dollar durchgeführt, an denen sich Daimler und Steinway je zur Hälfte beteiligen sollten. Da Daimler den Anteil von 95 000 Dollar nicht aufbringen konnte, übernahm Steinway auch diesen Teil. Als er im November 1896 starb, verkauften die Erben diesen Anteil an die General Electric Company. 1898 im Zuge einer Neustrukturierung, nach der die Gesellschaft dann Daimler Manufacturing Company hieß, wurden auch die Vertragsverhältnisse mit der Daimler-Motoren-Gesellschaft neu geregelt. Erst 1905 begann die Gesellschaft mit der Produktion eines eigenen Fahrzeugs mit dem Namen »The American Mercedes«, für den man wie folgt warb: »Der Amerikanische Mercedes, ein Nachbau des berühmten Automobiles, so wie es von unseren Partnern der Daimler Motoren-Gesellschaft in Untertürkheim Deutschland hergestellt wird.« Der Grundtyp dieses Wagens hatte 45 PS und kostete mit einem 4- bis 7sitzigen Aufbau die stolze Summe von 7500 Dollar. Damit lag man 3000 Dollar unter der Importversion aus Stuttgart, weil der Zoll entfiel. Von diesem Fahrzeug dürften etwa 70 - 100 Exemplare gefertigt worden sein. Als 1907 die Fabrik abbrannte, endete auch die Produktion des American Mercedes. Eine ausführliche Darstellung der Gesellschaft findet sich bei Clary, Marcus: Mercedes-Benz in Nordamerika. Unveröffentlichtes Manuskript im Besitz des DaimlerChrysler Konzernarchivs, 1993.

[14] Schnauffer, Maybach in Deutz 1872 - 1882, S. 14.

[15] Zitiert nach ebd. S. 24.

[16] Zitiert nach ebd. S. 25.

[17] Zitiert nach ebd. S. 27f.

[18] Dabei handelte es sich um eine Vereinfachung des atmosphärischen Gasmotors durch Weglassen der Steuerwelle sowie den Austausch der Exzenter durch Kurbeln.

[19] Der Vertrag sah vor, daß nur Daimler ein Kündigungsrecht hatte und alle vertraglichen Vereinbarungen auch auf seine Nachkommen übergingen.

1882 - 1887

Konstruktionsbüro Wohnzimmer
Als Daimlers Konstrukteur in Cannstatt

Mit nunmehr 37 Jahren begann für Maybach in Cannstatt ein neuer Lebensabschnitt. Vom Chefkonstrukteur der angesehenen Deutzer Gasmotorenfabrik war er, von einem Tag zum anderen, zum technischen Leiter eines Kleinbetriebes geworden, in dem er noch nicht einmal ein Büro besaß, da es sich hierbei um ein ehemaliges Gartenhaus in der Taubenheimstraße in Cannstatt handelte. Das war alles andere als eine glanzvolle Karriere! Daimler war im Juni 1882 mit seiner Frau in die Villa gezogen, zu der das Gartenhaus gehörte, und die Familie Maybach war im Oktober gefolgt. Sie nahm Quartier in der Ludwigsburger Straße 87, die sich in der Nähe des Daimlerschen Anwesens befand. Sein Konstruktionsbüro hatte Maybach in seinem Privathaus, und dies behielt er auch bei, als er drei Jahre später in die Pragstraße 34 umzog, und es im Grunde nicht mehr nötig gewesen wäre.

Am 18. April 1882 war der Vertrag geschlossen worden, der die Verbindung zwischen Daimler und Maybach wie folgt regelte:

»Um die Interessen des Herren Maybach mit denen des Herren Daimler dauernd zu verbinden, setzt Herr Daimler eine Summe von Mark 30 000, in Worten dreißigtausend Mark, aus, zu dem besonderen Zwecke der Beteiligung des Herrn Maybach an einem aus den obigen Problemen resultierenden Fabrikationsgeschäfte in der Weise, daß Herr Maybach vorerst, während seiner ersten Dienstzeit, jährlich 4 % Zinsen aus obiger Summe von 30 000 Mark, das ist 1 200 Mark, erhält, bis die Beteiligung mit dieser Summe, je nach der Entwicklung des zu errichtenden Geschäfts teilweise oder ganz ermöglicht ist.«[1]

Der Vertrag entstand zu einer Zeit, da Maybach noch in Deutz angestellt war. Daimler hatte ihn handschriftlich ausgeführt, was für die Diskretion, mit der diese Aktion ablief, spricht. Damit band Daimler Maybach fest an sich und seine Ziele. Allerdings zeigt dieser Vertrag auch, daß das Verhältnis Daimler/Maybach als das von »magister et adlatus« sich zu verändern schien, denn dieser Entwurf war mehr ein Societäts- denn ein Angestelltenvertrag.

Romantischen Naturen mag die Feststellung gefallen, daß die Wiege des Automobils in einem Cannstatter Gartenhaus stand. Wie versöhnlich sind solche Szenarien für den wissenden Blick zurück und wie angstauslösend für den, der in eine ungewisse Zukunft blickt. Daimler war durch die Zahlungen und Tantiemen aus seiner Deutzer Zeit ein wohlhabender Mann, der den Rest seines Lebens als Privatier hätte fristen können. Maybach war mit 37 Jahren dazu noch zu jung und, was noch schwerer wiegt, gänzlich unvermögend. Es muß zudem auf Maybach höchst verwunderlich gewirkt haben, daß sich Daimler auf einmal so sehr für den kleinen, hochdrehenden Motor interessierte, denn in seiner Deutzer Zeit hatte er das nie getan. Es ist zu vermuten, daß sich Daimler erst durch die Umstände der so rasch erfolgten Kündigung Gedanken hinsichtlich erfolgversprechender technischer Konzeptionen für die Zukunft machte und seine erste Wahl auf den kleinen und leichten Verbrennungsmotor fiel. Die Tatsache, daß viele Fahrradfabriken in Deutz nach kleinen Motoren zur Motorisierung von Fahrrädern nachfragten, mag Daimler in seinem Entschluß bestärkt haben.[2] Es war im Grunde der gleiche Gedanke, den Otto schon in Erwägung gezogen hatte. Schnauffer vermerkt diesen Umstand wie folgt:

»In diesem Zusammenhang (dem der allgemeinen Motorisierung, Anm. d. Verf.) ist es übrigens ganz interessant, sich daran zu erinnern, daß schon lange vor Daimler der Erfinder des Viertakts, Otto, von vornherein und ganz bewußt die Motorisierung des Verkehrs mittels Motoren, die als Kraftstoff Kohlenwasserstoffe benutzten, anstrebte. Er meldete im Januar 1861 sein bekanntes Patent über die Motorisierung des Verkehrs an und gab später dieser Motorisierung zu Liebe sogar seinen Beruf auf. In dem Patent war all das niedergelegt, was er zur Verkehrsmotorisierung zu sagen hatte. Und das war sehr viel. Ebenso lassen einige Briefe an seine Braut seine Absicht, den Verkehr zu motorisieren, eindeutig erkennen.«[3]

Die Imagination des sich selbst bewegenden Fahrzeugs, teilweise schon verbunden mit der praktischen Umsetzung, reicht weit hinter den Zeitpunkt der eigentlichen Erfindung des Automobils durch Daimler, Maybach und Benz im Jahre 1886 zurück. Den Anfang machten die

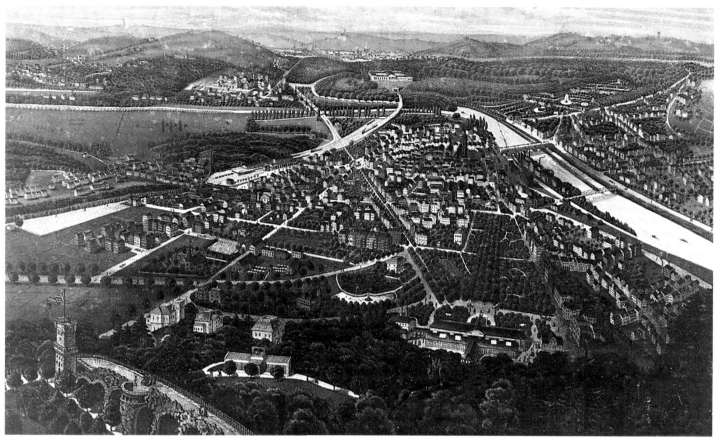

Zeitgenössische Ansicht von Cannstatt, Ende des 19. Jahrhunderts.

durch Windkraft oder Dampfmaschinen angetriebenen Fahrzeuge.[4] So meldete 1770 General Gribeauval dem amtierenden französischen Kriegsminister Marquis de Monteyuard, daß der Feuerwagen des Nicolas Josef Cugnot zur Präsentation bereit stehe, angetrieben durch eine Dampfmaschine, das Vorderrad des Dreiradfahrzeugs diente gleichzeitig als Antrieb und Lenkung. Dreiundvierzig Jahre später, im Jahr 1813 fuhr ein Fahrzeug am Ufer des Genfer Sees entlang. Ausgestattet war dieses Fahrzeug mit einem Gasmotor, der schon eine elektrische Zündung besaß.[5] Sein Erfinder, Isaac de Rivaz, betrieb seine Entwicklung nicht weiter, sondern widmete sich seiner politischen Laufbahn, er wurde Staatskanzler des Schweizer Kantons Wallis, nachdem Napoleons Herrschaft über Europa endete. Zuvor schon hatte George Medhurst ein Patent auf ein »Verfahren zum pferdelosen Antrieb von Wagen durch eine äolische Maschine«, einen Schießpulvermotorwagen erhalten.[6] Der belgische Autodidakt Jean Joseph Etienne Lenoir, der sich zeitweise in Paris als Kellner durchschlagen mußte, entwickelte einen Motor, für den er am 24. Januar 1860 ein Patent erhielt.[7] Eingebaut

in einem Straßenfahrzeug stellte sich der erhoffte Erfolg nicht ein, gleiches gilt für den motorisierten Handkarren, den Siegfried Marcus[8] 1865 in Wien erprobte und den Wagen von Edouard Delamare-Deboutteville[9]. Dieser 1883 gebaute Wagen wurde bei einer Probefahrt zerstört, als der Gasbehälter explodierte.

So war über die Jahrhunderte Idee und Realisierung des Automobils als schwaches Flämmchen aufgezüngelt, um gleich darauf wieder zu verlöschen. Erst in einem Cannstatter Gartenhaus gelang es, die Flamme am Leben zu erhalten und um die Welt zu tragen. 1882 hatte Daimler eine Villa in der Taubenheimstraße für 75 000 Goldmark erworben, was ihm durch die Arbeit in Köln und die reichhaltige Abfindung der Gasmotorenfabrik möglich war. In dessen großen Garten befand sich auch ein massiv gebautes Gewächshaus mit Wintergarten. Hier nun wurde die Versuchswerkstatt eingerichtet, gleichzeitig ließ Daimler die Gartenwege verbreitern, so daß sie mit Fahrzeugen befahren werden konnten. Eine ausgemauerte Grube, weit ab von Haus und Werkstatt, diente dazu, das explosive Benzin aufzunehmen. Benzin als ausschließlichen Brennstoff

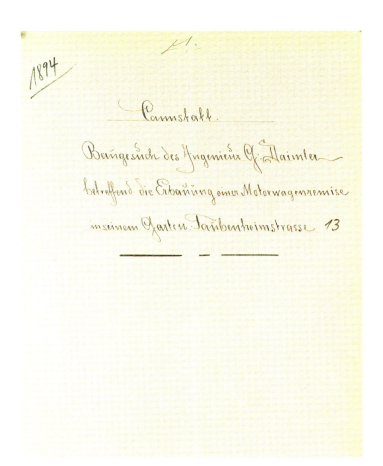

für die Motoren zu verwenden, war hierbei Daimlers grundlegender Ansatz. Als Arbeitsverfahren war für den Motor selbstverständlich an das Ottosche Viertaktverfahren gedacht, da mit dem ebenfalls bekannten Zweitaktmotor sich aus zündungstechnischen Gründen keine hohen Drehzahlen realisieren ließen. Der Versuchsbetrieb verlief unter größter Geheimhaltung, da man mit einem Motorenkonzept experimentierte, dessen Rechte bei den Deutzer Gasmotorenwerken lagen, die sich nicht scheuten jeden Patentrechtsverletzer gerichtlich zu belangen.

Diese Geheimnistuerei führte bei dem Cannstatter Gärtner der Daimlers zu dem Verdacht, im Gartenhaus, das ihm verschlossen war, würde Falschgeld geprägt. Er überredete einen Polizisten, in der Nacht eine heimliche Durchsuchungsaktion durchzuführen, die freilich ergebnislos blieb.[10] Neben dem Arbeitsverfahren war auch die Wahl des richtigen Zündmechanismus von entscheidender Bedeutung. Gerade die bis dahin übliche Flammenzündung bereitete Probleme, deren Schiebermechanismus ebenfalls einer Drehzahlsteigerung im Weg stand. Da Daimler eine elektrische Zündung grundsätzlich ablehnte, mußte nach einer neuen Lösung gesucht werden. Maybach studierte im Rahmen seiner Vorarbeiten über 8 000 Patente, aus denen er 400 für so interessant hielt, daß er Auszüge mit Zeichnungsskizzen anfertigte. In der Hauptsache waren es

Lageplan des Daimlerschen Anwesens in der Taubenheimstraße, 1896.

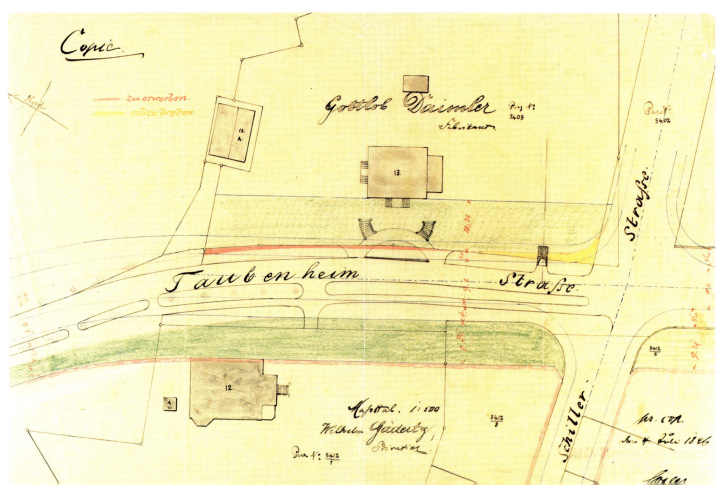

Die Gottlieb-Daimler-Gedächtnisstätte in Bad Cannstatt. Im Vordergrund das Gewächshaus, in dem Gottlieb Daimler seine Werkstatt einrichtete.

Das Büro der Daimler-Werkstatt in Bad Cannstatt.

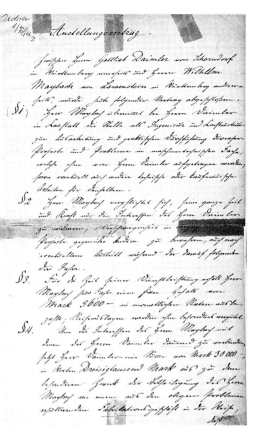

Anstellungsvertrag von Wilhelm Maybach bei Gottlieb Daimler vom 18. April 1882.

deutsche und englische Patente, vereinzelt auch nordamerikanische. Bei den Themengebieten handelte es sich um Motoren, komplette Fahrzeuge, Kupplungen und Zündungen. Die Zündung war bei dem neuen Otto Motor ein neuralgischer Punkt. Schnauffer bemerkt dazu:

»Die ersten Verbrennungskraftmaschinen wurden elektrisch gezündet - so z.B. durch Lenoir und Otto. Diese Zündung war jedoch in den 60er Jahren noch sehr unvollkommen und so störanfällig, daß sich Otto dazu entschloß, sie 1867 durch die Flammenzündung zu ersetzen. Die Erfolge von Otto und Langen auf der Pariser Weltausstellung 1867 und die dann einsetzenden großen Verkaufserfolge sind zum sehr großen Teil dieser neuen Zündung zu verdanken. Es war eine Zündung, die sich den atmosphärischen Motoren sehr gut anpaßte, da sie beim Aufwärtsgehen der Kolben als Flamme in den Zylinder gesaugt wurde. Mit dem Aufkommen der Ottoschen Viertaktmotoren hatte sie ihre Daseinsberechtigung verloren. Denn nun sollte sie gegen einen Überdruck in den Zylinder gebracht werden. Wie wir wissen, hat Otto auch dieses Problem, wenn auch nur notdürftig gelöst. Das Verdichtungsverhältnis und die damit bestehenden Gegendrücke mußten jedoch gering bleiben.«[11]

Eine hohe Verdichtung aber war, bei dem Ziel, einen kleinen und leistungsstarken Motor zu bauen, unumgänglich.

Bei diesen Studien entdeckte Maybach unter anderem das aus Geldmangel nicht weiter aufrechterhaltene Patent eines Leo Funck, das eine gesteuerte Glührohrzündung beschreibt, bei dem statt der Flamme, wie bei der Flammenzündung, ein glühendes Röhrchen durch Öffnen eines Schiebers Verbindung mit dem Brennraum erhält. Bei seinen weiteren Recherchen entdeckte Maybach dann das Patent Watsons, das eine ungesteuerte Glührohrzündung beschreibt, die man übernahm und verbesserte. So konnte der drehzahlhemmende Schiebermechanismus umgangen werden. Daimler ließ sich einen ungekühlten, wärmeisolierten Motor patentieren, dessen Zündmechanismus durch eine ungesteuerte Glührohrzündung erfolgte. Dieses DRP 28022 ist ein Meisterwerk der Formulierkunst, da es strenggenommen dem Ottoschen Viertaktprinzip entspricht. In Ottos Patent ist von Explosionsvermeidung die Rede, Daimler beschreibt den Verbrennungsvorgang expressis verbis als Explosion. Diese Maschine ist nie

1882 erwarb Gottlieb Daimler diese Villa in der Taubenheimstraße in Cannstatt, am Rande des Kurparks.

Turm und Park des Daimlerschen Anwesens.

KAISERLICHES PATENTAMT.

Ausgegeben den 4. August 1884.

PATENTSCHRIFT
No 28022.

CLASSE 46: Luft- und Gaskraftmaschinen.

G. DAIMLER in CANNSTATT.
GASMOTOR

Patentirt im Deutschen Reich vom 16. Dezember 1883 ab.

Die Neuerungen in Gas- und Oelmotoren bestehen in dem Verfahren, in einem geschlossenen, wärmegeschützten oder nicht gekühlten Raum am Ende eines Cylinders Luft mit brennbaren Stoffen (Gasen, Dämpfen, Oel etc.) gemischt durch einen Kolben so zusammen- oder gegen die heissen Wände des Raumes zu pressen, dass am Ende des Kolbenhubes durch die Wirkung der Compression eine Selbstzündung, sozusagen pneumatische Zündung, und rasche Verbrennung durch die ganze Masse des Gemisches eintritt, und die dadurch entstandene erhöhte Spannung als Triebkraft zu verwenden.

In Fig. 1 der Zeichnung ist *A* ein Cylinder, in dem sich der Kolben *B* luftdicht bewegt. Das eine Ende des Cylinders ist durch einen Hut *C* geschlossen, der mit schlechten Wärmeleitern (Lehm, Schlackenwolle etc.) umhüllt ist, und von dem Cylinder möglichst wärmeisolirt ist.

Der Kolbenboden ist ebenfalls nach aussen mit schlechten Wärmeleitern belegt.

Beim Anhub des Kolbens *B* wird durch das Ventil *d* Luft mit Gas oder Oel gemischt, eingesaugt oder eingepresst.

Durch den Rückgang des Kolbens wird das Gemisch in den Raum *C* gepresst und entzündet sich am Ende des Kolbenhubes.

Durch Verbrennung und Ausdehnung des Gemisches wird der Kolben mit bedeutender Kraft zurückgetrieben und kann dann seine Kraft, sei es durch Kurbel oder andere Mechanik, übertragen.

Beim zweiten Rückgang des Kolbens werden die Verbrennungsprodukte ganz oder theilweise durch das Auslassventil *g* ausgetrieben; nachher beginnt ein neues Spiel u. s. f.

Nach einigen Wiederholungen dieses Spieles nehmen die Wände des Raumes *C* und der Kolbenboden eine normale erhöhte Temperatur an, bei welcher sich das Gemisch regelmässig oder um den todten Punkt des Kolbenweges in innerster Kolbenstellung infolge der Compression entzündet, nach dem Erfahrungssatz, dass brennbare Gemische, die unter Atmosphärendruck nicht oder nur langsam verbrennen würden, bei rascher Compression wieder rasch verbrennen und sogar explodiren. Damit am Anfang der Arbeit, wo die Wände des Verbrennungsraumes noch kalt sind, das Gemisch doch explodirt, wird ein metallener Zündhut *f*, dessen Inneres in fortwährend offener Verbindung mit dem Verbrennungsraum ist, mittelst Flammen von aussen so erwärmt, dass die Zündung erst am Ende des Compressionshubes eintritt, so lange, bis die Selbstzündungen ohnedies stattfinden.

Patent-Ansprüche:

1) Bei Gas- oder Oelmotoren das Verfahren, eine Ladung brennbaren Gemisches (Luft mit Gas oder Oel etc. gemischt) in einem geschlossenen heissen Raum rasch zu comprimiren, damit es sich erst im Augenblick der höchsten Spannung von selbst entzündet und Explosion oder rasche Verbrennung durch die ganze Masse erfolgt, und die durch die Verbrennung erhöhte Spannung auf dem Rückwege des Kolbens als Triebkraft zu verwenden.

2) Der mit dem brennbaren Gemisch in fortwährender offener Verbindung stehende Zündhut *f*, welcher so erwärmt wird, dass die Zündung erst am Ende des Compressionshubes eintritt. —

94320

Gasmotor-Patentschrift, 1884.

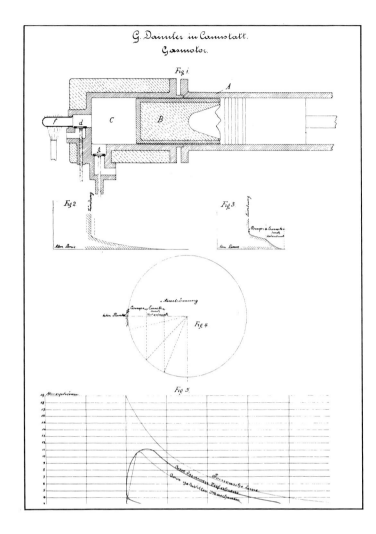

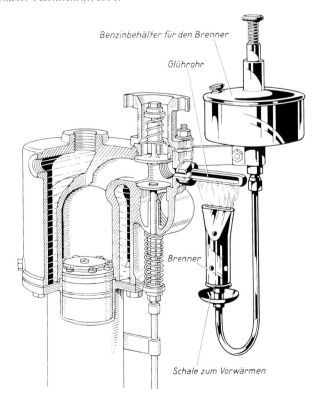

Benzinbehälter für den Brenner

Glührohr

Brenner

Schale zum Vorwärmen

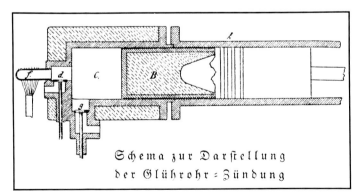

Schema zur Darstellung der Glührohr-Zündung

Zylinderkopf mit Glührohrzündung.

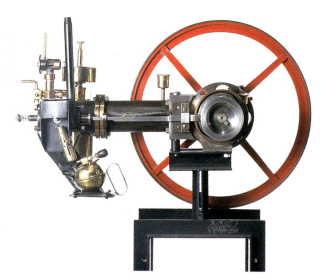

Erster liegender, schnellaufender Daimler-Motor, 1883.

Erstes Modell der »Standuhr«, 1885.

gebaut worden und hätte wohl auch kaum funktioniert. Maybach selbst sagte dazu: »*Die von Herrn Daimler zum Patent angemeldete Gasmaschine D.R.P. 28022, wurde, da praktisch nicht verwendbar, nicht ausgeführt.*«[12] Das Glührohr nur zum Anlassen der Maschine, mit der anschließenden »pneumatischen Zündung«, wie Daimler das Verfahren nannte, konnte nicht funktionieren.

Maybach hatte von Anfang an für das ständig beheizte Glührohr votiert, was sich als richtig erwies, denn nur Motoren mit Heizung am Glührohr liefen auch beständig. Das Patent 28022 wurde zum Grund erbitterter Patentprozesse, in die sich auch die Deutzer Firma einschaltete, nachdem ihr Daimler ein kostenloses Nutzungsrecht der ungesteuerten Glührohrzündung nicht gestattet hatte. Das Reichsgericht aber folgte, dank Daimlers persönlichem Auftreten, seiner Argumentation, Schnauffer bemerkt zu diesem Rechtsstreit: »*Bei dem Erfolg der neuen Glührohrzündung blieb es nicht aus, daß Patentverletzungen vorkamen - und daß gegen Daimler Nichtigkeitsklagen angestrengt wurden. Es ist eine hochanzuerkennende persönliche Leistung Daimlers, daß er, trotz des schlechten Standes seines Patents und trotzdem praktisch alles vorbekannt war, in allen Prozessen, die dreizehn Jahre lang dauerten, nicht unterlag. Zum Schluß mußten seine Gegner, die viele Jahre lang das Patent unberechtigt benutzt hatten, sehr hohe Entschädigungen bezahlen... Wir können daher annehmen, daß die weitschweifigen und unsachlichen Behauptungen Daimlers in seiner Erwiderungsschrift vom April 1894 nur dazu dienen sollten, die ihm sehr wohl bekannten Schwächen seiner eigenen Anmeldung zu vertuschen. Sie war nach allem nur eine außerordentlich geschickte Täuschung des Patentamtes, mehr nicht. Selbstverständlich war es sein gutes Recht, die ihm entgegengehaltene Patentschrift Watsons als Utopie und nicht ausführbar hinzustellen. Leider sind die Entscheidungsgründe des Reichsgerichts vom 1.12.1897 bzw. des Oberlandesgerichts Dresden vom 1.3.1898 nicht mehr vorhanden, sodaß man nicht überprüfen kann, was die beiden Gerichte veranlaßte, trotz dieser wohl einwandfreien Sachlage der Nichtigkeitsklage nicht stattzugeben.*«[13]

Sein Anspruch blieb bestehen und vielen wurde er nach dem Fallen des Otto-Patents zum Verhängnis, da sie in ihren Motoren natürlich auf den Einbau der ungesteuerten Glührohrzündung angewiesen waren.

Ende des Jahres 1883 lief dann der erste Versuchsmotor, dessen Zylinder bei der Glockengießerei Kurtz gegossen worden war und der in deren Büchern als der kleine Modellmotor auftaucht. Mit einer Tourenzahl von 600 Umdrehungen pro Minute übertraf er die alten Motoren, deren Drehzahllimit bei 120 - 180 Umdrehungen lag. Der Zylinder dieses Motors hatte einen Durchmesser von 42 mm und einen Hub von 72 mm. Er verfügte nicht über einen Kühlmantel, konnte aber dank einer Wandstärke von 20 mm längere Zeit ohne Kühlung betrieben werden.

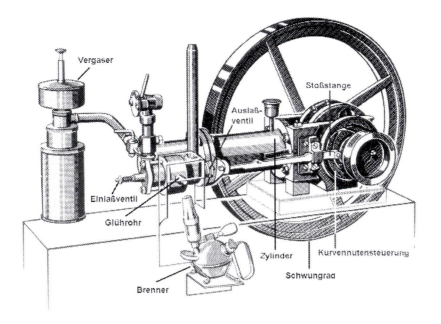

Vergaser

Stoßstange

Auslaß-
ventil

Einlaßventil

Glührohr

Zylinder

Kurvennutensteuerung

Schwungrad

Brenner

Daimler-Reitwagen 1885: Das erste Motorrad der Welt.

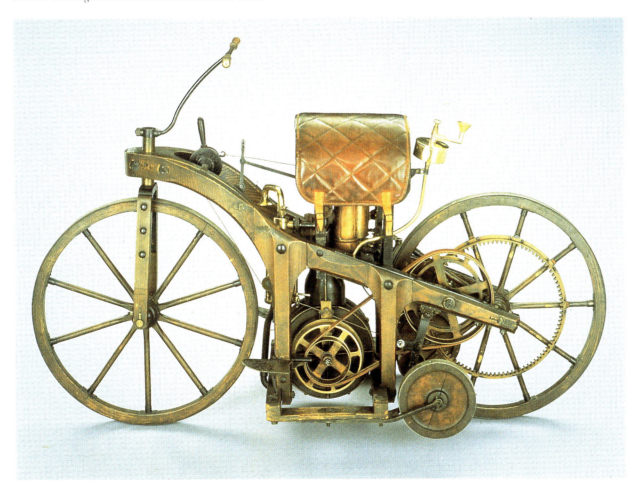

In erster Linie diente dieser Motor zur Erprobung der Glührohrzündung. Daß es sich bei dieser Entwicklung unbestreitbar um einen Otto-Motor handelte, zeigen auch die Notizen von Maybach, der vermerkte:

»In der ersten Zeit handelte es sich darum, den schweren Ottoschen stationären Viertaktmotor in einer für Fahrzeuge geeigneten leichten Konstruktion auszuführen, was mir auch leicht gelang, da ich in Deutz schon des öfteren kleinere Modellmotoren ausführte. Zur Erzielung eines rascheren Ganges wandte ich anstelle der damaligen Flammenzündung die seit 1881 bekannte Watsonsche Zündung mittels Glührohr an und als Vergaser einen von mir erfundenen Schwimmervergaser.«[14]

Beim nächsten Versuchsmotor, der von der Glockengießerei Kurtz gebaut wurde, handelte es sich um einen stehenden Motor, von dem keine Unterlagen mehr vorhanden sind, der aber weitgehend dem Patent No. 28243 entsprochen haben muß. Daß sich die in diesem Konzept vorhandene Steuerung des Einlaßventils erst mit reichlich zeitlicher Verzögerung durchsetzte, ist aus heutiger Sicht

Dieser Holzschnitt
zeigt Wilhelm Maybach
auf dem Daimler-»Reitwagen«, 1885.

unverständlich. Noch im Frühjahr 1900 (16 Jahre später) wurde es als Sensation angesehen, als bekannt wurde, daß Maybach die Einlaßventile steuern wollte. Schnauffer faßt die Neuerungen dieses Motors gegenüber den Deutzer-Motoren zusammen:

»...die ungesteuerte Glührohrzündung, - die Steuerung der Ventile mittels einer Kurvenscheibe, - daß beide Ventile, also sowohl das Auslaß- als auch das Einlaßventil gesteuert werden, - daß beide Ventile über ein gemeinsames Gestänge gesteuert werden, - daß eine sehr elegante Leistungsregelung durch Schwunggewichte innerhalb der für die Steuerung verwendeten Kurvenscheibe vorgesehen ist, - daß der Motor luftgekühlt ist, - daß das Schwungrad als Gebläserad ausgebildet ist und als besonders interessant - eine Vorrichtung für die genaue Einstellung der Glührohrzündung.«[15]

Die Ventilsteuerung über eine Kurvenscheibe war in der Tat eine Vereinfachung, da die Nockenwelle mit ihrer Lagerung sowie die Zahnraduntersetzung für den Antrieb entfiel. Dem standen allerdings zwei so gravierende Nachteile gegenüber, daß diese Art der Ventilsteuerung schon sieben Jahre später, also 1890, in keinem Daimler-Motor mehr zu finden war. Es war dies zum einen die Unmöglichkeit, dieses Konstruktionsprinzip bei Reihenmotoren zu verwenden, zum anderen waren die hohen Gleitwiderstände ein Hemmnis bei der Drehzahlsteigerung, die wiederum unumgänglich war, um die Motorleistung zu erhöhen. Dennoch muß dieser Motor aus heutiger Sicht als der modernste der drei Motoren gelten, und es ist erstaunlich, daß sich diese wegweisenden konstruktiven Details in der dritten Ausführung nur teilweise wiederfinden.

Der Versuchsmotor, der bei der Glockengießerei Kurtz gefertigt wurde, seines Aussehens wegen als »Standuhr« tituliert, hatte eine Bohrung von 70 mm und einen Hub von 120 mm. Seine Leistung betrug in der ersten Ausführung von 1884 etwa 1 PS bei 600 Umdrehungen. Neben dem Daimler-Patent der Kurvennutensteuerung, die die Steuerung des Auslaßventils betrieb, hatte Maybach den Motor so ausgelegt, daß er schon mit einer Vorverdichtung arbeitete. Angesaugt und vorverdichtet wurde im Kurbelgehäuse, das Gemisch gelangte dann über ein im Kolben angebrachtes Ventil in den Brennraum.[16] Dieses Konstruktionsmerkmal erforderte ein geschlossenes Kurbelgehäuse.[17] Ebenfalls war schon eine Kurbelvorrichtung zum Anwerfen des Motors vorhanden und ein Dekompressionshebel, um das Anlassen zu erleichtern. Der Motor war zudem mit einer Aussetzerregulierung ausgestattet. Sie wirkte von der Kurvennutensteuerung aus durch eine bewegliche Weichenzunge, die sich durch die Zentrifugalkraft von der inneren Kurvennut in die äußere legte und die Stoßstange deshalb in der inneren Kreisnut bleiben mußte. Dadurch blieb das Auslaßventil geschlossen, bis sich die Drehzahl wieder einreguliert hatte.

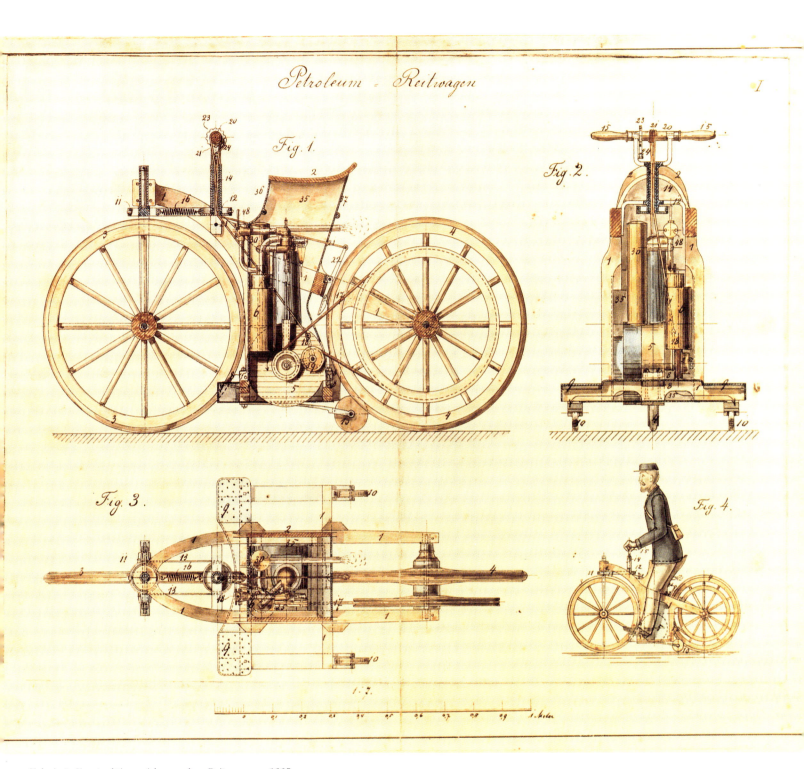

Kolorierte Konstruktionszeichnung des »Reitwagens«, 1885.

KAISERLICHES PATENTAMT.

PATENTSCHRIFT

— № 36423 —

KLASSE 46: LUFT- UND GASKRAFTMASCHINEN. 63 k 24

G. DAIMLER in CANNSTATT.

Fahrzeug mit Gas- bezw. Petroleum-Kraftmaschine.

Patentirt im Deutschen Reiche vom 29. August 1885 ab.

Dieses Fahrzeug besteht im wesentlichen aus dem Fahrgestell 1 mit Sitz 2, einem Lenkrad 3 und einem Triebrad 4 in derselben Spur, Fig. 1 bis 4.

Die Triebkraft, der Gas- bezw. Petroleummotor 5 mit dem Petroleumreservoir 6, ist zwischen diesen Rädern möglichst tief und federnd aufgehängt, indem an den Befestigungsschrauben 7 Gummischeiben 8 untergelegt sind; dieses letztere zu dem Zweck, daß die Explosionsstöße weniger auf das Wagengestell übertragen werden. An den Trittbrettern 9 zu beiden Seiten ist je eine pendelartig federnde Balancierrolle 10 zur Aufrechthaltung des Wagens angebracht, welche gleichwohl eine Schiefstellung desselben beim Curvenfahren zulassen. Das Lenkrad 3 wird durch Uebertragung mittelst über die Scheiben 11 und 12 gelegter Kette oder Bandes 13 von der hohlen Drehachse 14 aus mit dem Lenkhebel 15 gesteuert. Durch die in die beiden Scheiben 11 und 12 gespannt eingehängte Zugfeder 16, welche ihre kleinste Länge hat, wenn die beiden Räder 3 und 4 in gerader Spur laufen, wird das Lenkrad beim Freilassen in dieser Stellung gehalten.

Die Uebertragung der Kraft vom Motor auf das Triebrad geschieht mittelst loser Schnur 17, welche durch die auf dem drehbaren Hebel 18 sitzende Rolle 19 gespannt wird.

Von dem Ende des Hebels 18 aus geht durch die hohle Achse 14, einigemal um die Handgriffachse 20 geschlagen und wieder zurück, eine Schnur 21, deren anderes Ende mit dem Bremshebel 22 verbunden ist, so daß beim Drehen der Handgriffe 15 nach der einen oder anderen Richtung die Spannrolle angezogen

und die Bremse gelöst wird, oder umgekehrt. Durch das gezahnte Rädchen 23 mit Falle 24 kann die drehbare Handgriffachse in jeder Stellung festgehalten werden.

Ist die Bremse angezogen, so ist der Treibriemen lose und gleitet auf seinen Scheiben, während der Motor leer weiter läuft.

Die auf der Kurbelachse lose Antriebsscheibe 25 wird mittelst der Frictionsscheiben 26 und 27, Fig. 9 und 10, welche mitgenommen, durch Feder 28 und Stellschraube 29 so gegen einander gepreßt werden, daß bei Ueberschreitung der Maximalkraft des Motors die Kupplung gleitet, wodurch ein Stillstehen des Motors während der Fahrt vermieden wird.

Der Ausblasetopf 30, Fig. 1 bis 3, dient gleichzeitig zur Heizung.

Durch den Schraubenventilator 31, Fig. 9 und 10, seitlich am Motor auf der Kurbelachse 32 wird frische Luft durch den Mantelraum 33 des Arbeitscylinders 34 zur Kühlung desselben getrieben, welche nach der Erwärmung zur Heizung des Wagensitzes 2 etc. dient und an den Fußtritten 9 wieder entweicht.

Der Wagensitz bildet zum Zweck der Heizung und zum Schutz der Apparate gegen Staub mit dem Gestell einen geschlossenen Kasten 35, welcher oben mit den umlegbaren Klappen 36 und 37 versehen ist, zur Lüftung bei Entbehrlichkeit der Heizung.

Der Motor wird vor Besteigung des Wagens mittelst der Kurbel 38, Fig. 9, leer laufend in Gang gesetzt. Dieselbe ist mit Sperrzähnen 39 versehen und wird bei der Beschleunigung der Umdrehung der Kurbelachse von selbst ausgelöst und abgenommen.

Patentschrift des »Reitwagens« vom August 1885.

Der Petroleumapparat besteht hauptsächlich aus dem Petroleumreservoir 6, Fig. 11 und 12, ferner dem Schwimmer 40 mit Teleskopröhre 41, 42. Rohr 41 ist im Schwimmer und Rohr 42 am Reservoirdeckel 43 fest. Die durch die Teleskopröhre vom Motor in den Apparat eingesaugte Luft ist zur besseren Verdunstung dem warmen Luftstrom aus dem Cylindermantel 33 entnommen und wird durch die Löcher 44 in die oberen Schichten des Petroleums im Schwimmer geführt, tritt, mit Oeldämpfen geschwängert, durch die Verdunstungsräume 45, 46 und 47 in die Rohrleitung zum Motor und empfängt im Regulirhahn 48 zur vollständigen Verbrennung nöthige Luft. Der Raum 47 ist durch Sieb 49 von Raum 46 getrennt und befindet sich auf demselben das Ventil 50, damit bei etwaigem Einschlagen einer Flamme dieselbe nicht tiefer in den Apparat dringen und der entstandene Druck durch das Ventil entweichen kann.

An Stelle des Verdunstungsapparates kann auch eine Zerstäubungspumpe verwendet werden, wie auch bei Einrichtung des Motors für Gas statt des Oelreservoirs ein Gasreservoir auf dem Wagen angebracht werden kann. Auch kann das Fuhrwerk zum Transport von Lasten jeder Art verwendet werden.

Fig. 5 bis 8 zeigen die ganze Einrichtung, wie oben beschrieben, auf einen Schlitten für Eis- und Schneebahnen angewendet, nur sind an Stelle der Leiträder die Leitschuh 3 und statt der Balancierrollen die Balancierschuhe 10 angebracht; ferner ist das Triebrad 4 mit Zähnen versehen, und greift die Bremse 22 direct am Boden an.

PATENT-ANSPRÜCHE:

1. Die Anordnung eines Gas- bezw. Petroleummotors unter dem Sitz und zwischen den beiden Fahrachsen eines einspurigen Fahr- oder Schlittengestelles mit dem Schwerpunkt in der Verticalebene der Spur zum Zweck gleichmäßig vertheilter niedriger Aufhängung; die Umschließung des Motors

durch einen Kasten, der gleichzeitig als Sitz des Fahrzeuges dient, zum Zweck allseitigen Schutzes desselben, und die Beheizung dieses Kastens durch die überschüssige Wärme des Motors.

2. Bei der unter 1. geschützten Anordnung:
   a) die am Fahrzeug seitlich angebrachten federnden Balancierrollen bezw. -Schuhe 10, um die Hauptlast auf der Mittelspur zu erhalten, auch bei unebener Fahrstraße;
   b) die die Geradspur der Räder bezw. von Rad und Leitschuh von selbst einstellende Feder 16;
   c) die wechselseitig die Bremse oder die Riemenspannung beeinflussende Zugvorrichtung 18 bis 22, wodurch die eine gelöst, während die andere angezogen wird.

3. Bei Motoren, die zum Betrieb von Fahrzeugen der unter 1. gekennzeichneten Art dienen:
   a) die Federn 8 zwischen Motor und Gestell zur Milderung der Erschütterung des Fahrgestelles durch den Motor;
   b) die Lüftungsvorrichtung 36, 37 am Schutzkasten;
   c) der Ventilator 31 auf der Kurbelachse zur Luftkühlung des Cylinders, um Wasserballast zu vermeiden;
   d) am Petroleumapparat: die mit dem Petroleumvorrath communicirende centrale Mulde im Schwimmer 40 mit der durch den Deckel 43 hindurch sich schiebenden, unter dem Petroleumniveau durchlöcherten Saugeröhre 41 am Schwimmer, mittelst welcher erwärmte Luft durch das Petroleum in der Mulde gesaugt wird, zum Zwecke, bei Schiefstellung des Fahrzeuges die Löcher 44 noch unter dem Petroleumspiegel zu erhalten und die Erwärmung des Petroleumvorrathes im Behälter zu vermeiden.

Hierzu 3 Blatt Zeichnungen.

BERLIN. GEDRUCKT IN DER REICHSDRUCKEREI.

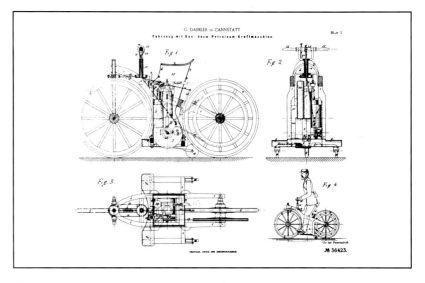

G. DAIMLER in CANNSTATT.
Fahrzeug mit Gas- bezw. Petroleum-Kraftmaschine.
Blatt I.

Fig. 1 Fig. 2 Fig. 3 Fig. 4

№ 36423.

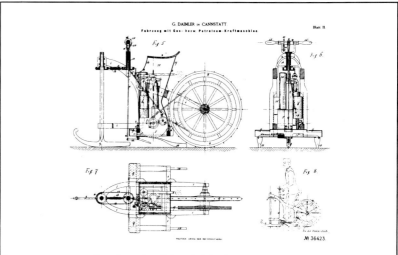

G. DAIMLER in CANNSTATT.
Fahrzeug mit Gas- bezw. Petroleum-Kraftmaschine.
Blatt II.

Fig. 5 Fig. 6 Fig. 7 Fig. 8

№ 36423.

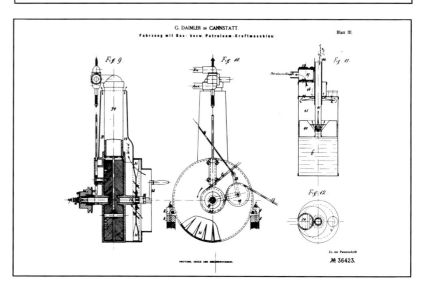

G. DAIMLER in CANNSTATT.
Fahrzeug mit Gas- bezw. Petroleum-Kraftmaschine.
Blatt III.

Fig. 9 Fig. 10 Fig. 11 Fig. 12

№ 36423.

Freihandskizzen von Wilhelm Maybach von Motor-Zweirädern mit heb- und senkbaren Stützrädern, um 1886.

Mit dieser Konstruktion war die Grundlage für den Einbau des Motors in ein Fahrzeug gelegt. Zugrunde lag diesem Motor das Patent No. 34926 vom 3.4.1885. Erstaunlich an dem Patent ist, daß weder das geschlossene Kurbelgehäuse, noch die Schleuderschmierung als Anspruch formuliert waren. Den Hauptanspruch machte vielmehr das geschlossene Kurbelgehäuse als Spül- beziehungsweise Ladepumpe aus. Schnauffer konstatiert zu dieser konstruktiven Besonderheit:

»Dieser Spül- und Nachlademotor konnte sich daher (Verschmutzter Ventilsitz, Oelnebel im Brennraum von der Wellenschmierung und zu große nicht abführbare Temperaturen am Kolbenventil d. Verf.) nicht durchsetzen und hat keinerlei Bedeutung erlangt.«[18]

Das erste Fahrzeug war eine Maybachkonstruktion. Dieses mit einem hölzernen Rahmen versehene Motorrad, auch oft als Reitwagen bezeichnet, besaß einen luftgekühlten Einzylindermotor, der stehend eingebaut war. Der Hubraum betrug 0,212 Liter bei einer Bohrung von 58 mm und einem Hub von 100 mm. Bei 600 U/min leistete die Maschine ein halbes PS. Die Kühlung erfolgte mittels Gebläse. Auf dieses Fahrzeug mit Gas- bzw. Petroleum Kraftmaschine«, wie der Patentanspruch lautete, bekam Daimler am 29. August 1885 das DRP 36423. Der Patentanspruch 1 für dieses Fahrzeug lautete:

»Die Anordnung eines Gas- bzw. Petroleumsmotors unter dem Sitz und zwischen den beiden Fahrzeugachsen eines einspurigen Fahr- oder Schlittengestelles mit dem Schwerpunkt in der Verticalebene der Spur zum Zweck gleichmäßig verteilter niedriger Aufhängung; die Umschließung des Motors durch einen Kasten, der gleichzeitig als Sitz des Fahrzeuges dient, zum Zweck allseitigen Schutzes desselben, und die Beheizung dieses Kastens durch die überschüssige Wärme des Motors.«[19]

Das Motorrad hatte ein Zweiganggetriebe. Die Gangwahl erfolgte durch Riemenwechsel, was nur bei Stillstand des Fahrzeugs erfolgen konnte. Die zwei Geschwindigkeiten, die erreicht wurden, lagen bei 6 und 12 km/h. Da die eisenbereiften Holzräder kaum Schräglagen zuließen, zudem die wenigsten damals Fahrraderfahrung hatten, waren zwei abgefederte Balancierrollen am Fahrzeug angebracht. Am 10. November 1885 legte der damals 39jährige Maybach mit diesem Fahrzeug die 3 km lange Strecke zwischen Cannstatt und Untertürkheim ohne Probleme zurück.[20]

Die im ersten Anspruch ebenfalls aufgeführte motorisierte Schlittenkonstruktion beruhte auf dem Zweirad. Das Vorderrad wurde dabei einfach durch eine Kufe ersetzt, das Hinterrad mit einer Verzahnung versehen. Diese Version kann für sich getrost in Anspruch nehmen, der erste Motorschlitten der Welt zu sein. Ebenfalls Inhalt des Patents ist die Beschreibung einer Benzineinspritzung anstelle eines Vergasers, für die Maybach auch schon eine Skizze ausgeführt hatte. Damit war schon 1885 das Prinzip der Benzineinspritzung in das Ansaugrohr klar formuliert. Auch die Vergaserkonzeption war Bestandteil des Patents. Anstelle des bislang gebräuchlichen Oberflächenvergasers hatte Maybach erstmals einen Schwimmervergaser für das Reitrad entwickelt. Durch die Verwendung eines Schwimmers wurde gewährleistet, daß der Benzinstand auf einem konstanten Niveau blieb, denn nur so konnte ein gleichbleibendes Kraftstoffluftgemisch erzeugt werden. Dieser Vergasertyp wurde fast ein Jahrzehnt verwendet, obwohl er extrem groß war (fast so groß wie der ganze Motor). Ebenso wie der Oberflächenvergaser saugte er vorgewärmte Luft an, was eine Volu-

So stellte sich ein Zeichner einen Ausflug mit dem »Reitwagen« vor.

Die Daimlersche »Motorkutsche« aus dem Jahr 1886.

Erste Daimler-Motorkutsche mit eingebauter »Standuhr«, 1886.

menreduzierung bedeutete und den Wirkungsgrad verschlechterte.

Nachdem die Erfahrungen mit dem Zweirad erfolgreich verlaufen waren, sollte nun die Erprobung der Motoren in einem zweiachsigen Fahrzeug erfolgen. Warum anfänglich für die Versuche ein Zweirad verwendet wurde, läßt sich wohl am ehesten durch die beschränkten Platzver-hältnisse, die das umgebaute Gewächshaus bot, erklären. Zudem hatten Daimler und Maybach herausgefunden, daß Perreaux seinem durch eine Dampfmaschine angetriebenen Dreirad, Versuche mit einem Zweirad vorausgehen ließ. Augenfällig ist auch die Ähnlichkeit des Perreauxschen Rades mit der Patentzeichnung des Reitrads. Allerdings stellte sich das Zweirad als entwicklungstechnische Sackgasse heraus. Schnauffer bemerkt dazu:

»Leider muß festgestellt werden, daß das Motorrad, obwohl es mit viel Mühe und großer Sorgfalt gebaut worden war, ein Fehlschlag wurde. Sehr schnell stellte es sich heraus, daß es bei weitem nicht so entwicklungsfähig war wie ein Wagen. Es steht außer Frage, daß es ein Irrweg war und daß es für die Motorisierung des Straßenverkehrs genau so wenig Bedeutung gehabt hat wie die Fahrzeuge früherer Erfinder. Für die Motoren hingegen war die Entwicklung des Motorrads ein ganz außergewöhnlicher Entwicklungssprung, der den stehenden Zylinder, das geschlossene Kurbelgehäuse, die Schleuderschmierung und den Schnellauf brachte. Denn dadurch, daß sich Daimler und Maybach ihre Aufgabe wesentlich erschwerten und sie die Entwicklung eines Kraftwagenmotores ausließen, wurde dem Motorradmotor die gedrungene und geschlossene Form gegeben, die bis in unsere Tage vorbildlich geblieben ist. Sie wurde außerdem noch richtungsweisend für die Entwicklung der Kraftwagenmotoren auf der ganzen Welt. Bedauerlich ist noch, daß der Umweg über das Motorrad Daimler und Maybach ganz sicher einen Zeitverlust von fast zwei Jahren gebracht hat - von den unnötig aufgewendeten Mitteln ganz zu schweigen. Denn es besteht kein Zweifel darüber, daß, wenn sich Daimler schon im Frühjahr 1884 zum Kauf eines Kutschwagens entschlossen hätte, wir schon von diesem Zeitpunkt an ein brauchbares und entwicklungsfähiges motorisiertes Straßenfahrzeug gehabt hätten.«[21]

Das erste serienmäßig produzierte Motorrad war dann die ab 1894 produzierte, mit einem Zweizylindermotor versehene »Hildebrand & Wolfmüller«, deren Glührohrzündung von Maybach entworfen worden war.

Schon im Frühjahr 1886 hatte Daimler bei der Firma W. Wimpff & Sohn in Stuttgart einen »Americain«, so die Bezeichnung des Wagentyps, bestellt. Angefertigt in Hamburg, montiert in Stuttgart, wurde der Wagen am 28. August geliefert und heimlich in der Nacht auf das Daimlersche Anwesen gebracht. Angeblich ein Geburtstagsgeschenk für Frau Daimler. Es ist den alten Unterlagen zu entnehmen, daß Daimler 775 Mark für den Kutsch-

Hildebrand & Wolfmüller-Motorrad.

Im März 1886 bestellte Daimler bei der Firma Wimpff & Sohn eine Kutsche Typ »Americain«; hier die Seite aus dem Auftragsbuch.

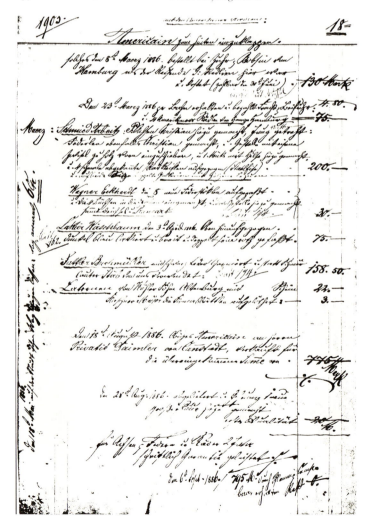

Daimler-»Motorkutsche«; im Fond Gottlieb Daimler, am Steuer sein Sohn Adolf.

Erste Probefahrt des Daimler-Motorbootes »Neckar« auf dem Neckar mit Wilhelm Maybach (2. v. re.) und Gottlieb Daimler (3. v. re.), 1887.

Motorgetriebene Straßenbahn als Ausstellungsbahn, 1889 in Bremen.

Daimler-Benzinlokomotive mit 2 Zylinder-V-Motor, 1890.

Daimler-Ausstellungsbahn in Palermo, 1891/92.

wagen bezahlt hat. Der Motor, den man nebst Drehsche-
mellenkung unter Maybachs Anleitung in der Maschinenfabrik Esslingen einbaute, hatte 1 1/2 PS und war nach dem
Vorbild der Standuhr gebaut. Die Kraftübertragung erfolgte, für Daimler typisch, über Riemen. Auf der Kurbelwelle
waren lose zwei Scheiben angebracht, die eine für schnelle,
die andere für gemäßigte Fahrt. Die Riemen konnten während der Fahrt durch Handhebel verschoben werden.
Wurden beide Scheiben ausgerückt, blieb der Motor im
Leerlauf. Anfangs wurde ein luftgekühlter Motor verwendet, der im Frühjahr 1887 durch einen wassergekühlten
ersetzt wurde. Hierzu wurde von Maybach der
Arbeitszylinder umkonstruiert und ein Lamellenkühler

rückseitig montiert. Ob das erste Fahrzeug nun Daimlers
Kutschwagen war oder das Benzsche Velociped, ist für die
Chronisten nicht mehr entscheidbar. Getroffen, das sei
hier als Kuriosum am Rande erwähnt, haben sich beide
Männer nie.[22] Maybach war mit dem Wagen alles andere
als zufrieden. Er fand ihn mit 12 km/h zu langsam und
von der ganzen Konzeption zu primitiv, eben eine motorisierte Kutsche.

Da vor allem die Versuchsfahrten[23] auf öffentlichen
Straßen immer wieder zu Beunruhigung in der Bevölkerung führten, wählte man als nächsten Versuchsträger ein
Boot. Das DRP 39367 lautet auf »Einrichtung zum Betrieb
der Schraubwelle eines Schiffes mittels Gas- oder Petro-

leum-Kraftmaschine«. Das Schiff absolvierte mehrere Probefahrten[24] auf dem Neckar, bis es am 13. Oktober 1886 bei einer Fahrt auf dem Waldsee bei Baden-Baden der interessierten Öffentlichkeit vorgeführt wurde. Wahrscheinlich, genau läßt sich das nicht mehr feststellen, kam in dem Boot ein 1 PS Motor mit einem Hub/Bohrungsverhältnis von 70 mm zu 120 mm zum Einsatz. Zudem wurde, was nahe lag, der Motor von Luft auf Wasserkühlung umgerüstet. Die Skizze Maybachs dazu ist erhalten geblieben.

Für das Frühjahr 1887 erhielt Daimler von einem Frankfurter Regatta-Verein die Einladung während einer dort stattfindenden Wassersportveranstaltung, sein Boot vorzuführen. Mit einem leichten Einsitzerboot begab sich Maybach daraufhin nach Frankfurt, mußte aber zu seinem Erstaunen zur Kenntnis nehmen, daß die dortige Polizeibehörde seinen Start untersagte. Er brachte das Boot dennoch zu Wasser und absolvierte die Strecke, verfolgt von einem Ruderboot der Polizei, das ihn freilich nicht einholen konnte. Zurück an Land mußte sich Maybach allerdings eine kurze Arrestierung gefallen lassen.

Mit dem Umzug auf den Seelberg endete eine fünf Jahre dauernde äußerst produktive Epoche Maybach-Daimlerscher Zusammenarbeit über die Schnauffer bemerkt:

»Mit diesen Einführungen der neuen Motoren in die verschiedensten Verwendungsgebiete endete die fünfjährige engste Zusammenarbeit von Daimler und Maybach - die Geschichte gemacht hat und Geschichte geworden ist. In den vier Jahren der Entwicklung der Motoren im Gewächshaus von Daimlers Garten hatten beide durch ihre Zusammenarbeit und durch ihr Planen und Forschen den ersten leichten, schnellaufenden Verbrennungsmotor geschaffen der - narrensicher gemacht - der Verwendung im Grossen zugeführt werden konnte... Die Zusammenarbeit der beiden in jener Zeit war so eng, daß letzten Endes fast alles ein gemeinsames Handeln wurde. Eine Ausnahme bildete nur die Konstruktion, die wohl Maybach, so wie er es von Deutz her gewohnt war, selbständig schuf.«[25]

[1] *Vgl. Mercedes-Benz AG (Hrsg.): 100 Jahre Daimler-Motoren-Gesellschaft. Stuttgart 1990, S. 30.*

[2] *Siehe Schnauffer, Karl: Die Entwicklung des raschlaufenden Viertaktmotors durch Daimler und Maybach 1882 - 1887.*
Teil I: Text. Erstellt im Auftrag der Arbeitsgemeinschaft für die Geschichte des Deutschen Verbrennungsmotorenbaues, 1953, Archiv der mtu, Bestand "Wilhelm Maybach", S. 8.

[3] *Ebd.*

[4] *Vgl. Krebs, Rudolf: 5 Jahrtausende Radfahrzeuge - Über 100 Jahre Automobil. Berlin, Heidelberg, New York 1994, S. 83ff.*

[5] *Bei dem Wagen von Rivaz dürfte es sich um das erste Fahrzeug mit Verbrennungskraftmotor gehandelt haben. Krebs kommentiert ihn wie folgt und gibt dazu noch einige interessante etymologische Erläuterungen: »Der von Rivaz erfundene, hergestellte und auch eingesetzte Karren war das erste automobile Fahrzeug, das von einer Wärmekraftmaschine mit innerer Verbrennung angetrieben wurde. Die Patentschrift macht deutlich, daß die Maschine von Rivaz der Nachfolger der Huygenschen Pulvermaschine war und nach dem selben Prinzip arbeitete. Da diese Maschinen grundsätzlich wie Kanonen arbeiten, ist auch die Terminologie, in der die Maschinen beschrieben werden, artilleristisch eingefärbt. Noch immer mußte die Maschine vor jedem Nutzhub »geladen« und die »Ladung« anschließend entzündet werden. Das Geschoß wurde vom Kolben vertreten, der jedoch das »Rohr«, also den Zylinder, nicht verlassen durfte, sondern, in diesem Arbeit verrichtend, in seine Ausgangsstellung zurückkehren mußte. Noch heute wird der von Rivaz gewählte Ausdruck »Ladung« für die Dosis des Kraftstoff Luftgemisches beim Otto-Motor und die der Verbrennungsluft beim Dieselmotor verwendet. Bei Hochleistungsmotoren wird die »Ladung« vorverdichtet, was durch »Lader« geschieht. Dieser Vorgang wird »Aufladung« genannt.« Ebd. S. 197.*

[6] *Vgl. Hardenberg, Horst: Schießpulvermotoren - Materialien zu ihrer Geschichte. Düsseldorf 1992, S. 116ff.*

[7] *Krebs beschreibt die Funktionsweise der Maschine wie folgt: »Die Lenoir Maschine arbeitete demnach ähnlich wie eine doppelt wirkende Dampfmaschine. An die Stelle der Wärmeenergie des Dampfes war die des verbrennenden Gas-Luftgemischs getreten. Die Leistungsgrenze des Lenoir Motors lag bei etwa 12 PS. Die in der Werbung in Aussicht gestellte Eignung dieser Maschine zum Antrieb von Lokomotiven, Lokomobilen und Feuerspritzen und die angekündigte Leistung von 100 PS erwies sich als unerreichbar. Dennoch hatte der Lenoir-Motor eine neue Epoche der Wärmekraftmaschine mit innerer Verbrennung eingeleitet und erwies seine Eignung als brauchbare, platzsparende Antriebsmaschine für kleine Betriebe. Gegenüber der Dampfmaschine waren die geringen Anschaffungskosten und die sofortige Betriebsbereitschaft vorteilhaft.« Krebs. S. 203f.*

[8] *Vgl. Goldbeck, Gustav: Siegfried Marcus - Ein Erfinderleben. Düsseldorf 1961 sowie zur Diskussion über die Fahrzeuge von Marcus und deren Priorität: Buberl, Alfred: Die Automobile des Siegfried Marcus. Wien 1994, sowie Goldbeck, Gustav/Schildberger, Friedrich: Siegfried Marcus und das Automobil - Ende einer Legende. In: ATZ 71 (1969) 6, S. 207.*

[9] *Die Motoren von Lenoir und Otto dienten Deboutteville als Vorlage für seinen leichten Gasmotor, den er ab 1881 entwickelte und 1883 in besagten dreirädrigen Wagen einbaute. Zur Priorität der Erfindung vgl. Krebs, S. 247f.*

[10] *Mercedes-Benz AG (Hrsg.): 100 Jahre Daimler-Motoren-Gesellschaft 1890 - 1990. Stuttgart, 1990, S. 34.*

[11] *Schnauffer, Karl: Die Entwicklung des raschlaufenden Viertaktmotors durch Daimler und Maybach 1882 - 1887. Teil I: Text. Erstellt im Auftrag der Arbeitsgemeinschaft für die Geschichte des Deutschen Verbrennungsmotorenbaues, 1953, Archiv der mtu, Bestand »Wilhelm Maybach«, S. 13.*

[12] *Zitiert nach Sass, Friedrich: Geschichte des deutschen Verbrennungsmotorenbaus von 1860 bis 1918". Berlin, Göttingen, Heidelberg 1962, S. 84.*

[13] *Schnauffer, Daimler und Maybach 1882 - 1887, S. 27ff.*

[14] *Ebd., S. 10f.*

[15] *Ebd., S. 46f.*

[16] *Einem Zweitaktmotor nicht unähnlich wurde bei dieser Bauart das Gemisch unterhalb des Kolbens, bei dessen Aufwärtsbewegung, angesaugt, um erst bei der Abwärtsbewegung des Kolbens durch das Kolbenventil in den Brennraum zu gelangen. Bei dieser Bauart wurde das Kurbelgehäuse als Spül- und Ladepumpe verwendet und mußte deshalb auch geschlossen ausgeführt werden. Dieses Konzept hatte die konstruktionsbedingte Schwäche, daß das Ventil recht schnell verkokste und so Kompressionsverluste entstanden. In der Tat war Maybach, durch ein Zweitaktmotorenpatent von Konrad Angele aus dem Jahr 1878 zu dieser Konstruktion inspiriert worden. Siehe ebd., S. 55f.*

[17] *Schnauffer bemerkt zu dieser Konstruktion: »Bei der Besprechung des liegenden Modellmotors war bereits auf die bei diesem Motor neu durchgebildeten scheibenförmigen Kurbelwangen hingewiesen worden. Die Weiterentwicklung dieser Scheiben zu Schwungrädern lag verhältnismäßig nahe. Denn die großen Schwungräder der beiden ersten Motoren erschwerten den Einbau in die damaligen verhältnismäßig kleinen Fahrzeuge sehr und mußten unbedingt entweder ganz verschwinden oder wesentlich verkleinert werden. Das so umgestaltete Triebwerk hat dann Maybach in ein geschlossenes Gehäuse eingebaut. Es war eine überragende schöpferische Leistung, die die gesamte Motorenentwicklung maßgebend beeinflußte.« Ebd., S. 51.*

[18] *Ebd., S. 57.*

[19] *Ebd., S. 62.*

[20] *Zur Datierung der ersten Fahrt vgl. ebd., S. 61ff.*

[21] *Ebd., S. 69f.*

[22] *Karl Benz und Gottlieb Daimler waren zwar beide am 30. September des Jahres 1897 Mitglieder des Begründungskomitees des Mitteleuropäischen Motorwagen-Vereins und als solche zu diesem Tag in Berlin im Hotel Bristol anwesend (das bezeugt die Teilnehmerliste), müssen aber buchstäblich aneinander vorbeigegangen sein, denn nirgends gibt es eine schriftliche oder mündlich überlieferte Anmerkung, daß beide miteinander gesprochen hätten.*

[23] *Es ist über die ersten Fahrversuche wenig überliefert. Die »Düsseldorfer Nachrichten« berichten am 4.3.1887 über die Probefahrt einer vierrädrigen Kutsche und die »Stuttgarter Tagesneuigkeiten« berichten am 11. Dezember 1887 ebenfalls von einer Probefahrt, die für Prinz Hermann zu Sachsen-Weimar veranstaltet worden war. Vgl. Mercedes-Benz AG (Hrsg): 100 Jahre Daimler-Motoren-Gesellschaft - 1890 - 1990. Stuttgart 1990, S. 40.*

[24] *Die Berichtslage über die Fahrten mit dem Motorboot ist wesentlich besser als die mit Straßenfahrzeugen, so berichtete am 14.10.1886 die »Cannstatter Zeitung«, am 5.11.1886 das »Stuttgarter Tagblatt«, am 15.7.1887 die »Esslinger Zeitung« und am 15.10.1887 die »Karlsruher Zeitung«. Diese Veröffentlichungen beziehen sich auf Motorboote, Straßenbahnen und Draisinen.*

[25] *Schnauffer, Daimler und Maybach 1882 - 1887, S. 74f.*

1887 - 1892

Der Neubeginn auf dem Seelberg
Umzug in ein Kurhotel

Als im Juni 1887 die neuen Fabrikationsräume am Seelberg bezogen wurden, war damit auch die Zeit zu Ende, in welcher Maybach sein Konstruktionsbüro ausschließlich in seinen privaten Wohnräumen hatte. Daimler stellte 23 handverlesene Arbeiter ein, Buchhaltung und Korrespondenz übernahm sein Sekretär Karl Linck. Für einen reinen Versuchsbetrieb war diese Arbeiterzahl natürlich viel zu hoch, und es zehrte Daimlers Privatvermögen zu einem großen Teil auf, diesen Arbeiterstamm zu bezahlen, was ihn letztlich zwingen sollte, sein Unternehmen in eine Gesellschaft umzuwandeln. Die Fabrikanlage, die Daimler erwarb, gehörte ursprünglich einer Cannstatter Vernicklungsanstalt namens Zeitler & Missel und lag in der Ludwigstraße 67. Für das Produktionsvolumen waren die Räumlichkeiten viel zu groß, da Daimler aber mit weiteren Steigerungen rechnete, betrachtete er den Erwerb als Investition in die Zukunft. Finanzielle Gewinne ergaben sich zur damaligen Zeit vor allem durch das gut anlaufende Geschäft mit den Bootsmotoren. Zwei der ersten Patente, die in der Zeit auf dem Seelberg angemeldet wurden, befaßten sich mit der Nutzung der Abgase. Bei dem einen Patent (Nr. 43 554) sollte anstelle einer Pumpe das Kühlwasser durch den Abgasstrom gefördert werden, bei dem anderen Patent (Nr. 44 526) sollten die Auspuffgase in einem Expansionszylinder zwischenentnommen und weiteren Aufgaben zugeführt werden. Gedacht wurde unter anderem an den Betrieb einer Druckluftbremse.[1] Schnauffer bemerkt dazu:

»Ob jedoch jemals gemäß des Patentvorschlags eine solche gebaut wurde, konnte nicht ermittelt werden. Daimler und Maybach eilten mit ihrer Idee der technischen Entwicklung über 30 Jahre voraus. Denn erst nach dem ersten Weltkrieg gelang es, Druckluftbremsen für Kraftfahrzeuge, die allerdings ausschließlich mit Frischluft betrieben wurden, zu entwickeln. Diese Bremsen fußten auf den Druckluftbremsen für Eisenbahnen, wie sie von Westinghouse und von Kunze-Knorr entwickelt wurden. Es ist übrigens interessant, daß Westinghouse genau im gleichen Jahr 1887 seine Bremse konstruierte, in dem Daimler das obige Patent anmeldete.«[2]

Daimlers primäres Ziel war es »das Feld zu belegen«, wie er es selber auszudrücken pflegte. Was er konkret darunter verstand, wird klar, wenn man sich anschaut, für welch unterschiedliche Zwecke er die neuen Motoren nutzte. So baute Maybach den Motor in eine von ihm konstruierte achtsitzige Miniaturstraßenbahn ein, die erstmalig beim Cannstatter Volksfest am 27. September zum Einsatz kam. »Hauptbahnhof Cannstatt« stand auf dem kleinen Holzschuppen, in dem die Schmalspurbahn nachts untergebracht wurde, und die Chronisten berichten, daß »...*der kleinste Eisenbahnwagen der Welt zum Ergötzen von Jung und Alt im periodischen Betrieb...*« war. Etwas größere Motorstraßenbahnwagen sind aus dem gleichen Jahr bekannt. Bei dieser Konstruktion nutzte Maybach erstmalig den Fahrtwind zur Rückkühlung des Kühlwassers vermittels eines in der Dachkonstruktion untergebrachten Rohrs, durch das Wasser floß.[3] Die Stuttgarter Pferde-Eisenbahn-Gesellschaft bestellte, ob der gelungenen Versuche, einen Wagen, der am 7. Oktober 1888 geliefert wurde. Bei der Eisenbahn waren schon seit Juni des selben Jahres vier Wagen im Einsatz.[4] Die Leistung dieser Daimler-Motor-Triebwagen betrug 4 PS. Auch eine motorisierte Eisenbahn-Draisine wurde konstruiert. Sie hatte Normalspur und verfügte über 1,5 PS bei 800 U/min. Die Probefahrten wurden auf der Eisenbahnstrecke Unterboihingen-Kirchheim unternommen.

Getreu seinem Grundsatz, die Motorisierung zu Lande, zu Wasser und in der Luft voranzutreiben, bot Daimler seine Motoren auch dem preußischen Kriegsministerium an, um Ballone anzutreiben. Ballone waren zwar beim Militär schon zu Beobachtungszwecken im Einsatz, aber mit seinem Vorschlag überforderte Daimler die Fortschrittsbereitschaft der preußischen Militärs deutlich. Sein Ansinnen fand keine Resonanz.

Dennoch, auch in den Anfängen der Luftschiffahrt, so bei den Versuchen des Leipzigers Buchhändlers Dr. Wölfert[5], waren die Daimler/Maybach-Konstruktionen zum Einsatz gekommen. Dr. Wölfert ist ein heute leider fast vergessener Pionier der Motor-Luftschiffahrt, der, zusammen mit seinem Partner dem Förster Georg Baumgarten[6], an der Lösung eines motorisierten, lenkbaren Ballons arbeitete. Daimler lud Wölfert, nachdem er von dessen Versuchen in einem Bericht der Leipziger Illustrierten vom 15.10.1887

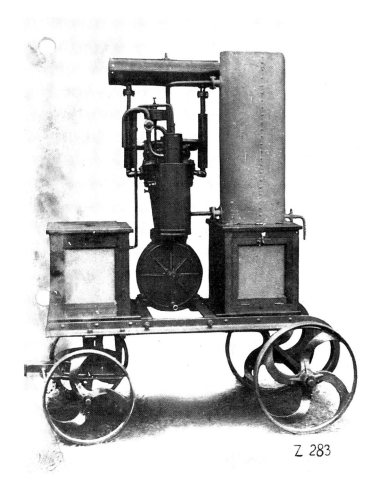

gelesen hatte, nach Cannstatt ein. Zusammen mit Sohn Paul gelang es Daimler und Wölfert, die »Standuhr« konstruktiv in die Luftschiffgondel einzubinden. Die montierten Horizontal- und Vertikalpropeller wurden im Fall der Horizontalwelle durch eine Konuskupplung, im Fall der Vertikalwelle durch eine Friktionsscheibe über einen gemeinsamen Steuerhebel ein- oder ausgekuppelt. Da kein Getriebe vorgesehen war, muß davon ausgegangen werden, daß man die 250 U/min, die durch Muskelkraft zu realisieren waren, auf 720 U/min steigern wollte. Leider existiert keine Abbildung des kompletten Schiffes mehr. Nur noch Bilder der Gondel sind vorhanden.

Es ist zu vermuten, daß es zwei Fahrten gab.[7] Als gesichert kann die Fahrt vom Seelberg nach Kornwestheim gelten, die am 10. August 1888 stattfand. Da der Wasserstoff, der Wölfert zur Verfügung stand, nicht rein genug war, und Wölfert mit zwei Meter Körpergröße und einem Gewicht von über 100 kg nicht gerade eine Jockey-Figur hatte, übernahm der junge Mechaniker Wirsum nach kurzer

Wagen der Stuttgarter Pferde-Eisenbahn-Gesellschaft, Vorläuferin der Stuttgarter Straßenbahnen, mit Daimler-Motor, 1888.

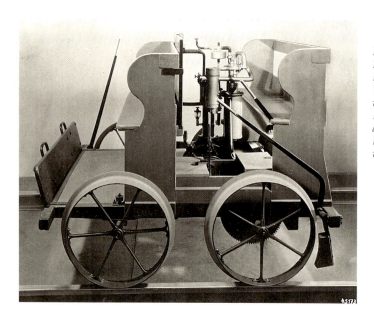

Daimler-Motordraisine, 1887, als Beförderungsmittel im Eisenbahnstreckenbetrieb. Die ersten Versuche wurden 1887 auf der württembergischen Eisenbahnstrecke Kirchheim-Unterboihingen durchgeführt, auf der im gleichen Jahr auch der erste Daimler-Motor-Triebwagen erprobt wurde.

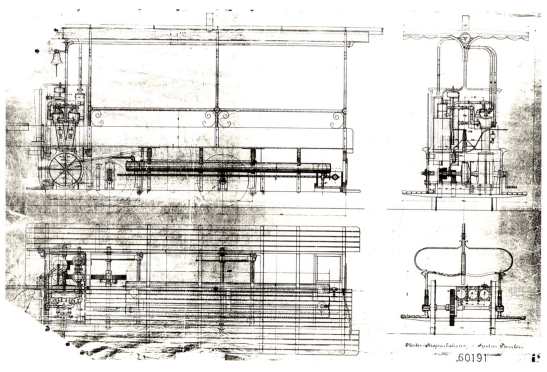

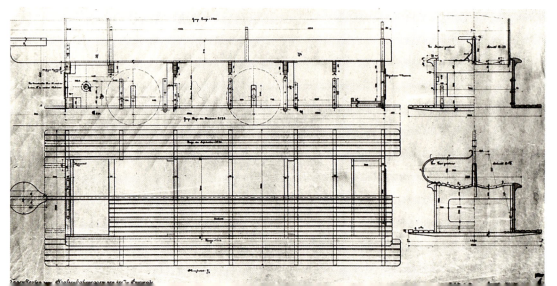

Zeichnung von Wilhelm Maybach: Kühlrohr für einen Straßenbahnwagen.

7

Triebwagen mit 30 PS Daimler-Motor, 1890.

Eisenbahn-Triebwagen der Daimler-Motoren-Gesellschaft mit 10 PS Motor in der Mitte, 1899.

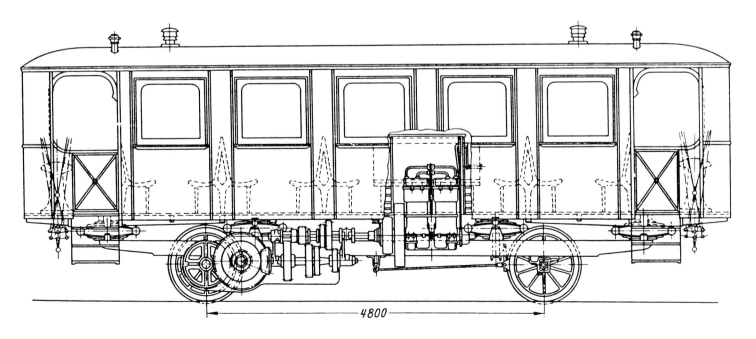

25 PS Eisenbahn-Triebwagen der Königlich Württembergischen Generaldirektion mit Daimler-Motor, 1900.

Einweisung Wölferts Platz. Über die Fahrt berichtet die »Ludwigsburger Zeitung« vom 11.8.1888:
»Die Probefahrt hatte zwar nicht den gewünschten Erfolg, doch wurde der Eindruck gewonnen, daß die Sache durch Verwendung des Daimlerschen Motors, welcher bei sehr geringem Gewicht und Umfang eine enorme Kraft entwickelt, dem angestrebten Ziele sehr nahe gerückt ist. Wünschen wir dem Herrn Dr. Wölfert, welcher seine Versuche rastlos fortsetzen wird, daß er den der Luftschiffahrt bis jetzt versagten Triumph bei uns feiern möge!«
Der erste erfolgreich manövrierende Lenkballon war mit einem Zweizylinder Maybach-Motor ausgestattet, der bei 535 U/min 7 PS leistete.
Das Schicksal von Dr. Wölfert endete tragisch. Getrieben von Schulden und der Hoffnung, doch noch den großen Durchbruch seiner Idee zu erleben, ließ er sich auf immer hektischere und unüberlegtere Aktionen ein. Nach mehreren gelungenen Probeflügen stürzten Wölfert und der zur Aushilfe angeheuerte Mechaniker Knabe in Berlin bei einer Vorführung ab. Kleinheins, der sich ausführlich mit der Lebens- und Technikgeschichte Wölferts beschäftigte[8], gibt als Grund aus dem offenen Füllstutzen austretendes Gas an, das sich an der offenen Glührohrzündung entflammte; andere Erklärungen sprechen davon, daß Wölfert und Knabe wohl vergessen hatten, beim Gasablas-

sen die Glührohrzündung abzustellen, so daß sich das Wasserstoffgas entzünden konnte. Das Ergebnis war ein und dasselbe, der Ballon verbrannte blitzartig in der Luft. Kleinheins über die Unglücksfahrt:
»Zur entscheidenden Vorführung am Abend des 12. Juni 1897 hat Wölfert viele bedeutende Persönlichkeiten eingeladen. Die Zeitungen berichten mit Namensnennung (...) daß tatsächlich Vertreter des Kriegsministeriums, die Gesandten Griechenlands, Chinas und Japans, die Militärbevollmächtigten Rußlands und Österreichs, Offiziere der Luftschiffer-Abteilung und andere mehr erschienen sind (...) Um 18.30 Uhr ist die DEUTSCHLAND startbereit und wird von 24 Soldaten auf das freie Feld hinausgebracht (...) Die Brennerflammen, die die Glührohre heizten, schlagen mehrmals weit hoch, was die Zuschauer (denen das Rauchen verboten worden ist) und auch die Offiziere sehr beunruhigt: der Brenner ist nur durch einen offenen Aluminiumkasten, eine Art Deckel, abgeschirmt, aber nicht durch ein Davysches Sicherheitsnetz, wie eigentlich vorgesehen - und das kaum einen Meter unter dem offenen Füllstutzen der Hülle! (...) Nach dem Probelauf des Motors wird um 18.45 Uhr der Start versucht. Der Wind ist schwach. Die DEUTSCHLAND steigt nur 19 bis 12 Meter, ist wohl zu schwer abgewogen. Da Wölfert keinen Ballast abgibt, sinkt das Schiff wieder zu Boden. Soldaten nehmen zwei Säcke Sand ab. Dann steigt das Luftschiff schnell, sich mehrmals drehend, und nimmt Fahrt auf

Gondel des Wölfertschen
Luftschiffes mit 4 PS Daimler-
Motor, 1888.

Wölferts Lenkballon 1896 auf einer
erfolgreichen Versuchsfahrt mit
dem vom Maybach konstruierten
2 Zylinder-Phönix-Motor mit
Leichtmetallkurbelgehäuse und
7 PS Leistung.

Das Luftschiff „Deutschland" von Baumgarten u. Dr. Wölfert.

1879 begann Georg Baumgarten, sächs. Oberförster zu Grünau bei Chemnitz mit dem Modellbau eines Luftschiffes.

1880 veranstalte Baumgarten weitere Versuchsfahrten bei Leipzig.

1881 gewann Baumgarten für seinen Gedanken Dr. Wölfert, der nach dem Tode von Baumgarten 1883 den weiteren Ausbau des Luftschiffes übernahm.

Der Kernpunkt der Baumgarten'schen Patente lag in der starren Verbindung des Ballons mit der Gondel, und zwar durch zwei parallel laufende, am Ballonstoff befestigte Stangen und Trägergurten.

Die Versuche von Baumgarten und Wölfert hatten zur Folge die Gründung des Berliner Vereins zur Förderung der Luftschiffahrt.

1882 am 10. Februar führten Baumgarten und Wölfert das Luftschiff in der Charlottenburger Flora vor.

1896 am 6. Mai erfolgte die erste Fahrt,

am 28.-29. August weitere Fahrten auf der Berliner Gewerbeausstellung.

Die ersten Fahrten wurden ohne Motor ausgeführt und der Propeller mit Menschenkraft angetrieben, erst bei der Fahrt im Jahre 1896 wurde ein Gasmotor eingebaut.

1897 am 12. Juni stieg Dr. Wölfert zu einer weiteren Probefahrt, bei der infolge einer Explosion das Luftschiff in Flammen aufging und Dr. Wölfert seinen Tod fand.

Das Luftschiff „Deutschland" hatte bei einer Gesamtlänge von 28 m und größtem Durchmesser von 8,5 m ein Gesamtgewicht von 600 kg und eine Tragkraft von 900 kg.

Ansicht des Luftschiffs
»Deutschland« und dessen
Motorgondel, 1896.

Emile Levassor.

Patentschrift der Feuerspritze, 1888.

– und hier differieren die Berichte: »gut gegen den Nordwestwind ankommend«, »der Luftströmung folgend« – jedenfalls Richtung Tempelhof. In rund 200 Meter Höhe scheint das Steuer in Unordnung zu kommen (...) Als die DEUTSCHLAND über der »Ringbahn« schwebt, verliert sie für etwa zwei Minuten ihre Fahrt. Sie wendet dann in etwa 500 bis 600 Meter Höhe – beabsichtigt oder ungewollt? – den Bug zurück in Richtung Startplatz. Es sind acht bis zehn Minuten seit dem Aufstieg vergangen. Plötzlich laufen Flammen hoch zum Rumpf, eine Detonation erfolgt, die weithin zu hören ist. In einer Flammensäule sinkt das Schiff zu Boden, die brennende Gondel löst sich von der lodernden Hülle. Manche Zeugen glauben, Schreie gehört zu haben.«[9]

Wölfert und Knabe waren tot. Damit sind die beiden die ersten Opfer der motorgetriebenen Luftschiffahrt.

Die Motorisierungsversuche bezogen sich jedoch nicht allein auf Fahrzeuge. Zusammen mit dem Handfeuerspritzen-Hersteller Heinrich Kurtz aus Stuttgart entwickelten Maybach und Daimler eine Feuerspritze, deren Pumpe durch einen Einzylindermotor angetrieben wurde. Das Fahrzeug selbst war ein Pferdefuhrwerk. Ein Modell aus dem Jahr 1892 ist heute noch im Museum der DaimlerChrysler AG zu sehen. Vorgeführt auf dem Feuerwehrtag in Hannover 1888 sorgte diese motorisierte Feuerspritze für nicht unerhebliches Aufsehen. 1925 schrieb die „Feuerwehrtechnische Zeitschrift":

»Gottlieb Daimler hatte mit klarem Blick die Möglichkeiten der Nutzanwendung seiner Erfindung auf den verschiedenen Gebieten erkannt und ist nicht nur der Vater des Automobilismus, sondern im engeren Sinne auch der Vater der neuzeitlichen Feuerwehrfahrzeuge gewesen.«[10]

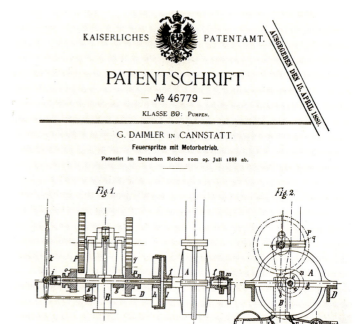

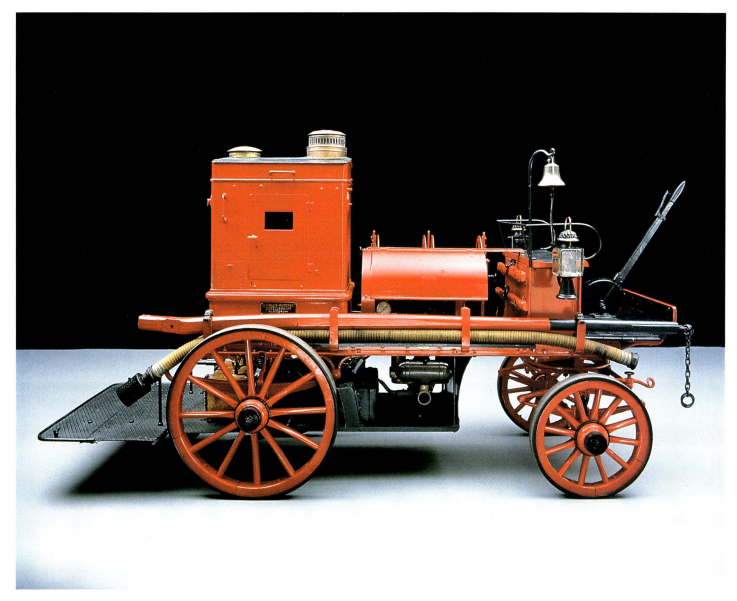

Daimler-Feuerspritze mit 2 Zylinder-Daimler-Motor und 6 PS Leistung, 1890.

Da der bisher ausschließlich produzierte Einzylindermotor für viele Verwendungszwecke zu schwach war, entschloß man sich, unter Beibehaltung der Kurvennutensteuerung, einen Zweizylindermotor zu bauen, dessen Zylinderwinkel ungefähr 17° betragen sollte. Der Motor wurde zum Patent angemeldet und am 9. Juni 1889 unter der Patent-Nr. 50 839 eingetragen. Der einzige in diesem Patent formulierte Anspruch lautete:

»Einrichtung zur Benutzung der Arbeitscylinder als Pumpen bei abwechselnd arbeitender Zwillingsmaschine. An zweicylin- *drigen Gas- und Petrolmotoren, bei welchen jeder Arbeitskolben auf zwei Umdrehungen je eine Arbeitswirkung abwechselnd abgibt, und bei welchen beide Kolben gleichzeitig sich einwärts- bzw. gleichzeitig auswärts bewegen: eine gemeinschaftliche Beiladung, gebildet aus den Rückseiten beider Arbeitskolben a und b und dem luftdicht abgeschlossenen Schwungrad- bzw. Kurbelgehäuse C, sowie einem Einlaßventil f und je einem nur während der tiefen Kolbenstellung sich selbsttätig öffnenden Druckventil g in jedem Kolben, vermittels welcher die durch die Rückseite der beiden Arbeitskolben eingesaugte und comprimier-*

te Luft während der tiefsten Kolbenstellung über beide Kolben gepreßt wird, als Beiladung in den einen Cylinder nach dem Saughub und zur gleichzeitigen Verdrängung der Verbrennungsprodukte des vorausgegangenen Arbeitshubes im anderen Cylinder, zum Zwecke verstärkter Ladung und dadurch erzielter größerer Arbeitsleistung und Ausnutzung der Gase.« [11]

In seinen konstruktiven Merkmalen entsprach der V-Motor dem Einzylinder von 1885, bei dem das Kurbelgehäuse als Spül- und Ladepumpe diente. Die hinlänglich beschriebenen Nachteile dieser Bauweise führten denn auch dazu, daß diese Bauart bald wieder aufgegeben wurde und nur etwa drei V-Motoren mit Kolbenventil entstanden. Neben dem schon beschriebenen Motor waren in der Patentzeichnung noch drei weitere Motoren aufgeführt, bei denen die Zylinderanordnung parallel sowie in Boxerform ausgeführt waren. Neben einer Auslaßsteuerung durch Kurvennutensteuerung war dabei auch eine Nockensteuerung beschrieben, was Schnauffer als Indiz dafür wertet, daß Daimlers Abneigung gegen diese Art der Ventilsteuerung im Schwinden begriffen war. [12]

Der V-Motor nach dem Patent Nr. 50839[13] war denn auch der letzte, der mit einer Kurvennutensteuerung arbeitete. Eine weitere Neuerung bei diesem Patent waren hängende Ventile, bei denen allerdings nur das Auslaßventil gesteuert war, die die Grundlage für alle modernen Hochleistungsmotoren darstellte. Das nicht gesteuerte Einlaßventil bot die Möglichkeit, über das Geschlossenhalten des Auslaßventils die Motordrehzahl zu regulieren. Diese beim V-Motor angewandte Methode, um vermittels einer neuartigen Aussetzerregulierung die Drehzahl konstant zu halten, funktionierte mit Hilfe eines auf der Hauptwelle sitzenden Reglers, der bei zu hoher Drehzahl den Ventilstößel seitlich verschob, so daß das Auslaßventil geschlossen blieb. Dadurch entstand im Zylinder auch kein Unterdruck, der den als Schnüffelventil konzipierten Einlaß hätte öffnen können. Der Motor hatte ein Hub/Bohrungsverhältnis von 60 mm zu 100 mm und leistete 1,5 PS bei 600 U/min. Bei der folgenden 2 PS-Variante war das Hub/Bohrungsverhältnis 72 mm zu 126 mm, und die Drehzahl war auf 620 U/min gesteigert worden. Wie auch beim Einzylinder-Motor wurden nur die Zylinderköpfe des V-Motors wassergekühlt.

Allein in Deutschland wurden 200 dieser Motoren gebaut, in Frankreich, wo dieser Motor in Lizenz gefertigt wurde, war die Zahl noch größer. Daimler hatte am 1. November Madame Louise Sarazin in der Avenue de la Grande Armée in Paris schriftlich sein Einverständnis gegeben, ihr die Verwertung aller seiner französischen und englischen Patente auf Gas- und Petrolmotoren zu überlassen. Bedin-

Daimlers Stahlradwagen aus dem Jahr 1889.

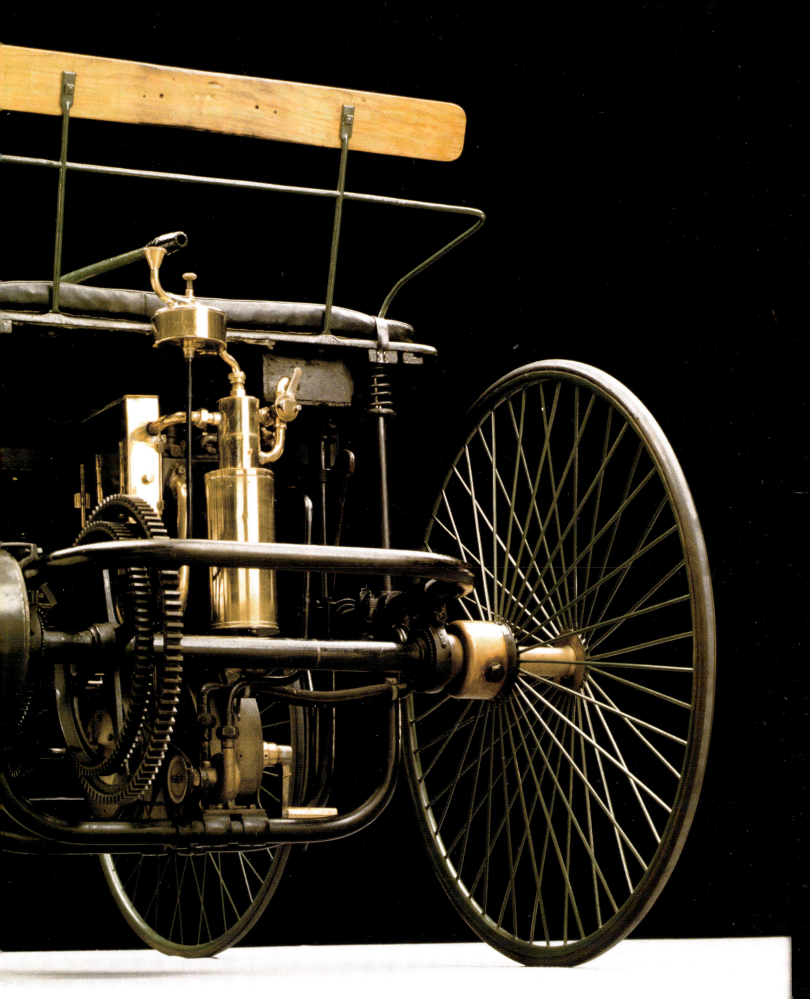

gung war allerdings, daß die Produkte den Namen »Daimler« tragen mußten. Dies war die Geburtsstunde der französischen Automobilindustrie.[14] Schon am 12. Dezember 1889 wurde einer der ersten in Frankreich gebauten Daimler-Motoren (die Nr. 13) von Levassor nach Barcelona geliefert, zwei weitere Motoren gingen an Peugeot. Als dann am 17. Mai 1890 Louise Sarazin Emile Levassor, den Teilhaber der Firma Panhard & Levassor, heiratete, gelangten die Daimler Patente in den Besitz von Levassor. Im gleichen Jahr brachten Panhard & Levassor den ersten Prospekt für Daimler-Motoren, - Lichtaggregate, -Automobile, -Trambahnen und -Motorboote heraus. Armand Peugeot wurde zum Großabnehmer der von Panhard & Levassor gefertigten Motoren.

Eine weitere, interessante Ergänzung an diesem Patent war folgender Hinweis:

»An Stelle der Luft kann durch Ventil f auch ein mehr oder weniger brennbares Gemisch eingeführt werden ...und braucht die Ladung nicht notwendigerweise durch den Kolben zu geschehen (durch das Kolbenventil, Anm. d. Verf.), sondern sie kann auch durch mit Rückschlagventil versehene Kanäle im Zylinder erfolgen, welche bei der Niederstellung der Kolben aufgedeckt werden.«[15]

Damit waren Maybach und Daimler dem durch Überströmkanäle gesteuerten Zweitaktmotor dicht auf den Fersen und Schnauffer bemerkt zu Recht:

Wilhelm Maybach am Steuer des Stahlradwagens, 1889.

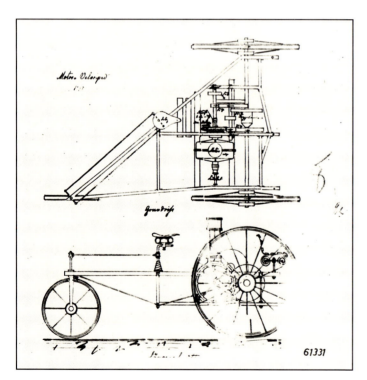

Maybachs Entwurf eines Dreirad-Velozipeds mit lenkbarem Hinterrad.

»Diese neue vorgeschlagene Bauart war aber der durch die Oberkante des Kolbens im unteren Totpunkt gesteuerte Überströmkanal, wie wir ihn heute noch haben. An sich wäre damit der Zweitaktmotor unserer Tage geboren. Zwar hatten Daimler und Maybach ganz unnötigerweise noch Rückschlagventile in den Überströmern vorgesehen und außerdem wollten sie die Überströmkanäle bei einem Viertaktmotor und nicht bei einem Zweitaktmotor verwenden. Das ändert jedoch nichts an der Tatsache, daß sie mit ihrem obigen Vorschlag die Erfinder des durch die Kolbenoberkante gesteuerten Überstömkanals geworden sind, d.h. des Bauchliedes, durch das der Zweitaktmotor erst lebensfähig wurde.«[16]

Aber trotz zweitaktgerechtem Kurbelgehäuse, Überströmkanälen zur Einlaßsteuerung und der auch im Zweitaktbetrieb funktionierenden Glührohrzündung haben weder Daimler noch Maybach daran gedacht, einen Zweitaktmotor zu entwickeln. Die Voraussetzungen waren jedoch gegeben, und andere haben nur ein Jahr später mit der konstruktiven Umsetzung begonnen.[17]

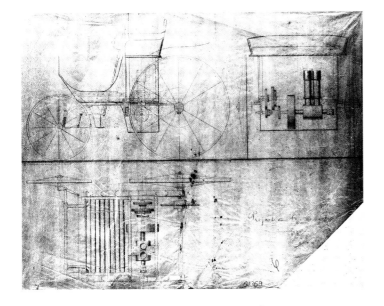

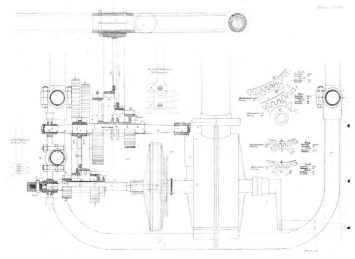

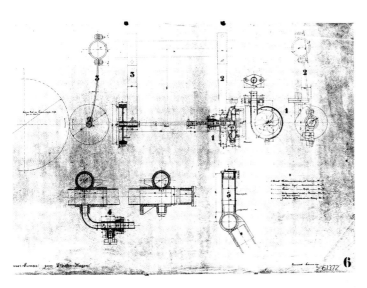

Während Daimler Motoren für die Wagenbauer liefern wollte, ging Maybach von der Vorstellung aus, daß Motor und Wagen eine Einheit bilden müßten. Die Erfindung, die aus dieser Einsicht resultierte, war der Stahlradwagen. Maybach, das geht klar aus seinen Notizen hervor, empfand die Motorkutschen mit eingebautem Motor als „primitiv"[18] Der Stahlradwagen war das erste Vierradfahrzeug, das ausschließlich als Einheit für den motorisierten Verkehr entworfen wurde. Maybach nannte es »Quadricycle«, und er muß diese Bezeichnung wohl gewählt haben, weil der Stahlradwagen viele konstruktive Überlappungen mit einem Fahrrad hatte. Bei diesem Fahrzeug konnte Maybach dann auch sein Zahnradgetriebe verwirklichen. Ganz entgegen der sonst üblichen Usancen gelang es ihm, sich gegen Daimler und den von diesem favorisierten Riemenantrieb, den Maybach als »unmechanisch« empfand, durchzusetzen. Das Viergang-Getriebe bestand aus verschiedenen Zahnradpaaren mit gerader Verzahnung, von denen immer ein Paar in Eingriff gebracht werden konnte. Im ersten Gang war eine Geschwindigkeit von 5 km/h und im vierten von 16 km/h möglich. Rahmen und Räder des Stahlradwagens, nach dem Vorbild des Fahrrads gefertigt, wurden in der »Strickmaschinenfabrik Neckarsulm, Abteilung Fahrradbau« in Auftrag gegeben. Einzelne Zeichnungen, wie die der Hinter- und Vorderräder, Teile des Rahmens und der Lenkung, die bei NSU gezeichnet wurden, sind im Archiv der DaimlerChrysler AG noch vorhanden.

Die Schwierigkeiten mit der konstruktiven Ausführung der Lenkung führten anfänglich dazu, dass Maybach ein Dreirad konstruierte, das »Dreirad-Velociped«. Nach der Lösung des Problems der Lenkung wurde die Dreiradvariante ad acta gelegt. Für die Pariser Weltausstellung des Jahres 1889 wurde der $1\frac{1}{2}$ PS Zwei-Zylinder V-Motor eingebaut, da die 2 PS-Ausführung bis dahin noch nicht fertiggestellt war. Der kleine und leichte Wagen sorgte für nicht unerhebliches Aufsehen. Maybachs Notizen zeigen, daß er am 29. Oktober 1889 mit einem Ingenieur von Peugeot eine Strecke von 40 km gefahren ist, eine für damalige Verhältnisse recht ordentliche Leistung. Maybach fällt somit auch das Verdienst zu, das Zahnradwechselgetriebe in den Automobilbau eingeführt

Zeichnung eines Quadricycles mit Kettenantrieb und Zweizylindermotor mit parallelen Zylindern von 1889.

Zeichnung des Zahnradwechselgetriebes.

Zeichnungen einer Kühlwasserpumpe und eines Zahnrad-Übersetzungsgetriebes für den Stahlradwagen.

Carola Daimler-Prangen, die Urenkelin Gottlieb Daimlers, im Daimler-Motorboot »Marie«, gebaut 1888.

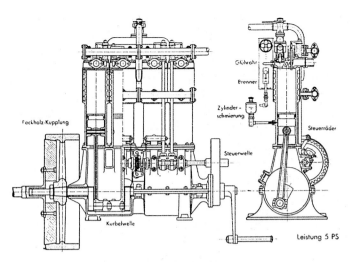

Die erste Konstruktion eines Vier-Zylinder-Motors von
Gottlieb Daimler stammt aus dem Jahre 1890;

heute noch benutzen, im Sommer 1890 auf dem Seelberg, und
zwar noch vor der Umwandlung des Betriebes in eine Aktiengesellschaft, entwickelt wurde. Auch das ist wieder ein unver-
gängliches Ruhmesblatt für Daimler und Maybach, ganz besonders jedoch für Maybach.«[20]

Aus dieser Zeit datieren auch Maybachs erste Überlegungen der Kühlwasserrückführung, mußte doch der Autler
ständig Ausschau nach Bächen und Gewässern halten, um
den rasch aufgebrauchten Kühlwasservorrat zu ergänzen.

Längsschnitt-Zeichnung des 10 PS 4 Zylinder-Motors »Modell P«, 1890.

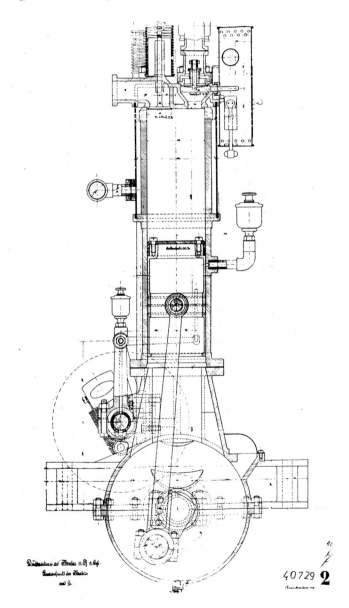

zu haben. Das Getriebe des Stahlradwagens wurde zum
Vorbild für alle folgenden Getriebeausführungen. Einer
der Wagen verblieb als Muster bei Panhard & Levassor.[19]
Neben dem Stahlradwagen wurden in Paris auch zwei
Motorboote mit V-Motor präsentiert, die nicht minder viel
Aufsehen erregten.

In der Zeit auf dem Cannstatter Seelberg entstand, noch
vor der Umwandlung der Daimlerschen Unternehmung in
eine Aktiengesellschaft, auch noch Maybachs erster
Vierzylinder-Motor. Es hatte zwar schon im Ausland Versuche mit Vierzylinder-Motoren gegeben, von Erfolg
waren diese Bemühungen allerdings nicht. Der Vierzylin-
der-Bootsmotor, der bei einer Drehzahl von 620 U/min
fünf PS leistete, hatte einen Hub von 120 mm und eine
Bohrung von 80 mm. Sein Gewicht betrug 153 kg. Statt der
bisher verwendeten Kurvennuten-Steuerung erhielt der
Motor eine Nockenwelle, das Kolbenventil entfiel ebenfalls, allerdings waren auch bei diesem Motor nur die
Auslaßventile gesteuert. Erstmalig hatten bei diesem Motor nicht nur die Zylinderköpfe, sondern auch die Kolben-
laufbahnen einen Wassermantel. Bemerkenswert waren
auch die hängend im Zylinderkopf angeordneten Ventile.
Zündseitig war dieser Motor mit der ungesteuerten
Glührohrzündung versehen. Eine herausragende Innovation, die dieser Vierzylindermotor mit sich brachte, war
die vierfach gekröpfte Kurbelwelle. Diese Bauart findet
noch heute Verwendung. Schnauffer kommentiert diesen
Entwicklungssprung:

*»Schon nach kurzer Zeit hat jedoch Maybach die noch heute für
Vierzylindermotoren gebräuchliche dreifach gelagerte vierfach
gekröpfte Kurbelwelle konstruiert (...). Damit steht einwandfrei
fest, daß die erste vierfach gekröpfte Kurbelwelle, wie wir sie*

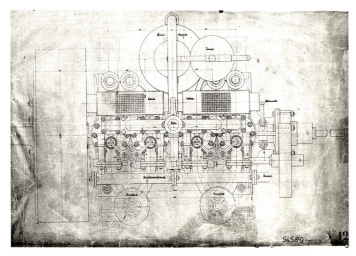

Ansicht des »Modell P« von oben.

Dieser von Maybach konzipierte Röhrchenkühler trug maßgeblich zur weiteren Leistungssteigerung der Automobilmotoren bei. In seinem Notizbuch beschreibt er das Prinzip wie folgt:

»Die Anordnung einzelner oder mehrerer doppelwandiger Rohre in der Fahrtrichtung des Fahrzeugs, deren Mantelraum mit dem Kühlwasser des Motors gefüllt und deren Innenraum hinten und vorne offen ist zur energischen Durchführung von Luft zur Kühlung des Motors durch künstlichen oder natürlichen Luftzug.«[21]

Trotz des hohen Innovationsgrades, den man den auf dem Seelberg entstandenen Entwicklungen testieren kann, blieb der Verkaufserfolg hinter den Erwartungen zurück. Das noch erhaltene Motorenlieferbuch aus dieser Zeit dokumentiert, daß 1888 lediglich sieben, 1889 elf und im Jahr 1890 48 Motoren ausgeliefert wurden. Forschung und Entwicklung hatten auf dem Seelberg eindeutig Priorität vor der Produktion. In dem Betrieb selbst waren nur wenige Werkzeugmaschinen vorhanden, viele der Teile wurden von Zulieferern hergestellt, so daß sich Maybach nicht nur um die Fertigungs-, sondern auch um die Beschaffungsfrage kümmern mußte. Zudem schien er, das ist den Auf-zeichnungen seiner Notizbücher zu entnehmen, auch die Erprobungsfahrten selbst durchgeführt zu haben. So findet sich eine Eintragung, daß Maybach über eine Strecke von 277 m bergauf 8,1 km/h und bergab 11,5 km/h erreichte. Der Fahrzeugtyp ist nicht überliefert, es ist aber davon auszugehen, daß es sich um eine Motorkutsche mit Riemenantrieb handelte, ein Fahrzeug, das nach Maybachs Überzeugung mindestens 17 km/h schnell sein sollte.

Privat wie auch wirtschaftlich kamen auf Daimler eine Reihe von Schicksalsschlägen und Problemen zu. Seine

erste Frau Emma starb am 23.7.1889, was Daimler in eine desolate psychische Verfassung stürzte, die vielleicht erklärt, warum er plötzlich in geschäftlichen Dingen so instinktlos agierte. Hinzu gesellten sich gesundheitliche Probleme in Form von Herzbeschwerden. Die vielen gerichtlichen Auseinandersetzungen, die Daimler führen mußte, hatten einen nicht geringen Anteil an der Verschlechterung seines Gesundheitszustands. So wurde der Prozeß gegen die Deutzer Gasmotorenfabrik, die aufgrund des Konkurrenzklauselvertrages von 1872 die Abtretung aller Daimler-Patente, die seit 1. Juli 1882 erteilt worden waren, verlangten, erst 1888 vom Landgericht Stuttgart zu Daimlers Gunsten entschieden.

Die angespannte Kapitallage zwang Daimler letztlich dazu, Verbündete zu suchen. Er fand sie in dem Generaldirektor der Köln-Rottweiler Pulverfabrik, dem Geheimen Kommerzienrat Max von Duttenhofer (1843 - 1903) und

»Modell P« von 1890, in Serie gebaut, mit einer Leistung von 5 und 10 PS.

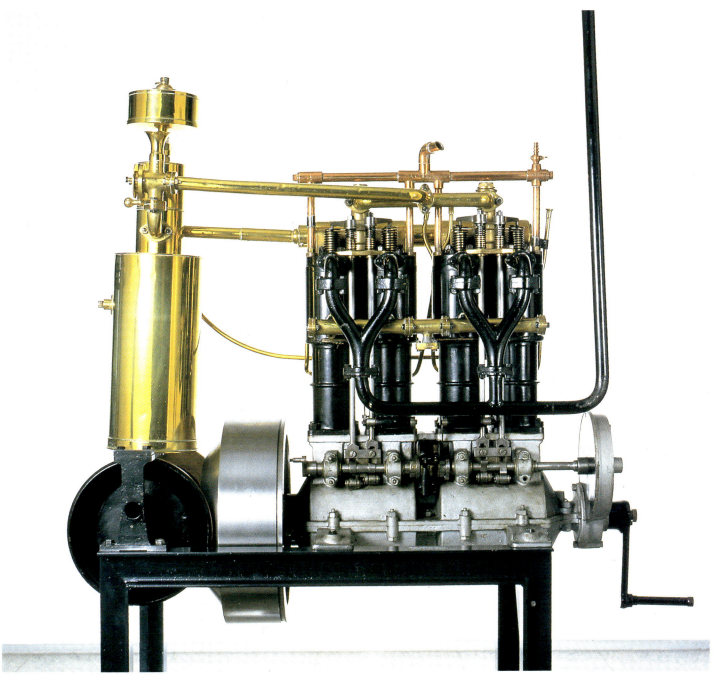

Daimler Bootsmotor, 1890.

dessen Geschäftsfreund Kommerzienrat Wilhelm Lorenz (1842 - 1926), was Rathke wie folgt kommentiert:

»Daimler tat nun etwas, was man nach Ansicht erfahrener Menschen niemals tun soll. Er faßte den Entschluß, in dem Kreis seiner alten Freunde und Bekannten nach einem Geldgeber Ausschau zu halten. Meistens pflegt ja nach dem Sprichwort: »Beim Geld hört die Freundschaft auf« nicht viel Gutes dabei herauszukommen. Das mußte später auch Daimler einsehen.«[22]

Hinter Lorenz und Duttenhofer stand der Bankier Kilian Steiner[23], dem es in kurzer Zeit durch eine geschickte Kreditpolitik gelang, eine Reihe von Unternehmen in Aktiengesellschaften umzuwandeln. Schenk bemerkt zu seiner Person:

»Es mag übertrieben erscheinen, dürfte aber doch dem Wesen Kilian Steiners sehr nahe kommen, wenn ihm bei seinem Tode von manchem, die ihn näher kannten, das Prädikat eines Finanzgenies zuerkannt wurde. Zweifellos galt er im letzten Jahrzehnt des vorherigen Jahrhunderts mit Recht als der maßgebende Finanzmann Württembergs. Er war nicht nur zum allmächtigen Direktor der Württembergischen Vereinsbank emporgestiegen, er war auch der einflußreichste Mann in fast allen Großunternehmen des Landes geworden, soweit sie, und zwar vielfach auf seinen Rat hin, die Form der Aktiengesellschaft angenommen hatten. Daneben hatte er noch Muße gefunden, in seinen frühen Mannesjahren politisch aktiv an der Gestaltung der deutschen Dinge mitzuwirken, später eine geraume Zeit hindurch den Schwäbischen Schillerverein und dessen Sammlung zu unterstützen und maßgebend bei dessen Museumsbau in Marbach tätig zu sein, sich eine wertvolle Kunstgalerie anzuschaffen, bei seinem Laupheimer Schlosse für den Sohne ein landwirtschaftliches Mustergut zu errichten und dazu einen damals weithin als sehenswürdig geltenden Park anzulegen.«[24]

Am 28. November 1890 konstituierte sich die Aktiengesellschaft unter dem Namen Daimler-Motoren-Gesellschaft mit dem Ziel, die Aktivitäten auf dem Seelberg fortzuführen.[25] Die Daimler-Motoren-Gesellschaft wurde als Aktiengesellschaft mit Sacheinlagen gegründet. Daimler brachte neben den Maschinen und Fabrikationsstätten natürlich auch seine Erfindungen und Patente sowie eine fast dreißigjährige Erfahrung in das neue Unternehmen ein. Dieser Komplex wurde mit 200 000 Mark bewertet, wobei die immateriellen Werte gänzlich unberücksichtigt blieben. Dafür erhielt Daimler 200 Aktien; Lorenz und Duttenhofer erhielten ebenfalls ein Aktienpaket in gleicher Höhe gegen Barzahlung. Da es Daimler nicht entgangen war, daß sein eingebrachter Teil stark unterbewertet war, köderte man ihn durch einige Sonderrechte in dem Syndikatsvertrag. Dazu gehörte die technische Oberleitung der Gesellschaft, die Daimler als Delegierter des Aufsichtsrates ausüben sollte, sowie ein Genußschein im Wert von 100 000 Mark, der jedoch keinen Anteil am Vermögen der Gesellschaft garantierte, son-

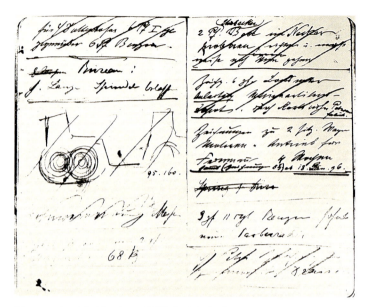

Blatt aus dem Notizbuch von Wilhelm Maybach.

dern nur im Fall einer Superdividende zur Ausschüttung gekommen wäre. Diese Leistung war damit abhängig vom Geschäftsergebnis und somit von zweifelhaftem Wert, wie die Zukunft zeigen sollte.

So unerquicklich der weitere Verlauf der Ereignisse für Daimler selbst war, an Maybach hatte er am allerwenigsten gedacht. Als er nämlich nach Vertragsabschluß erklärte, Maybach sei durch einen Vertrag in Höhe von 30 000 Mark an den Unternehmungen beteiligt und entsprechend dieser Summe mit Aktienkapital auszustatten, erklärten ihm Duttenhofer und Lorenz, daß das seine private Sache sei und sie nicht daran dächten, in diese Verpflichtung seitens der Daimler-Motoren-Gesellschaft einzutreten. Doch für Maybach sollte es noch schlimmer kommen. Zwar war er im Syndikatsvertrag[26] als technischer Direktor der Daimler-Motoren Gesellschaft, neben dem Ingenieur Schroeder und Linck als kaufmännischem Direktor, vorgesehen, die Vertragsmodalitäten waren jedoch für eine Kapazität wie Maybach unannehmbar. Seinen Status als Partner Daimlers hätte er verloren, und er wäre zu einem normalen Angestellten der Daimler-Motoren-Gesellschaft geworden. So schied er am 11. Februar 1891 auf eigenen Wunsch aus dem Unternehmen aus. Er selbst schrieb dazu:

»... auf frühere Unterredungen beehre ich mich hinzuzufügen, daß ich die Stellung als stellvertretender Direktor der neuen Gesellschaft selbstverständlich in der Voraussetzung übernommen habe, daß die neue Gesellschaft in meinem mit H.D. geschlossenen Vertrag eintreten würde und von H.D. hierzu auch angehalten werden könne. Der mir aber im Entwurf vorgelegte neue Dienstanstellungsvertrag schmälert meine Rechte gegen-

Kommerzienrat Max v. Duttenhofer (1843-1903).

Kommerzienrat Wilhelm Lorenz (1842-1926).

über dem alten so vielfach ein, daß ich - nachdem meine Be-mühungen, Zugeständnisse von der neuen Gesellschaft zu erhal-ten gescheitert sind - denselben zu akzeptieren definitiv ablehne und werde mit heutigem Tage aus der Gesellschaft ausschei-den.«[27]

Darüber hinaus war Maybach fassungslos, wie sehr unter Wert Daimler ihre gemeinsame Arbeit verkaufte. Als er von den Verhandlungen erfuhr, notierte er erbost:

»Wie ich aus der gestrigen Verhandlung erfahre, sind der Aktiengesellschaft unsere Erfindungen an einem compendiösen Petrolmotor und deren Anwendung auf allerlei Fahrzeuge nur so viel Wert, wie man ein ruiniertes Geschäft taxiert, auf dem Versteigerungsweg... Wenn das Geschäft so angesehen wird, als wäre es nur bare 200 000 Mark wert samt den Erfahrungen und wenn meine Erfahrung für gar nichts gerechnet wird und auch dafür nichts bezahlt wird, so sehe ich mich veranlaßt, meine Erfahrungen anderweitig zu verwerten.«[28]

Maybach befand sich durch den Gesellschaftsvertrag in einer statusinkonsistenten Situation. Für Daimler war er

der Geschäftspartner, für Lorenz und Duttenhofer hinge-gen lediglich Daimlers Angestellter. Diese Statusinkonsi-stenz blieb interessanterweise auch über Jahrzehnte in der Technikgeschichtsschreibung bestehen. Während bei Siebertz Maybach als der geniale Mitarbeiter Daimlers auf-taucht, verwandelt er sich bei Rathke zum ingenieurs-mäßig führenden Kopf des Duos Daimler/Maybach. Siebertz wiederum kommentiert das wie folgt:

»So will Rathke nachweisen, daß Maybach im Gegensatz zu Daimler vom Stahlradwagen des Jahres 1889 bis zum Mercedes 1900 eine gerade Linie gegangen sei. Er behauptet, daß May-bach vor der Pariser Weltausstellung von 1889 an Daimler die Idee herangebracht habe, »einen vollkommen neuen mechani-schen Wagen zu bauen und damit die Ausstellung zu beschicken«; er habe seinen Vorsatz aber erst nach hartem Kampf mit Daimler verwirklichen können. Wenn Rathke diese Angaben irgendwie belegen könnte - durch Maybachs Notiz-bücher, Briefe oder dergleichen - würde er ein technikgeschicht-lich sehr interessantes und wichtiges Faktum festgestellt haben.

Emma Maybach als kleines Mädchen.

Karl und Adolf Maybach.

Er behauptete aber nur, daß Maybach mit diesen Gedankengängen um den Stahlradwagen Daimler in ein arges Dilemma gebracht habe... Rathke darf es uns deshalb nicht verübeln, wenn wir seine Darstellung so lange für eine geschickt formulierte Erzählung aber nicht für einen Beitrag zur Geschichte des Kraftfahrzeugs halten, bis er uns irgendwie belegt hat, daß Maybach tatsächlich den Stahlradwagen von Daimler 'erkämpfen' mußte.«[29]

Diesen Beleg hat dann Schnauffer geliefert[30], sich aber in diesem Streit um des Kaisers Bart der Meinung Matschoß' angeschlossen, der sybillinisch vorschlug, beide Namen in der Geschichte des Automobils immer zusammen zu nennen.[31] Schnauffer bemerkt dazu:

»Jeder, der die Entwicklungsjahre 1882 bis 1895 genauer erforscht, erkennt, daß es notwendig, aber auch sehr schwer ist, in gerechter Weise die damals erzielten Erfolge auf den einen oder anderen der beiden Männer zu verteilen. Möglichkeiten der Beurteilungen ergeben sich neben den unterschiedlichen techni-schen Begabungen von Daimler und Maybach dadurch, daß Letzterer, wie bereits angeführt, bei zahlreichen Gelegenheiten in der freimütigsten Weise angegeben hat, daß diese oder jene Idee und Anregung von Daimler stamme.«[32]

Allein von der patentrechtlichen Seite her gesehen laufen die Anmeldungen der beiden wichtigsten Patente für den schnellaufenden Benzinmotor, Reichspatent Nr. 28022 und Nr. 28243, auf den Namen Gottlieb Daimlers, aber lediglich auf der Grundlage von Formalien, das zeigt ein Blick auf das Wirken der beiden Männer, läßt sich keine eindeutige Festlegung treffen. Matschoß' Entscheidung, »man nenne sie zusammen«, kann man im Nachhinein nur rückhaltlos zustimmen.

Zwischen Duttenhofer, Lorenz und Daimler kam es bald zu Auseinandersetzungen über die weitere Firmenpolitik. Zentraler Punkt der Kontroverse, die sich zwischen Duttenhofer und Daimler abspielte, war die Frage der Produkte. Während Duttenhofer Stationärmotoren produzie-

Der Tanzsaal im Frösnerschen Garten in Cannstatt.

ren wollte, lag Daimler die Fahrzeugproduktion am Herzen. Als sich in diesem Punkt keine Einigkeit erzielen ließ, griff Daimler zu einer List. Unabhängig von der Daimler-Motoren-Gesellschaft sollte die Entwicklung unter Maybachs Mitwirkung weiter vorangetrieben werden. Damit schlug Daimler zwei Fliegen mit einer Klappe, denn er hätte bei Auflösung seines Vertrages mit Maybach eine nicht unerhebliche Summe an diesen zahlen müssen. Nun zum zweiten Mal mußte Maybachs privates Domizil, diesmal die Königsstraße 44 in Cannstatt, als Konstruktionsbüro herhalten. Hier wurde bis zum Jahr 1892, also eineinhalb Jahre lang, gearbeitet und konstruiert.

Im Herbst 1892 dann mietete Maybach im Auftrag Daimlers den Gartensaal des ehemaligen Hotels Hermann an. Was einst Kulisse festlichen Treibens war, bildete nun den räumlichen Rahmen für weitere automobile Forschung. Die erstellten Patente liefen aus Gründen der Tarnung auf den Namen Maybach. Dazu gehört das DRP 70577, das sich mit der Optimierung des ungeliebten Riemenantriebs befaßt, der federnden Aufhängung des Motors und der Schwungradkühlung. Zwölf Arbeiter und fünf Lehrlinge standen Maybach in dieser Zeit als Personal zur Verfügung. Daimler sorgte lediglich für den finanziellen Rahmen des Unterfangens, konstruktiv hatte Maybach freie Hand. Eine der wichtigsten Erfindungen Maybachs aus dieser Zeit ist, neben dem Phönix-Motor, der Spritzdüsenvergaser. Der über einen Schwimmer in einer Rohr-

leitung konstant gehaltene Stand des Benzins ermöglichte dessen Zerstäubung mittels einer Düse zu dem Zeitpunkt, bei dem die Kolbenbewegung gegen den unteren Totpunkt verlief und Frischluft angesaugt wurde.

In der Zeit im Hotel Hermann sind etwa zwölf Wagen entstanden, was dafür spricht, daß Daimler seinen anfänglichen Widerstand gegen den Bau kompletter Automobile aufgegeben hatte.

In diese Zeit fällt auch die Geburt des dritten Kindes Maybachs, einer Tochter. Sein zweiter Sohn Adolf war 1884 geboren worden. Mit seinem ältesten Sohn Karl, der ein Jahr nach der Hochzeit 1879 geboren wurde, verband Maybach eine ähnlich symbiotische Beziehung, wie zuvor zu Werner, aber auch zu Daimler und später dann zu Jellinek. Anders als die meisten berühmten Väter, die den Kindern nicht selten durch ihre dominante Persönlichkeit ein belastendes Erbe mit auf den Weg geben, war es in Maybachs Charakter angelegt, ein kooperatives Verhältnis gegenüber Männern aufbauen zu können, ein Umstand, der seinem Sohn Karl zugute kam. Karl war zwar ebenso wie sein Vater ein introvertierter Charakter, aber, ganz im Gegensatz zu diesem, eine Kämpfernatur, der es sehr wohl verstand, die eigenen Interessen in den Vordergrund zu stellen. Als Kind war er alles andere als ein guter Schüler, da er all jene Fächer, die nichts mit Technik zu tun hatten, mit Mißachtung strafte. Er hielt sich die meiste Zeit in der Werkstatt auf, fuhr im geräumigen Garten des Hotels

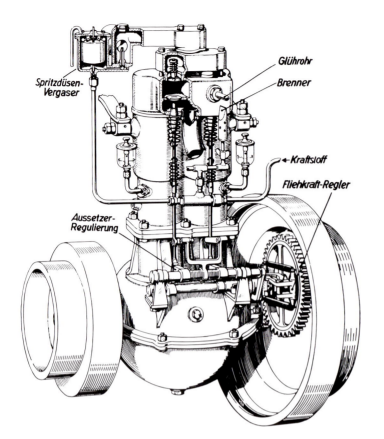
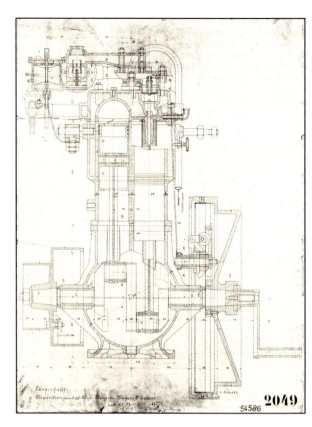

2 Zylinder-Phönix-Motor in der Ausführung von 1892 mit Maybach-Spritzdüsen-Vergaser, 1893.

Hermann Slalom um die Bäume und wagte es sogar, natürlich ohne die Erlaubnis seines Vaters, mit dem Wagen nach Cannstatt zu fahren, ein Umstand, auf den die Familie Maybach erst durch die Intervention des Hausarztes Dr. Schöffler aufmerksam gemacht wurde. Maybachs Wesen gab seinem Sohn, trotz der großen Erfolge, genügend Raum, sich selbst zu entfalten, ja mehr noch, dieser konnte sich auf eigentümlich unneurotische Weise mit dem Vater und seiner Arbeit identifizieren und es ihm nachtun. Maybach mag es wohl geahnt haben, daß ihm in Karl ein Vis-à-vis entstanden war, das sein Lebenswerk einst konsequent fortsetzen würde.

[1] Vgl. Schnauffer, Karl: Die von Daimler und Maybach auf dem Seelberg entwickelten Motoren 1887 - 1890. Teil I: Text. Erstellt im Auftrag der Arbeitsgemeinschaft für die Geschichte des Deutschen Verbrennungsmotorenbaues, Archiv der mtu, Bestand "Wilhelm Maybach", S. 2f.
[2] Ebd., S.3.
[3] Siehe Rauck, Max: Wilhelm Maybach - Der große Automobilkonstrukteur. Baar (Schweiz) 1979, S. 60f.
[4] Vgl. Sass, Friedrich: Geschichte des deutschen Verbrennungsmotorenbaues von 1860 bis 1918. Berlin, Göttingen, Heidelberg 1962, S. 168.
[5] Friedrich Hermann Wölfert wurde am 17. November 1850 in Riethnordhausen geboren.

[6] Georg Baumgarten, geboren am 31. Januar 1837, hatte mehrere Patente zur Lenkung von Ballons, das wichtigste war das DRP No. 9137 (vom 19.5.1879), der sogenannte »Wendeflügel«. Siehe Kleinheins, Peter: Die Motorluftfahrt begann vor hundert Jahren. Doktor Wölfert und Gottlieb Daimler. Wahlwies 1988, S. 12ff.
[7] Siehe ebd.
[8] Siehe ebd.
[9] Ebd., S. 59f.
[10] Rauck, S. 67f.
[11] Schnauffer, Seelberg Motoren 1887 - 1890, S. 5.
[12] Siehe ebd., S. 6.

[13] *Das französische Patent zu dieser Erfindung Nr. 199024 datiert vom 18. Juni 1889, das USA-Patent Nr. 418122 vom 24. Dezember 1889 und das englische Patent Nr. 10007 vom 18. Juni 1889. Weitere Patente gab es in Belgien, Österreich, Italien, der Schweiz und Ostindien.*

[14] *Vgl. Schildberger, Friedrich: Anfänge der französischen Automobilindustrie und die Impulse von Daimler und Benz. In: Automobil Industrie 2/1969, S. 59ff.*

[15] *Schnauffer, Seelberg Motoren 1887 - 1890, S. 9*

[16] *Ebd., S. 10.*

[17] *1890 präsentierten Day & Sons den ersten ventillosen Zweitaktmotor mit der dreifachen Arbeitskolbensteuerung für die Ansaug-, Überström- und Auspuffkanäle (Englische Patente N. 6410 und Nr. 9247 von 1891).*

[18] *Schnauffer, Seelberg Motoren 1887 - 1890, S. 12*

[19] *Maybach schrieb darüber in seinen Notizen: »Gleich nach dem ersten Riemenwagen hatte ich ein Vierrad mit reinem Zahnräderantrieb gebaut, das aber nie eine Freude Daimlers war. Es gefiel Herrn Levassor aber besser als der Riemenantrieb, und er behielt das von uns im Jahre 1889 erstmals in Paris vorgeführte Vierrad dort als Muster. Von diesem Wagen übernahm er den Stirnräderantrieb, mit den während des Ganges verschiebbaren Wechselrädern und setzte schließlich den Motor nach vorne.« Zitiert nach ebd., S. 14.*

[20] *Ebd., S. 17.*

[21] *Ebd., S. 20.*

[22] *Rathke, Kurt: Wilhelm Maybach. Anbruch eines neuen Zeitalters, Friedrichshafen 1953, S. 177.*

[23] *Oswald beschreibt die Person Steiners wie folgt: »Zu den einflußreichsten Persönlichkeiten Württembergs zählte damals ein gewisser Kilian Steiner (1833 - 1903), der es im Lauf der Jahre zu ungeheurem Reichtum und damit einhergehend zum Kgl. Württ. Geheimen Kommerzienrat Dr. jur. Kilian von Steiner, Bankdirektor und Besitzer von Schloß Laupheim, gebracht hatte. Schon sein Vater hatte als Händler in dem Städtchen Laupheim gelebt, wo es eine große Judengemeinde gab, die bereits 1860 800 Seelen zählte. 1828 hatte der Vater, dessen ursprünglicher Name nicht mehr feststellbar ist, den Familiennamen Steiner angenommen. Kilian Steiner nun vermehrte das vom Vater ererbte Geld, indem es ihm gelang, nahezu alle kleinen Privatbanken des Landes kapitalmäßig von sich abhängig zu machen und dann zur 1865 gegründeten Württembergischen Vereinsbank zusammenzuschließen. Darüber hinaus beherrschte er auch noch - daher wohl auch sein Titel und Adelsprädikat - die Kgl. Württ. Hofbank. Über riesige Kredite, welche vor allem die Vereinsbank zwar großzügig, aber unter hinterhältigen Bedingungen vergab, verwandelte Kilian Steiner erfolgreiche oder erfolgversprechende Industriebetriebe von privaten in anonyme Gesellschaften, die er von ihm zuverlässig ergebenen und fürstlich bezahlten Vertrauensleuten - Strohmännern - verwalten und führen ließ... Zu Kilian Steiners wichtigsten Vertrauensleuten zählten auch... Duttenhofer... und... Lorenz.« Oswald, Werner: Mercedes-Benz Personenwagen 1886 - 1986, Stuttgart 1987, S. 71f.*

[24] *Schenk, Georg: Kilian Steiner - Jurist, Finanzmann, Landwirt, Mitbegründer von Schillerverein und Schiller Nationalmuseum. 1833 - 1903. In: Lebensbilder aus Schwaben und Franken. Hrsg. v. Miller, Max; Uhland, Robert, 1. Band, Stuttgart 1969, S. 312. Zur Person Kilian Steiners siehe ferner: Schmoller, Gustav: Zum Gedächtnis an Dr. Kilian v. Steiner - Worte der Erinnerung, gesprochen im Krematorium in Heidelberg, 27. September 1903, o. A.*

[25] *Hanf, Reinhard: Im Spannungsfeld zwischen Technik und Markt - Zielkonflikte bei der Daimler-Motoren-Gesellschaft im ersten Dezennium ihres Bestehens, Wiesbaden 1980, S. 6f.*

[26] *Zu den Vertragsverhandlungen und Modalitäten vgl. Siebertz, Paul: Gottlieb Daimler - Ein Revolutionär der Technik. München, Berlin 1941, S. 218ff.*

[27] *Schnauffer, Seelberg Motoren 1887 - 1890, S. 26.*

[28] *Zitiert nach ebd., S. 26.*

[29] *Interner Schriftwechsel von Siebertz an Naumann vom 19. Mai 1953, DaimlerChrysler Konzernarchiv, Bestand »Maybach«, 15.*

[30] *Schnauffer, Seelberg Motoren 1887 - 1890, S. 12ff.*

[31] *Vgl. Deutsche Automobil Zeitung vom 15.3.1934.*

[32] *Schnauffer, Seelberg Motoren 1887 - 1890, S. 2.*

1892 - 1895

Ins Kurhotel der Arbeit wegen

Versuchsbetrieb im Tanzsaal

Die Eintragung der Daimler-Motoren-Gesellschaft in das Handelsregister war am 2. März 1891 beim Amtsgericht in Cannstatt erfolgt. Damit waren Fakten geschaffen, an denen auch Daimler nichts mehr ändern konnte, als er begriff, mit welchen Taschenspielertricks man ihn über den Tisch gezogen hatte. Diese Einsicht mag sich dadurch verstärkt haben, daß Daimler nun erkannte, daß der eigentliche Sinn der Aktiengesellschaft seine Entmündigung auf der geschäftlichen Entscheidungsebene war. Nach dem Ausscheiden Maybachs wurde auch Daimlers zweiter Vertrauter Karl Linck nicht in den ihm zugedachten Posten eingesetzt, sondern mit der Prokura abgespeist. Als kaufmännischer Direktor wurde Gustav Vischer eingestellt, der keinerlei Kontakt zu Daimler oder zum Motorenbau hatte. Am 22. Oktober erfolgte die Ummeldung im Handelsregister von Linck auf Vischer. Durch die neuen Anteilseigner wurden alle Daimlerschen Vertrauensleute aus den Schlüsselpositionen verdrängt.

Daimler charakterisierte die Aktivitäten Duttenhofers und Steiners, die:

»... in souveräner Unterschätzung meiner eigenen Arbeit und nur das eigene Kapital gelten lassend, sofort die Gewalt an sich zu reißen begannen, kostspielige und unzweckmäßige Bauten ausführten, in schülerhafter Weise experimentierten, ein ganzes Heer von persönlichen Günstlingen mit hohen Gehältern, absoluter Geschäftsuntüchtigkeit, aber um so größerer Unterwürfigkeit gegen sie selbst, als Beamte der Gesellschaft anstellten und diese Schulden machen ließen, die in gar keinem Verhältnis zum Aktienkapital und zu dem Zwecke des auf eine stetige Weiterentwicklung berechneten Unternehmens standen.«[1] Dazu gehörte auch die Maßnahme, Techniker neu anzustellen, *»... die ohne praktische Erfahrung in Motorenfabrikation und ohne tiefere Kenntnis der Grundidee meiner Erfindung waren, jetzt in völliger Verkennung des für die Ausführung und den Bau meiner Motoren erforderlichen Prinzipes eines Festhaltens an den von mir nach langjährigen Erfahrungen als richtig emp-*

fohlenen einfachen Typen, - anstatt diese geduldig zu vervollkommnen und in solider Weise zu erproben -, sich auf ein ebenso unsinniges als kostspieliges System des Experimentierens mit anderen Typen und die Herstellung von großen Quantitäten unerprobter Typen stürzten«.[2]

Neben Wilhelm Lorenz waren das die Gebrüder Spiel, die wie dieser gänzlich unerfahren im Bau von schnellaufenden Viertaktern waren. In dieser Situation tat Daimler das einzig Richtige. Zusammen mit Maybach baute er eine Versuchswerkstatt auf, in der die in der Daimler-Motoren-Gesellschaft nun nicht mehr möglichen Forschungs- und Erprobungsarbeiten fortgesetzt werden konnten. Ähnlich wie schon 1882 setzte Maybach zuerst einmal seine Arbeit in seinen Privaträumen, diesmal in der Königstraße 44, fort. Da die Vertragsverhandlungen mit Maybach schon im Vorfeld gescheitert waren, bestand auch keine Konkurrenzklausel, so daß eine grundsätzliche Weiterarbeit möglich war, auch wenn es für Maybach nicht einfach gewesen sein mag, sich auf die schon geleistete Arbeit beziehen zu können. In der Königstraße befaßte er sich vor allem mit Antriebsfragen.

Es resultierten aus dieser Zeit vor allem drei Patente. Die DRP Nr. 68492 und Nr. 70577, die sich mit Verbesserung des von Daimler favorisierten Riemenantriebs befaßte. Der Titel des ersten Patents lautet »Riemen- oder Lastwechselgetriebe mit abwechselnd angedrückten Spannrollen«, der des zweiten »Einrichtung zur Riemen- oder Seilaus- und Einrückung mittels Spannrollen«. Beide wurden am 13.09.1892 angemeldet. Interessant ist der Umstand, daß diese Getriebeversionen über einen zentralen Hebel geschaltet wurden. Ein weiteres Patent (Nr. 75069) befaßte sich mit einer federnden Lagerung der Antriebsvorrichtung. Da die Betriebssicherheit der Motoren kontinuierlich gesteigert worden war und somit immer längere Fahrtstrecken möglich wurden, erwies sich die Verdampfungskühlung als immer unzulänglicher. 1894 waren Kühlwasserbehälter mit ca. 35 Litern montiert,

Memorandum für den Aufsichtsrat, Dezember 1890.

Gustav Vischer (1846-1920).

was Maybachsche Notizbuchaufzeichnungen belegen. Bei reiner Verdampfungskühlung wären ca. 250 Liter notwendig gewesen, um bei gleicher Fahrstrecke ausreichend Kühlflüssigkeit an Bord zu haben. Rückkühlung des Kühlwassers zwecks Reduzierung der mitgeführten Kühlwassermenge war also ein dringliches, konstruktives Problem, dem sich Maybach noch in der Königstraße annahm. Der Hauptanspruch seines zur Lösung dieser Frage am 13. September 1892 eingereichten Patents lautete:

»Vorrichtung zur Kühlung der Kühlflüssigkeit von Kraftmaschinen und Kompressoren, dadurch gekennzeichnet, daß die Flüssigkeit in einen umlaufenden Behälter, der gleichzeitig als Schwungrad dienen kann, geführt wird, um an dessen Umfang angeschleudert, dadurch die Umdrehung bzw. durch Abschälen der heißen Luft und Dampfschicht abgekühlt und infolge der übertragenen Energie durch eine Auffangvorrichtung am Umfang des Behälters durch ein Umlaufrohr an die zu kühlenden Stellen zurückgeleitet zu werden«.[3]

Der Wirkungsgrad dieser Kühlwasser-Kühlvorrichtung war dreimal so hoch wie der einer Verdampfungskühlung. In einem Prospekt der Daimler-Motoren-Gesellschaft ist er mit zwei bis drei Liter pro PS/h angegeben. Ein eigentlicher Kühler war dabei nicht vorhanden, und die Kühlleistung war durch die Größe der Schwungscheibe begrenzt. Erteilt wurde das Patent am 9. August 1893. Insgesamt fand diese Bauart etwa fünf Jahre Verwendung.

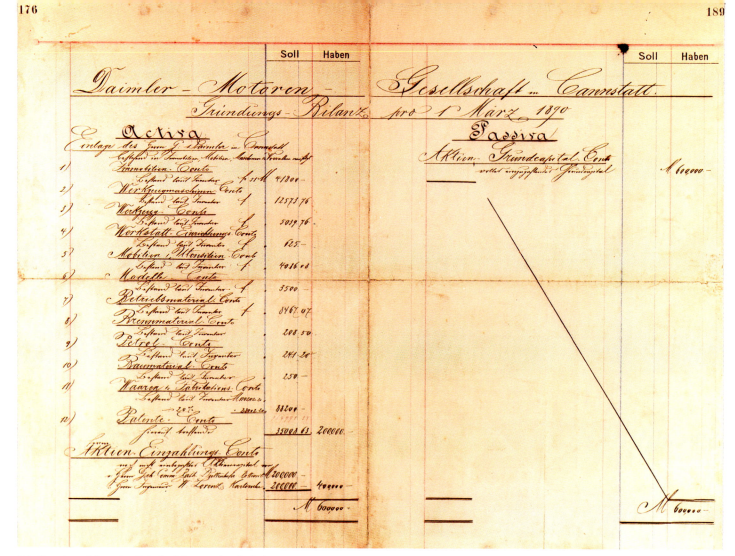

Die Gründungsbilanz der Daimler-Motoren-Gesellschaft vom 1. März 1890.

So produktiv Maybach auch zu Hause arbeitete, auf Dauer war dies keine Lösung. Es galt, die Voraussetzungen für einen effektiven Versuchsbetrieb zu schaffen. Dazu mietete Daimler noch im Oktober des Jahres 1892 den Gartensaal des ehemaligen Kurhotels Hermann in der Badstraße in Cannstatt, der als Tanzsaal gedient hatte. Der Hotelbetrieb ruhte seit 1887. Entsprechend verkommen waren die ehemals 140 Wohnräume. Die Jahresmiete für den Gartensaal und Nutzung des Kurgartens betrug 1800 Mark. Die räumlichen Voraussetzungen waren ideal. Der Kurgarten war groß genug, um Probefahrten durchzuführen, und er lag weit genug ab vom städtischen Verkehr. Zudem gab es aufgrund eines Baches fließendes Wasser sowie einen Gasanschluß.

Zusammen mit Arbeitern und Lehrlingen nahm Wilhelm Maybach die Arbeit auf. Wieder einmal galt es, am Nullpunkt anzufangen. Die Notizbücher Maybachs zeigen, daß er sich anfänglich auch um das kleinste Detail ge-

kümmert hat. Das ging von der Beschaffung von Halbrundfeilen und Flachraspeln bis zur Anschaffung der Drehbänke. Im Hotel selbst wurden Wohnungen für die Mitarbeiter ausgebaut. Eine davon bezog Maybach, der damit nur 150 Meter von seiner Arbeitsstätte entfernt wohnte. Im Laufe eines Jahres hatte sich die Arbeiterzahl auf zwölf Arbeiter und fünf Lehrlinge eingependelt. Der jüngste Lehrling war Gustav Bartholomäi, der mit sechs Pfennig Stundenlohn in Maybachs Liste stand und dem wir sehr viel Informationen aus dieser Zeit verdanken. An Löhnen wurden wöchentlich insgesamt zwischen 200 und 300 Mark bezahlt.

Im Hotel Hermann entstanden Entwicklungen, die den Kraftwagenbau und insbesondere den Bau des schnellaufenden Viertaktmotors nachhaltig beeinflußten. Diese Entwicklungen verschafften Daimler das nötige Know-how, das er als Druckmittel für die kommenden Verhandlungen mit der Daimler-Motoren-Gesellschaft dringend benötigte.

Eine der herausragenden Entwicklungen in der Zeit des Hotels Hermann war der Phönix-Motor. Dabei handelte es sich um einen Zweizylindermotor mit parallelen, zu einem Zylinder zusammengegossenen Blöcken. Dieser Motor war von seinen konstruktiven Voraussetzungen den von Schroedter bei der Daimler-Motoren-Gesellschaft entwickelten Zweizylindermotoren deutlich überlegen. Mit seinem geringen Zylinderabstand, dem dünnwandigen Kurbelgehäuse mit Versteifungen und den angegossenen Kühlwassermänteln an Zylinder und Kopf, handelte es sich um einen einfach aufgebauten und kompakten Motor. Das Einlaßventil war bei diesem Motor wiederum als Schnüffelventil ausgebildet. Es war deutlich größer als das Auslaßventil und hatte einen Hub von 2,5 mm. Im Gegensatz zum kegelförmig ausgeführten stehenden Auslaßventil hatte das Einlaßventil einen flachen Ventilsitz. Das Glührohr war zwischen den beiden Ventilen angeordnet. Die Anordnung der Ventile war im Vergleich zum P-Motor ein Rückschritt, denn dieser hatte ja schon Einlaß- und Auslaßventil hängend angeordnet. Auch die Aufladung via Kurbelgehäuse war mit dem Phönix-Motor aus dem Daimler-Programm verschwunden. Einen wesentlichen Teil der Arbeit im Hotel Hermann machten der Bau und

die Erprobung des Phönix-Motors aus, über den Bartholomäi in seinen Erinnerungen schrieb:

»Fertiggestellt waren bei meinem Eintritt bereits einige Wagen mit dem 2 PS-Zweizylinder-Heckmotor mit 67 mm Bohrung und 108 mm Kolbenhub, der mit 760 U/min lief. Die Kraftübertragung erfolgte durch ein viergängiges Riemengetriebe mit Schaltung in der Mitte, von hier aus durch Ritzel und Zahnkranz auf das Hinterrad. Die Räder waren aus Holz. Zuerst war auf den Holzfelgen nur ein dünnes Stahlband, und als sich das nicht bewährte, wurde ein starker Eisenreifen aufgezogen. Ein Ausgleichsgetriebe (Differential) war schon vorhanden. Die Federn bestanden hinten aus Schrauben-, vorne aus Halbelliptikfedern«.[4]

Schon ein Dreivierteljahr nach Arbeitsbeginn im Hotel Hermann waren bereits 20 Motoren dieser Bauart in Arbeit.

Ein Novum bei diesem Motor war das Anbringen von Gegengewichten an der Kurbelwelle. Die Leistung wurde kontinuierlich gesteigert. 1895 kam ein 3-PS-Motor, der, wie eine Notiz Maybachs zeigt, ein Gewicht von 90 kg hatte. Den Versuchsbetrieb im Hotel Hermann beschreibt Bartholomäi wie folgt:

Auszug aus einem der Notizbücher Wilhelm Maybachs.

Für die Landwirthschaft:

Ein „Daimler" ist ein gutes Thier,

Zieht wie ein Ochs, du siehst's allhier;
Er frißt nichts, wenn im Stall er steht

Und sauft nur, wenn die Arbeit geht;

Er drischt und sägt und pumpt dir auch,

Wenn's Moos dir fehlt, was oft der Brauch;

Er kriegt nicht Maul- noch Klauenseuch

Und macht dir keinen dummen Streich.
Er nimmt im Zorn dich nicht aufs Horn,
Verzehrt dir nicht dein gutes Korn.
Drum kaufe nur ein solches Thier,
Dann bist versorgt du für und für.

Cannstatt
zum Volksfest 1897.

Wolfgang Druck, Cannstatt.

Daimler-Motoren-Gesellschaft.

Ein von Gottlieb Daimler selbst entworfener Werbespruch für seinen Lastwagen anläßlich des Cannstatter Volksfestes 1897.

»Der große Saal im ersten Stock konnte durch Wegnehmen von Holzwänden vergrößert werden, in dem der Seitenflügel dadurch mit zum Saal kam. Zwischen den beiden waren darüber Säulen angeordnet und an einer solchen wurde der Motor wie im Wagen aufgehängt. Zum Abbremsen diente eine starke Schnur. An dem einen Ende wurde sie mit dem Gewicht verbunden, das andere Ende wurde so lange um das Schwungrad, besser gesagt, Schwungscheibe, gewickelt, bis das Gewicht von der Reibung mitgenommen frei schwebte.«[5]

Diese im Hotel Hermann perfektionierte Motorenbauart, die den Schrödterschen Motoren deutlich überlegen war, bildete nach der Zusammenlegung mit der Daimler-Motoren-Gesellschaft das Rückgrat der Motorenfertigung.

Neben der Motorenentwicklung widmete man sich im Hotel Hermann natürlich vordringlich der Wagenkonstruktion. Dieser voraus gingen zumeist Handskizzen, die in den Maybachschen Tagebüchern erhalten geblieben sind. Maybach war ein guter Freihandzeichner mit einer gewissen künstlerischen Note. Aus den in den Tagebüchern für sieben Fahrzeuge festgehaltenen Gewichtsangaben ist zu ersehen, daß die Wagen zunehmend an Eigengewicht zulegten. So wogen die ersten Fahrzeuge von 1891 265 kg und 282 kg, Ende 1892 lag das Gewicht schon bei 435 kg, und ein Jahr später sind 520 kg, 625 kg und 675 kg notiert. Der im Jahr 1895 konstruierte Victoria-Wagen hatte ein Gesamtgewicht von 840 kg. Maybach machte sich jedoch nicht nur Gedanken zur Personenwagenkonstruktion, sondern entwarf auch einen Lastwagen, der bei einem Eigengewicht von 27 Zentnern (1350 kg) 70 Zentner (3500 kg) Nutzlast tragen sollte. Die vorgesehene Breite des Fahrzeugs betrug 1,80 m, die Länge 4,00 m. Ob vor dem Jahr 1896, dem Jahr, da der erste Lkw an die Daimler Motor Co. Ltd. geliefert wurde, ein Lastwagen gebaut wurde, ist nicht mehr feststellbar, da aus der Zeit des Hotels Hermann keine Kommissionsbücher[6] existieren.

1893 begann man damit, ergonomische Überlegungen anzustellen. Hatten bis dahin lediglich Arme und Hände Bedienungsaufgaben wahrgenommen, so begann man nun die Füße des Fahrers miteinzubeziehen. Zuerst wurde

damit nur ein Signal ausgelöst, doch kurz darauf ergänzte
die Fußbremse die bis dahin mit der Hand zu betätigende
Klotzbremse. Nicht nur über die technische Ausstattung
und Konzeption der Motoren und Wagen machte sich
Maybach Notizen, auch die Erprobung der Fahrzeuge
wurde akribisch protokolliert.[7] Auch ein Unfall, der während einer Bremsung passierte, wurde von Maybach festgehalten; er schrieb:

*»Auf stärkeres Bremsen drehte sich aber auf einmal der
Wagen und stellte sich quer und kippte um, wobei die Insassen
zum Glück ohne Schaden davonkamen.«*[8]

Etwa zwölf Wagen wurden in dieser Zeit im Hotel
Hermann gebaut. Alle diese Fahrzeuge waren nach individuellen Kundenwünschen ausgeführt. Eine dieser Bestellungen, von Herrn Arthur Junghans in Schramberg, die erhalten geblieben ist, zeigt nicht nur die damals übliche Lie-
ferfrist von drei Monaten, sondern auch die zusätzlichen
Serviceleistungen, die erbracht werden mußten. So war an
den Verkauf ein kostenloser Fahrunterricht für Herrn
Junghans und seinen Diener gekoppelt.

Aus dieser Zeit ist folgende Episode überliefert:

*»Das erfinderische Genie Arthur Junghans kam nicht nur aus
dem Verstand, es kam auch aus dem Herzen, denn er liebte die
Technik. Diese Liebe ging weit über sein eigenes Arbeitsgebiet
hinaus. Er war mit Gottlieb Daimler, Wilhelm Maybach und
Professor Dr. Dietrich von der Baugewerkschule befreundet. In
diesem Kreis wurden die technischen Probleme der damaligen
Zeit gewälzt. Aus den sich kreuzenden Gedanken wurden*

*Erfindungen und bedeutende, gewissenhafte technische
Arbeiten. Gottlieb Daimler machte viele Probefahrten mit sei-
nem ersten Kraftwagen nach Schramberg und anschließend nach
Zürich, zur Mutter von Arthur Junghans, der geborenen
Tobler-Pestalozzi. Mancherlei Episoden wurden von Arthur
Junghans in den Aufzeichnungen niedergelegt oder im
Freundeskreis erzählt. Einen dieser ersten Probe-wagen erwarb
Arthur Junghans im Jahre 1892/93 käuflich von Gottlieb
Daimler. Der Wagen war noch mit einer Hebelsteuerung verse-
hen. An einem Sonntagmorgen sollte die erste große Fahrt nach
Zürich gestartet werden, als der Schuhmacher Gottlob Melchior,
damals wohl der erste Privatchauffeur Deutschlands, vermutlich
aber der Welt, mit dem Schraubenschlüssel in der Hand benzin-
getränkt in das Frühstückszimmer, in dem die Fahrtteilnehmer
beieinander saßen, mit dem Ruf hereinsprang: »Mer könnet
net fahre heut, 's Benzin lauft mer hente raus!« Dieser
Schreckensruf veranlaßte die Herren, vor allem Herrn Wilhelm
Maybach, sofort in den behelfsmäßig als Garage benützten
Pferdestall zu springen, wo festgestellt wurde, daß unter dem
Daimler-Wagen die Benzinleitung gebrochen war. Maybach
kroch unter den Wagen und flickte die Leitung. Dabei wurden
auch seine Kleider mit Benzin getränkt. Als er nachher mit Hilfe
von Spiritus die Glührohrzündung anheizen wollte, fingen seine
Kleider Feuer. Arthur Junghans packte schnell Maybach und
warf ihn in ein Wasserbecken im nahen Gemüsegarten. Maybach
erlitt so schwere Brandwunden, daß er viele Monate im
Schramberger Krankenhaus verbringen mußte. Die
Verbrennungen von Maybach hatten nach den Aufzeichnun-*

Erster Daimler Motorlastwagen, 1896 (Nachbau)

gen von Arthur Junghans zur Folge, daß er mit Daimler absprach, so schnell wie möglich von der Glührohrzündung abzugehen. Ihm schwebte die Konstruktion einer Batteriezündung oder einer elektrischen Zündung vor. Arthur Junghans begab sich zu seinem Freund Baurat Professor Dr. Dietrich an der Baugewerkschule in Stuttgart und schlug diesem vor, sich mit diesem Problem zu befassen.

Professor Dietrich zog zu den Besprechungen seinen Werkstatt-Techniker Robert Bosch zu, der sich dann an die Lösung der Aufgabe machte. Als die Aufgabe gelöst war, lehnte aber Daimler diese Zündungsart ab, worauf Robert Bosch durch Professor Dietrich bei Arthur Junghans fragen ließ, was nun geschehen solle und ob er Interesse an der Sache habe oder ob Robert Bosch diese für sich frei verwenden könne. Arthur Junghans erklärte kurzentschlossen, daß, nachdem Daimler auf die Erfindung nicht eingehe, er ebenfalls an der Sache uninteressiert sei. Robert Bosch hatte mit seiner elektrischen Zündung den größten Erfolg. Man sieht, auch große Erfinder können sich täuschen.

In dieser Zeit passierte noch mehr: Der Chauffeur Melchior überfuhr bei einer durchschnittlichen Wagengeschwindigkeit von fünf Kilometern in der Stunde unmittelbar vor dem Fenster des Krankenhauses, in dem Maybach lag, in der Dunkelheit einen angetrunkenen schlechtsehenden Krüppel, der, da er »ein ohne Pferde fahrendes Fahrzeug noch nie gesehen hatte«, glaubte, das Fahrzeug würde stehen und er könne ruhig die Straße überqueren.

Nach der Erholung von Maybach wurde die Fahrt nach Zürich durchgeführt. Sie endete aber schon beim steilen Stich am Zollhaus Randen, wo der Wagen bergabwärts fuhr. An diesem Stich brachen die Bremsen des Wagens. Der Fahrer konnte die Hebellenkung nicht mehr beherrschen. Die drei Herren landeten mit ihrem Fahrzeug am Ende der Steigung auf einem Misthaufen, gottlob, ohne viel Schaden zu nehmen. Dieses Unglück veranlaßte Arthur Junghans, seinem Freund Daimler nahezulegen, daß er mit der Hebellenkung nicht weiterkomme, »er wolle ihm in seiner Mechanik eine andere Lenkungsart bauen«. Arthur Junghans lieferte ihm tatsächlich nach wenigen Wochen die erste Schneckenlenkung, die gleich zur Probe in das Daimler-Fahrzeug in Schramberg eingebaut wurde. Mit dieser Lenkung ausgerüstet, wurden dann mit dem Wagen noch viele erfolgreiche Fahrten nach Zürich gemacht. Es spielte sich dabei eine für den Beginn des Automobilismus eigenartige lustige Begebenheit ab: Auf einer kurzen geraden Strecke entlang dem Züricher See beschäftigte sich in der Fahrtrichtung der Herren ein Knabe mit dem Einsammeln von Pferdemist in einen Handkarren. Trotz eifriger Benützung des noch mit dem Fuß betätigten Blasebalges für die Hupe gelang es dem Chauffeur Melchior nicht, den Jungen aus der Straßenmitte wegzujagen. Es mußte gehalten und die Kollektion von Roßäpfeln auf dem Wägelchen beiseite geschoben

werden. Arthur Junghans merkte dabei, daß der Junge taub war. Da der Bub das Recht für sich in Anspruch nahm, seine Arbeit mitten auf der Straße zu vollenden, war er beleidigt, zumal er erstmals ein pferdeloses Fahrzeug sah. Er ballte die kleinen Fäuste und rief den Herren erbittert nach: »Stinke könnet ihr Kaibe, aber Roßböbbele schieße, sel könnet er nit!«[9]

Während es in der Zeit, als Maybach in der Königstraße arbeitete, noch einen regen Kontakt zu Daimler gegeben hatte, hielt sich dieser nach dem Umzug in das Hotel Hermann vom Versuchsbetrieb fern. Entgegen der Siebertzschen Darstellung hatte Daimler keinen Einfluß auf die Entwicklungsarbeiten im Hotel Hermann. [10]

Das bezeugt unter anderem eine Aussage des Ingenieurs Scheerer, der dazu schrieb:

»... daß ich mich nicht erinnere, Herrn Gottlieb Daimler während meiner Tätigkeit in der Versuchswerkstätte beim Hotel Hermann in Cannstatt je einmal gesehen zu haben, geschweige denn, daß Gottlieb Daimler dort mitgearbeitet hätte. Ferner ist mir nicht bekannt, daß Herr Gottlieb Daimler gegen Ende des Jahres 1895 kurz vor oder erst nach der Wiedervereinigung im Hotel Hermann gewesen wäre.«[11]

Dafür spricht auch der Umstand, daß Daimler etwa ein Jahr, zwischen dem Herbst 1892 und 1893, wegen vielerlei Problemen und Aktivitäten für Maybach fast nicht erreichbar war. Daimler behinderte zum einen seine Herzkrankheit, zum anderen hielt er sich in diesem Zeitraum in Florenz und Frankreich auf. Allein seine Hochzeitsreise 1893 nach Nordamerika, die er ebenfalls in diesem Jahr machte, dauerte vier Monate. Die Anweisungen an Linck vom 7.7.1893 zeigen, daß Daimler lediglich finanzielle, aber keine technischen Fragen das Hotel Hermann betreffend regelte. In diese Zeit fallen so wesentliche Erfindungen wie der Phönix-Motor, die Drosselregulierung und der Spritzdüsenvergaser. Der Phönix-Motor war die einzige Motorenneuentwicklung, die im Hotel Hermann durchgeführt wurde. Mit dem Spritzdüsenvergaser gelang Maybach eine Konstruktion, die den konzeptionellen Standard für Vergaser bis heute setzte.

Schon 1891, also kurz nach seinem Ausscheiden aus der Daimler-Motoren-Gesellschaft, finden sich erste Notizen von Maybach, in denen er sich damit befaßte, den Oberflächenvergaser durch eine Düsenkonstruktion zu ersetzen. Ziel der Überlegungen war es, Kraftstoff und Luft gleichmäßiger zu mischen, als dies durch den Oberflächenvergaser möglich war. Der Hauptanspruch des Spritzdüsenvergasers, so wie ihn Maybach in seinem Notizbuch fixierte, lautet:

»Das Verfahren der Ladung von Petrolmotoren mit Petrol direkt aus einer unter gleichem oder wenig geringerem Druck als zu Speisung dienender Luft stehender Ausflußdüse, durch welche das Petrol ohne Pumpe oder gesteuertem Ventil selbst-

*Daimlers Ausstellungsausweis für
die Weltausstellung in Chicago,
1893. Diese Reise nach Amerika
war gleichzeitig die Hochzeitsreise
mit seiner zweiten Ehefrau Lina.*

*Oberflächenvergaser des
1 Zylinder-Daimler-Motors, 1886.*

tätig durch das Vacuum der Saugperiode des Motors mit der
nötigen Luft aus der Petrolleitung in das Vacuum eintritt
zwecks Erzielung gleichmäßiger Mischung von Luft und Petrol
zu Anfang wie während dem Beharrungszustand im Gange des
Motors und zur Vereinfachung der Einrichtung.«[12] Diesen
ersten Überlegungen folgten bald weitere Ansprüche.
Weitere Patentansprüche lauteten:

»1.) Bei Petrolmaschinen das Verfahren der Abmessung des
für jeden Arbeitshub nötigen Quantums Petroleum, gekennzeichnet durch direktes Einsaugen desselben mit Luft aus
justierter Luftdüse unter gleichem Vacuum aus normiertem
Ölstand.

2.) Zur Ausführung des ad 1) gekennzeichneten Verfahrens,
die Anordnung einer stehts offenen Öldüse innerhalb des Raumes zwischen Saugventil und Verengung des Saugraums bei
normiertem Ölstand in annähernder Höhe der Öldüse.

3.) Bei dem ad 1) gekennzeichneten Verfahren die Anordnung
des durch den äußeren Luftdruck betätigten Ölabschlußventils
auf die Öldüse innerhalb des Raumes zwischen Saugventil und
Verengung des Saugraums bei höherem oder niederem Ölstand
als die Öldüse.

4.) Bei dem ad 1) gekennzeichneten Verfahren das Aussetzen
der Ölzuführung behufs Abstellen oder Regulierung durch
Zulassen von Luft in den Saugraum durch weitere Öffnungen
als den engsten Querschnitt.«[13]

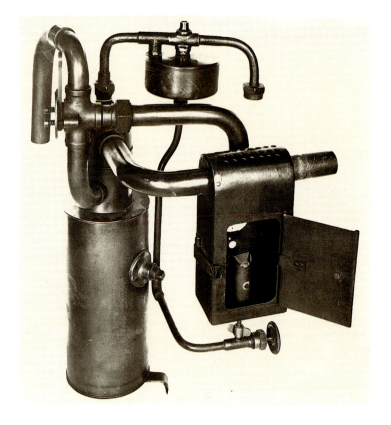

Maybach machte Versuche mit und ohne Schwimmer im Vergaser und erkannte auch sehr bald, daß sich die Strömungsgeschwindigkeit durch eine Querschnittsverengung des Ansaugrohrs erhöhen ließe. Mit Schwimmer, Querschnittsverengung und kalibrierter Düse war der moderne Vergaser geschaffen. Anfänglich war die Schwimmernadel noch fest mit dem Schwimmer verbun-

den, was jedoch bei der Fabrikationsaufnahme des Phönix-Motors geändert wurde, der eine noch heute übliche Schwimmernadel-Fixierung erhielt. Mit dieser Konstruktion realisierte Maybach, neben der technischen Funktionalität, eine enorme Platzeinsparung gegenüber den bis dahin verwendeten Oberflächenvergasern.

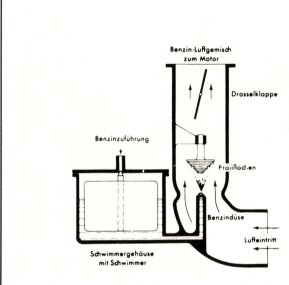

Erster Spritzvergaser 1893
von Daimler und Maybach

Im Oberflächenvergaser können die schwerflüchtigen Bestandteile des Benzins unverdampft zurückbleiben. Im Spritzvergaser dagegen werden alle Bestandteile des Brennstoffs gleichzeitig und fortlaufend fein zerstäubt und mit Luft vermischt. Der Stand des der Schwimmerkammer zufließenden Benzins wird durch den Schwimmer und das mit ihm verbundene Nadelventil dauernd auf solcher Höhe gehalten, daß die Flüssigkeit im Spritzdüsenrohr nahe an der Düsenöffnung steht. Die beim Ansaugen des Motors den Vergaser durchströmende Luft saugt das Benzin aus der Düse. Dieses wird an der Prallfläche weiter zerstäubt, sodaß es feinzerteilt als Nebel und größtenteils verdampfend der Luft beigemischt wird.

Schnittmodell gestiftet von der Daimler-Benz A.-G.

(Bildbeschriftungen: Benzin-Luftgemisch zum Motor; Drosselklappe; Benzinzuführung; Prallflächen; Benzindüse; Lufteintritt; Schwimmergehäuse mit Schwimmer)

[1] Siebertz, Paul: Gottlieb Daimler - Ein Revolutionär der Technik. München, Berlin 1941, S. 227.
[2] Ebd., S. 227.
[3] Zitiert nach Schnauffer, Karl: Die Entwicklungsarbeiten in der Königsstraße und im Hotel Hermann 1891 - 1895. Teil I: Text. Erstellt im Auftrag der Arbeitsgemeinschaft für die Geschichte des Deutschen Verbrennungsmotorenbaues, 1954, Archiv der mtu, Bestand »Wilhelm Maybach«, S. 5.
[4] Ebd., S. 9.
[5] Ebd., S. 13.
[6] Von der DMG existieren die Kommissionsbücher ab 1890. Sie befinden sich im DaimlerChrysler Konzernarchiv.
[7] In einer entsprechenden Notiz vom 4. 10. 1892 ist zu lesen: »Beim Langsamgang mußte unverhältnismäßig stark der Riemen angezogen werden. Der Wagen lief mit Geschwindigkeit II die obere Pragsteige hinauf. Die Geschwindigkeit III konnte selten in Anwendung kommen. Bei unrichtiger Hahnstellung kamen Frühzündungen vor. Der Regulierhahn mußte bei voller Inanspruchnahme des Motors peinlich genau eingestellt werden, weil sonst Frühzündungen kamen und erschien es so, daß bei stärkstem Gemisch die Frühzündungen eintraten und bei etwas übersättigtem dieselben unterblieben. Bei Schnellfahrt hörte man den Gang des Motors nicht genügend und es kam einige Male vor, daß beim Abstieg einer Steig der Motor beinahe

aufhörte zu gehen, weil der Hahn nicht mehr gestellt werden konnte. Während der vollen Leistung konnte die richtige Hahneinstellung nur nach dem Gang des Wagens beurteilt werden. Auf der Enzbrücke bei Enzweihingen versagte der Langsamgang und fuhren dann auf die Papierfabrik um nachzusehen. Es war die Vorgelegeachse auf Seite des Langsamganges lose, die eine Kugelhälfte hatte sich auf dem Überrohr gedreht. Nach Reparatur ging es wieder gut die Steigungen hinauf, meist mit dem 2. Gang, doch oftmals auch mit dem 1. Der Lenkapparat war etwas zu elastisch und der Geradehalter nicht stark genug. Der Schnellgangriemen fiel mangels Führung zwei mal durch rasches Einrücken ab, überhaupt schien dieser Riemen Reibung zu verursachen, denn nur mit dieser IIII. Geschwindigkeit zeigte der Motor volle Leistung, während der III. Gang selten eingerückt werden konnte.« Zitiert nach Schnauffer, S. 22f.
[8] Ebd., S. 23.
[9] Arthur Junghans, 1852-1952.
[10] Siebertz, Paul: Gottlieb Daimler. Ein Revolutionär der Technik, München - Berlin 1941, S. 244ff.
[11] Schnauffer, Hotel Hermann 1891 - 1895, S. 27.
[12] Zitiert nach ebd., S. 15.
[13] Zitiert nach ebd., S. 15f.

1895 - 1900

Ein treuer Diener seines Herrn

Als Chefkonstrukteur der
Daimler-Motoren-Gesellschaft

Das Automobil vermochte sich im ersten Jahrzehnt nach seiner Erfindung nur zögerlich durchzusetzen. Daimler und Benz, denen eine Motorisierung auf breiter Basis vorschwebte, hatten mit ihrer Vorstellung vom preisgünstigen Auto nicht den Nerv des zahlungskräftigen Publikums getroffen. Das Automobil war nicht prestigeträchtig genug. Karl Benz bemerkte zu diesem Punkt in der »Allgemeinen Automobil Zeitung« (AAZ) von 1915:

»Es glaubte in der damaligen Zeit niemand, daß es jemals einem Menschen einfallen werde, statt des vornehmen Pferdefuhrwerks solch ein unzuverlässiges, armseliges, puffendes und ratterndes eisernes Fahrzeug zu benutzen.«

Dazu kam, daß man in Deutschland noch lange in einem Stände- und Klassendenken befangen war und auch ein wohlhabender Mittelstand fehlte. In Amerika, wo es gesellschaftliche Schranken dieser Art nicht gab, gelang es Henry Ford mit seinem T-Modell relativ rasch, breite Bevölkerungsschichten zu motorisieren. In der neuen Welt trat das Auto seinen Siegeszug als kostengünstiges und effektives Transportmittel an, eine Entwicklung, an der Daimler und Benz in Deutschland scheiterten, obwohl sie beide lange vor dem T-Modell vergleichbare Kraftwagen auf dem Markt anboten.

Das Automobil in das Bewußtsein der Menschen zu transportieren, ist Frankreich und den dort stattfindenden Motorsportveranstaltungen zu verdanken.[1] Eine Entwicklung, die beim Fahrrad ähnlich verlief. Vor allem die Sportveranstaltungen ließen das Fahrrad seinen Siegeszug über das Hochrad antreten. Es waren vor allem die Franzosen Panhard, Levassor und Peugeot, die die Lizenzrechte der von Maybach entwickelten V-Motoren erworben hatten und begannen, sich mit ihren Fahrzeugen an Automobilrennen wie Paris - Rouen 1894 und Paris - Bordeaux - Paris 1895 zu beteiligen.[2] Maybach hatte recht

rasch antizipiert, daß sich dieses Engagement in einen Entwicklungsvorsprung im Hinblick auf die Kraftfahrzeugentwicklung ummünzen ließe, vor allem, da es in Deutschland nurmehr schleppend voranging.

Maybachs Nachfolger in der Daimler-Motoren-Gesellschaft, Max Schrödter, der, von Lorenz empfohlen, von Duttenhofer eingestellt wurde, hatte keine Fortune. Obwohl Schrödter, was als wichtiger Beitrag zu Entwicklung des Verbrennungsmotors gelten kann, das gesteuerte Einlaßventil einführte, wurde sein Zweizylindermotor mit stehenden Zylindern kein Verkaufserfolg; zu gut war der von Maybach konzipierte V-Motor schon am Markt eingeführt. Trotz des Syndikatsvertrags, der als Nachtrag zu den vorangegangenen Verträgen das gute Einvernehmen der Gesellschafter garantieren sollte, lief das ständige Hin und Her der Meinungen und Standpunkte, die Ziele und Absichten der Daimler-Motoren-Gesellschaft betreffend, auf eine sukzessive Entmachtung Gottlieb Daimlers hinaus. Durch sein Herzleiden schon gezeichnet, machte er Fehler und lehnte es beispielsweise 1893 ab, weitere 102 Aktien zu erwerben, die ihm die Mehrheit garantiert hätten, wohl auch weil er selbst Zweifel hatte, ob sich die Geschicke der Gesellschaft noch zum Besten wenden würden.

Lorenz und Duttenhofer waren, solange Daimler noch seinen Sitz in der Gesellschaft hatte, mit dem Erreichten, auch wenn Daimler de facto kaltgestellt war, keineswegs zufrieden. Vielmehr versuchten sie, den Namensgeber der Aktiengesellschaft mit allen ihnen zu Gebote stehenden Mitteln herauszudrängen. Das gelang mit bewährter Methode. Die beiden hatten über die Württembergische Vereinsbank, also Kilian Steiner, Kredite in Höhe von 38500 Mark beantragt, diese Summe erhalten und auch persönlich gebürgt. Nachdem nun die Bank die Abdeckung der Kredite verlangte, wurde sehr schnell klar, daß

dank der investitionsfreudigen Geschäftspolitik der Daimler-Motoren-Gesellschaft bei einem eventuellen Liquidationsverfahren kaum mehr als 33,5 % des Aktienwertes erzielt werden konnte.[3]

Nachdem Duttenhofer schon dafür gesorgt hatte, daß die Deutzer Gasmotorenfabrik die Nutzung des DRP 28022 erhielt, versuchte er eine Fusion beider Unternehmen zu betreiben. Sein gutes Verhältnis zu Eugen Langen mag dazu beigetragen haben, und so schrieb er am 7. November 1894 an denselben:

»Die Daimler-Motoren-Gesellschaft hat den Vorschlag Ihrer Fabrik betreffend den Bezug von Gasmotoren angenommen und auch ich hoffe, daß sich zwischen unseren beiden Gesellschaften hieraus ein freundschaftliches Verhältnis entwickelt, das in der Zukunft das bringen wird, was ich jetzt schon erhoffte: nämlich eine enge Verschmelzung derselben ... Ich behalte mir vor, später wieder auf diese Sache zurückzukommen und hoffe, daß bis dort eine solche Grundlage geschaffen ist, daß auch Ihrem Herrn Schumm ein Zusammengehen mit der Daimler-Motoren-Gesellschaft mundgerechter wird.«[4]

Man kann sich unschwer vorstellen, welche Gefühle solche Art von Avancen an seinen Intimfeind bei Gottlieb Daimler auslösten. Als probates Mittel erwies sich in der Folge Daimlers panische Angst vor einem Konkurs, dessen gesellschaftliche Konsequenzen Daimler mehr fürchtete als alles andere. Als Bankrotteur wollte dieser am Ende seines Lebens unter keinen Umständen dastehen. Daimler, dessen Anteile man um jeden Preis haben wollte, erklärte sich nun seinerseits bereit, die Anteile von Lorenz und Duttenhofer zum Nominalbetrag von 33,5 % sowie den Bankkredit zu übernehmen. Das war natürlich das Gegenteil von dem, was die beiden Herren wollten, und entsprechend fiel die Reaktion aus. Der Rechtsanwalt Steiners, die Interessen von Lorenz und Duttenhofer vertretend, eröff-

M. R. DE KNYFF
GAGNANT DE PARIS-BORDEAUX 1898 (PANHARD-LEVASSOR)

Wettbewerbsfahrzeug von
Panhard-Levassor beim
Rennen Paris-Bordeaux-Paris.

Zielankunft beim Rennen
Paris-Bordeaux-Paris
am 12. Juni 1895.

nete Daimler, daß er das Konkursverfahren eröffnen würde, falls dieser nicht umgehend auf die Vorschläge einginge und seine Anteile abgäbe. Um nicht als Bankrotteur dazustehen, stimmte Daimler zu. Am 10. Oktober 1894 unterschrieb Daimler den zwei Tage zuvor von Steiner ausgefertigten Vertrag, der ihn gegen Bezahlung von 66 666,66 Mark aller Rechte an der Daimler-Motoren-Gesellschaft beraubte. Doch Daimler ließ es dabei nicht bewenden, sondern reichte, durch seinen Rechtsvertreter Haußmann repräsentiert, vor dem Landgericht Stuttgart eine Entschädigungklage in Höhe von 133 333,34 Mark plus der seit diesem Zeitpunkt anfallenden Zinsen in Höhe von fünf Prozent ein. Beide Zahlen verwundern den Betrachter, wie die Kontrahenten auf gerade diese Beträge kamen, bleibt offen.

Man hatte Daimler abgehängt, aber das brachte der Firma kein Glück. Es gab keine technischen Erfolge mehr, und die Bilanzen wurden zusehends schlechter. Ein 1895 an Maybach ergangenes Angebot der Daimler-Motoren-Gesellschaft zeigte deutlich, mit welcher Nibelungentreue dieser zu Daimler trotz aller internen Meinungsverschiedenheiten stand. Auf das Angebot Duttenhofers, ohne Daimler zurück in die Firma zu kommen, erwiderte er:

»Ich bin ein Zögling Daimlers, wir stehen nicht isoliert da wie Sie meinen. Ich möchte diese Gelegenheit nicht noch vorüber gehen lassen, um beide Teile wieder in gutes Einvernehmen zu bringen«.[5]

Duttenhofer, bei dem geschäftliche Aktivitäten nicht durch Emotionen überlagert waren, hätte dem wohl nie zugestimmt, wäre nicht ein anderer Umstand hinzugekommen, der einen Sinneswandel in der Geschäftsleitung der Daimler-Motoren-Gesellschaft auslöste. Durch den von Maybach konstruierten Phönix-Motor war der Begriff »Daimler-Motor« im Ausland in aller Munde, und eine Gruppe englischer Industrieller, deren Sprecher Frederick R. Simms[6] war, wünschte die Lizenzrechte dieses Motors für England zu erwerben. Man war bereit, dafür den horrenden Betrag von 350 000 Mark zu bezahlen. Es war allerdings die Bedingung damit verknüpft, Daimler wieder in die Gesellschaft aufzunehmen. Nur zähneknirschend mag der Aufsichtsrat dem zugestimmt haben, allein ein Angebot dieser Höhe konnte in der ohnehin angespannten Lage nicht ausgeschlagen werden. Tatsächlich brachte die Rück-

Panhard-Levassor-Wagen mit 4 PS Daimler-V-Motor aus dem Jahr 1893/94.

Der erste von Frederick Richard Simms nach England eingeführte Daimler-Riemenwagen, Dezember 1895.

»Ihre freundlichen Zeilen vom 15.pto. kommen jetzt in meinen Besitz und nehmen die damals von Ihnen eingeleiteten Verhandlungen eine zeitlang ihren normalen Verlauf der mit einem Schlage dadurch in ein Schnellzugs-Tempo kam, daß Herr Simms von London aus vor etwa 14 Tagen in dieselben eingriff und gleich darauf hier selbst eintraf. Die Verhandlungen überstürzten sich nunmehr und heute bin ich in der glücklichen Lage, Ihnen mitteilen zu können, daß jetzt alles in Ordnung ist.

Die Vereinigung ist vollzogen, die Verträge wurden gestern von Herrn Lorenz, als Letztem, unterschrieben. Die ganze Daimler-Maybach'sche Sache wird nun mit uns vereinigt, Daimler wird General-Inspektor, Maybach erster techn. Direktor, Moeves Bureau Chef. Linck wird wohl in die kaufmännische Direktion eintreten, was indessen noch nicht fest bestimmt ist, und ich werde in den nächsten Tagen nach London reisen, um die Formalitäten wegen Patent-Übertragung zu erledigen und das Geld dafür in Empfang zu nehmen.

In England wird keine Gesellschaft gebildet, sondern ein Consortium übernimmt die Patente, um dann Lizenzen zu ver-

kehr beider Männer einen ungeahnten Aufschwung der Gesellschaft. Daimler erhielt seinen Aktienanteil in Höhe von 200 000 Mark zurück, plus einem Genußschein von 100 000 Mark. Seine Stellung im Aufsichtsrat war die eines Sachverständigenbeirats und Generalinspektors. Maybach wurde mit Vertrag vom 8. November 1895 zum technischen Direktor der Daimler-Motoren-Gesellschaft ernannt. Dazu erhielt er die Aktien in Höhe von 30 000 Mark, auf die er nach dem Vertrag mit Daimler aus dem Jahr 1882 Anspruch hatte. Die von Maybach in den Jahren 1892 bis 1895 im Hotel Hermann erarbeiteten Patente gingen für 140 000 Mark in den Besitz der Daimler-Motoren-Gesellschaft über. Mitbeteiligt an der Aktion, die die Rückkehr von Daimler und Maybach in die DMG veranlaßte, war der Vertreter der Daimler-Motoren-Gesellschaft, der Hamburger Kaufmann Wilhelm Deurer. Er hatte schon früh dafür gesorgt, daß DMG-Motoren im Hamburger Hafen, sowie bei den Fluß- und Hafenbaubehörden in Norddeutschland zum Einsatz kamen. Deurer hatte sich, nachdem die Qualität der DMG-Motoren immer stärker nachließ, für eine Rückkehr von Daimler und Maybach in die Gesellschaft eingesetzt. An Deurer schrieb Vischer[7] nach vollzogener Vertragsunterzeichnung am 5. November 1895:

Frederick Richard Simms.

geben und bezahlt uns dafür bares Geld und zwar noch etwas mehr, als wir von der z. Zt. in Aussicht genommenen Gesellschaft in bar und Aktien zusammen bekommen hätten.

Das ist in kurzen Zügen das Resultat und können Sie sich denken, wie glücklich ich über diese Wendung der Dinge bin.

Der Kampf und Streit ist beendet, wir stehen finanziell 1 a und hoffentlich sind wir auch in technischer Hinsicht bald wieder an der ersten Stelle - unter solchen Aussichten können nicht nur wir, sondern auch alle unsere Freunde, welche uns seither mit ihrer Mitwirkung unterstützt haben, und dazu gehören in erster Linie auch Sie und Ihre Freunde - mit neuem Vertrauen der Zukunft entgegen sehen.

Bei allen diesen Verhandlungen habe ich von neuem den großen, weiten Blick und die Geschäftskenntnis von Herrn Geheimrat Duttenhofer kennen und schätzen erlernt, ohne welchen eine Vereinbarung auf einer so gesunden Basis, wie sie nun erfolgt ist, überhaupt nicht möglich gewesen wäre.

Deshalb möchte ich aber den Verdienst von Herrn Simms nicht verkleinern; derselbe hat ganz entschieden viel dazu beigetragen, und sich viele Mühe gegeben, namentlich um zu guterletzt die Unterschrift von Herrn Daimler zu erhalten, was bekanntlich keine kleine Sache ist.

Ebenso haben Sie sich, mein lieber Herr Deurer, ein Verdienst erworben, daß Sie bei Ihrem Hiersein die Sache angeregt haben und kann ich nur allen und jeden, welche mitgewirkt haben, diese Vereinigung herbeizuführen, meinen persönlichen herzlichen Dank sagen.

In den nächsten Wochen wird sich nun vieles zusammendrängen, hoffen wir, daß diese Arbeiten die Weiterentwicklung nicht hemmen und nun bald fertige Motorwagen ans Tageslicht kommen und die Geschäfte einen neuen Aufschwung nehmen.«[8]

Für Maybach ging es nun nach seiner Rückkehr in die Daimler-Motoren-Gesellschaft zuallererst darum, das technische Erbe von Schrödter und den Gebrüdern Spiel, die auch Motoren für die Daimler-Motoren-Gesellschaft konstruiert hatten, zu veräußern, bevor man sich neuen Aufgaben zuwenden konnte. Daimler selbst blieben von diesem Zeitpunkt an nur noch fünf Jahre bis zu seinem Tode am 6. März 1900. Diese Zeit verlief, was seine Tätigkeit im Unternehmen betrifft, keinesfalls harmonisch. Zum einen war es der angegriffene Gesundheitszustand, der ihn unleidlich werden ließ, so daß sich auch seine Freunde zu fragen begannen, was wohl mit ihm los sei, zum anderen gab es aber auch handfeste Gründe, provoziert durch Lorenz und Duttenhofer, die ihm das Leben zusätzlich erschwerten. So wurde im Geschäftsjahr 1899 nicht die vorgesehene Dividende von fünf Prozent ausgezahlt, was für Daimler eine Summe von 50 000 Mark bedeutet hätte, da der Aufsichtsrat veranlaßte, einige Punkte der Bilanz buchmäßig herabzusetzen, wodurch sich der Reingewinn auf 24 000 Mark reduzierte. Für Daimler war das um so ärgerlicher, als der Geschäftsgewinn in erster Linie durch

den von ihm angestrengten und gewonnenen Prozeß betreffs der Glührohrzündung zu verdanken war.

Auch Maybach war von der verstockten Haltung Daimlers insofern betroffen, als dieser ihn hinderte, innovative Konstruktionen weiter zu verfolgen. Am Anfang seiner neuen alten Tätigkeit war Maybach sehr kreativ. Es wurden 35 Phönix-Motoren in Produktion gegeben, wovon 25 als Wagenmotoren ausgelegt waren.[9] Das zeigt, daß man zu diesem Zeitpunkt daran dachte, sich mehr auf das Wagengeschäft zu konzentrieren. Zu der Konzeption der Phönix-Motoren bemerkt Schnauffer:

»Kennzeichnend für die neuen Phönix-Motoren, welche die Betriebsbezeichnung »N« erhielten, war ihr außerordentlich klein gehaltenes Gehäuse. Dasselbe war - auch bei den Zweizylindermotoren - fast kugelförmig. Dieser Form zuliebe waren sogar die Gegengewichte entsprechend abgeschrägt worden, und zwar nicht nur bei den zweizylindrigen Wagenmotoren, sondern auch bei den stationären Einzylindermotoren. Das Gehäuse war in der Mitte geteilt. Die Kurbelwelle der Zweizylindermotoren, die wie früher angegeben nur eine Kurbelkröpfung hatten, mit einem Gegengewicht in der Mitte, wurden sehr bald als zweifach gekröpfte Welle ausgeführt. Der Nachteil der dadurch bedingten ungleichmäßigen Zündfolge wurde durch eine ganze Reihe von Vorteilen, wie besserer Massenausgleich, einfacherer Befestigung der Gegengewichte und vor allem die Vermeidung eines großen Überdrucks im Gehäuse, der eine gute Oeldichtigkeit behinderte, aufgehoben. Die Schmierung der Zylinderlaufbahn, der Pleuel und der Kurbelwellenlager erfolgte durch Schleuderöl. Nur der obere Teil der Zylinderlaufbahn hatte noch eine zusätzliche Schmierung durch einen Öltropfapparat, der seitlich am Zylinder angebracht war. Der Zylinder wurde auf der ganzen Länge des Kolbenhubs gekühlt. Das selbsttätige Einlaßventil war hängend gegenüber dem Auslaßventil in einer Tasche des Zylinderkopfes, in die auch die Glührohrzündung mündete, angeordnet. Nockenwelle, Aussetzungsregulierung und die Stößel für die Betätigung der Auslaßventile waren offen an der Seite des Motors angebracht. Der Antrieb der Aussetzungsregulierung einschließlich des Regulators war übrigens ganz ähnlich wie beim Schroedterschen Motor des Jahres 1892 aufgebaut.«[10]

Neben vielerlei kleineren Erfindungen und Verbesserungen stand, als herausragende Konstruktion, der Röhrchenkühler von 1897 mit Ventilator, der nun auch bei stehendem Fahrzeug die Kühlung ermöglichte. Diese Entwicklung war vor allem deshalb notwendig, um eine höhere Leistungsausbeute bei den Motoren zu erzielen. Der 3-PS-Wagen, der 1895 angeboten wurde, und der 4-PS-Wagen von 1896 waren, bedingt durch das hohe Fahrzeuggewicht, zu schwach motorisiert, ein Umstand, auf den die Kundschaft immer wieder aufmerksam machte. Zudem präsentierte Karl Benz zu dieser Zeit schon einen 9-PS-Motor, was dazu führte, daß Benz & Cie ab 1894 die zehnfache Menge an Fahrzeugen absetzen konnte als die Daimler-Motoren-Gesellschaft.

Dieser Umstand verursachte, zusammen mit einer Intervention von Simms aus London, der ebenfalls stärkere Motoren benötigte, daß sich Maybach daranmachte, einen 10 PS-Motor zu entwickeln. Dabei sollte sich recht rasch zeigen, daß die bisher verwendete Rückkühlung für Motoren dieser Leistungsstärke denkbar ungeeignet war. Die Wärmeabführung mußte mit steigender Motorleistung entsprechend angehoben werden. Es zeigte sich, daß für die Schwungradkühlung 4 PS die Leistungsgrenze darstellte. Maybach griff bei der Lösung des Kühlproblems auf die ihm schon bekannte und bei Schienenfahrzeugen verwendete Fahrtwindkühlung zurück. In seiner Gebrauchsmusteranmeldung (Nr. 107 418) vom 24.12.1897 änderte er das Verfahren ab, indem er mehrere Rohre in einem rechteckigen Behälter zusammenfaßte. Der Text dieser Gebrauchsmusteranmeldung lautete:

»Apparat zum Kühlen des die Zylinder umströmenden Wassers, bestehend aus einem flachen Gefäß a) welches von einer großen Anzahl von Röhren durchzogen wird, wobei ein die Röhren beständig durchziehender von einer geeigneten Ventilationseinrichtung erzeugter Luftstrom dem Kühlwasser die Wärme entzieht.«[11]

Die Rohre, durch die das Kühlwasser floß, wurden vom Fahrtwind gekühlt. Gleichzeitig brachte er hinter dem Kühler einen Ventilator an, um den Luftdurchsatz zu vergrößern. Dieser konstruktive Kniff garantierte denn auch eine konstante Kühlwirkung beim stehenden Fahrzeug und hat sich vom Prinzip her bis heute erhalten. Maybach erkannte den Wert dieser Erfindung und versäumte es nicht, Duttenhofer gleich eine Erfolgsmeldung zukommen zu lassen, worauf dieser antwortete.

»Die Idee halte ich für sehr gut und hoffe ich, daß dadurch die Wagenfrage endgültig gelöst wird.«[12]

Dies war denn auch der Fall und somit wurde der Röhrchenkühler zum ersten Schritt einer finanziellen Gesundung der Daimler-Motoren-Gesellschaft. Der dann im 4-PS-Wagen installierte Kühler hatte eine Trommelform. Insgesamt enthielt er, bei einer Breite von 100 mm, 178 Röhrchen mit einem Durchmesser von 25 mm und 18 weitere Kühlröhrchen mit 19 mm.[13] Maybach erkannte sehr rasch, daß die Vergrößerung der Kühlfläche durch den Einsatz zahlreicherer Röhrchen mit geringerem Durchmesser die Motoren thermisch noch besser beherrschbar machte. So wurde der Durchmesser der Röhrchen auf 7,5 mm reduziert. Der kreisrunde Kühler mit der Aussparung in der Mitte wurde zum Markenzeichen der zwischen 1897 und 1901 gebauten Wagen der Daimler-Motoren-Gesellschaft. Maybachs Experimente beschränkten sich jedoch nicht nur auf den Kühler selbst, sondern umfaßten auch die Gestaltung des Ventilators. Er verwendete Ventilatoren mit verstellbaren Schaufeln, aber auch Schwungscheiben, deren Speichen er als Ventilatorflügel umgearbeitet hatte. Ein deutsches Patent wurde aus nicht bekannten Gründen versagt, es bestand lediglich ein Gebrauchsmusterschutz. In Frankreich wurde ein Patent erteilt (Nr. 276 240). Als Anmelder wurde Daimler und nicht Maybach genannt, allein die zahlreichen Eintragungen in Maybachs Notizbuch, sowie die schon erwähnte Korrespondenz mit Duttenhofer, lassen keinen anderen Schluß zu als den, daß der Röhrchenkühler eine reine Erfindung Maybachs gewesen ist.

Wie so oft in der Technikgeschichte zog ein Entwicklungsschritt mehrere andere nach sich. So wurde es durch die erhöhte Motorleistung notwendig, das bis dato verwendete Riemenwechselgetriebe durch das schon im Stahlradwagen erprobte Zahnradwechselgetriebe zu ersetzen. Anfänglich war es weit vom Motor getrennt an der Hinterachse angebracht, bis man ab 1898 die heute noch gebräuchliche Anordnung, nämlich am Motor angeflanscht, baute.

Auch der »Viktoria«-Wagen war in allen Einzelheiten eine Schöpfung Maybachs. Dieser Wagen hatte schon einen vorn angeordneten Motor. Beim Stahlradwagen und den verschiedenen Motorkutschenvarianten lag der Motor noch hinten. Der erste Wagen mit vorn liegendem Motor, der bei der Daimler-Motoren-Gesellschaft produziert wurde, war ein 6-PS Wagen, der als Vis-à-vis karossiert war. Dieser Fahrzeugtyp wurde auch bei dem ersten Wettbewerb für Motorfahrzeuge in den Alpen eingesetzt und erwies sich als sehr erfolgreich.[14] Zu den verschiedenen Modellvarianten bemerkt die Daimler Werkschronik von 1915:

»Die nächsten Wagen aus den Jahren 1894 und 1895 zeigten schon mehr Bequemlichkeit und bessere Federung. Ein entscheidender Schritt vorwärts ist in den Jahren 1896 und 1897 zu verzeichnen. Der Motor rückt von der Hinterseite an die Vorderseite und ist mit rundem Bienenwabenkühler versehen (hier irrt die Werkschronik, denn der Bienenwabenkühler wurde erst im Mercedes des Jahres 1901 eingesetzt. Gemeint ist hier wohl die verbesserte Variante des Röhrchenkühlers, Anm. d. Verf.), der rasch seinen Siegeszug durch die Welt macht. An die Stelle der Riemenübertragung tritt ein Wechselgetriebe mit Zahnrädern für vier verschiedene Geschwindigkeiten und Rückwärtsgang; der Motor ist zweizylindrig. Mit den vier Geschwindigkeitsabstufungen war die Firma abermals für die gesamte Industrie vorbildlich. Diesen entscheidenden Änderungen und Verbesserungen folgten bis 1898 noch weitere. Die Wagen wurden länger und tiefer gebaut - eine Folge der zunehmenden Schnelligkeit-, die Karosserie praktischer und bequemer gestaltet, an die Stelle der Vollgummiräder traten Pneumatiks, und der erste Vierzylinder feierte seine Entstehung. Außer den schon angeführten Wagen sind noch 1894 die sechspferdige Daimler-Kutsche, 1895

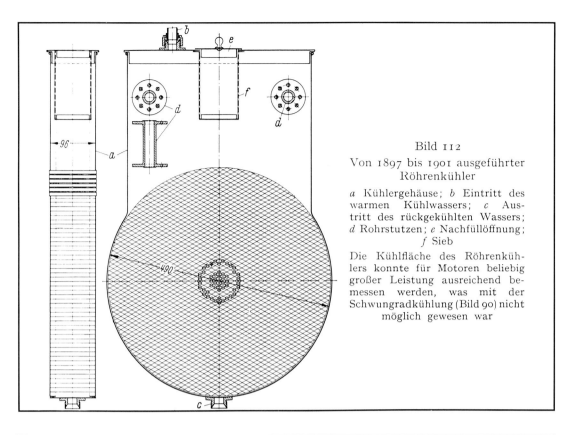

Bild 112

Von 1897 bis 1901 ausgeführter Röhrenkühler

a Kühlergehäuse; *b* Eintritt des warmen Kühlwassers; *c* Austritt des rückgekühlten Wassers; *d* Rohrstutzen; *e* Nachfüllöffnung; *f* Sieb

Die Kühlfläche des Röhrenkühlers konnte für Motoren beliebig großer Leistung ausreichend bemessen werden, was mit der Schwungradkühlung (Bild 90) nicht möglich gewesen war

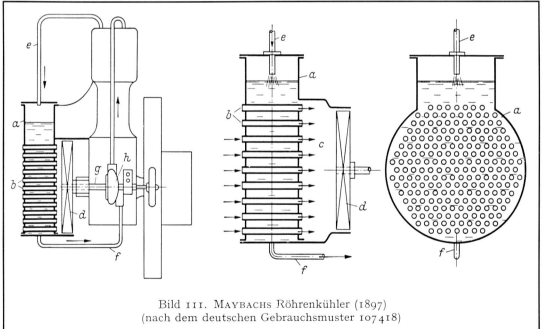

Bild 111. MAYBACHS Röhrenkühler (1897)
(nach dem deutschen Gebrauchsmuster 107418)

a Kühlergefäß; *b* Kühlrohre; *c* geschlossener Raum hinter dem Kühler; *d* Ventilator; *e* Warmwasserleitung vom Motor; *f* Rückleitung zum Motor; *g* Motorwelle; *h* Umlaufpumpe
Auch diese bedeutende Erfindung MAYBACHS ist ebensowenig wie der Spritzdüsenvergaser (Bild 93) in Deutschland patentiert worden. Im Ausland wurden Patente erteilt

Daimler-Phönix Wagen,
1897, mit Viergang-Zahnrad-
Wechselgetriebe
und Röhrchenkühler.

2 Zylinder-Phönix-Motor von
Wilhelm Maybach mit 2 PS
und 750 Umdrehungen, 1895.

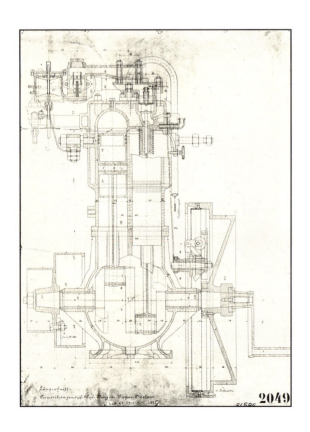

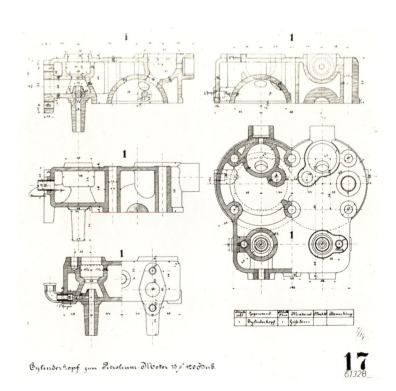

ein sechspferdiger Gesellschaftswagen mit vorderer Glasscheibe und Verdeck, 1896 ein Vis-à-vis mit Dienersitz und Motor vorn, 1897 ein sechspferdiges Phaeton für Schnellfahrt und ein Jagdwagen, sowie eine vierpferdige Daimler-Viktoria zu nennen, ferner 1898 der erste Alpenwagen, die Type des sechspferdigen Daimler-Rennwagens, der im Sommer 1898 im ersten Automobilrennen Österreichs Sieger war, ein Vierzylinderwagen mit Pneumatiks, sowie ein achtpferdiger Doppelphaeton mit Pneumatiks, ferner 1899 ein vierpferdiger Zweizylinder-Landauer mit überbautem Motor und die Konstruktion des stärksten Phönix-Wagens mit einem Motor von 28 Pferdestärken, endlich 1900 ein Daimler-Zweisitzer und ein Wagen mit Tonneaukarosserie.«[15]

Eine wesentliche Entwicklungsleistung Maybachs in dieser Zeit war die Konstruktion einer völlig neuen Motorengeneration: Fünf Vierzylinder mit einer Leistung von 6, 10, 12, 16 und 23 PS. Sie entstanden in den Jahren 1898 und 1899. Je zwei Zylinder dieser Motoren waren zu einem Block zusammengegossen und wurden auf ein gemeinsames Kurbelgehäuse montiert. Erstmalig gelang es, die Literleistung auf 4,2 PS pro Liter zu erhöhen, was nicht zuletzt durch die Steigerung der mittleren Kolbenge-

schwindigkeit von 2,5 m/s auf 4,5 m/s ermöglicht wurde. Es waren vor allem die Überlegungen hinsichtlich der Kurbelwellenkonstruktion, der Zündfolge und der zu erwartenden Mehrleistung, sich für den Vierzylindermotor zu entscheiden. Zudem hatte Maybach schon Erfahrungen mit dieser Bauart gemacht, da seit 1897 ein Vierzylinder-Schiffsmotor mit 20 PS im Bau war. Die dort verwendete Kurbelwelle war vierfach gekröpft und dreifach gelagert. Zum besseren Durchsatz des Kühlwassers wurde eine Pumpe eingebaut. Bei diesen Motoren bemühte sich Maybach, vor allem durch den Einsatz von Aluminium, das Eigengewicht zu senken. So wog der 23 PS-Motor (Hub/Bohrung 106/150 mm, 900 U/min), bezogen auf die erzielte Leistung, deutlich weniger als die Zweizylindermotoren. Bei diesen ergab sich ein Verhältnis von 34 kg/PS, beim neuen Vierzylinder war dieser Wert schon auf 14 kg/PS abgesenkt.

Mit diesem Motor gelang es der Daimler-Motoren-Gesellschaft, die stärksten Benz-Motoren, die 16 PS entwickelten, deutlich zu überbieten. Im Zusammenhang mit der Entwicklung der Vierzylindermotoren wurde ab 1898 die Glührohrzündung durch eine elektrische Zündung ersetzt,

Zeichnung einer Kühlwasser-Auffangdüse für einem 2 PS-Motor.

Phönix-Lastwagen-Motor von 1898 mit Bosch-Niederspannungs-Magnetzündung.

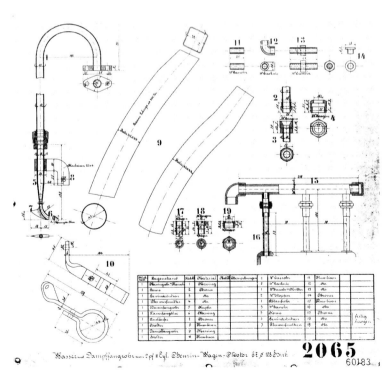

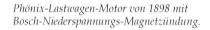

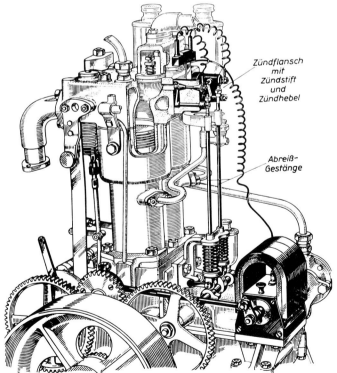

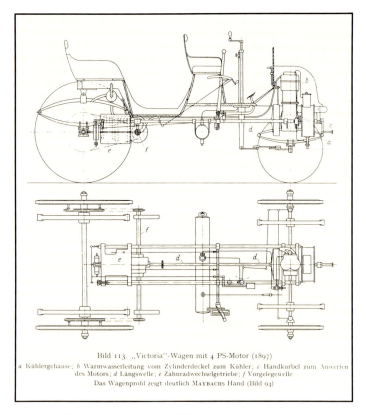

Bild 113. „Victoria"-Wagen mit 4 PS-Motor (1897)

a Kühlergehäuse; b Warmwasserleitung vom Zylinderdeckel zum Kühler; c Handkurbel zum Anwerfen des Motors; d Längswelle; e Zahnradwechselgetriebe; f Vorgelegewelle

Das Wagenprofil zeigt deutlich MAYBACHS Hand (Bild 94)

»Viktoria«-Wagen mit 4 PS-Motor, 1897.

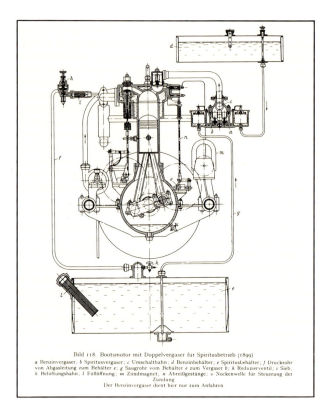

Bild 118. Bootsmotor mit Doppelvergaser für Spiritusbetrieb (1899)

a Benzinvergaser; b Spiritusvergaser; c Umschalthahn; d Benzinbehälter; e Spiritusbehälter; f Druckrohr von Abgasleitung zum Behälter e; g Saugrohr vom Behälter e zum Vergaser b; h Reduzierventil; i Sieb; k Belüftungshahn; l Füllöffnung; m Zündmagnet; n Abreißgestänge; o Nockenwelle für Steuerung der Zündung

Der Benzinvergaser dient hier nur zum Anfahren

Bootsmotor mit Doppelvergaser für Spiritusbetrieb, 1899.

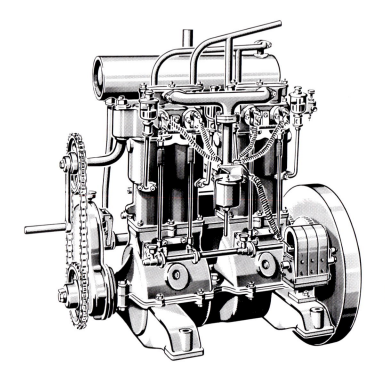

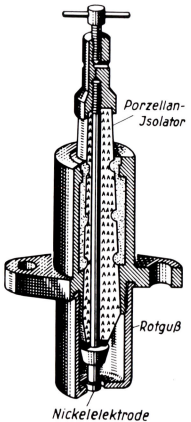

4 Zylinder-Motor mit elektrischer Zündung und Zündkerze.

Porzellan-Jsolator

Rotguß

Nickelelektrode

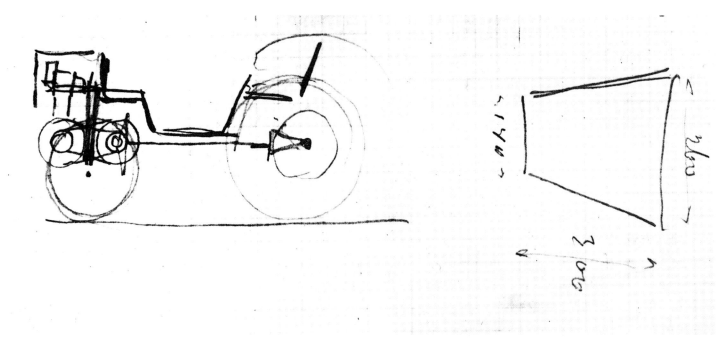

Skizze aus Maybachs Notizbuch vom April 1896: Wagen mit vorn liegendem Motor.

Daimler-Motor-Taxameter-Droschke aus dem Jahr 1897.

die ihre Erprobung im gleichen Jahr bei einer Alpenfahrt erlebte. Es muß davon ausgegangen werden, daß bei der DMG diese Zündungsart erst dann Verwendung fand, als der Prozeß um die Rechte für die ungesteuerte Glührohrzündung vor dem Reichsgericht entschieden war, andernfalls hätte man den Gegnern ein Argument an die Hand gegeben. Beim Phönix-Motor war die Abreißzündung in einer Vorkammer des Verbrennungsraums untergebracht, die durch eine untenliegende Nockenwelle betätigt wurde. Über eine kleine Bohrung unterhalb des Einlaßventils wurde das Gemisch im Brennraum entzündet.

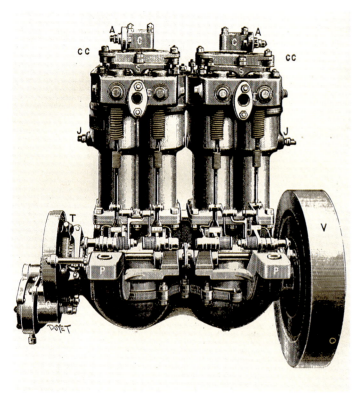

Maybach 4 Zylinder-Wagenmotor, 1898.

Neben den Entwicklungsarbeiten am Fahrzeugmotor beschäftigte sich Maybach auch mit Stationärmotoren, die immer noch das Hauptstandbein der DMG darstellten. Nach der Perfektionierung der Petroleummotoren galt die Entwicklungsarbeit dem Spiritusmotor, der ab 1898 als betriebssichere Maschine auf dem Markt angeboten werden konnte. Petroleum- und Spiritusmotoren kamen vor allem im Schiffsmotorenbau zum Einsatz. Sie wurden mit Benzin gestartet und nach dem Erreichen der Betriebstemperatur auf den jeweiligen Betriebsstoff umgeschaltet. Wie schon oben angesprochen, wurde dann ab 1898 die bestehende Modellpalette dahingehend modifiziert, daß

die Motoren, auch bei Lastwagen und Omnibussen, nach vorne wanderten und der Antrieb nunmehr über Ritzel oder Ketten erfolgte. Der erste Lastwagen der Welt wurde, so ist es den Kommissionsbüchern der Daimler-Motoren-Gesellschaft zu entnehmen, 1896 nach England an die Daimler Motor Co. Ltd. geliefert. In der Kühlerentwicklung ging Maybach von der runden zur rechteckigen Form des Röhrchenkühlers über, der erstmalig in den Omnibusmodellen eingesetzt wurde. Der Vierzylindermotor wurde auch in Eisenbahntriebwagen eingesetzt, und 1898 ist auch das Jahr, in dem die DMG den ersten Vierzylindermotor an den Grafen Zeppelin lieferte.[16] Es handelte sich dabei um einen 12 PS-Motor, der zur Erprobung von Luftschrauben in ein Boot montiert wurde[17]. Weitere Einsatzgebiete für die neuen Motoren waren neben der Verwendung bei »Betonmaschinen« der Einsatz im Straßenbau bei Pflasterarbeiten[18]. Es waren wohl vor allem die Vierzylindermotoren und die damit verbundenen Leistungssteigerungen, sowie die elektrische Zündung, die für das herausragende Geschäftsergebnis der Jahre 1898/99 verantwortlich waren. Der Umsatz betrug in diesen Jahren 800 000 Mark. Hierbei handelte es sich um eine Steigerung von 22 Prozent, die 1899/1900 mit 1,6 Millionen Mark fast verdoppelt werden konnte. Wie diese Umsatzzahlen zu bewerten sind, zeigt ein Vergleich mit den Jahren 1901/02. Obwohl durch die Renneinsätze und den Erfolg des Mercedes-Wagens die DMG eine unerhörte Popularität genoß, betrugen die Umsatzsteigerungen in diesen Jahren lediglich 18 Prozent, was einer Summe von 380 000 Mark entsprach.

Gottlieb Daimler erlebte diese Entwicklung mit zwiespältigen Gefühlen, zu tief war das Mißtrauen und die Enttäuschung, die ihm die Gründung der Daimler-Motoren-Gesellschaft eingetragen hatte. Trotz der Wiedervereinigungsfeier am 21.12.1895, die zusammenfiel mit der Herstellung des tausendsten Motors blieb Daimler der Gesellschaft und seiner neuen Rolle darin gegenüber skeptisch. Schnauffer bemerkt dazu:

»Es ist das Tragische im Leben Daimlers, daß er 1895 erneut vertragliche Bindungen einging, mit denen er selber nicht zufrieden war.«[19] Er zitiert als Beleg einen Brief Maybachs, den dieser am 25.12.1896 an seinen ehemaligen Mitarbeiter Kübler schrieb:

»Ihre gefl. Nachrichten über das zu frühe Ableben des H. W. Steinway hat uns sehr überrascht und dessen Tod sehr betrübt. Er war doch immer noch die Seele aller seiner Unternehmungen und wo werden namentlich wir in unserem Unternehmen und speziell Sie sehr davon betroffen und ist noch nicht abzusehen, welche Folgen der Tod dieses hervorragenden Mannes für uns nach sich zieht. Ich habe aber die Hoffnung, daß die Erben d. H. ST. ganz im Sinne des Entschlafenen weiter handeln werden, denn er war ihnen lange genug Meister und Lehrer.

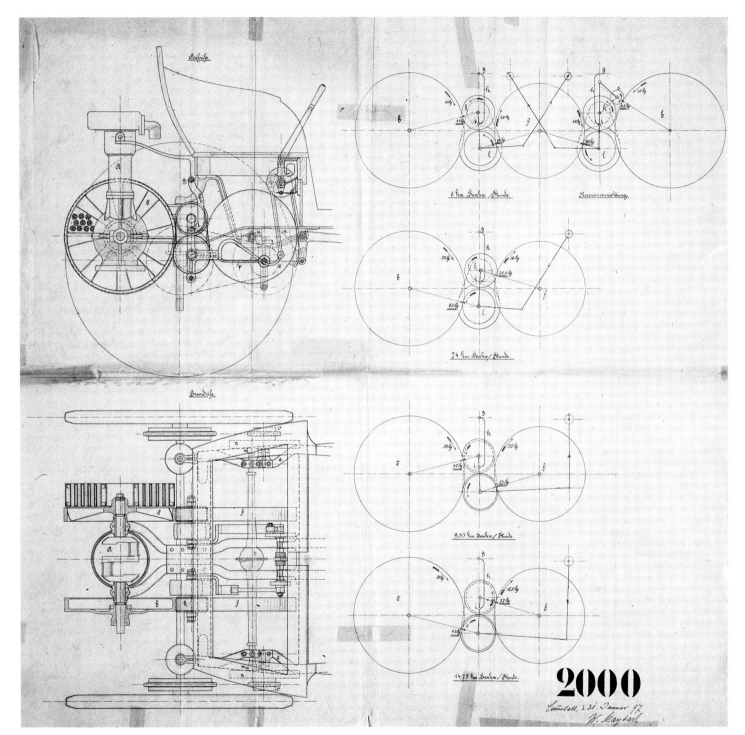

Zeichnung eines nach hinten verlegten Motors mit Ritzelantrieb, 1897.

Versuchsboot mit 10 PS-Motor zur Erprobung von Luftschrauben, 1891 auf dem Bodensee.

6 PS-Lastwagen mit 2 t Nutzlast, 1896.

Offertzeichnung des
ersten Daimler-Lastwagens, 1896

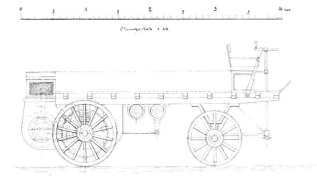

891

Ansicht des Riemenantriebs
des 2 t-Lastwagens, 1896.

Schraubenfedern des Lastwagens, 1896.

45947

8 pferdiger Zweizylinder-Daimler-Omnibus in England 1899
Die nach England ausgeführten Daimler-Omnibusse bewährten sich sehr gut, da sie Steigungen
bis 12 Prozent nehmen und 17 km in der Stunde fahren konnten.

Sehr zu bedauern ist, daß H. St. größere Erfolge in unserer Sache nicht erleben durfte, daß er immer nur Opfer bringen mußte. Wohl wird er mit seinem weiten Blick vorausgesehen haben, daß diese, unsere gute Sache, einmal Früchte tragen muß, wenn man fortwährend bestrebt war, zu tun, was in unseren Kräften lag. Unsere ganze Hoffnung müssen wir nun auf H. v. Benecke setzen, daß er die Sache im Geiste seines Schwiegervaters weiterführt und auf H. Daimler, daß er endlich einmal wieder mit Freuden tätig eingreifen wird, statt wie bisher immer sucht, alles zurückzuhalten, bis, wie er sagt, seine Angelegenheiten gegenüber Duttenhofer und Lorenz geordnet seien.

Herr Daimler ist seit unserer letzten Generalversammlung Vorsitzender vom Aufsichtsrat, Duttenhofer stellvertretender Vorsitzender. H. Daimler nahm die Wahl an, will aber erst seine Funktionen übernehmen, wenn er mit Duttenhofer und Lorenz im reinen sei. Was er mit diesen beiden Herren ausfechten will, ist mir nicht bekannt. Vor Weihnachten sollte diese Angelegen-

heit ins reine kommen, andernfalls H. Daimler überhaupt nichts mehr von dem Geschäft wissen wolle und seine eigenen Wege gehe. Am 15.12. waren nun die H. Daimler, Duttenhofer und Lorenz, ersterer unter Assistenz des H. Baudirektor resp. Präsident Leibbrand in Stuttgart zusammen, bei dieser Beratung muß aber nicht alles zur Zufriedenheit des H. Daimler ausgefallen sein, er ließ wieder einen neuen Antrag von seinem Advokaten entwerfen und nun schweben wieder die Verhandlungen aufs Neue. Dieser Zustand wirkt auf uns in der Direktion sehr hemmend, wir dürfen uns über nichts bestimmt entschließen, was eine unbequeme Anhäufung von schwebenden Fragen gibt, die den geschäftlichen Horizont ganz verfinstert. Duttenhofer sagte, H. Daimler wisse nicht, was er wolle und uns in der Direktion macht er verantwortlich für alle Verschleppung. Von der einen Seite werden wir also gebremst und von der anderen angetrieben - dies ist eine schlechte Fahrerei.

Man ist H. Daimler sehr entgegengekommen und hielte ich es

Daimler-Lastwagen von 1898.

Arrangement in Daimlers Garten anläßlich der Feier zur Ablieferung des 1000. Motors, am 21.Dezember 1895.

Daimler-Riemenwagen, gebaut 1892-97. Am Steuer Wilhelm Maybach, daneben Gottlieb Daimler.

fürs Gerathenste, wenn er endlich einmal nachgeben würde. Die Feiertage sind nun da und H. Daimlers Angelegenheit ist wieder nicht geregelt. Mit mir bespricht Herr Daimler nur das Nötigste. Ich muß seine Entschließungen aus ihm herauspressen. Fürs Geschäft hat er immer keine Zeit, er kommt eben selten und wenn er kommt, so kommt er zur Zeit des Feierabends, wenn man erschöpft ist. Hoffentlich wird sich dieser Zustand zu Beginn des neuen Jahres ändern, sonst können wir, Herr Vischer und ich mit gutem Gewissen nicht mehr an der Spitze des Geschäftes stehen und Verantwortung übernehmen. H. Daimler verbietet mir geradezu, mit Neuerungen vorzugehen und solche in Angriff zu nehmen. Dies bringt mich auf die Vermutung, daß H. Daimler mit verschiedenen Neuerungen hervortreten will, sobald die Herren Duttenhofer und Lorenz ihm nachgeben. Herr Daimler war in letzter Zeit verschiedene Male in Paris und London, hat alle bestehenden Wagen-Konstruktionen gesehen und hat sich dabei wahrscheinlich für eine endgültige Konstruktion entschieden ...

... Da ich die ewige Unzufriedenheit des H. Daimler nicht billige, und Verantwortung der Gesellschaft gegenüber übernommen habe, halte ich mich möglichst neutral, aber immerhin freundschaftlich, Herrn Daimler gegenüber. Es liegt doch ein krankhafter Zug im Verhalten des H. Daimler, sonst könnte ich mir nicht erklären, warum er immer noch nicht zufrieden ist; wenn man glaubt, einen Gegenstand aus dem Wege geräumt zu haben, so findet er wieder andere Hindernisse, die ihn abhalten, einzugreifen - es ist ein Jammer.«[20]

Trotz aller Entschädigungen und Wiedergutmachungen gab Daimler seine passive Haltung gegenüber der Firma bis zu seinem Tode nicht mehr auf. Der Grund dafür dürfte in der durch die Krankheit bedingte körperliche Schwäche gelegen haben. So gingen psychische und somatische Ursachen eine unheilvolle Allianz ein, die jedwede Aktivität Daimlers für das Unternehmen lähmte. Am 6.3.1900 starb Gottlieb Daimler im Alter von 66 Jahren in seiner Villa in der Taubenheimstraße. Das Schwergewicht der technischen Neuentwicklungen aber hatte, wie gezeigt, schon vorher zum größten Teil auf den Schultern Maybachs gelegen. Noch zu Lebzeiten Daimlers hatte er sich, weniger aus mangelnder Loyalität, denn aus Gründen der Abwesenheit Daimlers, an Duttenhofer orientiert, der einer der wenigen war, der das große Können Maybachs richtig einschätzte. Zu keinem Zeitpunkt aber hat Maybach die Verdienste Daimlers für die Motorisierung und seine eigene Karriere verkannt, wie ein späteres Schreiben von ihm deutlich macht:

»Im felsenfesten Glauben, an die zukünftige vielseitige Verwendbarkeit des Motors für Fahrzeuge jeglicher Art ist Herr Daimler in den vielen Versuchsjahren 1882 - 1889 vor keinem noch so großen Opfer zurückgeschreckt. Er ist ebenso vertrauensvoll wie zielbewußt auf dem beschrittenen Weg vorwärts gedrungen, ungeachtet der mannigfachen Einwendungen

Gottlieb Daimler in seinem Arbeitszimmer kurz vor seinem Tode.

und Zweifel seitens einiger seiner Freunde, die an eine praktische Durchführung seiner Ideen nicht glaubten. Vor allem hat Herr Daimler, dank seiner großen Opferwilligkeit, mir ein ungestörtes und pekuniär sorgloses Arbeiten ermöglicht und dies selbst zu jener Zeit, als er wegen der Finanzierung keine geringen Sorgen und mancherlei Unannehmlichkeiten zu bekämpfen hatte. Dies sind die unbestrittenen Verdienste und sollen Herrn Daimler für alle Zeiten unvergessen bleiben.«[21]

Zwischen 1890 und 1900 hat Daimler nur etwa einenhalb Jahre lang direkt an der technischen Weiterentwicklung mitgearbeitet. Sein Verdienst bestand in erster Linie darin, durch sein unternehmerisches Handeln die Rahmenbedingungen zu schaffen, die die Weiterentwicklung der Motoren- beziehungsweise der Automobilproduktion ermöglichten. Die Umsetzung und Weiterentwicklung der Daimlerschen Visionen aber verdanken wir, entgegen der Siebertzschen Darstellung[22], eindeutig Wilhelm Maybach, der, wie das nächste Kapitel zeigen wird, auch der Vater des Mercedes-Wagens war.

[1] »Das Kraftfahrzeug wurde auch in den Anfangsjahren keinesfalls nur unter dem Blickwinkel des Verkehrsmittels wahrgenommen. Schon neun Jahre nach der Erfindung des Automobils und des Motorrads begann man beide auch als Sportgerät zu entdecken, anfänglich noch im Wettbewerb zu konkurrierenden Fortbewegungsmitteln wie Dampfwagen und Fahrrädern. Seinen eigentlichen Durchbruch erzielte das Auto in Frankreich bei Rennveranstaltungen, ganz entgegen der Intention seiner Erfinder, denen ursprünglich ein preisgünstiges Verkehrsmittel vorschwebte und kein Rennwagen. Ein solcher Wettbewerb war Paris - Brest, der ursprünglich von dem Pariser Petit Journal für Radfahrer ausgeschrieben worden war. Armand Peugeot überredete die Veranstalter, ihn mit seinem neu konzipierten Automobil mitfahren zu lassen. Der Motor dieses Wagens war ein Daimler-V-Motor mit Glührohrzündung. Am 22. Juli 1894 dann organisierte dieselbe Zeitung die erste große Zuverlässigkeitsfahrt in der Geschichte des Automobils: Ein Wettbewerb für Wagen ohne Pferde. 5000 Francs winkten dem Sieger, und es beteiligten sich neben Fahrzeugen mit Benzinmotoren auch Dampfwagen, Elektromobile, Hydromobile, aber auch Wagen mit Preßluftmotoren und elektropneumatischem Antrieb. Die Strecke verlief von Paris nach Rouen und zurück. Von den 102 Wagen, die sich zur Veranstaltung gemeldet hatten, wurden 20 zugelassen. Erster eingelaufener Wagen war ein 20 PS De-Dion-Bouton-Dampfwagen. Es sollte der erste und letzte Erfolg eines Dampfwagens in einem Motorsportwettbewerb sein, der darüber hinaus noch durch die Tatsache getrübt wurde, daß das Preisgericht diesen Wagen, da er nicht den Ausschreibungsbedingungen entsprach, auf den zweiten Platz setzte. Der erste Preis ging zu gleichen Teilen an Panhard-Levassor und die Gebrüder Peugeot, die einen 2,5 PS Motor, gebaut nach der Lizenz der Daimler-Motoren-Gesellschaft, eingesetzt hatten.« Niemann, Harry: Zum Interaktionsverhältnis Mensch - Technik innerhalb der Rahmenbedingungen von Schulung und Verrechtlichung in den Anfangsjahren des Automobilismus. In: Niemann, Harry; Hermann, Armin (Hrsg.): Stuttgarter Tage für Automobil- und Unternehmensgeschichte 1993. Die Motorisierung im Deutschen Reich und den Nachfolgestaaten, Stuttgart 1995, S. 104ff.

[2] Schildberger, Friedrich: Anfänge der französischen Automobilindustrie und die Impulse von Daimler und Benz. In: Automobil-Industrie, Heft 2, 1969.

[3] Siebertz, Paul: Gottlieb Daimler - Ein Revolutionär der Technik. München, Berlin 1941, S. 239.

[4] Ebd., S. 238f.

[5] Schnauffer, Die Entwicklungsarbeiten in der Königsstraße und im Hotel Hermann 1891 - 1895. Teil I: Text. Erstellt im Auftrag der Arbeitsgemeinschaft für die Geschichte des Deutschen Verbrennungsmotorenbaues, 1954, Archiv der mtu, Bestand "Wilhelm Maybach", S. 33.

[6] Erstmalig begegneten sich Frederick Richard Simms und Daimler auf der Nordwestdeutschen Gewerbe- und Industrieausstellung in Bremen 1890. Simms wurde am 12. August 1863 in Hamburg geboren. Seine Vorfahren stammten aus Warwickshire. Sein Großvater hatte in Hamburg ein Handelshaus gegründet, Simms selbst war teils in Deutschland, teils in England aufgewachsen und erzogen worden. Obwohl selbst kein Techniker von der Ausbildung her, arbeitete er an technischen Innovationen und hatte einen Blick für zukunftsweisende Entwicklungen. Vgl. Schildberger, Friedrich: Die Entstehung der englischen Automobilindustrie bis zur Jahrhundertwende. Sonderdruck in: Automobil-Industrie, 14. Jahrgang (1969), Heft 4, S. 4ff.

[7] Kommerzienrat Gustav Vischer (1846 - 1920) von von 1891 bis 1910 Kaufmännisches Vorstandsmitglied der DMG und 1911 bis 1918 Aufsichtsratsmitglied der DMG.

[8] Zitiert nach Schnauffer, Karl: Die Motorenentwicklung in der Daimler-Motoren-Gesellschaft von 1895 bis zum Tode Daimlers. Teil I: Text. Erstellt im Auftrag der Arbeitsgemeinschaft für die Geschichte des Deutschen Ver-brennungsmotorenbaus, 1954/55, Archiv der mtu, Bestand »Wilhelm Maybach«, S. 4f.

[9] Laut Motorennummernbuch der Daimler-Motoren-Gesellschaft waren dies ein 2-PS-Einzylinder als stationärer Gasmotor, sechs 2-PS-Einzylinder als stationärer Petroleummotor, zwei 1-PS-Einzylinder Petroleummotor, ein 4-PS-Einzylinder Petroleummotor, neun 2-PS-Zweizylinder Wagenmotoren, vierzehn 3-PS-Zweizylinder Wagenmotoren und zwei 4-PS-Zweizylinder Wagenmotoren.

[10] Schnauffer, Motorenentwicklung 1895, ebd. S. 7f.

[11] Zitiert nach ebd., S. 17.

[12] Zitiert nach ebd., S. 18.

[13] Mit den Kühlerversuchen hatte Maybach am 22.1.1897 begonnen. Die spätere Serienversion ähnelte dabei in vielen Punkten der Versuchsversion.

[14] Rathke schreibt zu dieser Veranstaltung: »Die »Erste Österreichische Alpenfahrt«, die an sehr heißen Tagen, vom 27. bis 29 August 1898, stattfand, stellte an alle beteiligten Wagen außerordentliche Ansprüche. Sie gliederte sich in zwei Etappen. Die erste führte von Wien über den Semmering, Leoben, Klagenfurt, Marburg an der Drau und Graz nach Wien zurück. Die zweite von Bozen, über das Trafoier Joch, Passeiertal, Toblach, Cortina døAmpezzo, Belluno, Bozen zum Mendelpaß. Beide Strecken hatten Passagen von beträchtlicher Schwierigkeit des Geländes, die auch sehr optimistischen Automobilisten unüberwindlich schienen. Aber die neuen Daimler Wagen waren mit ihnen glänzend fertig geworden. Auch von diesem Rennen kehrten sie als Sieger heim.« Rathke, Kurt: Wilhelm Maybach - Anbruch eines neuen Zeitalters. Friedrichshafen 1953, S. 217.

[15] Daimler-Motoren-Gesellschaft (Hrsg.): DMG 1890 - 1915, Festschrift zum 25jährigen Bestehen der Daimler-Motoren-Gesellschaft. Stuttgart 1915, S. 29f.

[16] Über diese Motoren ist in der Werkzeitung der Zeppelinbetriebe zu lesen: »Die Gondeln wurden ans Gerippe aufgehängt, die Vorgelege montiert und die Triebwerksanlage eingebaut. Das Herz des Schiffes, die Motoren, waren damals noch in den Anfangsstadien, sehr robust und massig, deswegen bei einem Gewicht von ursprünglich 385 kg und einer mit der Zaumbremse ermittelten Leistung von 12,3 PS an der Propellerwelle kaum als »Luftschiffmotoren« anzusprechen.« Aus »Werkzeitung der Zeppelinbetriebe«, November 1936, S. 7.

[17] Über die Erprobung der Motoren und Luftschrauben in einem Boot steht in der »Werkzeitung der Zeppelinbetriebe« zu lesen: »Um die Maschine zu erproben und die Wirkung der Propeller zu studieren, ließ Graf Zeppelin ein flachgehendes Boot bauen, das sich durch den Druck der Propeller fortbewegte. In diesem Boot wurden eine große Zahl Propellerformen untersucht. Man wählte die Konstruktion, welche dem Boot die größte Geschwindigkeit vermittelt hatte. Bei diesen zahlreichen Erprobungen wurde auch die Zuverlässigkeit des Motors scharfen Prüfungen unterzogen. Der Motor hatte z.B. ursprünglich noch die Glührohrzündung, bei welcher durch einen offenen Brenner eine am Explosionsraum angebrachte Platinkapsel zur Rotglut gebracht wurde, die dann die Zündung des Motors bewirkte. Bei dem in Fahrt herrschenden Luftzug erwies sich die Glühkerze als recht unsicher und es ging oft die Flamme aus. Gerade zur rechten Zeit brachte Bosch die elektrische Abreißzündung heraus, mit welcher die Maschinen dann ausgestattet wurden. Mit Vorliebe benutzte Graf Zeppelin das Luftschraubenboot, um seine Gäste nach Manzell zu bringen und ihnen dabei die Wirkung der Luftschrauben auch bei Wind und bewegter See vor Augen zu führen.« Aus »Werkzeitung der Zeppelinbetriebe«, November 1936, S. 7.

[18] Schnauffer, Motorenentwicklung 1895, S. 29f.

[19] Ebd., S. 35.

[20] Zitiert nach ebd., S. 34ff.

[21] Zitiert nach ebd., S. 32.

[22] Siebertz, S. 243ff.

1897 - 1903

Mercedes

Herr Jellinek erfindet einen Mythos

Emil Jellinek in Gala-Uniform.

D ie erste Begegnung Wilhelm Maybachs mit dem zu Anfang schon erwähnten Emil Jellinek fiel in das Jahr 1897, als dieser, schon seit 1894 im Besitz von Benzinautomobilen, durch eine Zeitungsanzeige auf die Daimler-Motoren-Gesellschaft aufmerksam geworden, nach Cannstatt fuhr, um einen Wagen zu kaufen. Es ist nicht allein der Umstand seines Engagements für die Produkte der DMG, die Jellinek für unsere Betrachtungen interessant machen, sondern in erster Linie das Verhältnis, das sich zwischen ihm und dem damaligen Chefkonstrukteur Wilhelm Maybach im Verlauf der Jahre entwickeln sollte.

Jellinek stammte aus einer jüdischen Intellektuellenfamilie.[1] Seine beiden Brüder wurden Professoren. Der eine, Georg Jellinek[2], in Heidelberg, wo er es bis zum Prorektor brachte, der andere Max Jellinek als Lehrstuhlinhaber für Germanistik in Wien. Guy Jellinek-Mercédès schrieb in der Biographie ironisierend über die Rolle seines Vaters in der Familie:

»Das räudige Schaf, mein Vater, wurde am 6. April 1853 in Leipzig geboren, womit erwiesen ist, daß man auch ohne deutsche Herkunft oder Anlagen zu Philosophieren das Licht der Welt im Geburtsort Leibniz´ erblicken kann.«[3]

Emil Jellinek machte die unterschiedlichsten beruflichen Erfahrungen, so als k.u.k. Bahnbeamter der Nordwestbahn in Rotkosteletz oder als Sekretär des österreichisch-ungarischen Konsuls Schmidl in Tanger, bis er seine wahre Berufung fand: den Handel. Anfänglich waren es Stoffe und Wollwaren, später der Tabakhandel, mit dem er sich befaßte. Als im Tabakhandel Unerfahrener mußte er allerdings auch bittere Erfahrungen sammeln. Als der Tabakpreis ins Bodenlose stürzte, verlor er fast seine gesamten bis dahin gemachten Gewinne. Weitere berufliche Stationen waren die eines Vertreters einer französischen Versicherung in Algier und ab 1884 in Wien. In Baden bei Wien steht dann auch die erste »Villa Mercedes« an der Wienerstraße, über die Guy Jellinek in der Biographie seines Vaters bemerkte:

»Sie ist ein für diese Gegend ungewöhnlicher, ziemlich großer, einstöckiger Bau mit flachem Giebel und einem Balkon. Sie wird

Die Villa »Mercedes« in Nizza.

Emil Jellinek am Steuer des Daimler »Phönix«-Rennwagens beim Semmering-Rennen, 1899.

54527

*Wagenmontage in Cannstatt,
um 1900.*

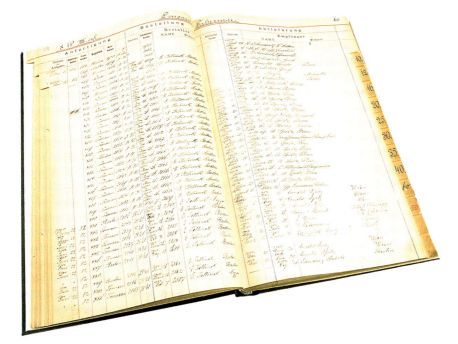

*Wagenbuch der
Daimler-Motoren-Gesellschaft.*

Wie viele der damaligen Zeit kam Emil Jellinek über das Fahrrad zum Motorfahrzeug.

im Lauf der Jahre einige Anbauten erhalten und gründliche Veränderungen erfahren.«[4]

Das Lebensziel Jellineks, so überlieferte es uns zumindest sein Sohn Guy, war es, reich und berühmt zu werden.[5] Ihn quälte ein unbändiger Ehrgeiz nach Ruhm, Ehre und Popularität. Noch wußte er nicht wie, sondern nur, daß er dieses Ziel erreichen wollte. Für die Realisierung dieses Unterfangens hatte Jellinek Monte Carlo, wo er anfänglich nur überwinterte, später Nizza vorgesehen. So wurde die Côte d´Azur zur Bühne Jellinekscher Aktivitäten, bei der das neu erfundene Automobil eine große Rolle spielte. Wie so viele Technikinteressierte der damaligen Zeit kam Jellinek über das Fahrrad zum motorgetriebenen Fahrzeug.[6] Mit einem De-Dion-Bouton-Dreirad machte er den Anfang, es folgte ein Benz-Viktoria-Wagen von Benz & Cie. in Mannheim. Die

gut laufenden Versicherungsgeschäfte, aber auch glückliche Aktienspekulationen ermöglichten es Jellinek letztendlich, sich so ausgiebig mit diesem neuen technischen Spielzeug auseinanderzusetzen, was alles andere als ein billiges Vergnügen war.[7]

Den ersten Kontakt zur Daimler-Motoren-Gesellschaft beschreibt sein Sohn wie folgt:

»Der erste Ansporn kommt unverhofft, im Jahre 1896, von einem Witzblatt. Mein Vater spaziert in seinem Badener Garten herum und liest zu seiner Zerstreuung die beliebten »Fliegenden Blätter«. Die Zeichnungen sind gut, der Humor ist wohltemperiert; der Spott zielt auf den preußischen Militarismus, die Mode und die Verschrobenheit der guten Kreise. Die Reklame ist unaufdringlich. Eine knappe Anzeige lautet : »Daimler-Motoren-Gesellschaft in Cannstatt, Württemberg. Stehende und Automobilmotoren.« Cannstatt? Wo liegt denn Cannstatt? Braucht mein Vater eine Auskunft, so befragt er den Nächstbesten und ärgert sich, wenn er sie nicht sofort erhält. Während er umkehrt, spricht er im Vorbeigehen eine Gouvernante seiner Tochter an: »Fräulein, können Sie mir sagen wo Cannstatt liegt?« Die Methode bewährt sich, das Fräulein weiß Bescheid; sie war in der Hauptstadt von Württemberg. »Cannstatt ist ein Industriezentrum bei Stuttgart.« »Schön. Gut. Danke!« Mein Vater stürzt an seinen Arbeitstisch. Er schreibt an die Gesellschaft, daß er kommt. Es ist ein knapper Brief, doch ein unerschöpflich fruchtbarer Keim.«[8]

Bei seinem ersten Besuch wurde er mit einem Doppel-Phaeton am Bahnhof abgeholt. Der Wagen gefiel ihm gut und er ließ sich dieses Modell, nach Angabe seines Sohnes, nach Nizza schicken. In der Bestellung ist allerdings als Wohnort Jellineks noch Baden bei Wien vermerkt. Der Wagen hatte 6 PS und erreichte eine Höchstgeschwindigkeit von 25 km/h, was Jellinek eindeutig zu langsam war, er bestand auf 40 km/h und teilte dies der Daimler-Motoren-Gesellschaft in der Folgebestellung mit.

Jellinek begann schon bald, über seine Kundenrolle hinaus, sich als Verkäufer der Daimler-Wagen zu betätigen und war darin sehr erfolgreich. 1898 waren es drei Fahrzeuge, 1899 zehn und 1900 verkaufte er von einer Gesamtproduktion von 89 Wagen allein 28. Ab 1901 übernahm er dann fast die gesamte Produktion der Daimler-Motoren-Gesellschaft. Jellinek war aber nicht nur leidenschaftlicher Sportfahrer und Verkäufer, er machte sich auch Gedanken im Hinblick auf die entwicklungstechnische Seite. Es war vor allem eine Sache, die er immer wieder in Cannstatt anmahnte; die Autos müßten schneller werden. Viele der konkreten technischen Innovationen, die Guy in der Biographie dem Erfindungsreichtum seines Vaters zugute hält, halten allerdings einer kritischen Betrachtung nicht stand. So soll Jellinek angeblich an die Daimler-Motoren-Gesellschaft geschrieben haben:

»In Afrika lenkte ich Pferdewagen, die Pferde waren immer vorn. Ich gebe zu, daß die Dinge anders liegen. Der Motor ersetzt

Bestellung Jellineks über 36 Mercedes-Wagen bei der Daimler-Motoren-Gesellschaft.

aber die Pferde, darum gehört er nach vorn. Ich weiß, daß es auch so geht. Sie können sich also ersparen, mir das Gegenteil zu beweisen.«[9]

Auch die Konstruktion des von Maybach entwickelten Vierzylindermotors führt der Sohn auf eine Jellineksche Intervention zurück, die da lautete:

»Ich möchte nämlich einen Vier-Zylinder-Motor und höre Sie schon: ausgeschlossen, undurchführbar usw. Gehen Sie der Sache trotzdem nach, ohne sie auf die lange Bank zu schieben«.[10]

Guy Jellinek datiert den ersten Kontakt seines Vaters mit der Daimler-Motoren-Gesellschaft fälschlicherweise auf das Jahr 1896, die gleiche Angabe findet sich bei Ludvigsen.[11] Aus den im DaimlerChrysler Konzernarchiv noch vorhan-

denen Kommissionsbüchern der DMG geht klar hervor, daß der erste Wagen, den Jellinek erhielt, im Jahre 1897 geliefert wurde, und dieses Datum auch als das der ersten Kontaktaufnahme gesehen werden muß. Jellinek war zu diesem Zeitpunkt 44 Jahre alt. Maybach hatte aber schon ein Jahr zuvor damit begonnen, Konstruktionen mit vorne liegendem Motor zu konzipieren. Gleiches gilt für den Vierzylindermotor.[12] Schnauffer bemerkt hierzu:

»Denn die Vorteile des Vierzylindermotors, insbesondere für Fahrzeuge, waren Maybach völlig geläufig. Letzten Endes hat er ja nicht nur den ersten Vierzylinder in Deutschland gebaut, sondern 1890 denselben auch durch die Einführung der vierfach gekröpften Kurbelwelle wesentlich verbessert. Am 13.8.1896, also ein Jahr bevor Jellinek nach Cannstatt kam, hatte er zudem schon einen 50 PS-Vierzylinder-Benzin-Motor durchkonstruiert, ein Zeichen dafür, daß er sich ständig mit Vierzylindermotoren beschäftigte.«[13]

Dennoch ist es nicht richtig, in Jellinek nur den genialen Verkaufs- und Marketingexperten zu sehen, wie Schnauffers Betrachtung dies suggeriert. Vor allem die spätere, noch erhaltene Korrespondenz Jellineks mit der Daimler-Motoren-Gesellschaft zeigt, daß er sehr wohl eine dezidierte Meinung in technischen Fragen hatte und diese auch durchzusetzen wußte, wie anhand der Briefwechsel noch zu zeigen sein wird. Um so bedauerlicher ist es, daß Jellinek selbst, in der ihm eigenen Art, bei einem Interview der »Allgemeinen Automobil Zeitung« von 1918 den Bogen überspannte und sich quasi zum Konstrukteur des Mercedes-Wagens stilisierte.[14]

Die Daimler-Phönix Wagen von 1898 mit Vierzylindermotor, runder Motorhaube und kreisförmigem Kühler (immer noch der Röhrchenkühler) hatten eine Motorleistung von 24 PS. Sie konnten 1899 bei der Rennwoche von Nizza gute Plazierungen erzielen, zu einem Sieg aber reichte es weder bei der Geschwindigkeitsprüfung, noch bei dem ebenfalls stattfindenden Bergrennen La Turbie.

Für den ehrgeizigen Jellinek war das alles andere als ein akzeptables Ergebnis. Er insistierte daraufhin in Cannstatt, um einen völlig neuen Wagen zu bauen, der einen Sieg garantieren sollte. Der Daimler-Phönix-Rennwagen, der nun entstand, verfügte über einen 5,5 Liter-Motor, der eine Leistung von 28 PS bei 800 U/min entwickelte.

Das Fahrzeug hatte ein Gewicht von 1 400 kg, einen Normalprofilrahmen und Holzspeichenräder, der Radstand betrug 2075 mm, die Spurbreite 1280 mm. Er besaß eine Handbremse und ein Fußbremsvorgelege, beide wirkten auf die Hinterräder. Die Kraftübertragung erfolgte durch ein Getriebe über Kette auf die Hinterräder. Laut Ludvigsen soll der Wagen mit der Leistung von 28 PS in der Rennwoche von Nizza gefahren sein, allerdings widersprechen dem die Angaben im Rennbericht der »Allgemeinen Automobil Zeitung«, in der die Wagen mit 24 PS aufgeführt sind. Fest steht,

Daimler-Rennwagen "Phönix", 1899, Höchstgeschwindigkeit ca. 80 km/h.

Unfallbild des Phönix-Rennwagens, mit dem Wilhelm Bauer beim Rennen Nizza-La Turbie tödlich verunglückte.

daß in der Rennwoche in Nizza vom 25. bis 31. März 1900 von Jellinek zwei Daimler-Phönix-Rennwagen mit 24 PS in der Klasse C (über 400 kg)15 gemeldet wurden. Die Fahrer der beiden Daimler-Wagen traten jedoch nicht unter ihrem Namen, Hermann Braun und Wilhelm Bauer an, sondern unter dem Pseudonym Mercédès I und Mercédès II.

Bei dieser Veranstaltung ereignete sich ein schwerer Unfall, bei dem der Werksfahrer Wilhelm Bauer zu Tode kam. Schon bei der Fahrt Nizza – Marseille hatte sich der Wagen von Braun überschlagen, der Beifahrer Portal wurde schwer verletzt und das Fahrzeug dabei zerstört. Mit dem Unfall von Bauer beim Bergstraßenrennen Nizza – La Turbie kam es noch schlimmer für die Jellinek-Mannschaft auf ihren Daimler-Phönix Wagen. Die AAZ berichtet über den Unfall:

»Um 9 Uhr Vormittags wurde bei den Gaswerken in der Rue de Génes das Zeichen zu Start gegeben, Bauer war von dem Monteur Braun begleitet, der Montag während des Rennens Nizza – Marseille im Estrelgebirge bei dem Sturz eines anderen Wagens von Mercédès in Lebensgefahr geschwebt hatte. Um die steile Observatoriumsstraße hinanzufahren, rückte Bauer die vierte Geschwindigkeit mit dem Accelerateur ein, was der Schnelligkeit von stündlich sechzig Kilometer entspricht. Gerade bei der ersten Biegung machte er eine etwas zu weite Wendung, zog aber sofort die Bremse an, um nicht gegen eine rohe, aus Zement hergestellte Wand, eine Art Felsimitation, geschleudert zu werden. Allein der Wagen fuhr in einem so rasenden Tempo, daß er auf die Bremswirkung nicht reagierte, sondern auf dem nassen Boden eine Seitwärtsdrehung machte, wobei der Lenker mit der Gewalt einer Kanonenkugel gegen die Wand geschleudert wurde. Braun wurde erst, als das Auto stille stand, aus demselben herausgeschleudert, ohne sich hierbei, von einer leichten Verstauchung des Handgelenks abgesehen, zu verletzen. Er eilte auf Bauer zu, der mit dem Gesicht nach

abwärts auf der Straße lag. Stirn und Scheitel waren total zertrümmert, hinter dem rechten Ohr quoll aus einer schrecklichen Wunde ein dicker Blutstrom. Trotzdem war Bauer noch am Leben. Man transportierte ihn in das St. Rochus-Spital, wo man den Eindruck gewann, daß sein Leben nurmehr nach Stunden zählen könne. (Bauer ist am Morgen des nächsten Tages seinen Verletzungen erlegen; er war 35 Jahre alt und hinterläßt eine Witwe und ein Töchterchen. D. Red.)«[16]

Soweit der Bericht der zeitgenössischen Fachpresse. Sowohl für Jellinek als auch die DMG war diese Veranstaltung ein Desaster. Lediglich E. T. Stead gewann mit einem privaten Daimler-Wagen die Touristenklasse beim Bergrennen Nizza – La Turbie in der Zeit von 32 min. 22 sec.

In Cannstatt war man davon so betroffen, daß man erwog, den Rennveranstaltungen in Zukunft fernzubleiben. Der Wagen wurde von Maybach noch vor Ort untersucht, einen technischen Grund für den Unfall konnte er nicht finden. Die Nachuntersuchung in Cannstatt, wohin man den Wagen brachte, bestätigte das Maybachsche Gutachten. So kam man zu dem Schluß, daß die Geschwindigkeit des Fahrzeugs eine Marke erreicht hätte, die auch für erfahrene Lenker nicht mehr beherrschbar wäre. Ganz andere Schlüsse zog Jellinek; seine Konsequenz aus dem Unfall richtete sich auf eine Neukonstruktion, die fahrdynamisch größere Sicherheitsreserven bieten sollte.

Der erste Mercedes, der nun entstand, hatte mit einem Radstand von 2 325 mm und einer Spurweite von 1 400 mm die Silhouette eines modernen Wagens. Der Rahmen war ein Stahlrahmen mit U-Querschnitt aus Nickelstahl, vorn mit Faust- und hinten mit Starrachse versehen. Der Motor hatte eine Niederspannungs-Abreiß-Zündung und der Kühlkreislauf wurde über eine Wasserpumpe betrieben. Die paarweise gegossenen Zylinder hatten einen Hubraum von 140 mm und eine Bohrung von 116 mm Durchmesser, die Ein- und Auslaßventile wurden über Nockenwellen gesteuert. Eine Besonderheit war der von Maybach erdachte Bienenwabenkühler, der von seiner Kühlleistung dem bis dahin verwendeten Röhrchenkühler überlegen war. Das Fahrzeug war mit einem Gewicht von 1 000 kg ein ausgesprochener Leichtbau im Vergleich zu den Vorgängermodellen, die zwischen 1 400 und 2 000 kg wogen. Mit der Entwicklung des Motors hatte Maybach schon kurz vor dem Tod Daimlers begonnen.

Der Besteller Jellinek hatte ursprünglich eine Leistung von 24 PS gefordert, Maybach aber hatte den Wagen von Anfang an auf 30 PS ausgelegt. Schon bei der Erprobung der Maschine, die von Joseph Brauner[17] gezeichnet worden war, zeigte sich, daß die Leistung noch höher lag als ursprünglich konzipiert, nämlich bei 35 PS.[18] Das Motorgehäuse bestand, aus Gründen der Gewichtsersparnis, aus Aluminium und hatte eine extrem geringe Wandstärke, die lediglich 5 mm betrug. Im Lauf der Entwicklung wurde die Kurbelwelle von 42 auf 44 mm verstärkt. Als Lagerschalenmaterial diente anfänglich eine neue Leichtmetallegierung; Magnalium. Diese von Ludwig Mach entwickelte Aluminiumlegierung hatte einen 5 %igen Magnesiumanteil. In der endgültigen Ausführung aber wurden wieder Lagerschalen aus Weißmetall verwendet.

Leider ist nicht bekannt, ob es Versuche mit den Magnalium-Lagerschalen gegeben hat, denn diese wären die ersten dieser Art gewesen.[19]

Die Pleuel, die einen rechteckigen Querschnitt hatten, waren, ebenso wie die Kolben, sehr leicht gehalten. So betrug die Wandstärke der tragenden Teile des Kolbens lediglich 4 mm, die des Kolbenhemdes 2,5 mm. Für die zwangsweise Steuerung der Einlaßventile, so zeigen es die Notizen Maybachs, dachte er sogar daran, darauf ein Patent zu nehmen, was zeigt, welche Bedeutung er selbst diesem konstruktiven Detail beigemessen hat. Das Hub/Bohrungsverhältnis betrug 116 x 140 mm, was einen Hubraum von fast 6 Litern ergab (genau 5 973 ccm). Bei dem Zylinderkopf handelte es sich um einen T-Kopf, der mit den Zylindern verschweißt war. Erstmalig wurden hierbei im Motorenbau beide Ventilreihen durch eigene Nockenwellen gesteuert (vormals waren die Ventile gemischtgesteuert). Pro Zylinderpaar gab es einen Einlaßflansch.

Nach dem Konstruktionsmuster dieses Wagens konzipierte Maybach im gleichen Jahr zwei weitere Typen mit 8 PS (75/100 mm, 1 200 U/min, 150 kg, 18,7 kg/PS) und 16 PS (91/110 mm, 1 150 U/min, 175 kg, 11 kg/PS). Als Gebrauchsmotoren lagen beide Aggregate im Leistungsgewicht deutlich über dem 35 PS-Motor (6,5 kg/PS). Diese Motoren hatten, und das war ein Fortschritt zum 35 PS-Motor, schon eine Drosselklappenregulierung und ebenfalls neue Kolbenvergaser. Bei dieser Vergaserbauart änderte die Kolbenkante des beweglichen Kolbens den Ansaugquerschnitt.

Eine der konstruktiven Besonderheiten des Wagens war der Bienenwabenkühler. Gewicht und Wassermenge waren bei dem bis dahin verwendeten Röhrchenkühler ein Manko. Maybachs Notizbucheintragung aus dem Jahr 1898 belegt, daß für den Kühler eines 5 PS Motors 2 000 Röhrchen benötigt wurden, so daß der Kühler 29 kg wog. Der benötigte Wasserinhalt betrug 18 Liter, was insgesamt einem Gewicht von 47 kg entsprach. In der letzten Stufe bestand der Röhrchenkühler aus 8 500 Röhrchen, die alle einzeln eingelötet werden mußten. Eine zeitraubende und vor allem recht kostspielige Arbeit. Hinzu kam, daß es die Leistungserhöhungen der Motoren erforderlich machten, die Wassermenge drastisch zu erhöhen. Aus diesem Dilemma fand Maybach mit dem Bienenwabenkühler einen Ausweg. Er erreichte dies durch die Verwendung eckiger Rohre, was die Kühlfläche vergrößerte, so daß sich die mitzuführende Wassermenge verkleinerte.

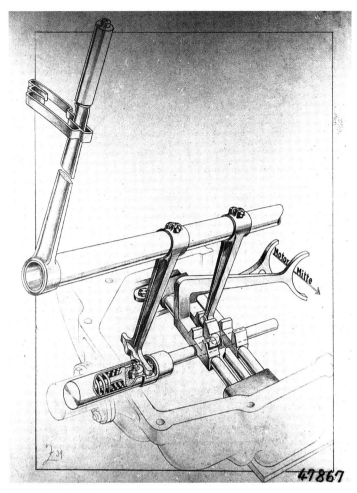

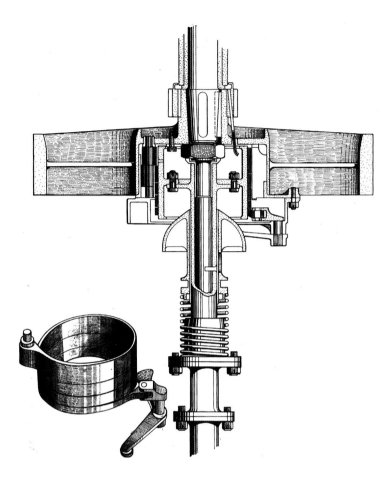

Getriebeverriegelung ...

... und Federbandkupplung im ersten Mercedes-Rennwagen 35 PS, um 1900.

Der Kühler des ersten Mercedes-Prototyps war zunächst noch mit runden Rohren versehen, wurde aber sofort nach Erfindung des neuen Kühlers mit diesem ausgestattet. Ein Ventilator, der über die Nockenwelle angetrieben wurde, garantierte die Kühlwirkung auch bei stehendem Fahrzeug. Die Erfindung wurde unter der Nr. 122 766 am 20.9.1900 patentiert. Der Anspruch lautete:

»Kühl- und Kondensationsvorrichtung mit Querstromprinzip dadurch gekennzeichnet, daß die Wände von prismatischen Rohren parallel zu einander angeordnet sind, so daß sich schmale und gerade verlaufende Kanäle für die zu kühlende Flüssigkeit bilden, zum Zwecke, Wirblungen der Flüssigkeit in den Kanälen zu vermeiden.«[20]

Hergestellt wurde der Kühler, indem man einen Blechrahmen nahm, der der Tiefe des Kühlers entsprach. Dieser Rahmen wurde dann mit Drähten so bespannt, daß alternativ Quadrate oder Dreiecke entstanden, in welche Vier- bzw.

Dreikantrohre eingeschoben und verlötet wurden. Auch diese Herstellungsweise war zeitraubend und damit teuer, dennoch war die erzielte Kühlwirkung so gut, daß von der Kühlungsseite her keine Leistungsbeschränkungen mehr erforderlich waren. Schnauffer bemerkt hierzu:

»Mit diesem Maybachschen Bienenwabenkühler war das Kühlproblem endgültig gelöst. Es war wohl neben der Einführung der Luftreifen der entscheidende Entwicklungsschritt im Motorenbau der DMG. Denn jetzt war es möglich, Motoren von beliebig hoher Leistung in die Wagen einzubauen.«[21]

Auch kupplungsseitig verfügte der Wagen über interessante technische Neuerungen, so war die Kupplung mit einer automatischen Nachspannvorrichtung versehen.[22]

Die Schaltung des Zahnradwechselgetriebes war vereinfacht. Geschaltet wurde, wie heute üblich, mit einem Hebel, der in einer Kulisse geführt wurde. Diese Bauart findet sich auch heute noch bei den meisten Ferrari-Sportwagen. Die

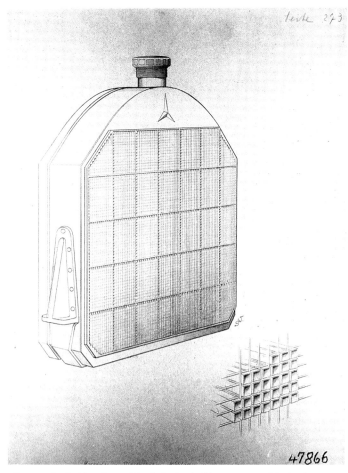

teile 273

47866

Bienenwabenkühler, der auf das Röhrchenkühlerpatent von Maybach aus dem Jahre 1895 zurückgeht.

verwendet wurde. Gleiches gilt für den Röhrchenkühler, die Magnetzündung, die Steuerung des Einlaßventils, das Gewicht des Wagens, sowie die Rahmenkonstruktion aus gepreßten U-Profilen aus Nickelstahl. Die ersten Versuche Maybachs mit dem neuen Kühlsystem datieren auf den 22.1.1897, der Verwendung der Magnetzündung hatte Daimler schon im Sommer 1898, sofort nach dem gewonnenen Glührohrzündungsprozeß zugestimmt, und bezüglich der Rahmenkonstruktion bemerkt Schnauffer:

»Ebensowenig können wir durch seine Behauptung überzeugt werden, daß Jellinek so Fachmann war, daß er technische Einzelheiten, wie z.B. die aus Gewichtsersparnisgründen erfolgte Umwandlung der U-Profile in gepreßte U-Rahmen, gefordert haben sollte. Glaubhaft wäre nur, daß ein anderes Werk vor der DMG solche Rahmen verwendet hätte und Jellinek es erfahren hätte. Dafür liegen aber keine Beweise vor.«[23]

Weitere Punkte waren der Vierzylindermotor und die Frontmotorbauart, auf die schon zu Anfang des Kapitels eingegangen wurde. Lediglich bei der Steuerung der Einlaßventile und der niederen Bauart des Wagens lassen sich keine Belege für ein alleiniges Wirken Maybachs finden. Vor allem bei letzterem Punkt ist davon auszugehen, daß Jellinek hier einen sehr wesentlichen Einfluß auf die konstruktive Auslegung des Mercedes-Wagens hatte.

Das erste Rennen, bei dem die Wagen an den Start gingen, fand zum Saisonbeginn 1901 in Pau in Südfrankreich statt. Bei diesem Rennen fielen die Fahrzeuge mit Problemen an der Schaltung und der Kupplung aus. Maybach überarbeitete die Wagen, und bei der nun stattfindenden Rennwoche von Nizza, die vom 25. bis 29. März 1901 veranstaltet wurde, dominierten die Mercedes den Rennverlauf eindeutig. Als Höchstgeschwindigkeit wurden 86 km/h gemessen, und die Durchschnittsgeschwindigkeit bei dem Bergrennen Nizza – La Turbie, die Wilhelm Werner erzielte, stieg von 31,3 km/h auf 51,4 km/h. Zweiter wurde, ebenfalls auf einem 35 PS-Mercedes, George Lemaître. Der Mercedes gewann aber nicht nur das Bergrennen, sondern auch das Meilenrennen, sowie die 392 km lange Distanzfahrt und war außerdem, als bequemer Viersitzer ausgestattet, beim Promenieren in den Straßen von Nizza zu bewundern. Lediglich bei der Distanz über einen Kilometer mit fliegendem Start mußte sich Werner von Serpollet auf einem Dampfwagen geschlagen geben. Ganz im Gegensatz zu den Angaben Rathkes[24], der behauptet, Werner sei bei der Woche von Nizza der einzige Mercedesfahrer am Start gewesen, tauchen im Klassement des »La Coupe Henry de Rothschild« allein fünf der neuen 35 PS-Mercedes-Wagen auf. Sie belegten bei diesem Wettbewerb die Plätze zwei (Werner), drei (Dr. Richard Ritter von Stern), vier (Lorraine Barrow), fünf (Knapp), sieben (Henri Rothschild) und acht (Georges).[25] Der Wagen Werners war im übrigen Privateigentum des Baron Henri Rothschild und startete bei der Auftaktver-

Außenbandbremsen, die beim Daimler-Phönix an der Zwischenwelle angeordnet waren, verschwanden beim Mercedes zugunsten von großen Trommelbremsen an den Hinterrädern. Die Betätigung erfolgte noch über einen Handhebel. Die auch vorhandene Fußbremse wurde als Kardanbremse ausgeführt, d.h. mit ihr wurden die Räder über die Kardanwelle abgebremst.

Schon zu Anfang dieses Kapitels wurde der Einfluß Jellineks auf die Konstruktion des Mercedes angesprochen. Zeugnis für die Jellineksche Interpretation ist das schon erwähnte Gespräch mit der AAZ. Insgesamt sind es acht Punkte, auf die Jellinek in diesem Interview abhebt und die er sich zugute hält, zum Beispiel die Wiedereinführung des Zahnradwechselgetriebes bei der DMG. Dem widerspricht Schnauffer zu Recht mit dem Argument, daß dieser Antrieb sein Debüt im Stahlradwagen feierte und schon 1897 von Maybach für den neuen Antrieb eines 4 PS-Victoria-Wagens

anstaltung, dem Rennen »Nizza-Aix-Sénas-Salon-Nizza«, das er ebenfalls unter dessen Pseudonym »Dr. Pascal« gewann.

Die Erfolge des Wagens waren so eindrucksvoll, dass der Generalsekretär des Automobilsclubs von Frankreich, Paul Meyan, in einem Rückblick auf das Rennen begeistert schrieb: „Nous sommes entrés dans l'ère Mercédès" (Wir sind in die Ära Mercedes eingetreten.) Die Reaktion der französischen Fachzeitschrift »Auto Velo« über den Rennverlauf wird von der AAZ zitiert. Georges Pradé schrieb über das Ergebnis:

»Ich glaube, wenn uns irgendein Vehicel in diesem internationalen Wettkampf gefährlich werden kann, so sind das die Mercedes-Wagen. Wir hatten es in der Tat noch nicht erlebt, daß ein fremdes Fahrzeug nicht nur eine bedeutende Schnelligkeit erreichte – hierin hatte es schon Vorgänger – sondern eine so lange und beschwerliche Rennstrecke auf so schlechten Straßen, wie jene beim Übergang zum Esterelgebirge, siegreich hinter sich brachte. Man muß nach dieser Leistung zugeben, daß man in Deutschland nicht nur in der Fabrikation von Motoren, was ja von den Daimler-Werken nicht anders zu erwarten war, sondern auch im Automobilbau große Fortschritte gemacht hat. In dieser Beziehung möchte ich das Rennen vom Montag als einen historisch merkwürdigen (sic!) Tag in der Geschichte des Automobilismus bezeichnen. Der deutsche Erfindergeist schafft mit Ausdauer und Methode. Gerade deshalb kann ich nicht genug auf die Gefahr hinweisen, die für uns in der deutschen Konkurrenz liegt. Wie Deutschland über die englische Metallindustrie Herr geworden ist und hierin nunmehr einzig dasteht in der Welt, kann es auch in der Automobilindustrie die Hegemonie an sich reißen.«[26]

Die Behauptung, daß der Name Mercedes als Wortmarke nur in den Ländern zum Einsatz kommt, in denen Jellinek die Vertriebsrechte hatte, also Österreich, Ungarn, Frankreich, Belgien und den Vereinigten Staaten, wie von einigen Autoren angeführt, lässt sich durch die Archivunterlagen nicht belegen.[27] Dazu gehört auch die Behauptung, dass in den anderen Vertriebsgebieten das Fahrzeug »Neuer Daimler« heißen sollte.[28] Die Erfolge unter dem Namen Mercedes und der daraus resultierende Bekanntheitsgrad führten dazu, nun generell den Markennamen Mercedes zu verwenden.[29] Als Wortmarke wurde Mercedes 1905 gesetzlich geschützt. Die Warenzeichenanmeldung des Namens »Mercedes« erfolgte am 23. Juni 1902, der gesetzliche Schutz wurde dann am 26. September erteilt.

Jellinek war seit dem 20. Oktober 1900 ordentliches Mitglied der Daimler-Motoren-Gesellschaft und hatte sich in dieser Eigenschaft sehr für die Belange Maybachs eingesetzt. Jellinek verstand es wie kein anderer, die Sporterfolge der neuen Mercedes-Wagen werbemäßig umzusetzen. Heute würde man sagen, er war der geborene Marketing- und PR-

Mercédès Jellinek (1889-1929).

Emil Jellinek auf der Höhe seines Erfolgs.

Mann. Die Auftragsflut, die in Cannstatt für die Wagen einging, war kapazitätsmäßig kaum zu bewältigen. So hatte sich der Umsatz der Daimler-Motoren-Gesellschaft vom 1.4.1899 bis zum 1.4.1902 verdreifacht (von 0,8 Millionen auf 2,5 Millionen Mark). Es wurden daraufhin mehr Arbeiter eingestellt und auch der Maschinenpark nachhaltig vergrößert. Diese Entwicklung ging vor allem zu Lasten von Benz & Cie., die statt der bislang 700 Fahrzeuge 1903 nur noch 175 Wagen verkauften. Am einträglichsten aber war das Geschäft für Emil Jellinek, der in dieser Zeit wohl den Grundstock für sein enormes Vermögen legte. Wie die Verdienstspannen Jellineks waren, darüber finden sich unterschiedliche Angaben. Während Schnauffer angibt, daß Jellinek der DMG lediglich 3 000 Mark für die Mercedes-Wagen

bezahlte und diese dann zu Preisen, die zwischen 21 000 und 27 000 Mark lagen, an die noble Kundschaft verkaufte, gibt Guy Jellinek andere Zahlen an. Er belegt diese mit einer Rechnung der DMG vom 26. Juli 1900, in der der 20 PS-Wagen mit 20 000 Mark und der 28 PS-Wagen mit 22 000 Mark in Rechnung gestellt wurde.[30] Die Zahlen scheinen verläßlicher als die Schnauffers, betrachtet man die Lieferung der 36 Mercedes-Wagen zu 550 000 Goldmark, die Jellinek der DMG abgenommen hatte, wobei es sich hier ja auch um unterschiedliche Typen (mit 10, 12 und 23 PS) handelte.[31]

Eine weitere beachtenswerte Maybachsche Neukonstruktion war der Simplex. Das Fahrzeug war konzeptionell in seinen Grundzügen identisch mit dem Mercedes von 1901 und unterschied sich von diesem in erster Linie durch eine

Der erste »Mercedes«, der 35 PS-Rennwagen von 1901.

Motor des ersten
Mercedes-Wagens.

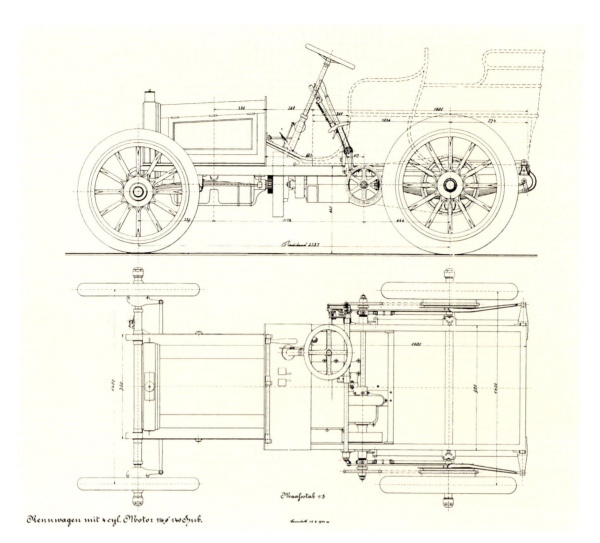

neue Motorengeneration. Bei vergrößertem Hubraum mit einer Bohrung von 120 mm und einem Hub von 150 mm, sowie einer auf 1 050 U/min gesteigerten Drehzahl, erreichte der Motor nun 40 PS. Durch weitere konstruktive Verbesserungen gelang es Maybach, das Leistungsgewicht auf 6,2 kg/PS zu senken. Dieser 40 PS-Motor wurde auch in die Rennwagen eingebaut. Bemerkenswert beim 40 PS-Rennwagen war die Konstruktion des Schwungrades. Bei diesem, im Durchmesser 60 cm großen Schwungrad, wurden die Speichen als Schaufelbleche ausgebildet, so daß sie dem Kühler zusätzlich Luft zuführten. Maybach reichte dafür am 14. September 1901 das Patent Nr. 133 786 ein, dessen Hauptanspruch lautete:

»1. Luftabsaugungsvorrichtung für Motorwagen, gekennzeichnet durch einen den Motor einschließenden luftdichten Schutzkasten, in dessen Vorderwand der Wasserkühler und in dessen unter dem Wagenkasten befindlichen Hinterwand ein Ventilator angeordnet ist, welch letzterer die von außen durch die Kühlelemente

hindurchgesaugte Luft zusammen mit den Ausdünstungen des Motors unter dem Wagenkasten hinausdrückt.« [32]

Damit war nicht nur die Kühlung verbessert, sondern auch gleichzeitig eine wichtige Maßnahme realisiert, um Fahrer und Passagieren eine Geruchsbelästigung durch die Motorausdünstungen zu ersparen. Das Gewicht des Wagens betrug nunmehr nur noch 942 kg. Die Kraftstoffversorgung erfolgte durch einen gemeinsamen Vergaser.

1902 wurde die Motorenpalette noch um vier weitere Typen mit 18, 24, 35 und 60 PS erweitert. Diese Motoren erhielten die Typenbezeichnung »1903«. Die Simplex-Motoren waren auch für Petroleumbetrieb ausgelegt und erhielten zu diesem Zweck einen zweiten Vergaser für das Petroleum, auf den nach Erreichen der Betriebstemperatur umgeschaltet wurde. Bei dem 18 PS- und dem 60 PS-Motor waren die bis dahin stehend angeordneten Einlaßventile hängend angeordnet, und ihr Antrieb erfolgte über die Nockenwelle, die auch die Auslaßventile steuerte. Dadurch war es May-

35 PS-Mercedes-Rennwagen des Baron Henri de Rothschild mit Wilhelm Werner am Steuer, Nizza 1901.

bach gelungen, den verbrennungstechnisch ungünstigen T-Verbrennungsraum zu vermeiden und eine Nockenwelle einzusparen. Des weiteren wurde bei den neuen Motoren auf eine zusätzliche Zylinderschmierung verzichtet. Die Schmierung erfolgte nun ausschließlich über Schleuderöl. Auf den Rennstrecken Europas löste der 60 PS-Motor die 40 PS-Variante ab. Die Zylinderabmessungen dieses Motors betrugen 140/150 mm, die Drehzahl betrug 1 080 U/min.

Der Erfolg des 60 PS-Wagens beim Rennen Paris–Wien, bei dem der Graf Zborowski mit einem Schnitt von 61,3 km/h den zweiten Platz erreichte, trug nicht unerheblich dazu bei, den Verkaufserfolg dieses Fahrzeugs zu steigern. Ein Konkurrent, der Brite S.F.Edge, äußerte sich über den Mercedes Simplex wie folgt:

»Vom sportlichen Standpunkt aus betrachtet, hätte bei diesem Rennen der Sieg zweifellos dem Mercedes gebührt, aber durch einen technischen Vorteil ging dieser an ein französisches Fahrzeug, wie all die Jahre vorher. Alle, die an diesem Rennen teilge-

nommen haben, wissen, daß Graf Zborowski durch seine bravuröse Fahrt und seine erzielte Geschwindigkeit der wahre Sieger dieses Rennens ist, zudem hat er ja die schnellste Zeit gefahren.«[33]

Sogar Kaiser Wilhelm II. interessierte sich für diesen Wagen. Bei der Automobilausstellung von 1903 in Berlin ließ er es sich daher nicht nehmen, auch den Stand der Daimler-Motoren-Gesellschaft ausgiebig zu inspizieren. Bei dieser Gelegenheit bat er Maybach, ihm die Vorzüge des neuen Motors zu erklären, worauf dieser gleich zu dozieren begann. Der Kaiser unterbrach ihn nach einiger Zeit mit dem Bonmot:

»Wunderschön Ihr Motor! Aber, na ganz so simplex ist er ja auch wieder nicht!«

Die ständige Ausweitung der Produktion brachte für Maybach und seine Arbeit im Unternehmen nicht unerhebliche Probleme mit sich. Seine besondere Sorge galt vor allem dem Heranbilden tüchtiger Facharbeiter. Die Meister waren angehalten, sich intensiv um die maßgerechte Fertigung der

Das erste Flugzeug der Welt mit Verbrennungsmotor: das Wasserflugzeug von Wilhelm Kress aus dem Jahre 1900/01 mit einem 4 Zylinder-Mercedes-Motor 35/40 PS.

Startnummer 26: Der Mercedes mit Graf Zborowski am Steuer, an der letzten Zeitkontrolle vor dem Ziel bei der Fernfahrt Paris-Wien, 1902.

35 PS 4 Zylinder-Mercedes-Motor, eingebaut in das Wasserflugzeug von Wilhelm Kress.

34257

Werkstücke zu sorgen. Doch nicht nur darum kümmerte er sich, selbst für das Einfahren der Wagen erließ Maybach Richtlinien. Es dürften dies die ersten Einfahrvorschriften überhaupt gewesen sein. Zur Entlastung der Werkstatt bestellte er zudem Materialprüfmaschinen, um Materialfehler von vornherein ausschließen zu können.

Für die Rennsaison 1903 und wohl auch im Hinblick auf das Gordon-Bennett-Rennen war außerdem ein 90 PS-Wagen gebaut worden. Die erste Veranstaltung 1900 entstand aufgrund einer Initiative des Amerikaners Gordon Bennett, Besitzer des »New York Herald« und wurde in den Jahren 1900, 1901 und 1902 ohne deutsche Beteiligung durchgeführt.[34] Das Rennen sollte laut Reglement über eine Strecke von 350 – 400 Meilen gehen, wobei die Fahrgestelle, Motoren und Reifen in dem Land hergestellt sein mußten, für das die Fahrzeuge fuhren. Die Nationalität der Fahrzeu-

ge mußte durch die Lackierung ersichtlich sein. Die so entstandenen nationalen Rennfarben hatten ihren Ursprung im Gordon-Bennett-Wettbewerb.[35] Eine weitere Eigenart dieses Rennens war, daß das Land des Siegers im darauf folgenden Jahr die Ehre hatte, den Wettbewerb auszurichten. 1902 hatte ein britischer Napier-Wagen den Sieg davongetragen, da aber Rennen auf den Straßen Ihrer Majestät verboten waren, wurde Irland als Austragungsort der nächsten Veranstaltung gewählt.

Wiederum resultierte die Teilnahme der Daimler-Motoren-Gesellschaft 1903 aus der Initiative Jellineks. Dieser wollte den 90 PS-Wagen allerdings schon in Nizza zum Einsatz bringen, wie ein Schreiben Duttenhofers vom 16. März 1903 an Jellinek zeigt:

»Es ist mir eine schwere Sorge vom Herzen genommen, dass Sie sich mit dem Gedanken vertraut machen, daß der 90 HP Wagen

Mercedes Rennwagen
mit 60 PS, 4 Zylinder, 1903.

zum Rennen nach NIZZA nicht kommen wird. Wie immer, wenn Alles auf die letzten Momente zusammengedrängt ist, kommen Schwierigkeiten, die unvorhergesehen waren und die zum größten Teil der Absicht entspringen, das Gute noch besser und das Bessere zum Besten zu machen. Ich habe mich genau orientiert und kann Ihnen nur wiederholen, daß seitens der Ingenieure und speziell der kaufmännischen Leitung in Cannstatt alles getan wurde, um die Sache vorwärtszutreiben, und habe ich es auch nicht an immerwährendem Drängen fehlen lassen. Herr Maybach hat leider zu sehr seinem so oft von Ihnen gerühmten Erfindergeist vertraut und ist dadurch vielleicht über manches leichter hinweggegangen und hat manches nicht so schwierig aufgefaßt, als es in Wirklichkeit ist. Ich hege gar keinen Zweifel, daß der 90 HP Wagen für das Paris-Madrid-Rennen fertig wird. Die größte Schwierigkeit aber ist es, das Gewicht dieses Wagens so weit herunterzubringen, daß es unter 1000 Kilogramm liegt. Wenn diese Frage gelöst wird, ohne daß der Stabilität des Wagens Abbruch geschieht, dann ist dies, meiner Ansicht nach, eine gewaltige Leistung, die ich von Anfang an nicht für möglich gehalten habe. Ich habe mit Graf Zborowski in Berlin gesprochen und ist derselbe der Ansicht, daß ein Verquicken der Rennwagen mit den Gebrauchswagen große Schwierigkeiten mit sich bringt. Er glaubt, daß es richtiger wäre, die Rennwagen nur für das Rennen zu bauen, so daß diese eigentlich nur so lange halten, bis sie gebraucht sind. Dadurch aber wird es sehr leicht möglich werden, daß zu leicht konstruiert wird und daß dann die Wagen, wie dies ja bei Paris-Wien vorkam, unterwegs unbrauchbar werden.

Es darf Ihnen durchaus nicht peinlich sein, sich an mich zu wenden. Ich fühle mich verpflichtet, Ihnen beizustehen und so viel, als möglich, zu treiben, da unsere Interessen ja gemeinschaftliche sind. Es wird ja doch bald nötig sein, daß Sie, sowie Ihre Zeit es erlaubt, nach Cannstatt kommen wegen des Staatsministers Freiherr von Soden.

Sie können sich dann dort überzeugen, daß es eine solche Unmasse von Schwierigkeiten gab, die überwältigt werden mußten, und daß darin eine Entschuldigung für die Herren in Cannstatt liegt. Ich verkenne aber auch nicht, daß sich Ihrer bei der Art der Arbeit, die auf Ihnen liegt, und bei dem Drängen und Hasten eine gewisse Nervosität bemächtigt, die Sie vielleicht auch manchmal über das Ziel hinaus schiessen läßt. Ich trage dieser Rechnung, da ich selbst von mir weiß, dass die Nervosität und die Unruhe, die in einem leben, einen die Sache manchmal nicht mit kaltem Blick und mit vollständiger Verteilung von Gerechtigkeit betrachten lassen. Wir dürfen nicht verkennen, dass in die Drangperiode auch die Vergrösserung der Fabrik fiel, die Aufstellung einer ganzen Menge von neuen Maschinen, die Umänderung in den Bauten und die Umzüge. Jetzt ist Alles fertig, so dass wir in der Produktion Ihnen durchaus entsprechen können.

Wie ich soeben mich noch telephonisch erkundigte, gehen alle Wagen bis zum Rennen an Sie weg, mit Ausnahme des 90 HP Wagens. Ich habe aber Herrn Direktor Vischer soeben mitgeteilt, er müsse den Herren in Cannstatt die Nachricht verheimlichen, daß der 90 HP Wagen nicht nach NIZZA gehen muß, damit diese in ihrem Streben, ihn fertig zu bringen, nicht nachlassen. Jeden-

falls ist so viel sicher, daß durch die jetzigen Vorkommnisse die ganze Fabrik, besonders bezüglich des Materials, einen grossen Schritt vorwärtsgekommen ist und daß dies auch für die Zukunft von großem Wert sein wird.

Augenblicklich wünscht der Kaiser einen Wagen zu erhalten und hat derselbe einen Lastwagen bereits bestellt. Der Wagen soll so gebaut werden, wie der ist, den der König von England fährt. In Berlin wäre es möglich gewesen, hunderte von Wagen zu verkaufen, wenn sie zur Verfügung gestanden hätten. Der Besitzer des Bristol-Hotels, Herr Uhl, der von Ihnen einen 60 HP Wagen gekauft hat, hat einen Bekannten von mir ins Hotel gebracht, einen Herrn Aschinger, und wollte dieser mit aller Gewalt meinen Wagen erhalten. Er bat mich, dafür zu sorgen, daß er sobald, als möglich, einen 60 HP Wagen bekomme, und möchte ich bei Ihnen anfragen, bis wann Sie einen solchen allerfrühestens, indem Sie mir einen Gefallen erweisen, abgeben können. Dem Mann kommt es auf die Summe, die er bezahlen muß, nicht an.

Meine Limousine hat solchen Anklang gefunden, daß ich diese hätte auch mehrfach verkaufen können, und erhielt ich gestern ein Schreiben, nach dem Fürst Henckel von Donnersmarck, dem ich verpflichtet bin, den Wagen gerne erwerben würde. So schwer es mich ankam, so habe ich ihm dieselbe um M. 35 000. – angeboten, in der Hoffnung, damit abzuschrecken.

Daß Herr Spiegel nicht nach Berlin kommen konnte, bedauere ich. Ich wußte allerdings nicht, daß er bei Ihnen in NIZZA ist, sonst hätte ich das Telegramm nicht abgeschickt. Ich bitte, ihn freundlich von mir zu grüßen.

Ihren Standpunkt, den Sie in Ihrem Schreiben an Cannstatt einnehmen, verstehe ich nicht. Sie schreiben in demselben, als ob nach 1905 der Untergang der Welt bevorstünde, während ich hoffe, daß wir Alle noch, auch nach dieser Zeit, zusammenarbeiten können, wenigstens die Daimler-Motoren-Gesellschaft und Sie, wenn auch ich nicht mehr, und werden wir uns, wie immer, so auch zu dieser Zeit, in einander zurecht finden.

Dazu, was Sie an Abgabe für 1904 beanspruchen, reicht allerdings selbst meine Nachgiebigkeit Ihnen gegenüber, die ich so oft bewiesen habe, nicht vollständig aus, und müssen Sie mir etwas entgegenkommen.«[36]

Soweit Duttenhofer an Jellinek.

Dieser Brief zeigt darüber hinaus, daß neben der erfreulichen Geschäftätigkeit der Daimler-Motoren-Gesellschaft mit Hochadel und Kaiserhaus eine schleichende Kritik an der Arbeit Maybachs aufkam, die sich in der folgenden Zeit immer mehr verstärken sollte.[37] Duttenhofer wie auch Jellinek sparten nicht mit kritischen Bemerkungen über das Schaffen Maybachs (sie lobten ihn allerdings auch), obwohl beide zu dem Personenkreis gezählt werden müssen, der hinter Maybach und dessen Arbeit stand. Dies zeigt vor allem Jellineks Urteil über Maybachs Rolle in der DMG. Dies, aber auch die Art, wie seine Feinde im Unternehmen begannen, gegen ihn zu arbeiten, wird im nachfolgenden Kapitel noch einer Betrachtung wert sein.

Die Motoren der 90 PS-Wagen waren mit einem Hub/Bohrungsverhältnis von 140 x 170 mm überquadratisch ausgelegt. Der Gesamthubraum des Kurzhubers betrug 12 700 ccm. Die von Ludvigsen gemachten Angaben zur Ventilsteuerung und Drehzahl stimmen nicht. Weder hatte dieser Motor ein Schnüffelventil als Einlaßventil, noch stimmt die Angabe der Höchstdrehzahl von 1 200 U/min, die lediglich bei 1 050 U/min lag.[38] Die besonders groß ausgeführten, hängenden Einlaßventile waren gesteuert. Ebenso wie bei den stehend angeordneten Auslaßventilen erfolgte die Steuerung über Stoßstangen und Kipphebel, die von einer Nockenwelle angetrieben wurden.[39] Diese war im Gehäuseoberteil gelagert. Eine Kapselung gab es für die Welle, jedoch nicht für den Wellenantrieb (hierin entsprach der 90 PS- dem 60 PS-Motor). Zündungsseitig verfügte der 90 PS-Motor, im Unterschied zum 60 PS-Motor, über zwei Anlagen. Einmal über eine Niederspannungs-Magnetzündung (Abreißzündung), deren Unterbrecher in die Brennräume ragten, zum anderen über eine Hochspannungszündung mit Zündkerzen. Der Wagen selbst war gegenüber dem ersten Mercedes-Wagen noch länger und vom Schwerpunkt her tiefer geworden. Den ersten Einsatz erlebten die Fahrzeuge beim Rennen Paris–Madrid, bei dem sie sich aber aufgrund verschiedener technischer Mängel nicht plazieren konnten.

Der neu entwickelte Wagen sollte der ausländischen Konkurrenz Paroli bieten, doch zu allem Unglück brannten drei Wochen vor dem Rennen die Cannstatter Daimler-Werke zur Gänze ab, und auch die drei 90 PS-Wagen, die Maybach mit äußerster Akribie vorbereitet hatte, wurden dabei ein Raub der Flammen. Da die Rennstrecke in Irland die Maximalgeschwindigkeit nur für kurze Zeit zuließ, beschloß man, mit dem 60 PS-Wagen anzutreten. Allerdings mußten dazu die Fahrzeuge von Kunden zurück erbeten werden. Einige der Abnehmer, darunter der Amerikaner Dinsmore, stellten die Wagen zur Verfügung. Die Wagen wurden per Achse transportiert und trafen erst $1^1/_2$ Tage vor dem Rennen in Dublin ein.

Ein weiterer Umstand, der den Einsatz der Mercedes erschwerte, war die Tatsache, daß bei diesem Rennen Fabrikfahrer nicht zugelassen waren und es keine deutschen Herrenfahrer gab, die über eine entsprechende Qualifikation für ein solches Rennen verfügten. So mußten ausländische Fahrer diesen Part übernehmen, es waren dies Baron de Carters und Camille Jenatzy, beide aus Belgien, sowie der Amerikaner Foxhall Keene. Trotz schärfster Konkurrenz, die aus drei 40 PS-Napier-Wagen, zwei 70 PS-Panhard-Levassor, einem 80 PS-Mors und drei amerikanischen Wagen, zwei Winston und einem Peerless, bestand, gelang es dem Belgier Camille Jenatzy mit dem von dem Amerikaner Gray Dinsmore ausgeliehenen Wagen, die Konkurrenz zu deklassieren. Er beendete das Rennen ohne Zwischenfälle, erreichte in den Gefällestücken eine Höchstgeschwindigkeit von 135 km/h und absolvierte die Strecke von 592,72 km in einer Gesamtfahrzeit von 6 Stunden und 39 Minuten, was einem Stundenmittel von 89,184 km/ entsprach. Beim Rennen von 1902 betrug der Durchschnitt lediglich 55 km/h. Die beiden anderen Mercedes-Wagen fielen mit gebrochener Hinterachse aus. Wenn man Rathke Glauben schenken darf [wir hoffen, daß Jenatzy tatsächlich seinen Hegel gelesen hat und nicht nur Rathke, Anm. d Verf.] so soll Jenatzy seinen Sieg mit den Worten kommentiert haben:

»L´histoire de ma course est comme celle des peuples heureux. Elle n´existe pas.« [*Die Geschichte meines Rennens ist wie die der glücklichen Völker. Es gibt keine.*][40]

Dieser Sieg im größten Rennen der damaligen Zeit, an dem sich Deutschland bis dahin nicht beteiligt hatte, war eine Weltsensation ersten Ranges. Maybach hatte es verstanden, in kürzester Zeit einen 60 PS-Tourenwagen zum erfolgreichen Rennwagen umzukonzipieren. Der Tenor der Weltpresse war ein einhelliger Lobgesang auf Wilhelm Maybach. Das »Neue Wiener Tageblatt« schrieb 1903:

»Deutschland hat den Beweis erbracht, daß es technisch an der Spitze der automobilistischen Bewegung steht. Denn gerade das Gordon-Bennett-Rennen gilt als das Derby des Automobilismus. Von den Deutschen kann man wirklich sagen: sie kamen, sie sahen und siegten! Die Engländer und Amerikaner waren Wochen vorher auf der Strecke, kannten jeden Meilenstein, jede Biegung der

Die Reste eines verbrannten Gordon Bennett-Rennwagens von 1903 nach dem Werksbrand.

Zerstörtes Werksgelände der Daimler-Motoren-Gesellschaft in Cannstatt nach dem Brand, 1903.

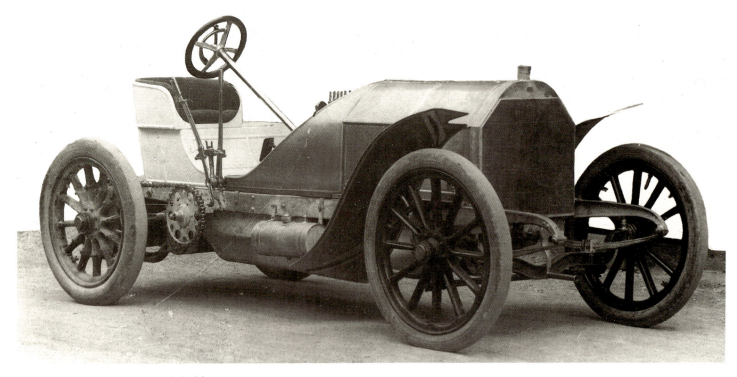

Mercedes-Rennwagen von 1903 mit 90 PS.

Viertes Gordon Bennett-Rennen am 2. Juli 1903 in Irland. Camille Jenatzy mit einem 60 PS-Mercedes-Wagen auf dem Weg zum Sieg.

Strecke und jeden Baum. Auch die Franzosen waren einige Tage früher zur Stelle und hatten Gelegenheit zu Rekognostizierungsfahrten. Die Vertreter Deutschlands dagegen trafen kurz vor dem Rennen ein und kannten die Strecke gar nicht. Sie waren auch die einzigen, die ihre Rennvehikel nicht in Watte gepackt zum Start brachten, sondern sie fuhren mit den für das Rennen bestimmten Wagen von Cannstatt nach Paris, von Paris nach Le Havre, übersetzten den Kanal, fuhren – stehts per Achse – dann durch Wales bis zur Irischen See. Und mit diesen Fahrzeugen, die eine recht strapaziöse Tour hinter sich hatten, schlugen sie in Irland all das, was man als die Quintessenz der internationalen Automobilkunst bezeichnen muß. Der geniale Maybach ist der Konstrukteur des Mercedes Wagens. Ihm Preis und Ehr!«

Auch Jellinek findet Erwähnung in diesem Lobgesang, der Bericht fährt fort:

»Doch die Gerechtigkeit erfordert es, ausdrücklich hervorzuheben, daß hinter den Kulissen der Cannstatter Daimler-Fabrik ein Mann rastlos wirkt, der nie genannt sein will und den doch die ganze automobilistische Welt kennt [hier zeigt sich, wie geschickt Jellinek nicht nur die Daimler-Wagen, sondern auch sich selbst vermarktete, nämlich als ein Mann, der im Hintergrund die Fäden zieht und der nicht im Rampenlicht erscheinen will. »Fishing for compliments« nennen das die Engländer, und wie der Artikel zeigt, ist Jellineks Rechnung auch diesmal aufgegangen. Anm. d. Verf.]. *Er, dieser nimmer ruhende, nimmer rastende Anonymus Mercedes ist es, dem die Cannstatter Werke ihren heutigen Weltruf, dem sie den Anstoß zur Erzeugung der Mercedes-Wagen verdanken, er ist es, der fort und fort ihre Ausgestaltung inspiriert. So können wir das interessante Detail verraten, daß eine kleine konstruktive Verbesserung, welche der siegende Wagen hat und die nun alle Mercedes-Wagen erhalten werden, auf seine Anregung zurückzuführen ist. Nochmals: Preis und Ehr´ dem genialen Konstrukteur Maybach, doch auch ein Salut vor dem Anonymus, dessen Name für immerdar verknüpft sein wird mit der Größe der Cannstatter Daimler Fabrik, mit dem Ruhme der Mercedes-Wagen.«*[41]

Die Verdienste Maybachs zu diesem Erfolg belegt auch ein Brief des engagierten Herrenfahrers Katzenstein an Jellinek, in dem er schrieb:

»Dieses Rennen war gewonnen durch Maybachs Genie und ihrer Freunde Anhänglichkeit und Arbeit. Volle zwei Monate habe ich in Cannstatt mit Balzer an der Karre herumgedoktort bis sie war, was sie ist: eine Uhr (60, 61, 62, 60, 61, 62 die Meile).«[42]

Doch nicht nur in diesem Rennen, sondern auch bei anderen Veranstaltungen konnten die 60 PS-Mercedes-Wagen herausragende Erfolge verbuchen.[43] Einer der herausragendsten war der Sieg des Wieners Otto Hieronimus bei dem am 1. April stattfindenden Bergrennen Nizza – La Turbie in neuer Rekordzeit von 64,4 km/h, Wilhelm Werner wurde Zweiter. Bei diesem Rennen verunglückte, fast an gleicher Stelle wie der unglückliche Wilhelm Bauer im Jahr 1900, Graf Zborowski, ebenfalls mit einem Mercedes. Weite-

re Erfolge bei der Woche von Nizza erzielten Degrais aus Paris, Wilhelm Werner und Hermann Braun.

Der 60 PS-Motor errang nicht nur Erfolge im Automobil. Jellinek ließ ihn, wie auch schon zuvor den 40 PS-Motor, auch in Boote einbauen und nahm damit an Motorbootrennen und Rekordfahrten teil.[44]

Nach dem Gordon-Bennett-Rennen wurden erneut 90 PS-Motoren produziert. Diesmal mit einem veränderten Hub/Bohrungsverhältnis von 140/165 mm. Zudem erhöhte Maybach die Drehzahl auf 1 150 U/min. Die Literleistung betrug nun 7,5 PS/l und das Leistungsgewicht 4 kg/PS. Das Haupteinsatzgebiet dieses Motors wurde der Simplex. Die Lieferung des ersten Motors dieser Bauart erfolgte am 27.2.1904. Aber auch in Luftschiffen kam dieser Motor zum Einsatz, so in den Zeppelin-Luftschiffen LZ 2 und LZ 3 sowie in modifizierter Form in dem Parseval-Luftschiff PL1.

Die beiden Gordon-Bennett-Rennen, die noch 1904 und 1905 stattfanden, sollten in der Folge der Daimler-Motoren-Gesellschaft kein Glück mehr bringen. Dies war um so ärgerlicher, als durch den Sieg Jenatzys Deutschland für das Rennen 1904 der Ausrichter wurde. Jellinek, trickreich wie immer, hatte nichts unversucht gelassen, für einen Mercedes-Wagen den Lorbeer zu erringen. So wurden eiligst, nicht ganz in Übereinstimmung zum Reglement, in Wiener-Neustadt drei 90 PS-Rennwagen montiert, deren Teile aber alle aus Untertürkheim stammten. Diese Wagen traten nun unter den österreichischen Farben an. Die beiden Mercedes-Wagen, die die deutschen Farben neben einem Opel-Darracq vertraten, wurden von Jenatzy und Baron de Caters[45] gesteuert. Wie gehabt, hatte sich der Deutsche Automobil Club geweigert, die Fabrikfahrer in den Club aufzunehmen, so daß diese als Herrenfahrer, denn nur solche waren zugelassen, hätten starten können. Die Rennstrecke lag im Taunus und führte über Homburg – Weilburg – Limburg – Idstein – Königstein – Homburg. Der Start erfolgte auf der Saalburg. Aufgrund (heute würde man sagen: schlechter Boxenregie) verlor Jenatzy, der Zweiter wurde, das Rennen an den Franzosen Théry auf einem 80 PS-Richard-Brasier, der die Strecke ohne mechanische Defekte und zu lange Aufenthalte absolviert hatte. Für die deutschen Zuschauer, Kaiser und Kronprinz eingeschlossen, die fest mit einem Sieg eines Mercedes gerechnet hatten, war dies eine große Enttäuschung. 1905 fiel das Ergebnis der Mercedes mit den Plätzen fünf, sieben und zehn noch schlechter aus.

Doch nicht nur auf dem automobilen Sektor war Wilhelm Maybach mit Erfolg tätig, er deckte mit seinen Entwicklungen die ganze Bandbreite des Verbrennungsmotorenbaus ab. So war von ihm schon 1898 der erste Zeppelin Motor Modell »N« konstruiert worden. Der Motor hatte zu Anfang eine Leistung von 12, später 16 PS bei 700 U/min und einen Hubraum von 4 400 ccm (Hub/Bohrung = 100 x 140 mm), wog 325 kg, die Literleistung betrug 3,5 PS/l. Die Zylinder

2156

21568

*Der Sieger des Gordon Bennett-
Rennens 1903: Camille Jenatzy.*

waren paarweise zusammengegossen. Das Kurbelgehäuse war aus Aluminium. Das Auslaßventil war gesteuert, das Einlaßventil als Schnüffelventil ausgelegt. Als Zündanlage wurde eine Magnet-Abreißzündung verwendet. Maybach war selbst bei den ersten Probefahrten des LZ I, einem 128 m langen Luftschiff, am 2. Juli 1900 in Friedrichshafen zugegen. Schon in den ersten Jahren seiner Direktorentätigkeit bei der DMG war Maybach mit dem Grafen Zeppelin zusammengetroffen, und dieser hatte ihn, was für Maybachs späteres Wirken von außerordentlicher Bedeutung sein sollte, als einen kompetenten und zuverlässigen Konstrukteur und Menschen kennengelernt. Zeppelin konnte seine Versuche aus Geldmangel erst im Jahr 1905 fortsetzen.

Auch im Schiffsmotorenbau gelang Maybach mit der Entwicklung des Loutzky-Motors eine herausragende Konstruktion. Der Russe Boris Loutzky, selber Maschinenbautechniker, war 1902 mit der Frage an die DMG herangetreten, ob man dort in der Lage sei, einen Sechszylinder-Schiffsmotor mit 300 PS nach seinen Vorschlägen zu bauen. Maybach stand diesem Unterfangen anfänglich sehr skeptisch gegenüber, hatte man doch bisher lediglich Motoren mit 35 PS gebaut. Der 300 PS-Motor erforderte eine Leistung mit 50 PS pro Zylinder. Erste Notizen Maybachs zu diesem Motor finden sich in seinen Notizbüchern schon im September 1902. Zusammen mit dem Oberingenieur Petri entwickelte Maybach diesen Motor. Loutzky hat an diesem Projekt nicht mitgearbeitet, er war lediglich Auftraggeber. Oberingenieur Schwarz war ein weiterer Mitarbeiter Maybachs, dem vor allem die Prüfstandversuche dieses Motors oblagen. Konstruktiv war dieser Großmotor ähnlich dem 35 PS Mercedes-Motor ausgeführt. Allerdings mit der gewaltigen Zylinderabmessung von 268/260 mm (bis dahin hatte der größte Daimler Stationärmotor die Zylinderabmessung 240/240 und der größte Schiffsmotorenzylinder 180/200 mm betragen). Zylinder und Zylinderköpfe bestanden aus einem Stück, je zwei Zylinder waren zusammengegossen. Das Kurbelgehäuse war in der Mitte geteilt und mit Gleitlagern bestückt. Durch große Lochdeckel war das Motorinnere zu kontrollieren. Die dreifach gekröpfte Kurbelwelle hatte vier Grundlager mit einem Durchmesser von 100 mm (Pleuellager 104 mm). Die Zündfolge war 1, 5, 3, 2, 6, 4. Die Gestaltung des Ventilantriebs und des Verbrennungsraums gingen auf eine Erfindung Loutzkys zurück. Durch die mittige Anordnung eines der Ventile im Brennraum, das andere war auf der Seite liegend angebracht, ließ sich dieser fast kugelförmig gestalten. Obwohl dafür nie ein Patent erteilt wurde, ist diese Konzeption als Loutzky-Bauart in die Geschichte des Verbrennungsmotorenbaus eingegangen. Eine Besonderheit des Motors war der Antrieb der Nockenwelle durch eine Königswelle, die über Schraubenräder ihren An- und Abtrieb erhielt bzw. weitergab. Zusätzlich wurde auch die Hochspannungsmagnetzündung (mit Kerzen) über ein an der Königswelle angebrachtes Schraubenrad angetrieben. Der große Auspufftopf war wassergekühlt und unterhalb der Auspuffventile an den Zylinderblöcken befestigt. Bei diesem Motor waren schon alle Zahntriebe gekapselt, wodurch die Schmierung erheblich verbessert wurde. Laut dem Zeichnungsnummernbuch wurde dieser Motor mit 272 PS gebremst, die Drehzahl lag bei 550 U/min. Der Motor wurde am 2.5.1903 an die russische Marine übergeben. Von der Erprobung und der Bewährung dieses interessanten Motors ist leider nichts bekannt.

Maybach war nun 57 Jahre alt. Seine produktivsten Jahre und größten Erfindungen lagen hinter ihm. Man sollte annehmen, daß das Erreichte ihm eine feste, nicht zu erschütternde Position in der Daimler-Motoren-Gesellschaft eingebracht hätte. Dem war nicht so! Von 1903 an sollte, begünstigt durch eine für Maybach nicht beeinflußbare Entwicklung, ein perfides Intrigenspiel beginnen, dem er zuletzt zum Opfer fiel. Neid und Undank waren es, die ihn aus der DMG vertrieben. Maybach wurde das Opfer seines Charakters und seiner Erziehung im Bruderhaus. Er hatte für die Gemeinschaft in Form der DMG gearbeitet und dabei vergessen, seine eigenen Claims abzustecken. Politik war seine Sache nicht, er war hilflos der Willkür der Mächtigen ausgesetzt.

*Vorangegangene Seite:
Gordon Bennett-Rennen 1904,
Taunus-Rundkurs: Camille Jenatzy
auf Mercedes 90 PS
vor Girling auf Wolseley in
Grävenwiesbach.*

*Baron de Caters beim Aufenthalt in
Frankfurt während des Gordon
Bennett-Rennens 1904.*

Der erste Maybach-Luftschiffmotor 1900.

Zeppelin-Luftschiff LZ 1 auf seiner ersten Fahrt am 2. Juli 1900 mit zwei Daimler-Vierzylindermotoren von 10 und 12 PS »Modell N«.

36 193

Der Luftfahrt-Pionier David Schwarz bei einem der Startversuche mit seinem Starrluftschiff mit formgebender Hülle aus Aluminium, hier 1897 am Tempelhofer Feld in Berlin, ausgestattet mit einem 5 PS leistenden Daimler 4 Zylinder-Motor »Modell P«. Bei der Landung setzte das Luftschiff jedoch so hart auf, daß es zerstört wurde.

Das Lenk-Luftschiff »Le Jaune« der Gebrüder Paul und Pierre Lebaudy und Henry Julliot mit 35/40 PS Daimler-Motor auf dem Marsfeld in Paris beim Start zur Fahrt Moisson-Paris am 12. November 1903.

Rennboot »Mercedes Wiener Neustadt« während eines Rennens in der Bucht von Monte Carlo 1906.

Wilhelm Maybach in seinem Büro bei der Daimler-Motoren-Gesellschaft, neben ihm Adolf Daimler.

[1] Zur Familiengeschichte der Jellineks siehe Siebertz, Paul: Emil Jellineks Herkunft und Abstammung. Feststellungen für die Daimler-Benz A.G. München 1943, im DaimlerChrysler Konzernarchiv, Bestand »Jellinek- Biographisches«, Signatur 3.

[2] Georg Jellinek, dt. Staats- und Völkerrechtler, geboren am 16.6.1851 in Leipzig, gestorben am 12.1.1911 in Heidelberg. 1900 erschien Jellineks epochale »Allgemeine Staatslehre«, die – übersetzt in viele Sprachen – dem großen Staatsrechtler der Wilhelminischen Zeit weltweite Anerkennung eintrug. Von bleibendem Einfluß waren viele seiner staatsrechtlichen Definitionen, u.a. die »Selbstbindung des Staates«, die das Individuum, aber auch den Staat auf das Gesetz verpflichtet, sowie die »normative Kraft des Faktischen«, die den sozialen und politischen Gegebenheiten eine rechtswandelnde Wirkung beimißt. Vgl. Harenbergs Personenlexikon des 20. Jahrhunderts, Dortmund 1992, S. 616.

[3] Jellinek-Mercédès, Guy: Mein Vater der Herr Mercedes. Wien, Berlin, Stuttgart 1962, S. 13.

[4] Ebd., S. 31.

[5] Vgl. ebd., S. 65.

[6] Jellinek selbst berichtet dazu in einem Interview mit der Allgemeinen Automobil Zeitung (AAZ): »Ich bin nicht durch Zufall in die automobilistische Bewegung hineingeraten. Ich war nämlich ein leidenschaftlicher Radfahrer und habe die steile Turbie schon mit meinen eigenen Beinen bewältigt. Aber das war damals in der grauen Vorzeit, als es noch keine Automobile gab.« Jellinek-Mercédès, Emil: Ein Kapitel zur Geschichte des Automobilismus. AAZ, Wien, 3. Febr.1918, Nr.5, Band I, XIX . Jahrgang, S.14.

[7] Wie die Geschäfte Jellineks im Detail aussahen, vermag auch die ansonsten ausführliche Biographie seines Sohnes nicht zu erhellen. Immerhin waren für den großbürgerlichen Lebensstil, den er sein Leben lang pflegte, nicht unerhebliche Geldmittel notwendig. Daß Emil Jellinek nicht nur Freunde hatte, sondern auch heftigen Feindseligkeiten ausgesetzt war, zeigen die Hetzkampagnen vor allem in der Zeit des Nationalsozialismus. So schrieb der Antisemit Julius von Stepski in seinem Buch »Geschichte und Intrige« (S. 269): »Als ich mich als Vorgesetzter des österreich-ungarischen Honorarkonsuls (ohne diese Eigenschaft hätte ich kaum Bankauskünfte usw. erhalten) bei zwei befreundeten Generaldirektoren von Banken in Nizza nach seinen Vermögensverhältnissen erkundigte, erhielt ich die offizielle Auskunft, daß 1914 sein Vermögen in Bankkreisen auf über siebzig Millionen Goldfranken geschätzt wurde. Dabei konnte ich einwandfrei feststellen, daß dieser vielfache Millionär noch höchstpersönlich die schmutzigsten kleinen Wuchergeschäfte tätigte, an geheimen Falschspielbanken beteiligt war und andere Häuser verschwiegener Freuden besaß, die schöne Zinsen verschiedener Art trugen. Gesellschaftlich spielte Monsieur Jellinek bereits, bevor er seinen Talmititel erhalten hatte, eine der führenden Rollen an der Riviera. Mit mehr als fürstlicher Freigabe kaufte er sich in des Wortes gemeinster Bedeutung so ziemlich alle, die ihm des Geldes wert schienen. Um den Verdacht der Bestechung möglichst zu vermeiden, »verkaufte« er seinen höchstgeborenen Söldlingen, an deren Spitze sich bedauerlicherweise der österreich-ungarische Thronfolger und seine geizige Gemahlin befanden, »unentgeldlich« (die saldierten Rechnungen wurden angeblich stets beigelegt) die allerkostspieligsten Automobile und sonstige Wertgegenstände.« DaimlerChrysler Konzernarchiv, Bestand »Jellinek -Biographisches«, Signatur 3. Baron von Stepski war 1917 von antisemitischen Kreisen des österreich-ungarischen Ministeriums des Äusseren auf Emil Jellinek angesetzt worden, um dessen Absetzung zu betreiben. Mit dem Beginn des ersten Weltkriegs wurde dieses Intrigenspiel hinfällig.

[8] Jellinek-Mercédès, Guy. Mein Vater der Herr Mercedes. Wien, Berlin, Stuttgart 1962, S. 57.

[9] Ebd., S. 79.

[10] Ebd., S. 79.

[11] Vgl. Ludvigsen, Karl: Mercedes-Benz Renn- und Sportwagen. Gerlingen 1993, S. 13.

[12] Auch Eckert weist auf diese Motorbauart hin: »Im Jahr 1890 entstand der Vierzylinder-Motor »P« mit vier einzeln stehenden Zylindern, Oberflächenvergaser, Daimler-Glührohrzündung:« Eckert, Bruno: Die Entwicklung der Flugzeugantriebe bei der Daimler-Benz AG. Stuttgart 1988, S. 7. Bei diesem Motor handelte es sich um einen Vierzylinder mit einem Hub/Bohrungsverhältnis von 120/80 mm, was einem Gesamthubraum von 2,4 l entspricht. Er erreichte eine Leistung von 5,9 PS bei 580 U/min. Das Gewicht betrug 210 kg. Eingebaut wurde der Motor in den Großballon von Dr. Wölfert und in das erste Starrluftschiff von Schwarz.

[13] Schnauffer, Karl: Die Motorenentwicklung in der Daimler-Motoren-Gesellschaft 1900 – 1907. Teil I: Text. Erstellt im Auftrag der Arbeitsgemeinschaft für die Geschichte des Deutschen Verbrennungsmotorenbaues, 1954/55, Archiv der mtu, Bestand »Wilhelm Maybach«, S. 70f.

[14] Vgl Jellinek-Mercédès, Emil: Ein Kapitel zur Geschichte des Automobilismus. AAZ, Wien, 3. Febr.1918, Nr. 5, Band I., XIX. Jahrgang, S.14ff.

[15] Die Rennwagenklassen wurden damals nach Gewicht festgelegt. 1902 gab es vier Klassen A = 650 – 1000 kg, B = 400 – 650 kg, C = 250 – 400 kg und D = bis 250 kg

[16] Allgemeine Automobil Zeitung und Officielle Mittheilungen des Oesterreichischen Automobil-Clubs, Nr. 14, Band I, Wien und Berlin , 8. April 1900, I. Jahrgang, S. 10

[17] Der Automobilkonstrukteur Josef Brauner, der am 23. Dezember1863 in Lettowitz in Mähren geboren wurde, gehörte zur Garde der Maschinenbauingenieure, die vom Dampfmaschinenbau kommend, sich dem Automobilbau zuwandten. Brauner war am 1. Juli 1895 als Oberingenieur nach Cannstatt gekommen und befaßte sich dort anfänglich mit der Konstruktion von Luftschiffmotoren. Unter der Leitung von Maybach zeichnete er die 6- und 10 PS-Riemenwagen, die Phönix-Motoren und -Wagen sowie den ersten 35 PS Mercedes-Motor. Kurz nach dem Ausscheiden von Maybach verließ auch Brauner die Daimler-Motoren-Gesellschaft am 28. März 1908. Die Unterlagen, die seinen Lebensweg dokumentieren, befinden sich erst seit 1992 im DaimlerChrysler Konzernarchiv. Daß das Konvolut nicht verlorengegangen ist, verdanken wir seinem Großneffen Lothar Berfelde, der die Unterlagen über Jahrzehnte hinweg bewahrte.

[18] Die Zeichnungen sind fast vollständig erhalten und befinden sich im DaimlerChrysler Konzernarchiv.

[19] Vgl. Schnauffer, Karl: Die Motorenentwicklung in der Daimler-Motoren-Gesellschaft 1900 – 1907. Teil I: Text. Erstellt im Auftrag der Arbeitsgemeinschaft für die Geschichte des Deutschen Verbrennungsmotorenbaues, 1954/55, Archiv der mtu, Bestand »Wilhelm Maybach«, S. 2.

[20] Zitiert nach Schnauffer, Karl: Die Motorenentwicklung in der Daimler-Motoren-Gesellschaft 1900 – 1907. Teil I: Text. Erstellt im Auftrag der Arbeitsgemeinschaft für die Geschichte des Deutschen Verbrennungsmotorenbaues, 1954/55, Archiv der mtu, Bestand »Wilhelm Maybach«, S. 10.

[21] Ebd., S. 11.

[22] Vgl. Ludvigsen, Karl: Mercedes-Benz Renn- und Sportwagen. Gerlingen 1993, S. 15.

[23] Vgl. Schnauffer, Karl: Die Motorenentwicklung in der Daimler-Motoren-Gesellschaft 1900 – 1907. Teil I: Text. Erstellt im Auftrag der Arbeitsgemeinschaft für die Geschichte des Deutschen Verbrennungsmotorenbaues, 1954/55, Archiv der mtu, Bestand »Wilhelm Maybach«, S. 69ff.

[24] Vgl. Kurt Rathke: Wilhelm Maybach – Anbruch eines neuen Zeitalters. Friedrichshafen 1953, S. 252ff.

[25] Vgl. Allgemeine Automobil Zeitung und Officielle Mittheilungen des Oesterreichischen Automobil-Clubs, Nr. 13, Band I, Wien und Berlin , 31. März 1901, II. Jahrgang, S. 6.

[26] Ebd., S. 9f.

[27] Diese Behauptung findet sich u.a. bei Seper (Seper, Hans: "Österreichische Automobil Geschichte. 1815 bis heute", Wien, 1986, S. 84.) und Lingnau (Krug, Max; Lingnau, Gerold: "100 Jahre Daimler-Benz. Das Unternehmen", Mainz, 1986, S. 43.)Richtig ist: Der Alleinvertrieb, den Jellinek innehat, ist

auf Motoren der DMG und Frankreich beschränkt. So heißt es in einem Nachtrag zu dem Vertrag vom 2.Aril in Nizza: "Die Daimler-Motoren-Geslllschaft ist berechtigt, bis zu nominell 8 HP Personenwagen, sowie Lastwagen und mehr als 6 sitzige Omnibusse, weiters militärische Fahrzeuge aller Art selbständig zu verkaufen. Dagegen ist der Verkauf von allen anderen Fahrzeugen von nominell 10 HP Personenwagen an angefangen vom 1. Januar 1901 bis 31. Dezember 1902 nur für Rechnung compte a demi Daimler-Motoren-Gesellschaft und E Jellinek erlaubt unter den am 2. April 1900 in Nizza vertragsmäßig abgeschlossenen Bedingungen. Bezüglich des Verkaufs von Motoren allein wird die Abmachung vom 2. April dahin näher ausgeführt, dass sich dieselbe nur für Frankreich bezieht und dass die Verhandlungen dieserhalb nur durch Herrn Jellinek geführt werden und dass die Daimler-Motoren-Gesellschaft berechtigt ist Motoren allein ausserhalb Frankreichs für eigene Rechnung selbständig zu verkaufen."

[28] Die Namensgebung "Mercedes" findet sich schon im Vertrag vom 2.April 1900, den Jellinek mit der DMG abschließt. Darin wird vereinbart, daß "...eine neue Motorenform hergestellt werden & dieselbe den Namen Daimler-Mercedes führen..."soll. Jellinek bestellte zudem zwei mal 36 Fahrzeuge. Die erste Bestellung erfolgte 14 Tage nach Abschluß des Vertrages mit der DMG und belief sich auf den Gesamtpreis von 550.000 Mark. Es handelt sich bei dieser Bestellung um je 12 Fahrzeuge des Typs mit 10 PS, 12 PS und 23 PS. Die 36 Stück, die Jellinek wenige Wochen danach ordert, sind Fahrzeuge des Typs 8 PS. Diese Fahrzeuge sind im Kommissionsbuch der DMG mit Datum vom 26. Juni 1900 als "Neuer Mercedes-Wagen mit 8 HP IIII cyl. Benzinmotor" verzeichnet. Der erste im Februar bestellte Mercedes mit gewünschten 30 PS wird am 22. November fertiggestellt (der Motor hat nun 35 PS) und einer Probefahrt unterzogen. Dabei stellt sich heraus, daß der Rahmen verstärkt werden muß, um ein Durchbiegen zu verhindern. Ein überarbeitetes Fahrzeug wird am 15.Dezember 1900 erneut Probefahrten unterzogen, die positiv verlaufen. Darauf hin wird der Wagen am 22. Dezember 1900 nach Nizza versendet. Insgesamt werden von der ersten Serie des 35 PS Mercedes 29 Fahrzeuge hergestellt.

[29] Vgl. Schildberger, Friedrich: Eine Wortmarke wird zum Symbol: Mercedes 1901. Mercedes-Benz 1926. Daimler-Benz , Stuttgart 1975, als Manuskript gedruckt.

[30] Vgl. Jellinek-Mercédès, Guy. Mein Vater der Herr Mercedes. Wien, Berlin, Stuttgart 1962, S. 115.

[31] Bei den Leistungsangaben zu den Motoren wird oft die PS Zahl genannt auf die der Motor ausgelegt wurde. Später dann erreichten die Motoren eine weit höhere Leistung als ursprünglich konzipiert. So war auch der Motor des Mercedes als 30 PS Motor konstruiert worden, erzielte aber dann 35 PS. So erklären sich die oft unterschiedlichen Leistungsangaben für ein und das selbe Fahrzeug.

[32] Zitiert nach Schnauffer, Karl: Die Motorenentwicklung in der Daimler-Motoren-Gesellschaft 1900 – 1907. Teil I: Text. Erstellt im Auftrag der Arbeitsgemeinschaft für die Geschichte des Deutschen Verbrennungsmotorenbaues, 1954/55, Archiv der mtu, Bestand »Wilhelm Maybach«, S. 24.

[33] Zitiert nach Ludvigsen, Karl: Mercedes-Benz Renn- und Sportwagen. Gerlingen 1993, S. 17.

[34] Gordon Bennett hatte dem »Automobile Club de France« einen Wanderpokal gestiftet und Vorschläge für den Wertungsmodus gemacht.
Zu den Gordon Bennett-Rennen siehe auch Demand, Carlo; Simsa, Paul: Kühne Männer, tolle Wagen: die Gordon Bennett Rennen 1900 – 1905. Stuttgart 1987.

[35] Die farbliche Unterscheidung war wie folgt: Deutschland weiß, Amerika blau und rot, Belgien gelb, England grün, Frankreich blau, Italien rot, Österreich schwarz/gelb.

[36] DaimlerChrysler Konzernarchiv, Bestand »Jellinek«, Signatur neu: Jellinek 14.

[37] Dies zeigt auch ein weiterer Brief Duttenhofers vom 18. Febr. 1903, in dem er an Jellinek schreibt:
Sehr geehrter Herr Jellinek! Auf mein Telegramm von Cannstatt aus erhalte ich Ihre Antwort: »Behauptung der Ingenieure konische und grosse Wechselräder betreffend, betrübend, da Dimensionsunterschiede enorme.« Infolgedessen habe ich nach Cannstatt geschrieben, laut Einlage. Sowie ich Antwort erhalte, werde ich auf diese Sache zurückkommen.
Den Brief v. 14. d. M. habe ich bereits am Montag in Cannstatt gelesen. Ich bin unbedingt auch der Ansicht, daß die Art und Weise, wie Sie über Maybach urteilen, und wie Sie die Neu-Konstruktion verlangen, diesen zu hoch treiben und er dadurch die Überzeugung bekommt, daß alles, was er mache, gut und ideal sei. Sie schreiben mir wiederholt von dem genialen Maybach und haben Sie in meiner Gegenwart in Paris dies ausgedrückt. Ausserdem haben Sie dort mitgeteilt, daß alldas, was Maybach noch zugesagt hat bezüglich der Güte der Konstruktion, immer noch eingetroffen sei. Wenn in dieser Weise Maybach, der sehr empfänglich dafür ist, getrieben wird, so ist es kein Wunder, wenn auch Mißerfolge eintreten.
Wie ich mich in Cannstatt überzeugt habe, ist die Arbeit der Wagen so weit vorangeschritten, daß sie alle in der von Ihnen bestimmten Zeit zur Ablieferung kommen. Wenn natürlich wieder Änderungen daran gemacht werden müssen, so rufen diese eine Verzögerung hervor.
Ich glaube, daß, so wie Sie jetzt bestimmt haben, die Wagen mit dem Geschwindigkeitswechsel, wie er jetzt dargestellt ist, weggeschickt werden können. Wenn alles für die Änderung vorbereitet wird, damit dann der Ersatz in Nizza vorgenommen werden kann, werden Sie in keine Schwierigkeiten kommen.
Ich habe über den Geschwindigkeitswechsel, als Herr Daimler mir hier den Wagen vorfuhr, mit ihm auch verkehrt. Herr Daimler war der Ansicht, daß man sich an ihn gewöhnen müsse, um mit ihm fahren zu können. Diese Bemerkung beruhigte mich, da ich schon wiederholt fand, daß Neues, bevor es sich eingelebt hat, zuerst immer absprechend beurteilt wird und nachher doch entspricht. Es wird in Cannstatt das Möglichste getan, und hoffe ich deshalb, daß Ihnen keine Schwierigkeiten entstehen werden.
Die Direktion ist sich vollständig der Gefahr bewußt, sie kann aber nur, wenn Fehler vorgekommen sind, diese raschmöglichst zu verbessern versuchen; mehr, als Menschen fertig bringen können, kann auch diese nicht.
DaimlerChrysler Konzernarchiv, Bestand »Jellinek«, Signatur neu: Jellinek 14.

[38] Vgl. Ludvigsen, Karl: Mercedes-Benz Renn- und Sportwagen. Gerlingen 1993, S. 18.

[39] Vgl. Schnauffer, Karl: Die Motorenentwicklung in der Daimler-Motoren-Gesellschaft 1900 – 1907. Teil I: Text. Erstellt im Auftrag der Arbeitsgemeinschaft für die Geschichte des Deutschen Verbrennungsmotorenbaues, 1954/55, Archiv der mtu, Bestand »Wilhelm Maybach«, S. 33f.

[40] Zitiert nach Rathke, Kurt : Wilhelm Maybach. Anbruch eines neuen Zeitalters. Friedrichshafen 1953, S. 285.

[41] Zitiert nach ebd., S. 285f.

[42] Zitiert nach Schnauffer, Karl: Die Motorenentwicklung in der Daimler-Motoren-Gesellschaft 1900 – 1907. Teil I: Text. Erstellt im Auftrag der Arbeitsgemeinschaft für die Geschichte des Deutschen Verbrennungsmotorenbaues, 1954/55, Archiv der mtu, Bestand »Wilhelm Maybach«, S. 37.

[43] Vgl. Daimler-Benz AG (Hrsg): Die Renngeschichte der Daimler-Benz AG und ihrer Ursprungsfirmen 1894 – 1939. Stuttgart-Untertürkheim 1940, S. 31ff.

[44] Vgl. Rathke, Kurt: Wilhelm Maybach – Anbruch eines neuen Zeitalters. Friedrichshafen 1953, S. 269ff.

[45] Von de Caters sind uns noch die Vertragsbedingungen mit der DMG erhalten. Ludvigsen schreibt: »Für den Fall, daß de Caters mit dem 90 PS-Mercedes das Rennen gewinnen sollte, sollte er einen Mercedes seiner Wahl als Siegprämie erhalten. Für den zweiten Platz wollte man ihm einen 40 PS-Mercedes geben, als Drittem standen ihm ein Rabatt von 25% auf jedes Mercedes-Modell seiner Wahl bereit. Auch wenn er das Rennen nicht beendete, stand ihm zumindest ein 18 PS-Mercedes als Starprämie zu. Der Baron wurde schließlich Dritter und nutzte die 25prozentige Vergünstigung zum Ankauf eines 40 PS-Modells.«Ludvigsen, Karl: Mercedes-Benz Renn- und Sportwagen. Gerlingen 1993, S. 23f.

1903 - 1907
Der Mohr kann gehen
Maybach verläßt die DMG

I m August 1903 wurde Duttenhofer das Opfer eines von ihm verschuldeten Ehedramas, das der Gatte der Dame beendete, indem er seinen Nebenbuhler erschoß. Der Tod Duttenhofers erschütterte Maybachs Position in der Daimler-Motoren-Gesellschaft schwer, hinzu kam eine wohl eher durch seelische Ursachen bedingte Erkrankung, die ihn monatelang seiner Arbeit fern bleiben ließ. Er ging zur Kur nach Arco an den Gardasee, wo ihn seine Frau Bertha, aber auch sein Sohn Karl, der in Lausanne studierte, besuchten. Als immer noch keine nachhaltige Besserung zu verzeichnen war, wurde als neues Domizil Churwalden in der Schweiz gewählt. Den Schlußpunkt seiner Kur bildeten Baden-Baden und Freudenstadt. Somit war er über ein Dreivierteljahr auf Reisen.

Rauck sieht die Ursachen der Krankheit Maybachs in erster Linie im Tod Duttenhofers:

»Aber im Herbst 1903 überkam Maybach eine starke Herz- und Nervenschwäche. Sie war durch Überarbeitung und schwere seelische Belastungen, wie den Tod des ihm wohlgesinnten Aufsichtsratsvorsitzenden Geheimrat Max von Duttenhofer, hervorgerufen. Er war nach dem Ableben Daimlers (1900) seine wertvollste Stütze gewesen. Auf dessen Nachfolger konnte er sich nicht verlassen. Diese hatten andere Interessen als Maybach in seiner Position zu halten.«[1]

Wilhelm Lorenz, der mit 61 Jahren Duttenhofers Nachfolger wurde, war Maybach alles andere als wohlgesonnen, und Maybach wußte dies. Lorenz hatte ja schon in der Gründungsphase der DMG den auf dem Gebiet des Motorenbaus unerfahrenen Schrödter den Platz gegeben, der Maybach zugestanden hätte. Auf seine Initiative ging auch das Engagement der Gebrüder Spiel zurück, die die Glührohrzündung durch eine selbsttätige Innenzündung ersetzen sollten, eine Konstruktion, die Daimler und Maybach schon zwölf Jahre zuvor verworfen hatten. Rathke bemerkt über Lorenz:

*»Lorenz war wohl ein fähiger Munitionsfachmann, aber vom Motorenbau verstand er herzlich wenig. So war es kein Wunder, daß die unter seinem technischen Einfluß mitbegründete Daim-*ler-Gesellschaft nicht florieren konnte... Er schmeichelte sich... daß seine Begabung auf allen technischen Gebieten gleich groß sei. Das war sein Fehler. Aus dieser übertriebenen Selbsteinschätzung erklären sich die meisten seiner Handlungen.«[2]

Es muß zudem Lorenz' Ehrgeiz empfindlich getroffen haben, als nach der Vereinigung der Daimler-Motoren-Gesellschaft mit dem Versuchsbetrieb im Hotel Hermann sein Konstruktionsbüro in Karlsruhe und seine Versuchswerkstatt in Ettlingen als nunmehr überflüssig geschlossen wurden. Nun hatte er als Vorstandsvorsitzender die Macht, Maybach an den Platz zu stellen, den er ihm zubilligte. Daß Lorenz der Protegé des gescheiterten Paul-Daimler-Wagens[3] war, mag ein weiterer Baustein für die Aversion gegen Maybach gewesen sein.

Maybachs Gegner waren zudem in dieser Zeit nicht untätig. Ihre Intrigen wurden durch den Umstand erleichtert, daß er es versäumte, seinen im Jahr 1900 mit der Firma ausgelaufenen Vertrag zu erneuern. Somit hatte er keine Handhabe dagegen, als man statt seiner ein neues Aufsichtsratsmitglied berief, ihn von der Entscheidung nicht einmal in Kenntnis setzte, und ihn einfach vor vollendete Tatsachen stellte. Im April 1904 hatte es bei der DMG Bestrebungen gegeben, den französischen Konstrukteur Barbarou anzuwerben. Marius Barbarou war als 25-jähriger Konstrukteur von Adolphe Clément zu Benz & Cie. gekommen und hatte dort unter der Aufsicht von Julius Ganß versucht, eine neue Modellreihe zu schaffen.[4] Maybach intervenierte gegen dessen Einstellung, doch das wäre gar nicht nötig gewesen, denn Lorenz hatte schon seinen Wunschkandidaten, der zudem Maybach ablösen sollte. Neuer Technischer Leiter des Werkes wurde der Baurat Friedrich Nallinger, und dieser trat seine neue Stelle am 1.5.1904 an, also kurz vor der Rückkehr Maybachs. Noch am 28.4. des Jahres hatte Gustav Vischer in einem Schreiben an Maybach Ernst Moewes als seine Krankheitsvertretung benannt, von Nallinger aber keine Zeile erwähnt.

Erst jetzt bemerkte Maybach die Tragweite des nicht erneuerten Vertrages für seine Stellung in der DMG. Nun

»Paul-Daimler-Wagen« 1900,
das erste von Paul Daimler
konstruierte Fahrzeug, bevor er
1902 die technische Leitung
der österreichischen Daimler-
Motoren-Gesellschaft übernahm.

U28575

»Paul-Daimler-Wagen«, 1900.

Baurat Friedrich Nallinger (1863-1937). *Paul Daimler (1869 - 1945).* *Adolf Daimler (1871 - 1913).*

aber war es zu spät, und er mußte gute Miene zum bösen Spiel machen, wollte er die DMG nicht vorzeitig verlassen. Jellinek, der über eine weit bessere Menschenkenntnis verfügte als Maybach, hatte diesen schon vor längerem vor einer solchen Entwicklung gewarnt, aber Maybach hatte wohl zu sehr auf das bis dahin von ihm Geleistete vertraut.

Doch das sollte erst der Beginn der gänzlichen Kaltstellung Maybachs sein. Am 14. 6.1904 schrieb Maybach noch einen Brief an Lorenz, in dem er, es muß ihm schwergefallen sein, seine Verdienste für die Gesellschaft aufzählte und die ihm versprochenen Tantiemen anmahnte. Der Brief lautet:

»Sehr geehrter Herr Kommerzienrat! Hierdurch beehre ich mich, Ihnen in Ihrer Eigenschaft als Vorsitzender des Aufsichtsrats der D.M.G. mitzuteilen, daß meine Gesundheit wieder soweit hergestellt ist, daß es für mich gut ist, wenn ich wieder in eine regelmäßigere Tätigkeit komme.

Ich darf mich zwar zur Vermeidung eines Rückfalles noch nicht in dem früheren Umfange in den vollen Geschäftsbetrieb stürzen, werde mich vielmehr den Sommer hindurch noch schonen müssen, darf aber dann nach ärztlichem Ausspruch einer völligen Genesung entgegensehen.

Ich möchte daher ergebenst bitten, daß es mir gestattet ist, bis auf weiteres wie bisher noch zu Hause zu arbeiten, in der Weise, daß die wichtigsten Arbeiten des Konstruktionsbüros zur Prüfung und Besprechung von den einzelnen Herren mir zu Hause vorgelegt werden.

Es würde diese Art von Beschäftigung mich nicht nur nicht anstrengen, sondern sie würde zur Förderung meiner Wiederherstellung beitragen.

Auch dem Geschäft wird es dienlicher sein, wenn ich mit mehr Muße mich hauptsächlich mit den Konstruktionsfragen und weniger mit den laufenden technischen Fragen beschäftige, wie dies ja auch früher schon von Ihnen selbst angeregt wurde.

Ich glaube zuversichtlich, daß es mir dann gelingen wird, die konstruktive Seite des Automobils so zu fördern, daß wir auch fernerhin an der Spitze unserer Industrie bleiben werden.

Damit ich aber weiterhin erspießlich arbeiten kann, bedarf es mir gegenüber noch einer persönlichen Beruhigung, die geschaffen werden kann durch einen neuen Dienstvertrag, der mich der Sorgen für die Zukunft meiner Familie enthebt.

Wie Ihnen zweifellos bekannt ist, ist mein seitheriger Vertrag schon über drei Jahre abgelaufen; er ist auch in seiner Fassung für die jetzigen Verhältnisse nicht mehr zutreffend. Schon im Jahre 1901 war dieserhalb von Herrn Geheimrat Duttenhofer eine Neuregelung meines Vertrages geplant, der mich namentlich pekuniär besser stellen sollte.

Herr Geheimrat v. Duttenhofer hat es mir gegenüber betont, daß meine außerordentlichen Leistungen für die D.M.G. eine Aner-

*Das neu errichtete Gebäude der
DMG, hier die Schmiede
um 1904/1905.*

*Teilansicht des Fabrikgeländes
um 1908.*

kennung in der Form einer besonderen Belohnung finden werden. In den Jahren der Entwicklung, wo nichts verdient wurde, war ja an eine höhere Bezahlung nicht zu denken und ich habe mich in der sicheren Hoffnung auf bessere Zeiten bis vor acht Jahren mit dem bescheidenen Gehalt von 400 M pro Monat begnügt.

Da nun aber endlich nach mühevoller Aussaat eine volle Ernte kam, die auch für die Zukunft die besten Chancen bietet, so hätte ich gedacht, daß mir z. B. aus einem Gewinn von nahezu 1 000 000 M, den die letzte Bilanz ergab, eine erheblich höhere Tantieme als nur 6 000 M zufallen würde, denn unser verehrter Aufsichtsrat wird gewiß nicht bestreiten, daß der Aufschwung unseres Geschäftes nicht zum geringsten Teile auch meiner Tätigkeit zuzuschreiben ist. Wie die Herren ja alle wissen, sind meine früheren und neueren Konstruktionen im gesamten Automobilbau vorbildlich geworden. Die von mir geleistete Arbeit war das Resultat eines dreiunddreißigjährigen angestrengten Wirkens im Motorenbau, das in den letzten zweiundzwanzig Jahren ausschließlich unserer Branche galt, der ich meine ganze Kraft und leider auch meine Gesundheit geopfert habe.

Nachdem nun diese Errungenschaften fast sämtlich der Konkurrenz zugänglich sind, wird es notwendig sein, daß wir durch weitere Verbesserungen, mit denen sich mein Geist bereits beschäftigt, wieder einen neuen Vorsprung gewinnen, der unserer Gesellschaft ihre erste Rangstufe erhält.

Ich biete hierzu meine Kraft und mein Wissen auch ferner an und darf gewiß voraussetzen, daß ich dabei mehr Berücksichtigung finde als seither und des weiteren, daß ich, wie es dem eigenen Empfinden unseres Aufsichtsrates entsprechen wird, eine einmalige Nachvergütung für die verflossenen guten Jahre erhalte.

Indem ich Sie, verehrter Herr Kommerzienrat, ergebenst bitte, das Gegenwärtige mit Ihrer wohlwollenden Befürwortung dem Aufsichtsrat vorzulegen, sehe ich Ihrer gütigen Rückäußerung gerne entgegen.«[5]

Es ist noch heute erschütternd, diese Zeilen von einem Mann zu lesen, dessen technisches Genie den Aufschwung der Daimler-Motoren-Gesellschaft erst ermöglicht hatte.

Doch Lorenz dachte natürlich nicht im entferntesten daran, auf das Ansinnen Maybachs einzugehen, und wies ihn lediglich auf die ihm zugedachte neue Rolle hin, bei der er nicht mehr als Leiter der Konstruktion vorgesehen war, sondern ihm nur ein »Erfinderbüro« blieb, in das auch Maybachs Sohn Karl eintrat. Nach Lorenz' Auffassung sollte sich Maybach mit Neukonstruktionen und Erfindungen beschäftigen.

Unverständlicherweise gibt Maybach klein bei, wie der Brief Maybachs an Lorenz vom 30.4.1904 zeigt:
»Sehr geehrter Herr Kommerzienrat!
Ihre gütige Zuschrift vom 23. d. M. zeigt mir zu meiner Beruhigung, daß Sie mein Schreiben mit dem von mir erwarteten freundlichen Wohlwollen aufgenommen haben. Ich danke Ihnen dafür, wie auch für Ihr Einverständnis bezüglich der Neueinteilung meines Wirkungskreises.

Daß Sie meine Begründung zu einem neuen Vertrag nicht in allen Teilen als richtig anerkennen, tut mir leid und ich hätte es auch lieber gesehen, wenn Sie die Erinnerung an die neunziger Jahre übergangen hätten. Wie die Sache damals lag, ist gewiß unserem beiderseitigen Gedächtnis nicht entschwunden. Ich hatte stets das Gefühl, damals zu Unrecht zurückgedrängt worden zu sein. Sie und der verstorbene Herr Geheimrat v. Duttenhofer haben die Sache wieder gut gemacht, dadurch, daß Sie mir vier Jahre später meine alte Stelle wieder anboten, worauf ich aber nur unter den bekannten Bedingungen einging, demzufolge mir auch 30 Freiaktien überlassen wurden.

Es war dies also kein freies Geschenk, sondern die Erfüllung unserer damaligen Vereinbarung, die mich zu Gegenleistungen verpflichtete, welch letztere meinerseits auch in loyalster Weise erfüllt wurden.

Wenn Sie nun sagen, daß die Gewinne, die in der Fabrik verwendet und geblieben sind, nur Zukunftswert haben, so geben Sie damit zu, daß derjenige, der diese Zukunftswerte schaffen half und seine ganze Person dafür einsetzte, gewiß auch einen weiteren Anspruch hat als den, den er als Besitzer von 48 Aktien genießt.

Wenn Sie mich auf diese Beteiligung verweisen wollten, so möchte ich doch sagen, daß ich solche nicht als genügendes Äquivalent anzuerkennen vermag und daß ich billigerweise auf eine weitergehende Einnahme glaube rechnen zu dürfen.

Ich bitte deshalb, meine Berücksichtigung durch eine Extravergütung in Form einer Nachzahlung einer höheren Tantieme, die ich in der Tat glaube verdient zu haben, dem Aufsichtsrat mit Ihrer freundlichen Befürwortung vorlegen zu wollen.

Sie selbst haben ja zur Zeit des Aufschwungs im Jahre 1902 sich mir gegenüber geäußert, Sie werden beantragen, daß mir ein Automobil geschenkt werde. Ich verzichte jedoch auf ein solches, darf Sie aber mit dieser Erwähnung daran erinnern, daß Sie selbst damals eine außerordentliche Belohnung für mich als zutreffend anerkannt haben.

Wenn ich nunmehr eine Berücksichtigung in Bargeld bevorzuge, so hat dies seinen Grund darin, daß ich beabsichtige, mir ein eigenes Haus hier zu erwerben, in welchem ich mehr meiner Gesundheit leben kann als in einer Mietwohnung.

Ich hatte, wenn ich mich offen aussprechen darf, für das Geschäftsjahr 1902/03 auf eine Tantieme anstatt von 6 000 M von nicht unter 18 000 M gerechnet, so daß ich um eine Nachzahlung von 2 000 M p. 1902/03 und für das Jahr 1903/04 um eine dementsprechende Tantieme bitten möchte.

Meine neue Tätigkeit wünsche ich in Übereinstimmung mit Ihrem Vorschlage darauf beschränkt, daß ich mich nur den Neukonstruktionen und Erfindungen widme, so zwar, daß ich die Konstruktionen aller Neuerungen überwache, die erste Ausführung kontrolliere und Proben anstelle.

Am besten für mich, und für die D.M.G. am vorteilhaftesten wäre dabei die Mitwirkung meines Sohnes, der mich sehr gut versteht und auch die praktische Ausführung zu betreiben weiß.

Sollten sich, wie ich hoffen darf, aus meiner eigenen Initiative patent- oder sonst schutzfähige wesentliche Neuerungen ergeben, die zur Verbilligung des Fabrikats bzw. zur besseren Verkaufsfähigkeit beitragen, und bei der D.M.G. somit praktisch Anwendung finden, so bitte ich mir eine entsprechende Lizenz auf die jeweilige Schutzdauer sowie die Hälfte aus etwaigen Lizenzverkäufen zu zugestehen.

Außerdem bitte ich um einen Gehalt in der seitherigen Höhe von M 1 000 pro Monat und eine Tantieme im Minimum von M 6 000 pro Jahr, wobei ich einer Einschränkung der Tantieme zustimmen könnte, wenn die mir zufallenden Lizenzgebühren eine gewisse Höhe erreichen. Wie ich in meinem letzten Schreiben schon andeutete, beschäftigen mich wichtige Neuerungen, welche der D.M.G. auf längere Zeit nutzbringend werden dürften. Ich halte die Sache für wirklich aussichtsvoll und hoffe, daß Sie mir durch eine baldige Vertragsregelung Gelegenheit geben werden, meine ungeteilte Aufmerksamkeit diesen Aufgaben zuzuwenden.«[6]

Der Bitte um Brosamen wurde entsprochen. Durch sein devotes Auftreten im Habitus des Bittstellers hatte es Maybach, anstatt auf seine Rechte als Technischer Direktor der DMG zu pochen, Lorenz ermöglicht, ihn nun sukzessive von jeder weiteren Gestaltungsmöglichkeit im Rahmen der DMG, auszuschließen. Forschungseinrichtungen, wie es das Erfinderbüro war, waren zudem reine Unkostenunternehmungen und somit von der jährlichen Mittelgenehmigung abhängig. Vom Entscheidungsträger war er von einem zum anderen Tag zum Geduldeten geworden. Die, die jetzt das Sagen hatten, mußten ihre Zustimmung geben, sollten seine Erfindungen in Produktion gehen. Dabei war die vereinbarte Lizenzklausel alles andere als förderlich, denn sie mußte ja den Neid derer erregen, die daran nicht partizipierten.

Es kam zur Einrichtung eines Erfinderbüros, sein Sohn Karl durfte mittun und sogar ein Ergänzungsvertrag kam zum Abschluß. In diesem Vertrag waren auch schon unter Punkt IV die Erfindungen festgelegt, die bearbeitet werden sollten. Punkt IV lautete:

»Herr Maybach versichert, daß er in Verbindung mit seinem Sohn Karl für die von der DMG hergestellten Motoren und Automobilwagen folgende Neuerungen und Verbesserungen erfunden habe: 1. Eine Erhöhung des Gesamtwirkungsgrades, bezogen auf die Kraftabgabestelle des Fahrzeuges, was insbesondere einen wesentlichen verminderten Benzinverbrauch zur Folge hat. 2. Wegfall des Zahnräderantriebes, des Differentialgetriebes, der Kupplung und der Bremsen auf das Getriebe, also Wegfall dieser bisher zu Anständen führenden Teile. 3. Energischere Kühlung. 4. Mechanisches Anlassen des Motors. 5. Eine verbesserte Federung. 6. Einfachere Montage. 7. Wesentliche Verbilligung der Herstellung unbeschadet der durch die Anlaßvorrichtung eintretende Erhöhung.«[7]

Für jede der angewendeten Erfindungen sollte Maybach eine Vergütung von 50 Mark erhalten. Schnauffer merkt zu Recht an, daß die vorgeschlagenen Erfindungen nur zum Teil patentfähig waren.[8] Ein weiteres Patent war das des Reibungsstoßdämpfers, das am 18.5.1906 eingereicht wurde, dessen Erteilung aber erst am 1.7.1907 erfolgte, zu einer Zeit also, da Maybach der DMG nicht mehr angehörte. Die größte Erwartung setzte Maybach in den Antrieb durch Druckluftmotoren, die Zahnrädergetriebe, Differentialgetriebe, Kupplung und Bremsen substituieren sollten. Der Patentanspruch für den Benzinmotor mit Druckluftübertragung lautete:

»Ein aus Explosions- und Druckluftmaschine bestehender Antrieb für Fahrzeuge, bei denen die Druckluftmaschine mit der Antriebsvorrichtung für die Fahrzeuge (Schiffe) gekuppelt ist, dadurch gekennzeichnet, daß bei möglichster Verminderung des Inhaltes der von der Explosionskraftmaschine bzw. von der Luftpumpe zur Druckluftmaschine führenden Leitung ein durch Hand oder Fuß bewegtes Auslaßorgan in der Leitung angebracht ist, zum Zweck, einen plötzlichen Leerlauf der Explosionskraft- und der Druckluftmaschine zu bewirken und erstere Maschine leicht anlassen zu können.«[9]

Die im Boxer-Prinzip ausgeführten Druckluftmaschinen, die ihre Kraft an die Hinterräder abgaben, konnten nun durch einen einzigen Hebel bedient werden. Der Fahrer bediente damit ein Entlastungsventil zwischen Kompressor und Druckluftmotor. Wurde das Ventil geöffnet, so wurde die Druckluft ins Freie abgeblasen und die nun entstehende Reibung im Getriebe diente als Bremse. Schloß der Fahrer über den Hebel das Ventil wieder, so setzte sich der Wagen in Bewegung. Das war zweifellos eine Bedienungserleichterung. Um die Druckluftmaschinen allerdings mit dem nötigen Arbeitsdruck zu versehen, bedurfte es zweier Verbrennungsmotorenzylinder, sowie eines Kompressorzylinders. Diese Vereinfachung der technischen Bedienung wurde allerdings mit einem extremen technischen Aufwand und, im Vergleich zum Zahnradgetriebe, einem schlechteren Wirkungsgrad erkauft. Sass vermutet, daß bei dieser Bauart lediglich ein Viertel der Motorleistung an die Hinterachse gelangt sein konnte.[10] Insgesamt waren es ja 5-Zylinder mit all den notwendigen bewegten Teilen, dazu kam der Überhitzer.[11] Dennoch wurde es Maybach gestattet, einen Versuchswagen zu bauen. In seinen Versuchsberichten sind die Schwierigkeiten erwähnt, die es mit dieser neuen Antriebskonzeption gab. Vor allem waren dies das Fehlen eines Differentials, sowie die Konstruktion des Überhitzers, der durch die Auspuffgase erwärmt wurde.

Dazu Schnauffer:

»So brauchbar Maybachs Idee auch schien – es war auch eine Abgasverwertung durch den Luftüberhitzer dabei – so war sie doch auf dem vorgesehenen Weg nicht zu verwirklichen. 50 volle Jahre sollten vergehen, bis sich eine Lösung seiner Idee anbahnte, allerdings nicht mit Hilfe von Kolbenkompressoren als Sekundärmotoren, sondern durch Strömungsmaschinen und außerdem auch nicht mit Luft, sondern mit Öl als Übertragungsmittel für die

Versuchswagen Maybachs mit Übertragung durch einen Druckluftmotor, 1906.

Leistung. *Denn erst in diesem Jahr [gemeint ist 1954, Anm. d. Verf.] wurde der Versuch gemacht, mit Hilfe von Föttinger-Getrieben und Wandlern, die an den 4 Rädern eines Wagens eingebaut wurden, einen Wagen ohne Getriebe, Differential, Kupplung und Bremsen zu betreiben. Wie man sieht, eilte Maybach seiner Zeit um über 50 Jahre voraus.*«[12]

Er konnte jedoch, wegen anderer Aufgaben, die Arbeiten an diesem Fahrzeug nicht weiterführen. Während man in der DMG durchaus geneigt schien, dieses Konzept für kleine Wagen zu realisieren, wollte Maybach den Einsatz dieses Motors vor allem bei Schiffsmotoren oder den Antrieb für Eisenbahnwagen verwenden.[13]

Eine weitere Entwicklung aus dieser Zeit war der Benzin-Dampfmotor, bei der Maybach - wenig erfolgreich - versuchte, Explosions- und Dampfmaschine zu kombinieren. Der Motor war ein Zweizylinder, wobei ein Zylinder als Dampf-, der andere als Verbrennungskraftmaschine ausgeführt war. Beide Zylinder waren ventilgesteuert, die Steue-

rung besorgte eine gemeinsame Nockenwelle. Das Patent hatte er schon am 16.9.1902 angemeldet (Nr. 157 420). Der Hauptanspruch lautete:

»Vereinigte Explosionskraft- und Dampfmaschine, dadurch gekennzeichnet, daß das Kühlwasser in einem besonderen Vorwärmer durch die Abgase der Explosionskraftmaschine vorgewärmt, sodann in dem den Explosionszylinder umgebenden Kühlmantel weiter beheizt wird und der entwickelte, gespannte Dampf durch die heißesten Explosionsabgase in Kanälen von geringem Querschnitt überhitzt wird, welcher nach erfolgter Expansion in einem besonderen Zylinder, in einem Kondensator niedergeschlagen wird, um wieder in den Vorwärmer und den Mantel des Explosionszylinders zu gelangen.«[14]

Bei dem Versuch, die Energie der Abgase zu nützen, wie es erst Jahrzehnte später durch den 1905 von dem Schweizer A. Büchi erdachten Turbolader möglich wurde, griff Maybach auf eine Konstruktion zurück, die er schon zu seiner Deutzer Zeit rechnerisch als nicht praktikabel erkannt hatte.

Maybachs kombinierter Verbrennungs- und Dampfmotor, 1904.

Die durch den Dampfkessel erzielbare Leistung war einfach zu gering. Bei der von Maybach ausgeführten Maschine war die Eigenreibung der Dampfmaschine größer als die abgegebene Nutzleistung, so daß sich die Leistung des Kombinationsmotors beim Zuschalten des Dampfzylinders drastisch verringerte. Das läßt sich aus dem Versuchsprotokoll des damaligen Versuchsingenieurs Schwarz vom 16.6.1904 deutlich ablesen. Lief der Benzinzylinder, so ergab sich eine Leistung von 12,8 PS bei 540 U/min, bei Zuschalten des Dampfzylinders sank die Leistung auf 6,4 PS ab, was bei einem Dampfdruck von 3 atm einer Reduktion von 50% entsprach. Schon bei einem Dampfdruck von 6 atm begann der Benzinmotor so stark zu überhitzen, daß er zu klopfen begann. Auch der Betrieb mit Spiritus brachte keine besseren Ergebnisse.

Dieser Benzin-Dampfmotor war eine ausgesprochene Fehlentwicklung und sie diente vor allem seinen Gegnern in der DMG als Möglichkeit, Maybach beginnende Alters-

schwäche zu unterstellen. Daß dem nicht so war, zeigen die drei in der gleichen Zeit bei der DMG produzierten Motoren[15], insbesondere die der Rennwagen. Nur bei einem Motor handelte es sich um eine Modifikation eines schon gebauten Motorenmusters, die beiden anderen waren grundlegende Neuentwicklungen.

Die Rennwagenmotorengeneration des Jahres 1905 war eine Weiterentwicklung der 60- bzw 90 PS-Motoren aus dem Jahr 1903. Wie diese hatte der Rennwagenmotor stehende Auslaß- und hängende Einlaßventile. Mit einer Zylinderabmessung von 175/146 mm war der Motor ein Kurzhuber, der bei einer Drehzahl von 1 200 U/min 110 PS leistete. Die Literleistung betrug 7,8 PS/l, der Hubraum 14 065 ccm. Die Leistungsangaben, die zu diesem Fahrzeug gemacht werden, sind widersprüchlich. Während sich bei Schnauffer[16] und Sass[17] als Angabe 110 PS finden, schreiben die Rennchronik[18] in den Ergebnistabellen und auch Ludvigsen[19] in seiner Renngeschichte von 120 PS, über die aber wohl erst der 6-Zylinder-Rennwagen des Jahres 1906 verfügt haben dürfte. Die Erfolge dieses 110 PS-Wagens waren durchwachsen. Beim VI. Gordon-Bennett-Rennen[20], das auf der Auvergne-Rundstrecke in Frankreich ausgetragen wurde, erreichten Werner und Baron de Caters lediglich Platz fünf und sieben. Dafür konnten Otto Hieronimus beim Kesselbergrennen und de Caters beim Gaillon-Bergrennen jeweils den ersten Platz erringen.

Die herausragendste Konstruktion, die Maybach ironischerweise in der DMG zu Fall brachte, war der 6-Zylinder-Rennwagen-Motor des Jahres 1906. Auch Paul Daimler entwickelten einen Sechszylinder-Rennwagen-Motor.[21] Diese Konstruktion war jedoch nur entstanden, da man mit dem Maybachschen Sechszylinder, vor allem bezüglich der Zündung, bei der DMG unzufrieden war. Bei dem von Daimler konzipierten Motor waren die Zylinder paarweise ausgeführt. Das Hub/Bohrungsverhältnis betrug 140 X 140 mm, was einem Hubraum von 12 920 ccm entspricht und es kam eine Abreißzündung zur Verwendung. Der Daimler-Sechszylinder muß erst nach dem 1.1.1906 entstanden sein. Der Österreichischen Automobilzeitung nach soll ein Wagen mit diesem Motor für den Großen Preis von Frankreich gemeldet und die Meldung Mitte Mai wieder zurückgezogen worden sein. So kam diese Paul Daimler Konstruktion nie zum Einsatz, lieferte aber wertvolle Anregungen für den 1907 eingeführten Seriensechszylinder und bildete die konstruktive Basis für die nächsten Vierzylinder-Grand-Prix-Wagen der Daimler-Motoren-Gesellschaft. Auch der Maybach Sechszylinder kam nie zum Einsatz. Zwar kolportiert Ludvigsen, daß beim 8. Semmering-Bergrennen der Wagen, unter Hermann Braun, Wien, jedoch noch zum Einsatz kam und dort am 23. September den ersten Platz gewann.[22] Bei dem Fahrzeug, das Braun fuhr, handelte es sich jedoch um einen Vierzylinder 100 PS Typ aus dem Jahr 1905.[23] Der Maybach Sech-

90 PS-Mercedes-Rennwagen von 1903.

zylinder-Rennwagen kam am Semmering nicht zum Einsatz, sondern wurde dort nur ausführlich erprobt.[24]

Der von Maybach geschaffene Sechszylinder lehnte sich konstruktiv stark an den für Loutzky gebauten Schiffsmotor an und zwar im Hinblick auf die Anordnung der Nockenwelle und des Ventiltriebs, der wiederum über eine Königswelle angetrieben wurde. Allerdings waren bei diesem Motor beide Ventile hängend angeordnet (Loutzky-Motor: eines hängend und eines liegend). Maybach verwendete nun auch erstmalig Stahlzylinder, die einzeln stehend auf einem Leichtmetallgehäuse angeordnet waren. Die stählernen Laufbuchsen waren in ein Gußteil eingeschrumpft, das Zylinderkopf und Kühlwassermantel bildete. Jeder Zylinder hatte zwei voneinander unabhängige Zündkerzen. Die beiden Eisenmann-Magnete wurden von der Königswelle angetrieben. Der Motor hatte ein Hub/Bohrungsverhältnis von 120/140 mm, ein Kurzhuber, dessen Zylinderinhalt 11080 ccm betrug. Die Maschine leistete bei 1 400 U/min 106 PS und bei 1 500 U/min 120 PS. Der Motor war nur mit einem Vergaser bestückt. Sass kommentiert die konstruktive Leistung Maybachs hinsichtlich dieses Motors wie folgt:

»Die Konstruktion dieses Motors ist für viele der folgenden Motorserien, insbesondere für die Mercedes-Flugmotoren, vorbildlich geworden. Die Form des Verbrennungsraumes hat man später durch Schrägstellung der Ein- und Auslaßventile weiter verbessert. Die hohe Drehzahl - die höchste, die man bis dahin im Motorenbau erreicht hatte - war dadurch ermöglicht worden, daß Maybach alle bei der Steuerung der Ventile zu beschleunigenden Massen besonders klein gehalten hatte. Manche Gedanken, denen Maybach in diesem Motor Gestalt gegeben hat, sind bis auf den heutigenTag für die Konstruktion von Hochleistungsmotoren Vorbild geblieben.«[25]

Der Wagen selbst hatte einen U-förmigen, gepreßten Stahlrahmen mit Quertraversen und Maybach-Spezial-Nockenstoßdämpfern. Die Federung erfolgte über Halbelliptikfedern vorne und Blattfedern hinten. Bei der Kupplung handelte es sich um eine Federbandkupplung, die auch beim Betätigen des Fußbremspedals ausgerückt wurde. Als Außenbackenbremse ausgeführt, wirkte die Fußbremse auf die Vorgelegewelle und die Halbachse des Kettenantriebs. Die Bremskraft auf die Hinterräder wurde über eine von Hand zu betätigende Seilzugbremse übertragen. Die Spurweite betrug vorne und hinten 1410 mm, der Radstand 2690 mm. 150 km/h wurden als mögliche Höchstgeschwindigkeit dieses Wagens genannt.

Ausgerechnet Jellinek, der Mann, mit dem Maybach so viele Jahre erfolgreich zusammengearbeitet hatte, sollte in der DMG den Anstoß geben, daß die »Jagd« auf Maybach

Mercedes-Rennwagen mit Kettenantrieb, 1905/06.

Auvergne. Coupe Gordon Bennett 1905
9. Baron de CATERS
(Mercédès) Allemagne

L'Hirondelle, Paris

Gordon Bennett-Rennen 1905, Baron de Caters am Steuer.

Mercedes-6 Zylinder-Rennwagen 120 PS, 1906.

eröffnet wurde. Anlaß bildete Jellineks Bestellung von acht Rennwagen mit 120 PS-Motor. Jellinek mißfiel an der Maybach-Konstruktion die Kerzenzündung, der er mißtraute. Auf eine entsprechende Nachfrage bei der DMG antwortete ihm das Aufsichtsratsmitglied der DMG, Alfred von Kaulla, am 6.11.1905:

»Geehrter Herr Jellinek!

Ein an die D.M.G. gerichteter Brief vom 4. Novbr. dessen Copie Sie mir mit Ihrem Schreiben vom gleichen Tage einsenden, hat mir Veranlassung gegeben, die Angelegenheit heute Nachmittag mit den Herren in Untertürkheim ganz eingehend zu besprechen.

Ich hoffe, daß Sie die Antwort der D.M.G. relativ befriedigt, daß Sie sich recht bald zur Annahme eines der 3 Vorschläge entschließen. Die uns verbleibende Zeit ist nämlich zu kurz, daß man mit jedem Tag rechnen muß. Vorschlag 1 ist ja, wie Sie selbst leicht erkennen werden, für die D.M.G. der bequemste, wenn ich mich aber in Ihre Lage versetze, so würde ich wohl den sichersten Weg wählen + der scheint mir in Vorschlag 2 enthalten zu sein. Der Kernpunkt der Sachlage ist der, ob Sie mehr Vertrauen in das Urteil des Herrn Maybach oder in dasjenige der Herren Nallinger, Adolf Daimler und Paul Daimler haben.

Maybach scheint zwar nach wie vor überzeugt zu sein, daß die Rennwagen nach seiner Construction gut ausfallen werden. Die Gegengründe der übrigen Herren sind ebenso plausibel, daß ich die Maybach´sche Zuversicht nicht ganz zu teilen vermag.

Dazu kommt noch die Frage der Zündung. Bestehen Sie auf der Abreißzündung, welche die Herren Nallinger + Daimler, gleich wie Sie, für die zuverlässigere halten, so ist mit der Maybachschen Construction nichts anzufangen. In diesem letzteren Falle hätten Sie sich für Vorschlag 3 zu entscheiden. Ich bin recht gespannt, zu welchem Resultat Sie gelangen.

Am besten wäre natürlich ein mündlicher Meinungsaustausch mit Ihnen, das läßt sich aber nicht bewerkstelligen, da Sie, wie ich annehme, nicht hierher kommen können + da Sie, und die Gründe + Gegengründe abzuwägen, Herrn Maybach einerseits + andererseits die Herren Nallinger, Paul Daimler u. Adolf Daimler hören müßten.«[26]

Die Allianz der Techniker in der DMG, die sich gegen Maybach gebildet hatte, geht aus diesem Schreiben klar hervor. Neben Friedrich Nallinger sind es die Daimler-Söhne Paul und Adolf. Sahen diese Herren nicht, was Maybach klar erkannt hatte, daß nämlich die Abreißzündung wegen

Mercedes-6 Zylinder-Rennwagen, 120 PS von 1906 wie er heute im Mercedes-Benz Museum zu sehen ist.

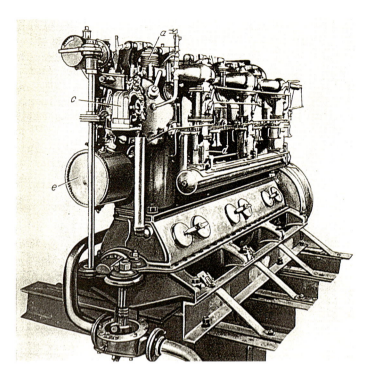

Der von Maybach konstruierte 300 PS-Schiffsmotor, von der vorderen Stirn-
seite gesehen.
a) Einlaßventil, c) Zündmagnet, d) Vergaser, e) Auspufftopf

der Trägheit der vielen bewegten Teile für hohe Drehzahlen ungeeignet war, oder handelten sie wider besseres Wissen, nur mit dem Ziel der Kaltstellung Maybachs? Aus der Sicht des Technikers wären wohl der Benzin-Dampfmotor oder der Wagen mit Druckluftübertragung effektivere Fallstricke gewesen. Warum nahm man ausgerechnet mit der Kerzen-zündung einen Kritikpunkt, der einer objektiven Betrach-tung nicht standhielt? Die Gründe dafür dürften wohl aus-schließlich politischer Natur gewesen sein. Die Kritik kam von einem in der DMG sehr einflußreichen Protegé Mayb-achs. Man brauchte sich nur in dessen Windschatten zu hän-gen, um Maybach zu desavouieren. Der ansonsten so cle-vere Jellinek wurde so zum Werkzeug eines Manövers gemacht, das er erst an dessen Ende durchschaute, als es zu spät war. Mit einem Schreiben, das ebenfalls auf den 6.11.1905 datiert und von Vischer und Berg unterschrieben ist, setzte man ihm die Daumenschrauben an:

»Die Fragen über welche Sie sich nun mit möglichster Beschleu-nigung zu entscheiden haben sind folgende: 1) Wollen Sie, daß wir nach den Maybachschen Entwürfen die 8 Rennwagen fertig machen trotz der hierseits bestehenden vielseitigen Bedenken über die Zweckmäßigkeit der Construction und trotz der Unmöglich-keit die Kerzenzündung durch die Abreißzündung zu ersetzen? oder aber 2) ziehen Sie vor, daß wir 3 Wagen nach den Maybach-

schen Entwürfen fertigstellen und die restlichen Wagen gleichfalls 6-cylindrig jedoch mit Abreißzündung und mit nach unten ver-legter Steuerwelle anfertigen? [gemeint ist hier die oben ange-sprochene Konstruktion von Paul Daimler, Anm. d. Verf.] oder aber 3) Wollen Sie, daß die sämtlichen 8 Wagen in der zuletzt erwähnten Weise zur Ausführung kommen unter Beiseitelegung der Maybachschen Entwürfe?«[27]

Das Antwortschreiben Jellineks, das leider nicht mehr vorhanden ist, muß eine Parteinahme für Maybach enthal-ten haben. Spätestens zu diesem Zeitpunkt muß Emil Jelli-nek die Konstellation der Intrige bewußt geworden sein, denn in einem erneuten Schreiben vom 11.6.1905 versucht von Kaulla, Maybach erneut zu diskreditieren. Formulie-rungen, wie die »des genannten Herrn«, demonstrieren schon von der Diktion her die Bösartigkeit des Briefes.
»Sehr geehrter Herr Jellinek!
In Antwort auf Ihren Brief vom 8. d. M., den ich heute früh erhielt, nehme ich keinen Anstand, Ihnen zuzugeben, daß bei der D.M.G. vieles nicht so ist, wie es ein sollte.

Es liegt keineswegs in meiner Absicht, Fehler + Mängel zu beschönigen. Diese Ungelegenheiten werden durch die Eigenart der Persönlichkeiten veranlaßt. Sie kennen Herrn Maybach eben so gut, eher wahrscheinlich sogar noch besser als ich + haben stets sein constructives Genie uns gegenüber betont + ihm auch selbst wiederholt derartige Bemerkungen gemacht. Andererseits müssen Ihnen aber auch der Eigensinn + die sonstigen weniger erfreuli-chen Eigenschaften des genannten Herrn bekannt sein.

Daß Herrn Maybach als Chef des Constructionsbureaus die Entwürfe der Rennwagen pro 1906 seitens der D.M.G. übertragen wurden, darüber konnten Sie keinen Zweifel haben. Nun wäre es, wie ich glaube, das Richtige gewesen, wenn Sie sich anläßlich Ihrer hiesigen Anwesenheit von Herrn Maybach genau hätten ausein-andersetzen lassen, was er bezüglich der Rennwagen projektiert. Auch Herr Desjoyaux war während der letzten Monate wieder-holt in U´türkheim + hätte sich gleichfalls an gleicher Stelle über die bestehenden Absichten informieren können. Bei diesem Anlaß wäre Ihnen die Absicht Maybach´s Kerzenzündung anzubringen bekannt geworden und Sie hätten ihm auch sonst schon Con-structionswünsche mittheilen können.

Gleich wie Ihnen kam auch uns die Kerzenzündung überra-schend. Unsere anderen Techniker hatten gegen diese Kerzenzün-dung + gegen verschiedenes Anderes in der Maybach´schen Con-struktion erhebliche Bedenken; diesen Bedenken gegenüber ver-hielt sich Herr Maybach absolut ablehnend. Die anderen Herren haben nun allerdings den Fehler begangen, nicht auf ihrer Mei-nung zu beharren. Sie waren, wie es scheint der Ansicht, daß Sie sich mit Herrn Maybach direkt ausgesprochen haben. Auf eine Frage des Herrn Nallinger an Herrn Maybach, ob die Kerzenzün-dung nicht durch die Abreißzündung ersetzt werden könne, ant-wortete Herr Maybach mit einem bestimmten »Nein«.

Bei der weiteren Entwicklung der Dinge + nach Hierherkunft des Herrn P. Daimler haben die Herren Bedenken gegen die May-

bach'sche Construktion. Auf das hin erfolgte dann die schriftliche Mittheilung im letzten Monat an Sie.

In den allerletzten Tagen, nachdem Herr Maybach sich der Möglichkeit gegenüber sah, daß seine Construktion überhaupt nicht zur Ausführung komme, hat er unter dem Druck dieser Verhältnisse die Bereitwilligkeit ausgesprochen, den Versuch zu machen, in seiner Construktion die Kerzenzündung durch Abreißzündung zu ersetzen. An diese Möglichkeit glauben aber die anderen Herren nicht + wenn es trotzdem gehen sollte, so wird es nur ein Flickwerk.

Ich möchte Ihnen daher rathen, entweder auf die Maybach'sche Construktion zu verzichten oder aber solche zu acceptieren wie sie vorliegt, d.h. mit Kerzenzündung.

Die Folge dieses Standpunktes wäre die Annahme des Vorschlags 2, welchen Ihnen die D.M.G. gemacht hat. Müssen Sie aber unbedingt 6 Wagen im April - Mai haben, so bleibt nichts Anderes übrig, als alle 6 Wagen nach Maybach'scher Construktion mit Kerzenzündung auszuführen.

Für die Wagen Paul Daimler'scher Construktion müssen erst die Detail-Zeichnungen gemacht werden, welche bei größter Beschleunigung Ende dieses Monats fertig werden. Dann muß das Material bestellt werden, so daß eine Ablieferung von Wagen dieser Type im April, wie ich mich selbst überzeugt habe, ganz unmöglich ist.

Sie haben sich nun zu überlegen, worauf Sie mehr Werth legen: auf die Ablieferung von 6 Rennwagen im April/Mai oder auf die Beseitigung der Kerzenzündung. Beides läßt sich mit bestem Willen nicht ermöglichen.

Herr Paul Daimler wird in seiner Construktion die Steuerwelle nach unten verlegen, sonst noch einige Änderungen vornehmen + die Spurweite der Wagen etwas reducieren, um den Luftwiderstand zu verringern + die Geschwindigkeit hierdurch zu steigern.

Ein großer Teil der Schwierigkeiten, welche sich im Laufe der letzten Zeit bei der Fabrikation + der Ablieferung ergeben haben, sind eine Folge verfehlter Maybach'scher Construktionen, so der Schmierapparat, der Vergaser u.s.w. Dazu kommt noch, daß die Construktionszeichnungen stets so spät fertig wurden, daß den anderen Herren materiell keine Zeit übrig blieb, die vorgeschlagene Construktion vor der Materialbestellung durchzustudieren.

In Folge dieser Umstände sehen wir uns in die Notwendigkeit versetzt, Herrn Maybach auf sein Erfinder-Bureau zu beschränken + das Construktionsbureau, welches für die Fabrikation zu arbeiten hat, Herrn Paul Daimler zu übertragen.

Sie sehen, mit welcher Offenheit ich mich Ihnen gegenüber ausspreche; ich thue das, weil ich es für nöthig halte, daß Sie auch über diese Vorgänge orientiert sind, andererseits bitte ich Sie aber, meine Mittheilungen als streng vertrauliche, nur für Sie persönlich bestimmte zu betrachten. Montag Abend denke ich zu verreisen + zwar zuerst nach Berlin, Hotel Bristol bis Freitag Abend + dann nach Paris, wo ich Sonntag früh eintreffe, Adresse 67 Avenue d'Antin. Am 24. ds. Mts. werde ich wieder hier sein.

Um die Frage der Oelapparate endlich einer befriedigenden Lösung entgegenzuführen haben wir gestern in U'türkheim beschlossen, sofort Hamelle-Oeler in Arbeit zu nehmen. Hiervon werden die ersten Exemplare in etwa 4 Wochen fertig + sollen dann als Ersatz der Maybach'schen Oelpumpe von da ab die Wagen so lange mit Hamelle-Oelern versehen werden, bis die neue Paul Daimler'sche Oelpumpe fertiggestellt + gründlich ausprobiert sein wird.

Diese Lösung ist eine erhebliche Mehrbelastung für die D.M.G., da wir für jeden Hamelle-Apparat frs. 250 Licenz zu zahlen haben. Ich bin aber der Ansicht, daß man dieses Opfer auf sich nehmen muß + daß es vor allem darauf ankommt, einen richtigen Schmierapparat anzubringen, der allen berechtigten Wünschen entspricht.

Ich hoffe, daß auch Sie mit dieser Lösung einverstanden sein werden.«[28]

Neben den Hinweisen auf die problematischen Seiten von Maybachs Charakter sind es die Kerzenzündung und die obenliegende Nockenwelle, die von Kaulla als die Malaise angibt. Beide Konstruktionsmerkmale sind bis in die heutigen Tage kennzeichnend für Hochleistungsmotoren.

Erst das Schreiben Maybachs an Jellinek, vom 14. November 1905, das einem Hilferuf gleicht, scheint ihm die Augen über den ganzen Umfang des perfiden Manövers geöffnet zu haben. Maybach beklagt sich bei diesem bitter über die Vorfälle:

»Geehrter Herr Jellinek!
In der Voraussetzung, daß Ihnen die Vorkommnisse noch unbekannt sind, welche sich in den letzten Wochen zwischen der D.M.G. und mir zugetragen haben, erlaube ich mir, dieses Schreiben an Sie zu richten.

Zwischen den Herren Kommerzienrat Lorenz, v. Kaulla, Dr. Steiner und mir wurde nämlich ein Abkommen verhandelt und mir aufgezwungen, auf Grund dessen ich mich u. a. jeder Einmischung in laufende Konstruktionsarbeiten enthalten soll, den Bureauvorständen, dem H. Paul Daimler und H. Moewes, soll einerseits mehr Selbständigkeit eingeräumt und andererseits größere Verantwortung auferlegt werden, wogegen mir nur zwei junge Techniker zugeteilt werden sollen zwecks Ausarbeitung meiner Ideen und wenn diese nicht ausreichen, so kann ich mich noch ans Konstruktionsbüro wenden. Flüchtig betrachtet, erscheint das obige Abkommen bzw. Vereinbarung für mich vorteilhaft, namentlich in bezug auf Erleichterung und von diesem Gesichtspunkt aus würde ich alles auch betrachtet haben, wenn die Begleitumstände mir nicht die Augen geöffnet haben würden.

Weit entfernt davon, mich einerseits gegen Beschlüsse des Aufsichtsrats aufzulehnen, so kann ich andererseits doch nicht umhin, Ihnen gegenüber mein Befremden auszudrücken über die Art und Weise, wie alles sich bei dieser mündlichen Verhandlung zugetragen hat.

Inwieweit Sie mir beipflichten, wenn ich mich mit vollem Recht gegen Äußerungen wie die untenstehenden auflehne, will ich Ihnen, der Sie doch mit der ganzen Entwicklung und den beste-

henden Verhältnissen der Gesellschaft am besten vertraut sind, überlassen.

Es wurde mir bei der Verhandlung vorgestellt, daß die Lieferungsverzögerungen nicht mehr in bisheriger Weise weitergehen dürfen, daß das Konstruktionsbüro, wie es jetzt geleitet sei, die Hauptschuld an den Verzögerungen trage.

Im Laufe des Gesprächs – man kam auch darauf zu sprechen, daß seitdem ich nicht mehr Zeit hätte, alle Neuerungen und Konstruktionen selbst zu zeichnen, ich dieselben immer nur von den tüchtigsten der Techniker nach meinen Angaben zeichnen lasse, die auch imstande sind, die nötigen Berechnungen anzustellen, so daß ich dieser Methode des Zusammenarbeitens und Austausches von Gedanken meine Erfolge zu verdanken habe, – frug Herr v. Kaulla in einem lang gedehnten: »In was?«.

Meine Erwiderung lautete: »In dem, was heute Fiat und andere bauen« und Herr Kommerzienrat Lorenz meinte: »Ein intelligenter Mann bringt seine Ideen so fertig zu Papier, daß ein einfacher Zeichner imstande ist, die Sache fertig zu zeichnen« und meinte weiter, ich begäbe mich mit meinen Versuchen auf Gebiete, die nur Spezialfabriken beherrschen; damit meinte er die Federung der Wagen, mit welcher ich mich in letzter Zeit ganz eingehend beschäftigt habe und worin ich sehr bald auf den Grund zu dringen hoffe. Außerdem versuchte er in seiner wegwerfenden Weise, mich mit Kleinigkeiten lächerlich zu machen.

Kurz ausgedrückt, ich bekam von dieser Sitzung den Eindruck, daß die obengenannten Herren nicht nur meine Verdienste um die Gesellschaft in der denkbar verletzendsten und geringschätzigsten Weise ignorieren, sondern auch daß dieselben mir am liebsten den Abschied geben möchten.

Welche Wirkung eine solche von groben Beleidigungen und ungerechten Kränkungen strotzende Unterhaltung bei mir an Geist und Körper hervorrief, glaube ich mir an dieser Stelle ersparen zu können.

Bezüglich meiner Tätigkeit in letzter Zeit habe ich folgendes zu bemerken:

Fürs erste habe ich nach meinem Wiedereintritt in das Geschäft nach überstandener Krankheit an Stelle der verkonstruierten Motoren Modell 1905 eine völlige Neukonstruktion des Motors geschaffen und das Chassis abgeändert. Sodann bestand eine erhöhte Tätigkeit meinerseits neben einer Reihe anderer Neuerungen, mit denen ich zurzeit noch beschäftigt bin, in der Konstruktion von größeren Marinemotoren, dann dem 6-Zylinder-Rennbootmotor, Type 1906, mit Antrieb und Reversiervorrichtung, sowie in der Konstruktion des Rennwagens 1906.

Mitten aus dieser vielversprechenden Tätigkeit werde ich nun herausgerissen oder besser gesagt lahm gelegt.

Im ersten Augenblick konnte ich keine rechte Erklärung für die mir widerfahrene unbegreifliche Behandlung finden. Nach ruhiger Überlegung glaube ich jedoch die eigentlichen Ursachen im nachstehenden suchen zu müssen, nämlich in dem Bestreben der beiden Herren Daimler, die Oberhand im Geschäft immer mehr zu erlangen, ferner in der Nichtanerkennung einiger von Herrn Kommerzienrat Lorenz vorgeschlagenen Konstruktionen meinerseits. Dazu wirkte noch mit, daß ich nicht all den unwichtigen Konferenzen beiwohnte; auch mag ein Hauptgrund der gewesen sein, daß die von Ihnen für 1906 vorgeschriebenen Neuerungen die Ablieferungen verzögert haben, namentlich der Vergaser, der noch keineswegs genügend ausprobiert war und den ich trotz Konferenzbeschluß hätte nicht abgehen lassen sollen. Schließlich mögen dann auch noch die in Ihrer Korrespondenz mit dem Geschäft über mich gefallenen Bemerkungen, wie »Jetzt glaube ich selbst, daß Maybach an Altersschwäche leidet« mitgewirkt haben.

Ich bin ja vollkommen überzeugt und glaube auch Sie zur Genüge zu kennen, daß diese und ähnliche Ausdrücke Ihrerseits nicht wörtlich zu nehmen sind oder daß mit denselben gar eine böswillige Absicht verbunden wäre.

In Anbetracht jedoch, daß die betreffenden Aufsichtsräte auf den Inhalt Ihrer Briefe so großen Wert legen und manche Reklamation nicht entsprechend zu beurteilen wissen, weil Nichttechniker, so mögen gerade Ihre Äußerungen, ohne daß Sie dies im entferntesten wollten, eine der Hauptursachen mit gewesen sein, die die Herren bestimmt haben, mir, der ich in letzter Zeit ohnedem eine isolierte Stellung eingenommen habe, auf die obengesagte Weise entgegen zu treten.

Wie dem aber allem sein mag, so kann ich nicht umhin zu bemerken, daß die Gesellschaft in ihrem eigensten Interesse jetzt und in der Zukunft sein sollte, jede Zersplitterung, Uneinigkeit und ähnliche Sonderinteressen mit all ihr zu Gebote stehenden Mitteln zu vermeiden und zu bekämpfen.

Zum Schluß noch einige Mitteilungen über den Rennwagen:

Auf Ihr Telegramm, wonach Sie nur Rennwagen mit Abreißzündung wollen, hat der Aufsichtsrat beschlossen, daß nunmehr meine Konstruktion, bei welcher eine Abreißzündung nicht mehr angebracht werden kann, als Versuchswagen ausgeführt werden darf. Da dieser Wagen in allen Teilen auf das sorgfältigste durchkonstruiert und berechnet ist, so verspreche ich mir viel von demselben, auch ohne Abreißzündung.

Dagegen ist an demselben eine abermals verbesserte doppelte Kerzenzündung angebracht und außer dieser noch ein Akkumulator zum leichteren Anlassen des Motors. Ich halte bei einem Motor mit 1 500 und mehr Umdrehungen die Abreißzündung nicht mehr für so gut wie die Kerzenzündung, und zwar deshalb nicht, weil bei dieser hohen Geschwindigkeit es sehr schwierig ist, einen Abreißmechanismus zu konstruieren, der die Abreißung prompt besorgt und weil die Sache außerordentlich kompliziert wird.

Die Kerzenzündung, die ich anbringen lasse, steht, wie gesagt, hinter der Abreißzündung nicht zurück und die Kerzen sind so konstruiert und angeordnet, daß ein frühzeitiges Verbrennen derselben ausgeschlossen ist.

In Hinsicht auf unsere seitherigen Beziehungen sowie auf das

Alfred von Kaulla, (1852 - 1924).

persönliche Interesse, das Sie jederzeit in allen meinen geschäftlichen Angelegenheiten genommen haben, hielt ich es auch in diesem Falle für meine Pflicht, die nackten Tatsachen über die letzten Vorkommnisse zu Ihrer Kenntnis zu bringen.«[29]

Nun, nachdem die Karten auf dem Tisch lagen und Jellinek den Eindruck gewonnen hatte, daß sich das Intrigenspiel auch gegen ihn zu richten schien, schrieb er am 8. Januar 1906 an Steiner Tacheles:

Sehr geehrter Herr Doktor!

Antwortlich Ihres Briefes vom 4. Jänner erlaube ich mir mitzuteilen, daß ich - bevor wir dem Vorschlage Eidlitz nähertreten können – vor allem eine Unterredung mit Charley haben muß, da wir, die Mercedes-Gesellschaft, uns doch nicht der Gefahr aussetzen kön-

nen, in einen Prozeß verwickelt zu werden. Charley schrieb mir, daß er in einigen Tagen nach Nizza kommt und werde ich Ihnen dann über das Resultat unserer Besprechungen sofort berichten.

Mit tiefem Bedauern lese ich in Ihrem Briefe, daß auch Sie gegen Maybach Stellung nehmen. Maybach ist der größtlebende Konstrukteur von Benzin-Motoren. Daß ohne diesen Mann der Benzin-Motor noch nicht so weit sein würde, ist doch eine feststehende Tatsache. Leider ist Maybach wie alle Erfinder einseitig; das heißt, er muß dirigiert werden. Bis zum Vorjahre ist es mir immer gelungen von Maybach alles zu erzielen, was ich wollte, und hat derselbe – wenn ich mich so ausdrücken darf – auf Kommando erfunden. Der beste Beweis war die Umwandlung der verfehlten Einschaltung 1902 in die jetzige. Alles dies war möglich, weil mir die D.M.G. damals rechtzeitig die Musterwagen lieferte.

Dieses Jahr scheint jedoch eine Verschwörung sowohl gegen Maybach als auch gegen mich stattgefunden zu haben, denn die D.M.G. hatte die Stirne, Charley früher Wagen zu liefern als meine Musterwagen fertig waren. Dadurch konnte ich die Fehler der Konstruktion erst im letzten Moment entdecken. Daß diese Fehler aber, welche doch einfache Kalkulations-Irrtümer sind, nicht von einem Ihrer Ingenieure bemerkt worden sind, ist ganz unglaubwürdig. Ich bin der festen Überzeugung, daß diese Leute, nur um Maybach zu stürzen, ihn auf diese Fehler nicht aufmerksam gemacht haben. Es ist mir bekannt, daß die Ingenieure und Meister, als man sie frug, wie es möglich war die zweite Geschwindigkeit so groß zu machen, ganz einfach antwortete: »Das haben wir schon lange gewußt, daß die Übersetzung zu groß ist, aber es ist so von oben heruntergekommen!«

Nicht Maybach ist die Schuld an dem jetzigen Malheur, sondern die Eifersucht, der Haß, der zwischen Ihren Leuten besteht und sich vor allem gegen Maybach richtet. Maybach, gut dirigiert, ist das größte Glück für eine Automobilfabrik; Maybach angefeindet und sich selbst überlassen, ist ein Unglück. Das Genie dieses Menschen werden Sie gewiß nicht durch die Nullitaten, von denen es in Ihrer Fabrik wimmelt, ersetzen, oder glauben Sie vielleicht, daß Herr Baurat Nallinger im stande ist an die Stelle Maybachs zu treten.

Ich wiederhole, mit Ausnahme Paul Daimlers, der etwas kann, der aber eine so unselbständige Natur ist, daß auf denselben nicht voll gerechnet werden kann, haben Sie keinen Menschen in Ihrer Fabrik, der selbständig etwas Großes zu leisten vermag.

Wenn ich Ihnen diesen langen Brief schreibe, so geschieht dies nur, weil ich wirklich tief betrübt bin, zu sehen, daß in Ihrem Lande der Undank wohl als die größte Tugend betrachtet wird, denn sonst wäre diese Animosität gegenüber Maybach nicht möglich. Ich würde mich heute noch glücklich schätzen, wenn ich mit Maybach zusammen, aber natürlich ohne jede Einmischung von dritter Seite, die Konstruktion eines Automobiles durchführen könnte und würde gerne sofort auf alle Benefizen der Mercedes-Gesellschaft verzichten, wenn ich mit diesem Manne eine Fabrik in Frankreich leiten könnte. Dann würde ich der Welt zeigen, was Maybach leistet und was ich im stande bin.«[30]

Mit diesem Brief dekuvriert Jellinek nicht nur das Intrigenspiel in der DMG, er enthält auch eine Darstellung von Maybachs Charakter. Die Jellineksche Version ist oft kolportiert worden. Nach dieser bedurfte Maybach des Majordomus, der als Visionär, zukünftige Entwicklungstendenzen antizipierend und benennend, Maybach die grobe Marschrichtung vorgab. Hatte er diese, konnte er allein perfekt arbeiten. Daß diese Version zu simpel ist, zeigt vor allem der Stahlradwagen, den Maybach gegen die Vorstellungen Daimlers realisierte, aber auch die im vorangegangenen Kapitel aufgezeigte Entwicklung des Mercedes. Einen wahren Nucleus enthält die Jellineksche Darstellung insofern, als Maybach sein Leben lang in symbiotischen Beziehungen wirkte. Er bedurfte eines Vis-à-vis und hat sich dies, als all die anderen nicht mehr da waren, sogar durch seinen Sohn Karl geschaffen. Aber es waren keine Herr-Knecht-Beziehungen, die Maybach unterhielt, sondern Arbeitsgemeinschaften. Heute würden wir sagen, er war »teamfähig«. Daß er dabei auch das Talent besaß, mit dominanten Egozentrikern umzugehen, spricht für soziale Kompetenz, die er wohl seiner Sozialisation im Bruderhaus verdankt. Natürlich entbehrt diese Haltung auch nicht eines gehörigen Anteils an Naivität. Bei Maybach war es das Unvermögen, das allzu Menschliche mit ins Kalkül zu ziehen, das in dem Streben nach Macht, Geld und Ansehen, auch um den Preis, die Sache dabei verraten zu müssen, besteht. Jellinek verstand es wie kein anderer, auf dieser Klaviatur zu spielen, die Schwächen der Anderen zu seinen Gunsten und für seine Sache zu nutzen. Er glaubte an die Korrumpierbarkeit der Menschen durch Geld und Schmeicheleien. Maybach hingegen war amnesisch im Hinblick auf politisches Handeln in seinem sozialen Umfeld. Deutlichster Beleg dafür ist die vergessene Vertragsverlängerung, die so bestimmend war für sein Schicksal in der DMG. In Bescheidenheit mit all seinen Kräften einer Sache zu dienen und auch das alter ego paritätisch miteinzubeziehen, das hatte er im Bruderhaus gelernt, nicht aber die Lauterkeit der Anderen zu hinterfragen. Ebenfalls nicht gelernt hatte er, daß die Sache oft nur ein Vehikel ist, das eigene Ego zu positionieren und daß der Kampf um Sachfragen oft nur der Kampf um Positionen ist. Er mag dies in seinen späteren Lebensjahren erkannt haben, aber es fehlte ihm das Instrumentarium, um daraus Konsequenzen ziehen zu können. Das zeigt auch Maybachs Brief an Aufsichtsrat Wilhelm Lorenz vom 8. September 1906, in dem er Sachargumente anführt, die keiner mehr hören wollte:

»Geehrter Herr Kommerzienrat!
Ihr Geehrtes vom 2. Juli habe ich seinerzeit erhalten und ersehe daraus, daß Ihnen die Motivierung in meinem Schreiben vom 22. Juni nicht recht verständlich ist und erlaube ich mir deshalb, nachstehend noch einige Worte meinen damaligen Erklärungen hinzuzufügen.

Die Arbeitseinteilung, wie sie im Oktober vorigen Jahres getroffen wurde, war mir sehr erwünscht, weil ich darin die Möglichkeit sah, wieder erfolgreich wie früher, selbständig und mit Ruhe an dem Ausbau des Automobils zu arbeiten.

Es sind auch seit dieser Zeit nach meiner Ansicht sehr wertvolle Apparate und Konstruktionen entstanden, bzw. noch in der Ausarbeitung begriffen, die zum Teil schon in meinem Aprilbericht ausführlich behandelt sind.

Doch was nützt dies alles, wenn man mich so deutlich fühlen läßt, daß man meinen Arbeiten gar kein Interesse mehr beimißt und mein Eingreifen in die fabrikationsmäßige Konstruktion, worin ich eine besondere Praxis habe, gar nicht mehr gewünscht wird.

Daß mir in meinem vorgeschrittenen Alter eine Trennung von dem Werke, das ich half groß machen, und das ich noch weiter fördern könnte, wenn mir mehr Vertrauen entgegengebracht würde, schwer fällt, werden Sie mir glauben; aber die schmachvolle Behandlung und Zurücksetzung kann ich nicht länger ertragen und verträgt sich auch nicht mit den Rechten und Pflichten eines Direktors.

Da man meinen Arbeiten keinerlei Interesse mehr beimißt, so sehe ich auch keinen Grund, der die D.M.G. abhalten könnte, mich aus ihren Diensten zu entlassen unter dem in meinem Schreiben vom 22. Juni gestellten Antrag und daß meiner ferneren Tätigkeit außerhalb freier Lauf gelassen wird.«

Die Entscheidungsträger der DMG wollten den Bruch mit Maybach um jeden Preis. Die Protagonisten dieser Bestrebungen dürften wohl Paul und Adolf Daimler gewesen sein. Das belegt ein Brief Maybachs an den Direktor der Gasmotorenfabrik Deutz, Stein, vom 4. September 1913, in dem Maybach bemerkt:

»Als ich nach 24jähriger Tätigkeit mit Daimler und in der DMG endlich das Geschäft so weit hatte, daß viel Geld verdient wurde, haben sich einige Herren des Aufsichtsrats d. DMG (Lorenz und Kaulla), aufgehetzt von den Söhnen des Gottlieb Daimlers nicht gescheut, mich nach dem Tode des Herrn Geheimen Kommerzienrat Duttenhofers, der mich gehalten hat, auf die ordinärste Weise aus meiner Stellung als technischer Direktor zu verdrängen und die Söhne Daimlers einzusetzen. Eifersucht war das Motiv, am liebsten hätten sie gesehen, daß ich von der Welt verschwinde.«[31]

Die Söhne Daimlers wollten, endlich frei von dem Monument Maybach, ihren eigenen Weg gehen, auch um den Preis von Fehlern. Das ist ihnen, entgegen der Prognose Jellineks,

denn auch gelungen, auch wenn es anfänglich nicht so aussah. Paul Daimler leistete Herausragendes in der Rennwagenentwicklung, die Siege des Mercedes beim Grand Prix von Frankreich 1908 und 1914 sind Beleg dafür, und er schuf den ersten Achtzylindermotor Deutschlands in einem Serienautomobil[32], den er aber, das ist eine weitere Ironie des Schicksals, nicht bei der DMG, sondern erst bei Horch realisieren konnte.[33] Er verließ die DMG Ende 1922 und übernahm die technische Leitung der Horchwerke in Zwickau, eine Position, die er bis 1928 innehatte. Die Fachpresse fand nur lobende Worte für den 3 Ltr.-Achtzylinder mit 60 PS Leistung. So schrieb die »Automobil Rundschau« 1926:

»Als Glanzpunkt sehen wir den Horch 8, den neuen 12 Steuer-PS Achtzylinder. Seit Monaten war es ja in allen automobilistisch interessierten Kreisen ein offenes Geheimnis, daß Horch als erste deutsche Automobilfabrik einen hochwertigen Achtzylinder-Serienwagen liefern wird. Nach jahrelangen konstruktiven und praktischen Versuchen kommt nun diese neue Konstruktion Paul Daimlers, des Chefkonstrukteurs der Horchwerke, in höchster Vollendung auf den Markt.«[34]

Der Preis für das Reüssieren von Paul und Adolf Daimler war der Kopf Maybachs. Die Sachargumente waren

Chimären, es ging nicht um obenliegende Nockenwellen, oder ob eine Kerzen- oder Abreißzündung Verwendung finden sollte; es ging darum, wer in der DMG in Zukunft das Sagen in technischen Fragen haben sollte. Und die neuen Herren wollten dabei im Licht stehen, auf ihrem Wirken sollte nicht der Schatten eines Denkmals liegen, vor allem dann nicht, wenn dieses so übermächtig war, wie das des »Königs der Konstrukteure«. Als Maybach dies begriff, bat er um die Demission. Sein Brief an Lorenz vom 3. Oktober 1906 lautet:

Sehr geehrter Herr Kommerzienrat!
Im Besitze Ihres Geehrten vom 29. vor. Mts. sage ich dem verehrten Ausschuß des Aufsichtsrates der D.M.G. meinen verbindlichen Dank für die Extra-Remunerationen aus dem Ergebnis des verflossenen Geschäftsjahres der D.M.G. So auch für Ihre freundlichen Zeilen vom 30. vor. Mts. danke ich bestens.

Zu der Erwähnung der Konstruktionsfehler in den Wagen 1906 erlaube ich mir kurz zu bemerken, daß dieselben hauptsächlich darin ihren Ursprung nahmen, daß die während meiner längeren Abwesenheit im Jahre 1904 im Geschäft entstandenen Konstruktionen bei meinem Wiedereingreifen in unzulässiger Hast nach Protokollen umgeändert werden mußten.

Mercedes Grand Prix Rennwagen 1914.

Aus Ihrem Schreiben vom 30. vor. Mts. entnahm ich gerne, daß Sie die von mir längst erwartete Antwort recht bald geben wollen.

Ich habe mir die Angelegenheit in letzter Zeit wiederholt reiflich überlegt und sehe immer deutlicher, daß es unter den obwaltenden Umständen kaum mehr möglich sein wird, daß ich in diesem Geschäft nutzbringend tätig sein kann, ohne anzustoßen und angefeindet zu werden.

Wenn ich seinerzeit damit einverstanden war, mich nur noch mit Neukonstruktionen zu befassen, so setzte ich als selbstverständlich voraus, daß ich auch tatsächlich sämtliche Neukonstruktionen zu beurteilen haben werde und nicht wie es jetzt gehandhabt wird, daß ganz neue Typen geschaffen werden, ohne daß mir irgend eine Zeichnung davon vorgelegt wird.

Meinen Rat jemandem aufzuzwingen, dazu habe ich keine Lust. Man übergeht mich überhaupt in allen technischen Fragen, die dann durch falsche Beurteilung von anderer Seite im Geschäft wiederholt Schaden gebracht haben. Nur eine langjährige Erfahrung ermöglicht es, über zu treffende Neuerungen zu entscheiden und dazu fühle ich mich in erster Linie berufen.

Konstruktionen und Zeichnungen, die mir im Geschäft zufällig zu Gesicht kommen, beweisen mir zur Genüge, mit welcher Unerfahrenheit gegenwärtig in der D.M.G. konstruiert wird.

Mein entschiedener Wunsch zum Austritt aus diesen Verhältnissen ist demnach begreiflich, unter einer derartigen Wirtschaft geht mir jegliche Hoffnung auf eine gute Zukunft der D.M.G. verloren.

Es gibt deshalb für mich nur zwei Wege: Entweder es werden die bestehenden Verhältnisse derart geändert, daß sämtliche Neukonstruktionen wieder unter meiner Leitung entworfen und ausgeführt werden, oder ich verlasse die D.M.G. ganz.

Ich halte diese Lösung der Frage, namentlich im Interesse der D.M.G. für eine sehr wichtige und möchte auch deshalb nochmals höflich bitten, daß in kürzester Zeit eine Entscheidung in dieser Frage herbeigeführt werden möge.«

Er hatte sich noch eine Hintertür offengehalten, aber der Tenor des Briefes zeigt, daß er daran zu diesem Zeitpunkt wohl selbst nicht mehr geglaubt hat.

Wie Jellinek über die Behandlung Maybachs durch die Daimler-Motoren-Gesellschaft dachte und welche Konsequenzen er damit für das Unternehmen verknüpft sah, zeigt ein Brief vom 31.5.1907 an Markus, den Direktor des Wiener Bankvereins:

»Wie schwarz ich in die Zukunft sehe, habe ich dadurch praktisch bewiesen, daß ich Herrn Dr. Steiner meinen gesamten per-

sönlichen Aktienbesitz der Société Mercedes, auf welchen ich ein Viertel eingezahlt habe, umsonst angeboten habe, nur gegen die Zusicherung, mich von weiteren Nachzahlungen zu entheben. Gestatten Sie mir, die Situation nochmals zu resümmieren: Die D.M.G. konstruiert falsch, erzeugt Fahrzeuge, welche beim Publikum unbeliebt sind, will vom Publikum erzwingen, diese unbeliebten Wagen dennoch zu kaufen, hat an der Spitze ihres Konstruktionsbureaux zwar einen sehr tüchtigen Mann, wie Paul Daimler, der jedoch außer Stande ist, selbständig eine Konstruktion ganz fertig zu bringen, da ihm das fehlte, was Maybach so hervorragend auszeichnete, nämlich: 1.) der Formensinn, 2.) das Verständnis dessen, was das kaufende Publikum verlangt, und zum Schluß - trotz seiner Versprechungen - nie das tut, was ich von ihm verlange.«

Jellinek hatte in Maybach immer den Motor der Daimler-Motoren-Gesellschaft gesehen, und er begann konsequenterweise nach Maybachs Ausscheiden, die Geschäftsbeziehungen zu lösen. Schon einige Zeit zuvor hatte er Maybach vorgeschlagen, seine Stellung bei der Firma aufzugeben und mit ihm eine eigene Automobilproduktion in Paris aufzuziehen. Als Geldgeber hatte er so bekannte Namen wie Vanderbilt und Rothschild gewinnen können. Für den damals fünfzigjährigen Maybach hätten die Vertragsmodalitäten, die ihm ein Einkommen von 100 000 Goldmark per annum über zehn Jahre garantierten, bedeutet, daß er sich mit 60 Jahren als Millionär hätte zur Ruhe setzen können. Die Sicherstellung der Bezüge wäre sogar bei »Crédit Lyonnais« sichergestellt worden.35 Am Ende der Verhandlungen, in deren Verlauf es Jellinek nicht gelungen war, trotz aller Überredungskünste, Maybach umzustimmen, hatte er sich mit den leider prophetischen Worten verabschiedet:

»Ich fürchte, mein lieber Freund, Sie sind verrückt! Man wird Ihnen das nicht danken!«

Maybach aber vertraute in die tragende Rolle, die er im Werk einnahm, übersah dabei aber, daß sich vieles verändert hatte. Aus den 333 Angestellten des Jahres 1899 waren bis zum Jahr 1903 schon 3000 geworden, mithin wurde im Werk auch die Atmosphäre anonymer, was jenen zu Gute kam, die begannen, ihr Intrigenspiel zu initiieren. Am Ende dieses Prozesses bot man zwar Maybach noch einen Platz im Aufsichtsrat an, doch dieser, vom ständigen Hin und Her verbittert, lehnte ab und verließ am 1. April 1907 die Daimler-Motoren-Gesellschaft. Fast ist man versucht zu sagen: ein schlechter Aprilscherz.

[1] *Rauck, Max : Wilhelm Maybach – Der große Automobilkonstukteur. Baar (Schweiz)1979, S. 179.*

[2] *Rathke, Kurt: Wilhelm Maybach – Anbruch eines neuen Zeitalters. Friedrichshafen 1953, S. 342f.*

[3] *Daimler hatte 1898 vom Vorstand die Genehmigung erhalten, daß sein Sohn Paul eigenständig einen Wagen konstruieren und bauen durfte. Der Wagen sollte ein ausgesprochen billiger Kleinwagen sein und war wohl als Konkurrenz zum Benz-Velo gedacht. Da genaue Angaben zu diesem Wagen nicht mehr vorhanden sind, wissen wir heute nur noch, daß es sich um einen quer eingebauten Zweizilinder-Motor handelte. Der Motor wurde eigens für den Wagen konstruiert. Schnauffer zur Marktakzeptanz dieses Wagens:*
»Leider haben sich die Erwartungen, die man an diesen Kleinwagen-Entwurf Paul Daimlers knüpfte, nicht erfüllt. In Cannstatt gelang es nicht, auch nur einen Käufer für den Wagen zu finden. Die Fabrikation sollte dann 1902 in Wiener-Neustadt, wohin Paul Daimler als technischer Direktor gekommen war, aufgenommen werden. Hier wurden Wagen und Motor noch einmal vollständig umkonstruiert und als Viersitzer angeboten, wobei der Motor seiner Bremsleistung entsprechend mit 6 PS angepriesen wurde.«
Schnauffer, Karl: Die Motorenentwicklung in der Daimler-Motoren-Gesellschaft 1900 - 1907. Teil I: Text. Erstellt im Auftrag der Arbeitsgemeinschaft für die Geschichte des Deutschen Verbrennungsmotorenbaues, 1954/55, Archiv der mtu, Bestand »Wilhelm Maybach«, S. 17.

[4] *Vgl. Niemann, Harry: Die Renngeschichte von Benz & Cie. - Mit maximalen Benz... In Hrsg.: Mercedes-Benz AG: Benz & Cie. - Zum 150. Geburtstag von Karl Benz, Stuttgart 1994, S. 119f.*

[5] *DaimlerChrysler Konzernarchiv, Bestand »Maybach«.*

[6] *DaimlerChrysler Konzernarchiv, Bestand »Maybach«.*

[7] *Zitiert nach Schnauffer, Karl: Die Motorenentwicklung in der Daimler-Motoren-Gesellschaft 1900 - 1907. Teil I: Text. Erstellt im Auftrag der Arbeitsgemeinschaft für die Geschichte des Deutschen Verbrennungsmotorenbaues, 1954/55, Archiv der mtu, Bestand »Wilhelm Maybach«, S. 44ff.*

[8] *So schreibt Schnauffer zu Punkt 1 des Vertrags, also der Erhöhung des Gesamtwirkungsgrades, daß dies wohl nur durch erhöhte Verdichtung und eine Herabsetzung des mechanischen Wirkungsgrades möglich gewesen wäre. Beides waren kaum patentrechtlich zu fassende konstruktive Änderungen. Gleiches gilt für die »Einfachere Montage« und die »Verbilligte Herstellung« und »Energische Kühlung«. Patentiert wurde die Erfindung »Mechanisches Anlassen des Motors«. Der Patentanspruch lautete:*
»Andrehvorrichtung für Explosionskraftmaschinen mit Aufhebung der Kompression während des Andrehens, dadurch gekennzeichnet, daß die Handkurbel und Steuerwelle zwangsläufig durch ein Gestänge miteinander verbunden sind, derart, daß eine achsiale Verschiebung der Handkurbel ebenfalls eine achsiale Verschiebung der Steuerwelle hervorruft, so daß beim Andrehen die Steuerwelle mittels des Nockenansatzes die Auspuff- bzw. Einlaßventilstange in bekannter Weise anhebt und geöffnet hält, während, wenn der Motor angelaufen ist und sich die Andrehkurbel dadurch ausschaltet, gleichzeitig auch der Anhebenockenansatz aus dem Bereich der Ventilsteuerung wieder entfernt.«
Schnauffer bemerkt dazu, daß diese Vorrichtung nur bei großen Motoren sinnvoll war. Vgl. ebd., S. 44ff.

[9] *Zitiert nach ebd., S. 44ff.*

[10] *Vgl. Sass, Friedrich. Geschichte des deutschen Verbrennungsmotorenbaus von 1860 bis 1918. Berlin, Göttingen, Heidelberg 1962, S. 355.*

[11] *Die Anlage befindet sich heute noch im Besitz des Mercedes-Benz Museums.*

[12] *Schnauffer, Karl: Die Motorenentwicklung in der Daimler-Motoren-Gesellschaft 1900 - 1907. Teil I: Text. Erstellt im Auftrag der Arbeitsgemeinschaft für die Geschichte des Deutschen Verbrennungsmotorenbaues, 1954/55, Archiv der mtu, Bestand »Wilhelm Maybach«, S. 49.*

[13] *Im gleichen Protokoll wird die Einstellung der Versuche dieses und des Benzin-Dampfmotors beschlossen. Vgl. »Protokoll der Direktions-Sitzung vom 12.März 1906«, DaimlerChrysler Konzernarchiv, Bestand DMG.*

[14] *Zitiert nach Schnauffer, Karl: Die Motorenentwicklung in der Daimler-Motoren-Gesellschaft 1900 - 1907. Teil I: Text. Erstellt im Auftrag der Arbeits-*

gemeinschaft für die Geschichte des Deutschen Verbrennungsmotorenbaues, 1954/55, Archiv der mtu, Bestand »Wilhelm Maybach«, S. 50.

[15] *1906 entstand auch ein Gebrauchswagenmotor, bei dem die Ventile stehend, rechts und links am Zylinder angeordnet waren, also wie beim ersten Mercedes-Motor. Da Paul Daimler zu dieser Zeit gerade aus Wiener-Neustadt zurück kam, ist anzunehmen, daß diese Konstruktion von ihm stammt.*

[16] *Vgl. Schnauffer, Karl: Die Motorenentwicklung in der Daimler-Motoren-Gesellschaft 1900 - 1907. Teil I: Text. Erstellt im Auftrag der Arbeitsgemeinschaft für die Geschichte des Deutschen Verbrennungsmotorenbaues, 1954/55, Archiv der mtu, Bestand »Wilhelm Maybach«, S. 53.*

[17] *Vgl. Sass, Friedrich. Geschichte des deutschen Verbrennungsmotorenbaus von 1860 bis 1918. Berlin, Göttingen, Heidelberg 1962, S. 352.*

[18] *Vgl. Daimler-Benz AG (Hrsg.): Die Renngeschichte der Daimler-Benz AG und ihrer Ursprungsfirmen 1894 - 1939. Stuttgart-Untertürkheim 1940, S. 44ff.*

[19] *Vgl. Ludvigsen, Karl: Mercedes-Benz Renn- und Sportwagen. Gerlingen 1993, S. 24f.*

[20] *Es sollte dies das letzte Rennen seiner Art sein. Der Preis wurde James Gordon Bennett zurückgegeben. Er schrieb daraufhin dem A.C.F.:*
»Als ich den Entschluß zur Gründung eines internationalen Preises für Automobile faßte, war mein einziges Bestreben die Fortbildung einer neuen Industrie. Ich empfinde für die Leiter des großen französischen Clubs, dem ich volle Sympathie entgegenbringe, die größte Achtung, denn sind alle bemüht, den Wohlstand der Automobilindustrie zu heben. Sie können deshalb nach ihrem Gutdünken handeln, und ich weiß heute schon, daß sie mit ihren Beschlüssen das Richtige treffen werden.«
Zitiert nach Jellinek-Mercédès, Guy: Mein Vater der Herr Mercedes. Wien, Berlin, Stuttgart 1962, S. 235.

[21] *Vgl. Ludvigsen, Karl: Mercedes-Benz Renn- und Sportwagen. Gerlingen 1993, S. 25.*

[22] *Vgl. Ludvigsen, Karl: Mercedes-Benz Renn- und Sportwagen. Gerlingen 1993, S. 41. DaimlerChrysler Konzernarchiv.*

Meister und Kontrolleure der DMG im Jahre 1905 oder 1906.

Meister und Kontrolleure der DMG im Jahre 1905 oder 1906

36) Lade 37) Brecher 38) Rapp 39) Jaumann 40)Sauer 41) Bechtle 42) Ilg 43) Fabrion

27)Schwenger 28)Landenberger 29)Stahl 30)Hamm 31)Feucht 32)Mettenleiter 33)Schanbacher 34)Gehr 35)Weimann

18) Sämann 19)Bauerschmidt 20)Ewig 21)Jäger 22)Rupprecht 23)Lauster 24)Witzki 25)Batz 26)Peter

10) Balt 11) Elsässer 12) Aldinger 13) Laichinger 14) Higler 15) Flum 16)Herder 17) Meier

1) Wiraum 2)Gerber 3)Gehrig 4)Salomon 5)Welt 6)Schneider 7)Vaihinger 8)Holzhaier 9)Salzer

Ein Blick in die Endmontagehalle der Daimler-Motoren-Gesellschaft, 1912.

Zylinderkopf-Fertigung, 1913.

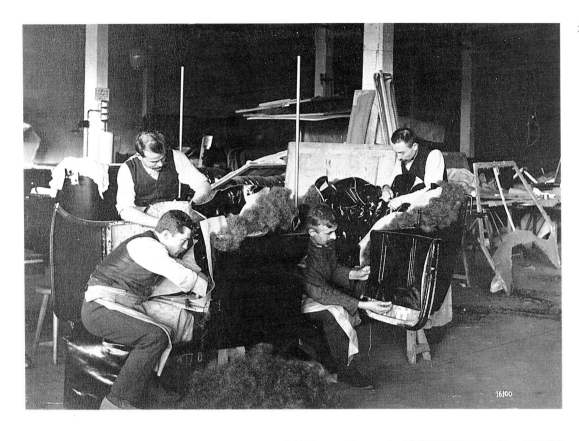

Sattlerei, 1914.

Beamten-Speisesaal der Daimler-Motoren-Gesellschaft, 1914/15.

193

Achsenbau im Werk Untertürkheim im Jahre 1912.

Chassis-Montage im Werk Untertürkheim, ca.. 1912.

²³ Vgl. Daimler-Benz AG (Hrsg.): Die Renngeschichte der Daimler-Benz AG und ihrer Ursprungsfirmen 1894 - 1939. Stuttgart-Untertürkheim 1940, S. 56.

²⁴ In einem Bericht an den Vorstand vom 6. Oktober 1906 schreibt Wilhelm Maybach zu den Erfahrungen mit dem 6-Zylinder-Motor: »Der 6 cylind. Motor wurde anfangs Mai in den Rennwagen eingebaut und seither eingehende Versuche und Probefahrten mit dem Wagen vorgenommen......Von den bisher unternommenen Fahrten möchte ich die Probefahrten am Semmering besonders hervorheben, von welcher der Wagen nach 10tägiger anstrengender Tour zurückkehrte, ohne irgend eine nennenswerte Reparatur zu benötigen, sodass er einen Tag später die Fahrt nach der Rennstrecke in den Ardennen antreten konnte. Hier ereignete sich leider der Unfall, dass ein Zylinderkopf zwischen den Ventilen einen ca. 12 cm langen Riss bekam, durch welchen das Wasser in den Zylinder eindringen konnte.« DaimlerChrysler Konzernarchiv, Unternehmensarchiv, Protokolle, Signatur PD 118.

²⁵ Sass, Friedrich: Geschichte des deutschen Verbrennungsmotorenbaus von 1860 bis 1918. Berlin, Göttingen, Heidelberg 1962, S. 353.

²⁶ DaimlerChrysler Konzernarchiv, Unternehmensarchiv, Bestand »Jellinek«, Signatur neu: Jellinek 14.

²⁷ Schreiben von Vischer und Berg vom 6.11.1905 an Jellinek, DaimlerChrysler Konzernarchiv, Bestand »Jellinek«, Signatur neu: Jellinek 14.

²⁸

²⁹ DaimlerChrysler Konzernarchiv, Bestand »Maybach«, Signatur neu 8.

³⁰ DaimlerChrysler Konzernarchiv, Bestand »Jellinek«, Signatur neu 14.

³¹ DaimlerChrysler Konzernarchiv, Bestand »Maybach«, Signatur neu 8.

³² Kirchberg bemerkt zu diesem Punkt zu Recht:
»Zunächst muß ausführlich festgestellt werden, daß die Horchwerke keineswegs die ersten waren, die einen für Serienfertigung vorgesehenen Achtzylinder zeigten. Vielmehr hatte Hansa Lloyd im gleichen Jahr mit der Fertigung eines Achtzylinderwagens unter der Bezeichnung »Trumpf-Aß« begonnen - und bereits im Herbst 1923 war dieses Auto vorgeführt worden...Allerdings begann man in Bremen nicht vor 1926 mit der Serienherstellung...«.
Kirchberg, Peter: Horch - Prestige und Perfektion. Suderburg-Hösseringen 1994, S. 71f.

³³ Vgl. ebd.

³⁴ Zitiert nach ebd., S. 71.

³⁵ In einem Brief vom 18.3.1904, anläßlich Maybachs Erkrankung, verweist Jellinek nochmals auf das Angebot: »Sehr geehrter Herr Maybach, zu meinem größten Bedauern höre ich, daß Sie so unwohl sind, daß Sie eine Cur gebrauchen müssen. Daß Sie von Cannstatt abwesend sind, ersehe ich aus der niederträchtigen Ausführung der Wagen, die jetzt herauskommen. Die DMG ohne Maybach ist wie Russland ohne Flotte. Über den angefragten Arzt kann ich Ihnen nichts berichten und schreibe ich heute an Spiegel über denselben Erkundigungen einzuziehen und Ihnen direkt zu berichten. Die Methode des Heilverfahrens dieses Arztes erscheint mir sehr plausibel da ein Nervenleiden mit Medizin nicht geheilt werden kann. Das Rennen findet nächste Woche statt und werde ich Ihnen das Resultat berichten. Es dürfte Sie vielleicht interessieren zu hören, daß die DMG vom genialen Kaulla inspiriert und von Herrn Vischer unterstützt hinter meinem Rücken wegen Fusion mit einer französischen Fabrik unterhandelte, denn ich setzte voraus, daß man Ihnen gegenüber genau so jesuitisch vorgeht wie gegen mich. Hätten Sie vor Jahren meinen Vorschlag angenommen, mit mir gemeinschaftlich in Frankreich tätig zu sein, dann würden Sie heute nicht nur ein berühmter, sondern auch ein reicher Mann sein. Was geschehen ist, läßt sich aber leider nicht ändern und hoffe ich, daß Sie bald vollständig genesen werden zur Freude Ihrer Freunde und Bewunderer deren ich wohl der Aufrichtigste bin, wenn ich auch im Laufe der Geschäfte manchmal etwas derb meiner Überzeugung Ausdruck gegeben habe.« DaimlerChrysler Konzernarchiv, Bestand »Maybach«, Signatur neu 8.

1907 - 1914

Die Übergabe des Marschallstabs

Karl Maybach als Nachfolger seines Vaters

Die Reduktion Maybachs auf die Tätigkeit im Konstruktionsbüro hatte nicht nur Nachteile. Sie gab ihm die Möglichkeit, kreativ zu arbeiten, und was noch schwerer wog: In dieser Zeitspanne begann Maybach damit, seinem Sohn Karl den nötigen Schliff zu geben, der ihn befähigte, das Erbe seines Vaters anzutreten. Aus jenen Tagen datiert auch das zentrale Lebensmotiv Karl Maybachs, das ihn bis zuletzt an- und vorantrieb. Hautnah mußte er sich die Kränkungen und Herabsetzungen des von ihm so geliebten Vaters mitansehen. Er erkannte rasch, daß die Intrige weder vor Verdiensten, noch vor einem großen Namen halt macht, und mußte erleben, wie der gute Ruf seines Vaters beschädigt wurde. Dies weckte in dem damals jungen Karl den brennenden Wunsch, den Vater zu rehabilieren. Dies wurde zu seinem hauptsächlichen Lebensmotiv, vor allem im Hinblick auf die eigenen Arbeiten. Später dann mußte er erfahren, wie die Verdienste seines Vaters in der Technikgeschichte ignoriert oder anderen zugute geschrieben wurden. Das bewies ihm, wie wichtig und richtig der Kampf für die Ehrenrettung des Vaters war, und so wurde aus Karl ein Kämpfer für die Sache des Vaters und die der Familie Maybach überhaupt.

Als Assistent seines Vaters hatte er die Gelegenheit, an allen interessanten Versuchen, die dieser mit Sonderkonstruktionen von Motoren und Wagen durchführte, teilzunehmen. Besonders wertvolle Erfahrungen konnte er sammeln, als man ihn mit der Erprobung des umstrittenen 6-Zylinder-Rennwagens beauftragte, eine Arbeit, die er in den Jahren 1905 und 1906 durchführte. Diese Aufgabe war natürlich gerade dazu angelegt, einen jungen Mann über die Stränge schlagen zu lassen. So findet sich denn auch eine Strafverfügung wegen zu schnellen Fahrens innerorts im Firmenarchiv der Maschinenfabrik Alfing Keßler. Die Bilder, die von Karl Maybach aus dieser Zeit erhalten geblieben sind, zeigen ihn am Steuer des 6-Zylinder-Rennwagens (der mit einem Scheinwerfer notdürftig für die Teilnahme am Straßenverkehr hergerichtet worden war)

als einen selbstbewußten, energisch dreinblickenden jungen Mann.

Schnauffer schreibt über diese Zeit und die sich für Karl daraus ergebenen Konsequenzen:

»Besonders wertvoll für ihn war jedoch, daß er auch mit der Erprobung des ersten Sechs-Zylinder-Rennwagenmotors der Jahre 1905/1906 beauftragt wurde. So hatte er Gelegenheit, Forderungen und Möglichkeiten, die der Motorenbau in jener Zeit stellte, an der Stelle kennenzulernen, die damals unter der technischen Leitung seines Vaters führend in der ganzen Welt war. Als er die DMG im Herbst 1906 verließ, hatte er solch umfangreiche und gediegene Erfahrungen erworben, daß er daran denken konnte, in eigenen Konstruktionen sein Können selbständig zu verwerten. Er ging nach Paris und entwickelte hier im Rahmen einer Forschungsgemeinschaft einen sehr ansprechenden Automobilmotor, der u.a. einen neuartigen, schwimmerlosen Vergaser aufwies. Mit seinem Vater stand er dabei in dauernder brieflicher Verbindung. Trotzdem enthielt schon diese erste Motor-Konstruktion eine Anzahl Eigenschöpfungen Karl Maybachs, denn der erhalten gebliebene Schriftwechsel beweist, wie selbständig Maybach dabei vorging und wie er oft sogar entgegen den Ratschlägen seines Vaters eigenen Überlegungen folgte.«[1]

In seiner Zeit bei der DMG begann sich der junge Karl Maybach zu entfalten und mehr als einmal unterbrach der Vater, unruhig auf seinem Stuhl hin und her rutschend, den schwungvollen Vortrag des Sohnes mit der Bemerkung: »... ha jetzt loß mie au mol ebbes schwätze«. Dieser Zusammenarbeit in der Daimler-Motoren-Gesellschaft zwischen Vater und Sohn waren seitens Karl, nach dessen Realschulabschluß und der Diplomprüfung für Maschinentechniker in Stuttgart, eine berufliche Tätigkeit bei der DMG, ebenfalls schon beim Vater und bei der Maschinenfabrik Esslingen, wo er alle technischen Abteilungen durchlief, vorausgegangen. Treue bemerkt zu seiner Ausbildungszeit: *»Vielleicht hatte er durch seine praktische Tätigkeit den Nutzen einer theoretischen Ausbildung erkannt, da er anschließend auf die »Königliche Baugewerkschule, Abteilung*

Maschinenbau« in Stuttgart überwechselte. Die genauen Gründe für diesen Schritt kennen wir jedoch nicht. Hielt der Vater nach der mittleren Reife von 1896 einen höheren, fast akademischen Abschluß für nötig? Empfand Karl Maybach selbst jetzt das Bedürfnis, durch ein Studium an diesem angesehenen Institut über seine praktische Lehr- und gewissermaßen Gesellenzeit hinauszukommen? Wie dem auch gewesen sein mag - im Jahr 1901 bestand er in Stuttgart die Diplomprüfung für Maschinentechniker mit der Gesamtnote »Gut«. Wenn dies auch die vierte von sechs erreichbaren Zeugnisstufen war, so hatte er doch sich selbst und dem Vater bewiesen, daß er auch in der Schule bestehen konnte. Im Kreis seiner Kommilitonen galt er als kenntnisreich, ehrgeizig und fleißig - wie der Vater, der inzwischen technischer Leiter und Chefkonstrukteur der Daimler-Motoren-Gesellschaft geworden war.«[2]

Zu Beginn des Jahres 1901 verließ Karl Maybach Württemberg, um in Berlin bei der Firma Loewe & Co. in Berlin als Konstukteur zu arbeiten. Dieses im Maschinen-, Waffenbau und in der Munitionsherstellung tätige Unternehmen beschäftigte zu diesem Zeitpunkt bereits 4000 Mitarbeiter. Hier lernte Karl die nach amerikanischem Muster durchrationalisierte Fertigung eines großen Industriebetriebs kennen. Nach sechs Monaten wechselte er dann nach Potsdam/Neubabelsberg, um als Versuchsingenieur bei der 1898/99 gegründeten »Centralstelle wissenschaftlich-technischer Untersuchungen« zu arbeiten. Diese Institution war von dem DMG-Aufsichtsratsvorsitzenden Max Wilhelm von Duttenhofer initiiert worden. Dieser Zeit erster beruflicher Erfahrungen folgten dann Sprachstudien in Lausanne und Oxford, die Karl Maybach erstmalig Gelegenheit gaben, Auslandserfahrungen zu sammeln.

Wohl kein lebensgeschichtliches Detail fokusiert Wesen und Charakter Wilhelm Maybachs deutlicher als die Zusammenarbeit mit seinem Sohn, die, metaphorisch gesprochen, der Übergabe eines Staffelholzes glich. Sein Leben lang hatte Maybach die Fähigkeit, kooperative Verhältnisse zu anderen Menschen eingehen zu können, die sich meistens hin zu einer symbiotischen Qualität entwickelten. Dies mag auf die besonderen Umstände seiner Sozialisation im Bruderhaus zurückzuführen sein, bei der auch das persönliche Verhältnis zu Gustav Werner eine entscheidende Rolle gespielt hatte. Zum letzten Mal in seinem Leben entstand diese besondere Art einer Beziehung nun zu seinem Sohn Karl. Mit im verband er sich, wie Wilhelm Treue es bezeichnet, zu einer engen technischen »Denk- und Konstruktionsgemeinschaft«. Dies geht aus dem mehr als intensiven Briefwechsel zwischen Vater und Sohn hervor.

Karl arbeitete seit September 1906 in Saint-Ouen, in der Nähe von Paris, bei der Société d'Atelier de Construction. Graf Lavalette, der Eigentümer, beauftragte Maybach einen Automobilmotor mit 150 PS zu entwickeln. Damit arbeitete er an einer Aufgabe, mit der sich auch sein Vater in den letzten Jahren auseinandergesetzt hatte. Ab dem 23. März 1907 gingen täglich die Briefe zwischen Paris und Cannstatt hin und her, über sieben Seiten lang war allein das erste Schreiben dieses Datums, indem Wilhelm Maybach detailliert eine Konstruktion erläuterte, mit der er sich zu dieser Zeit beschäftigte. Insgesamt sind es über 250 Briefe. Treue bemerkt zu diesem Briefwechsel:

»Liest man alle diese Briefe, von denen fast täglich einer hier oder dort mit Neuigkeiten und Antworten geschrieben wurde (von denen des Sohnes sind nur einige wenige erhalten geblieben), dann gewinnt man den Eindruck, daß Wilhelm Maybach sich mit seinem Sohn schriftlich intensiver und engagierter unterhalten hat als mündlich mit seiner Familie daheim.«[3]

Es war der Beginn der letzten Phase im Konstrukteursleben Maybachs, die nun fast nahtlos in die nicht minder erfolgreiche Karriere seines Sohnes Karl überging. Der Briefwechsel war für Karl ein Fernstudium mit Privatlehrer, das er zudem in seiner praktischen Arbeit in Paris gleich umsetzen konnte. Wilhelm Maybach vermittelte in diesen Briefen nicht nur seinen Erfahrungsschatz von Jahrzehnten im Schnelldurchgang, sondern zeigte dem Sohn auch, wie Probleme anzugehen und zu lösen waren. Exemplarisch seien hier zwei Briefe angeführt, die sehr gut Inhalt und Art der Korrespondenz belegen:

»Lieber Karl,
meinen Brief von gestern Abend wirst Du erhalten haben. Unter meinen alten Papieren habe ich nun die auf der anderen Seite notierten Zahlen über Benzinverbrauch noch gefunden, es sind dies Zahlen, die ich selbst aufs Gewissenhafteste früher aufgenommen habe in eigenen Versuchen. Sorge Dich also nicht mehr um den Benzinverbrauch ab, sondern sehe nur darauf, daß Du einen großen Mitteldruck erhältst. 6 Atmosph. erzielt man selten und genügt vollständig und was man über 6 Atm. erzielt bedeutet einen großen Vorzug vor allen anderen Wagen-Motoren. Man darf ja nicht einen Wagen-Motor von einem großen stationären Dieselmotor oder einem großen Gasmotor überhaupt vergleichen, in letzterem ist es möglich, zuerst Luft und dann erst Gas und Luft einzupumpen, das schon reduziert den Verbrauch und dann die kollossale Kompression die man heute an stationären Motoren anwendet und die verhältnismäßig kleine Abkühlfläche in großen Motoren. Diese Momente alle zusammen machen den kleinen Verbrauch bezw. die große Wärmeausnützung. Da Du nun schon über 6 Atm. mittleren Druck erzielt hast so könntest Du Dich überhaupt mit dem Erreichten zufrieden geben, sorge nur dafür, daß der Motor in allen Beanspruchungen gleichmäßig geht. Ich lege Dir Deine Notizen aus der Hütte hier ebenfalls bei, man muß aber nur wissen, wie solche Resultate gemacht werden. Ich habe es einmal so richtig mit angesehen, wie Prof. Teichmann in unseren Werkstätten wo er an demselben Motor, wo ich laut Aufschrieb auf der anderen Seite 0,4325 am gleichen Motor 0,25 heraus

dividiert habe. Selbst wenn Du über 0,3 verbrauchen solltest bist Du immer noch fein heraus, Du hast nur Bedenken, daß alle Verbrauchslasten schön gefärbt sind und das mußt Du eben auch verstehen. Wenn Du auf Deiner beiliegenden Liste so günstige Resultate siehst, kannst Du auch gleich sehen, mit welchen ordinären Mitteln er dies...es gibt z.B. Benzin zu 10 000 und zu 5 000 cal. In Wirklichkeit aber sind die Zahlen 11 000 und 5 500 und so wie diese Zahlen, sind alle Annahmen zu Gunsten eines geringen Verbrauchs gemacht. So wird es gemacht! Gruß Dein Vater«. Daß es dabei nicht nur um Motorenfragen, sondern auch um den Einsatz der richtigen Reifen geht, belegt ein Brief vom 23. Jan. 1908:

»Lieber Karl,

(...) Die hervorragend gute Eigenschaft des Pneus ist, daß er den Stoßfänger [gemeint ist hier wohl Stoßdämpfer, Anm. d. Verf.] in sich trägt, und deshalb kann von uns mit Pneus eine große Geschwindigkeit erreicht werden. Bei Anwendung massiver Gummireifen würde sich ein schnellfahrender Wagen durch die sich immer mehr vergrößernden Schwingungen des Wagens überschlagen und die Reifen kämen immer mehr sprungweise auf die Straße als Pneus. Dieser Vorteil kostet aber viel Kraft, denn auch ein Langsamfahren und ein Fahren auf ganz ebener Fläche absorbiert beim Pneumatik viel mehr Kraft als ein absolut massiver Gummireifen. Es zeigt sich ja auch in der großen Erhitzung des Pneus und das macht alles die unelastische Einlage. Überlege Dir also die Sache reiflich und betrachte alle die Vorteile...in Bezug auf die Abnützung darf man annehmen, daß der elastische Reifen länger hält als ein fester Reifen auf einem hölzernen Rad, denn die Beanspruchung ist ja wesentlich geringer...«[4]

Von Materialfragen, konstruktiven Vorgehensweisen bis hin zur patentrechtlichen Fragen und der Einbindung anderer Mitarbeiter zur Problemlösung beriet er seinen Sohn. Es war ein intensiver Daten- und Programmtransfer, der zwischen Vater und Sohn ablief, und der letzteren befähigte, nahtlos in die Fußstapfen des Vaters zu treten. Gleich einem Trainer, der einen Spitzenathleten aufbaut und ihn durch kleine Wettkämpfe erst langsam auf immer größere Aufgaben vorbereitet, führte er seinen Sohn und beschwichtigte diesen auch, wenn ihm das junge Rennpferd zu ungestüm erschien. So schrieb er im Sommer 1907 an den Sohn:

»Wir können dem gegenüber etwas ruhiger der Zukunft entgegengehen [er hatte zuvor über die Probleme in der Geschäftsführung der DMG an seinen Sohn berichtet, die er immer noch aufmerksam beobachtete, Anm. d. Verf.], wenn wir uns auch vielleicht etwas viel Neues vorgenommen haben...Nur alles gut überlegen und gleich auswägen für den Fall, daß das eine oder andere nicht gleich einschlägt. Je ruhiger wir dabei bleiben, um so besser, und wir können ruhiger sein, wir werden ja nicht getrieben und haben auch keine Fabrik zu beschäftigen.«[5]

Als Karl dann aufgrund der enormen Lern- und Arbeitsbelastung mit gesundheitlichen Problemen reagierte, rief ihn sein Vater per Brief vom 4. Juni 1908 nach Cannstatt zurück. Er schrieb:

»Ich glaube, es wäre viel richtiger, wenn Du auf etwa acht Tage von Deinem Geschäft ganz weggingest und kämest zu uns, um dich zu erholen und zu besprechen. Man darf an ein und

Karl Maybach mit unbekanntem Freund auf einem Spaziergang.

derselben Sache nicht immer fortmachen. Die Sache ist einmal etwas schwierig, und Du hast eine große Aufgabe zu lösen, und da muß man notwendig einmal wieder ganz weggehen. Ich habe das schon oft an mir bemerkt, und Anderen geht es kein Haar besser. So spannt sich Herr Lechler etwa alle Vierteljahr einmal aus und dadurch faßt dieser Herr immer wieder neuen Mut. Besprche Dich darüber ganz offen mit Herrn Lavalette, er wird ja kein Barbar sein und wird Dir gerne zu Deiner Erholung zustimmen. Ich sehe aus Deinen Briefen Deine Mutlosigkeit und ganz gewiß liegt die Schuld nicht an vermeintlichen Fehlkonstruktionen, sondern ganz sicher in Deiner nervösen Anspannung. Mach also kurzen Prozeß und komm heraus ...«[6]

Das Verhältnis zu seinem Sohn war die intensivste, fachlich, berufliche Beziehung, die Maybach in seinem Leben hatte, von fast metaphysisch anmutender Qualität, in der sein fachliches Genie offenbar auf den Sohn überfloß. Und im gleichen Maß, wie dessen Kompetenz als Konstrukteur wuchs, schwand bei Wilhelm Maybach das Interesse an der aktiven Arbeit. Am Ende des Prozesses war er nur noch interessierter Beobachter. Das Private blieb dabei außen vor, erschien höchstens einmal als Randbemerkung. Zum brieflichen Dialog und dessen Qualität und Quantität bemerkt Treue:

»Man kann sagen, daß von dem, was er [gemeint ist Karl Maybach, Anm. d. Verf.] während seines ersten Aufenthaltes in Frankreich leistete, ein wesentlicher Teil auf der Mitarbeit des Vaters beruhte. Deutlich lassen die mehr als 250 Briefe, die Wilhelm Maybach 1907/08 mit hunderten von Zeichnungen nach Paris schickte, die Intensität dieser Mit- und Zusammenarbeit erkennen. Nur selten gab es in ihnen einmal ein paar Zeilen über das Leben der Familie in Cannstatt, über Einladungen, Begegnungen mit Verwandten, Gesundheit und Krankheit des Bruders oder der Schwester - und diese dann gewöhnlich in Form von kurzen Anhängen der Mutter an die vier oder sechs, zuweilen auch zwölf und vierzehn Seiten, die der Vater geschrieben hatte. In diesen Briefen findet man keine Zeile Klatsch oder Schwatz über den Alltag in Cannstatt und Stuttgart. Ihnen läßt sich auch nicht entnehmen, wie der Kreis von Menschen zusammengesetzt war, mit denen man verkehrte. Es waren wohl immer noch hauptsächlich jene Männer, mit denen Wilhelm Maybach bei der DMG zusammengearbeitet hatte, sowie deren Angehörige: gutsituierte, fleißige, ganz in ihrem technischen und kaufmännischen Berufen und der Erziehung der Kinder aufgehende Familien. Politik, Wirtschaft, das Leben im Ausland - das alles interessierte Wilhelm Maybach anscheinend wenig und auch seinen Sohn nicht sonderlich.«[7]

Maybach war zu diesem Zeitpunkt 61 Jahre alt und wirtschaftlich gut situiert, so daß es ohne weiteres denkbar gewesen wäre, daß er seinen Lebensabend als Pensionär verbracht hätte. Daß er dies nicht vorhatte, belegt der oben zitierte Brief vom 4. 6.1908, in dem davon die Rede ist, daß man sich viel vorgenommen hätte. Zwischen den Zeilen ist

zu lesen, daß es sich hierbei wohl um eine große Aufgabe handeln mußte, die die beiden da ins Visier genommen hatten. *»Die Rache kocht in meinem Herzen«*; von diesem Motto der Königin der Nacht aus Mozarts Zauberflöte muß wohl auch Wilhelm Maybach affiziert gewesen sein, denn er beabsichtigte bei der Firma Opel im hessischen Rüsselsheim, zusammen mit seinem Sohn ein Auto zu produzieren um, wie er es in einem Brief an seinen Sohn ausdrückt, *»über die DMG zu kommen«*. Persönlich kannte Maybach die Opelwerke nicht, hatte sich jedoch anhand von Photographien und Luftaufnahmen versucht, ein Bild zu machen. Da diese in etwa die doppelte Größe der DMG hatten, schien ihm Opel der rechte Verbündete bei seinem Ziel, die Untertürkheimer Mores zu lehren. Auch der Umstand der vielfältigen Produktpalette mit Autos, Nähmaschinen und Fahrrädern war für Maybach der Indikator, daß der Stand der Produktionsmittel- und Fertigungstechnik in Rüsselsheim auf einem Niveau lag, das für ein solches Unterfangen notwendig war. Einzig eine gute Konstruktion fehlte den Opel-Leuten auf dem Autosektor, und die würde er mit seinem Sohn, der mittlerweile 29 Jahre alt war, schon liefern.

Doch ein Unglücksfall, der auf breites Interesse in der deutschen Öffentlichkeit stieß, sollte dazu beitragen, Maybachs Aktivitäten in eine andere Richtung zu lenken. Als am 5. 8. 1908 in Echterdingen der zu einer Motorenreparatur liegende Zeppelin LZ IV durch Sturmböen zerstört wurde und die ganze Nation sammelte, um dem Grafen Zeppelin den Bau eines neuen Luftschiffes zu ermöglichen, schrieb Maybach dem Grafen folgenden Brief:

»Hochverehrter Herr Graf! Euer Exzellenz erfolgreiche Fahrten und das damit verbundene Niedergehen auf Wasser wie auf festem Boden habe ich mit großem Interesse und mit Bewunderung verfolgt. Zu diesen großen Erfolgen erlaube ich mir, Euer Exzellenz hierdurch meine herzliche Gratulation darzubringen. Mit um so größerem Bedauern mußte mich jedoch der Umstand erfüllen, daß die Motoren ihre Schuldigkeit nicht getan haben und Eurer Exzellenz dadurch seinerzeit in tiefen Kummer versetzt wurde. Im Interesse der nationalen Sache erachte ich es nun als meine Pflicht, Eure Exzellenz Aufmerksamkeit auf eine Neuheit in Motoren zu lenken, die geeignet ist, in dieser Richtung die denkbar größte Sicherheit zu bieten. Daß ich seit dem Tode von Herrn Geheimrat Duttenhofer auf die Konstruktion der DMG wenig und schließlich gar keinen Einfluß mehr hatte, was vor anderthalb Jahren zu meinem völligen Austritt führte, wird auch der Kenntnis Eurer Exzellenz nicht entgangen sein. Ich selbst bin nun vom Tage meines Austritts an auf drei Jahre vertraglich gebunden, nichts gegen die Interessen der DMG zu unternehmen, mein Sohn dagegen, den ich ganz zu meiner Unterstützung in der DMG ausgebildet habe und der kurz vor mir aus den Diensten der DMG ohne Vertragsverpflichtung ausschied, hat sich einer Studiengesellschaft angeschlossen. Das

Karl Maybach beim Billard, mit dem Queue die Billardkugel anvisierend...

... und in geselliger Runde in der Kneipe.

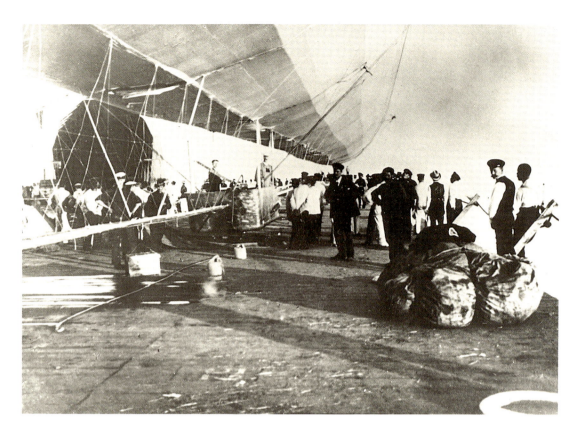

Zeppelin-Luftschiff LZ 4, 1908.

Zeppelin-Luftschiff LZ 4, das sogenannte »Echterdinger Luftschiff«, 1908, mit zwei 105 PS-Mercedes-Luftschiffmotoren.

Zeppelin-Luftschiff LZ 4, mit Portrait des Grafen über einem der Daimler-Luftschiff-Motoren.

Das am 5. August 1908 bei Echterdingen nach einer äußerst ruhmreichen Fahrt über 600 km gelandete Zeppelin - Luftschiff Z IV. Die zwei 100pferdigen Daimler-Zeppelin-Motoren bewährten sich bestens. Kurze Zeit nach Aufnahme dieses Bildes zerstörte der Sturm das Luftschiff.

Graf Zeppelin

Einer der in diesen Zeppelin eingebauten Daimlermotoren.

Die Katastrophe des Zeppelin'schen Luftschiffes bei Echterdingen am Nachmittag des 5. August 1908.

jüngste Erzeugnis dieser Gesellschaft ist ein Motorwagen, der nach den neuesten Gesichtspunkten konstruiert und ausgeführt wurde und dessen Motor in allen Teilen so gut durchdacht und ausgeführt ist, daß er sich für Dauerleistung besonders eignet; namentlich der Schwingung der Kurbelachse und der Pleuelstangen ist die größte Aufmerksamkeit geschenkt. Die Anordnung und die Konstruktion der Zylinder ermöglichen ein geringes Gewicht bei sehr steifer Konstruktion. Die Kühlung ist derart durchgeführt, daß für einen Luftschiffmotor das Gewicht von Kühlapparaten und Kühlmittel wesentlich verringert werden kann bei größter Sicherheit für Dauerbetrieb. Was den Motor noch besonders geeignet für Luftschiffe machen würde, das ist die Anwendung eines neuen Vergasers ohne Schwimmer, dessen sicheres Funktionieren durch Schräglage des Motors nicht beeinflußt werden kann.

Ein Motor nach diesen Prinzipien konstruiert, würde, meines Erachtens, die größte Sicherheit für die Motorluftschiffahrt gewährleisten. Es würde zu weit führen, hier in weitere Einzelheiten einzugehen; sollte Euer Exzellenz sich für die neue Sache interessieren, so wäre es für mich eine große Ehre, mich mit Euer Exzellenz mündlich weiter zu verbreiten. Mit vorzüglicher Hochachtung Euer Exzellenz ganz ergebener Wilhelm Maybach.«[8]

Auch im nachhinein wirkt dieser Vorschlag, in dem Zeppelin das Erstlingswerk eines Nobodys angetragen wird, sehr mutig. Immerhin bezog der Graf von Anbeginn seiner Versuche die Motoren von der Daimler-Motoren-

Gesellschaft, zu deren konstruktiven Gestaltung Maybach in den letzten Jahren auch nicht mehr selbst beigetragen hatte.

Das erste Starrluftschiff Zeppelins war mit einem Vierzylinder-Motor ausgerüstet, den Maybach konstruiert hatte und der bei 670 U/min. 12 PS leistete. Diese Maschine war aus Sicherheitsgründen schon mit einer Magnetabreißzündung versehen worden, denn bei der Wasserstofffüllung der Luftschiffe war jede Flammen- und Funkenentwicklung ein Risiko. Die späteren Luftschiffmotoren waren von Paul Daimler konstruiert, es waren Sechszylinder-Motoren mit einer Leistung bis 200 PS. Ihr Leistungsgewicht betrug 2,1 PS/kg.

Zeppelin hatte Maybach als Autorität auf dem Motorensektor kennengelernt. Persönlich waren sich beide Männer erst zweimal begegnet. Diese beiden Male aber müssen, in Verbindung mit der allgemeinen Reputation Maybachs, ausgereicht haben, daß Graf Zeppelin mit begeisterter Zustimmung auf den Vorschlag reagierte. Die Verhandlungen, die sich daraufhin zwischen beiden Männern ergaben, führten am 23. März 1909 zur Gründung der »Luftfahrzeug-Motorenbau GmbH« Bissingen a. Enz, die als Tochterfirma des »Luftschiffbau Zeppelin« in Friedrichshafen firmierte. Neben vier Gesellschaftern wurde Karl Maybach, der Konstrukteur des neuen Motors, technischer Leiter der Firma. Diese Zusammenarbeit führte unter anderem dazu, daß die Daimler-Motoren-Gesellschaft den

Zeppelin-Luftschiff LZ 1 vor dem Start im Juli 1900.

Zeppelin-Luftschiff LZ 1 auf seiner ersten Fahrt am 2. Juli 1900 mit zwei Daimler-Vierzylindermotoren mit 10 und 12 PS, Modell »N«.

Daimler-Luftschiffmotor, 16 PS
1899/1901 für den LZ 1, Blick
ins Innere der Gondel.

Bau und die Entwicklung von Luftschiffmotoren ab 1913 nicht mehr verfolgte. 1912 übersiedelte das Unternehmen nach Friedrichshafen und benannte sich in »Motorenbau GmbH Friedrichshafen« um. Vater und Sohn waren an dem Unternehmen mit je 20 Prozent beteiligt, und diese Beteiligung machte Maybach im Alter noch zum Millionär. Ironie des Schicksals war es, daß er dieses Vermögen durch die Inflation wieder verlor.

Wenn jetzt auch die Hauptlast der konstruktiven Arbeit bei Karl Maybach lag, so war doch sein Vater bei den Arbeiten an den Motoren AZ, CX (150 - 210 PS), den Flugmotoren DW und IR (160 PS) sowie dem Luftschiffmotor HSLu (240 PS) beteiligt. Den ersten der beiden Motoren führte Karl Maybach noch in seiner Stuttgarter Wohnung aus. Es standen ihm dabei keine Mitarbeiter zur Verfügung, so daß er alle Entwürfe und Werkstattzeichnungen selber herstellen mußte. In nur wenigen Monaten gelang es ihm, die Konstruktionsarbeiten abzuschließen, so daß mit dem Bau des Motors begonnen werden konnte. Den ersten Prüfstandlauf absolvierte das Triebwerk bereits im Oktober des Jahres 1909 in Bissingen auf der Bremse.

Dieser Motor, der im Gegensatz zu den Luftschiffmotoren der DMG, die auf den Vierzylinder Rennwagenmotoren basierten, schon als Sechszylinder ausgeführt war, erhielt die Typenbezeichnung AZ. Das Hub/Bohrungsverhältnis dieses Motors, der bei 1 200 U/min 150 PS leistete, betrug 160 x 170 mm. Aufgrund der besonderen Erfordernisse eines Luftschiffmotors, bei dem ja während der Fahrt mit Bordmitteln, wenn erforderlich, Ventile, Zylinder und Kolben auswechselbar sein mußten, verbot sich eine Konstruktion mit hängenden Ventilen und obenliegender Nockenwelle. So wurde dieser Motor mit Einzelzylindern und stehenden Ventilen konzipiert. Bedingt durch die große Bohrung von 160 mm mußten je zwei Ein- und Auslaßventile auf einer Zylinderseite untergebracht werden. Dadurch kam auch der T-förmige Verbrennungsraum zustande. Der Antrieb der Ventile erfolgte durch zwei Nockenwellen, die im Gehäuseoberteil gelagert waren. Ganz ähnlich dem Rennmotor von 1906 waren die Laufbahnen der Zylinder aus Chromnickelstahl mit einem aufgeschraubten Zylinderkopf aus Gußeisen. Der Kühlwassermantel war mit dem Zylinderkopf, nicht aber mit

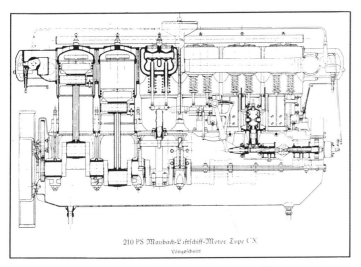

Schnittbild des 210 PS Maybach-Luftschiffmotors Typ »CX«.

210 PS Maybach-Luftschiff-Motor Type CX
Längsschnitt

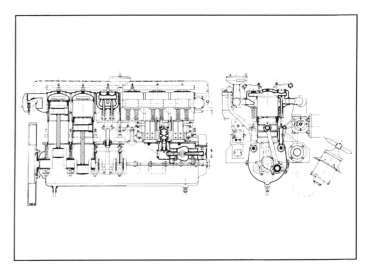

Längs- und Querschnitt vom Maybach-Motor »AZ« (mtu - Werkfoto).

Maybach-Motor »CX« (mtu - Werkfoto).

»AZ«-Motor auf dem Prüfstand.

Maybach-Motor »DW« (mtu - Werkfoto).

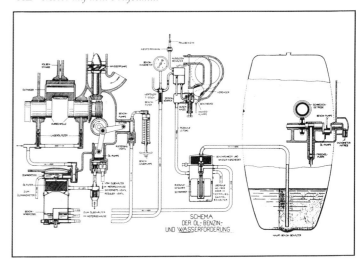

SCHEMA
DER ÖL-, BENZIN-
UND WASSERFÖRDERUNG

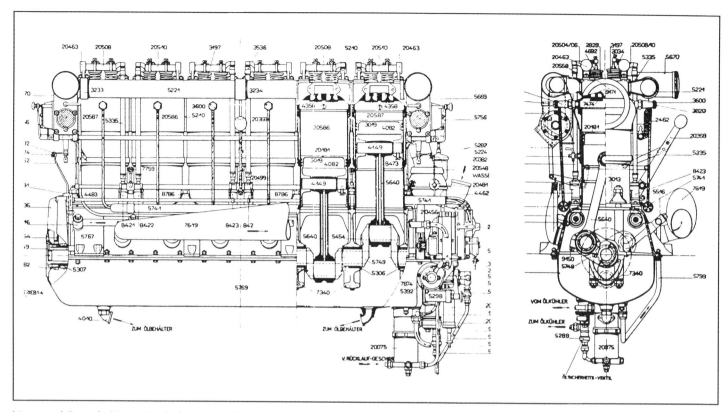

Längs- und Querschnitt vom Maybach-Motor »HSLu«.

Maybach-Motor »HSLu«
(mtu - Werkfoto).

dem Stahlzylinder verschweißt, so daß es zu keinen Spannungen durch die unterschiedliche Ausdehnung von Zylinder und Kühlwassermantel kommen konnte. Die Zylinder selbst waren mit Schnellverschlüssen am Gehäuse befestigt und nicht, wie sonst üblich, verschraubt, so daß ein schneller Wechsel des Zylinders möglich war.

Die Zylinderköpfe selbst waren so ausgeführt, daß das Kühlwasser durch seitliche Öffnungen von einem zum anderen Zylinder fließen konnte. Die Abdichtung erfolgte durch quadratische Gummidichtungen, die mit Spannbändern auf die Sicke gepreßt wurden. Schnauffer bemerkt dazu:

»Diese Kühlwasserabdichtung hatte sich bestens bewährt und wurde bei allen Maybachschen Luftschiff- und Flugmotoren beibehalten.«[9]

Die Zylinderbefestigung erfolgte nicht über mit dem Gehäuse verschraubte Flanschen, sondern durch Aufklemmen mittels Druckstücken. Auch diese Bauweise trug dazu bei, Verspannungen zu vermeiden. Die Kurbelwelle des Motors war sechsfach gekröpft und hatte sieben Grundlager. Trotz des guten Massenausgleichs, den dieser Motor hatte, wurde ein Schwungrad verwendet, das als Ventilator ausgebildet war. Wie der Rennmotor von 1906 verfügte die Maschine über zwei Zündkerzen pro Zylinder, die von zwei unabhängigen Hochspannungsmagneten versorgt wurden. Über die Besonderheiten der Zündung und ihrer Anordnung schreibt Schnauffer:

»Die beiden Zündkerzen je Zylinder waren, wie die Querschnittszeichnung des Motors erkennen läßt, auch an der nach heutigen Erkenntnissen verbrennungstechnisch günstigsten Stelle angebracht. Die Zündkabel waren übrigens schon in Fiberröhrchen verlegt. Sehr interessant war auch die Zündzeitpunktverstellung gelöst. Wie die Anlage 2 zeigt, verstellte ein Fliehkraftregler über ein Steilgewinde die Antriebsritzel für die beiden Magnete, wodurch der Zündzeitpunkt sehr genau den verschiedenen Drehzahlen angepaßt werden konnte.«[10]

Dieser Motor war eine sehr fortschrittliche Konstruktion, die neue Standards im Luftschiffmotorenbau setzte. In der Version von 1912 leistete er 180 PS bei einem Gewicht von 425 kg. Das sich daraus ergebende Leistungsgewicht von 2,36 kg/PS war ein für damalige Verhältnisse außerordenlich günstiger Wert. Neben den sehr guten Wartungsmöglichkeiten während der Fahrt wies dieser Motor auch neue Sicherheitsstandards auf. Vor allem der bis dahin verwendete Spritzdüsenvergaser stellte im Luftschiffbetrieb ein großes Sicherheitsrisiko dar. Blieb bei diesem Vergasertyp der Schwimmer hängen, so floß Kraftstoff über, der sich allzu leicht durch Rückschläge in der Ansaugleitung entzünden konnte. Abhilfe schaffte Karl Maybach hier durch einen neuen Vergasertyp, den schwimmerlosen Spritzvergaser. Bei diesem Vergaser, der nach dem Überlaufprinzip ohne Schwimmer konzipiert

war, wurde ständig eine größere als die gebrauchte Kraftstoffmenge zur Düse gepumpt. Durch eine Rücklaufvorrichtung floß dieser dann zurück in den Tank. Die Besonderheit dieser Konstruktion erläutert Schnauffer wie folgt:

»Mit dieser Konstruktion war nicht nur ein Vergaser geschaffen worden, der lageunempfindlich war, sondern auch einer, der brandsicher war. Denn Rückschläge in die Ansaugleitung, die zudem weitestgehend durch eingebaute Rückschlagsieve unmöglich gemacht wurden, fanden im Vergaser sowenig Kraftstoff, daß sich ein Vergaserbrand im üblichen Sinne nicht bilden konnte ... Ein weiterer Vorteil dieses neuen Vergasers war die zwangsläufige Steuerung der Kraftstoffquerschnitte in Abhängigkeit von der Stellung der Drosselklappe. Dadurch wurde erreicht, daß der Motor bei jeder Drosselung, d.h. bei jeder Drehzahl, stets das gleiche Mischungsverhältnis erhielt.«[11]

Eine weitere Neuerung bei diesem Vergasertyp war der Einsatz eines weiteren Luftstrahls, der verhinderte, daß sich Kraftstoff in Tröpfchenform an der Ansaugleitung niederschlug. Diese Vorrichtung wurde am 8. November 1911 patentiert (Patent Nr. 259 170). Der Hauptanspruch dieses Patents lautete:

»Spritzvergaser für flüssige Brennstoffe, dadurch gekennzeichnet, daß die Brennstoffdüse sich im Treffpunkt eines waagerechten und eines senkrechten Luftstromes befindet, damit der durch diese Strömung gebildete flächenartige Brennstoffstrahl mit den Vergaserwänden, namentlich mit den unteren, nicht in Berührung kommt.«[12]

In Folge kam dieser Vergasertyp nun bei allen Luftschiff- und Flugmotoren zum Einsatz.

Ein weiterer Problempunkt bei Luftschiffmotoren war das Anlassen. Anwerfen über Kurbel wie beim Automobil war durch die Motorengröße nicht möglich, und ein Start durch Anreißen des Propellers, ging durch die Lage der Luftschrauben nicht, denn das Luftschiff »landete« ja nicht wie ein Flugzeug. Angedockt befand es sich noch immer hoch über dem Boden. Es mußten also neue Wege gesucht und gefunden werden, um die Maschinen zu starten. Die Lösung bestand in einer großen Handpumpe, die an die Auspuffleitung angeschlossen wurde, mittels derer man die Benzin-Luftmischung in die Zylinder saugen konnte. Voraussetzung dazu war, daß die Ein- und Auslaßventile geöffnet waren und gleichzeitig die Auslaßleitungen geschlossen werden konnten. Das wurde dadurch möglich, daß an den Stößelstangen Nasen angebracht waren, auf die Hebel wirkten, die durch eine gemeinsame Welle verbunden waren. Durch einen Handhebel konnten so die Ventile geöffnet werden. Gleichzeitig wurde, mittels eines Drehschieber-Mechanismus, der über ein Zahnsegment mit der Welle verbunden war, die Auspuffleitung verschlossen. Von einem Anlaßmagneten wurde nun in dem Zylinder das Gemisch entzündet, der nach dem Verdichtungshub den oberen Totpunkt (OT) überschritten hatte.

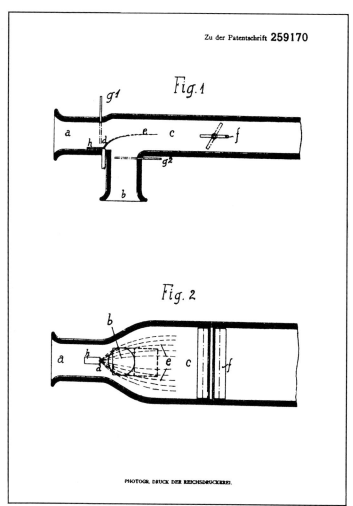

Patentschrift der Motorenbau Gesellschaft Friedrichshafen über einen Spritzvergaser mit graphischer Darstellung, 1911.

Eine weitere Maybachsche Innovation war ein neues Regelverfahren durch eine verstellbare Hauptdüse. Durch diese Maßnahme ließ sich eine 15 prozentige Kraftstoffersparnis bei normaler Fahrt erzielen, sobald die Marschflughöhe und die angepeilte Höchstgeschwindigkeit erreicht waren. Gerade diese Erfindung war im Hinblick auf Langstreckenflüge wesentlich, vergrößerte sie doch den möglichen Aktionsradius des Luftschiffes erheblich. Diese Vorrichtung war mit einer Zündverstellung gekoppelt, die auf Frühzündung ging, sobald das Gemisch abgemagert wurde. Für diese Vorrichtung wurde ebenfalls am 6. 7. 1913 ein Patent erteilt (Patent Nr. 310 168), dessen Hauptanspruch lautete:

»Regelungsverfahren für Explosionskraftmaschinen, dadurch gekennzeichnet, daß von der höchsten Belastung der Maschine ausgehender Brennstoffgehalt der Ladung innerhalb seiner zündfähigen Grenzen verringert und erst im Anschluß daran die Ladung abgedrosselt wird, so daß auch bei verringerter Leistung die höchste Kompression stattfindet, und daß ferner gleichzeitig eine Verstellung des Zündzeitpunktes stattfindet, derart, daß die Zündung um so früher erfolgt, je brennstoffärmer das Gemisch ist, zwecks möglichster Ausdehnung der zündfähigen Grenze.«[13]

Sowohl die Drosselklappenverstellung als auch die Regulierung der Düse erfolgten über einen einfachen Hebel. Bei dem AZ-Motor, der eine Höchstleitung von 180 PS hatte, betrug bei einer durch diese Vorrichtung erzielte Drosselleistung noch 140 PS, der Kraftstoffverbrauch reduzierte sich um 25 Prozent.

Erstmalig zum Einsatz kam der AZ-Motor im Frühjahr 1910. Er war in der vorderen Gondel des Luftschiffes LZ 6 eingebaut, in den beiden hinteren Gondeln versahen noch zwei Daimler-Vierzylinder-Motoren ihren Dienst. Der Maybach-Sechszylindermotor war naturgemäß deutlich

laufruhiger als die bis dahin verwendeten Vierzylindermotoren der DMG. Eine peinliche Panne blieb diesem ersten Motor jedoch nicht erspart. Es war geplant, anläßlich der Geburtstagsfeier des Kaisers Franz Josef in Wien eine Vorführung zu fahren, und ausgerechnet vor diesem Zeitpunkt brach die Kurbelwelle des AZ-Motors, für die auch auf die Schnelle kein Ersatz vorhanden war, so daß die Vorführung entfallen mußte. Ursache des Kurbelwellenbruchs war ein neu verwendeter Stahlbandantrieb für die Luftschrauben, dessen Schwingungsverhalten zum Bruch der Welle geführt hatte. Nach der Instandsetzung des Motors erhielt dieser dann ein wie bislang verwendetes Getriebe, und damit funktionierte er auch einwandfrei. Nach erneuten gelungenen Probeläufen hatte dann Graf Zeppelin so weit Zutrauen zu dem AZ-Motor gefaßt, daß das neue Luftschiff »Schwaben« 1911 mit drei der neuen Motoren ausgestattet wurde. Die »Schwaben« war damit der erste Zeppelin, der ausschließlich von Maybach-Motoren angetrieben wurde.

Schnauffer schreibt über diesen Motor:
»Bekanntlich haben die Motoren nie wieder zu Klagen Anlaß gegeben, sondern sich auf vielen hundert Zeppelin-Passagierfahrten bestens bewährt. Die Folge waren größere Motorenaufträge für den jungen Luftschiffmotorenbau, u.a. auch von anderen Luftschiffe bauenden deutschen Stellen (Groß, Parseval, Schütte-Lanz) und auch aus dem Ausland, z.B. Japan und Italien.«[14]

Der Luftschiffbau-Zeppelin wollte natürlich seinen Motorenproduzenten so nahe wie möglich bei sich haben, und so zog man im Frühjahr 1912 in eine neuerrichtete Fabrik nach Friedrichshafen um. Dort wurde sofort damit begonnen, noch stärkere und leichtere Motoren zu entwickeln. Der erste Motor der neuen Generation erhielt die Bezeichnung CX. Die wesentlichen Unterschiede zum AZ-Motor waren ein größerer Hub (von 170 mm auf 190 mm vergrößert) und eine höhere Drehzahl von 1300 U/min. Die dadurch erzielte Leistungszunahme von 30 PS, der Motor hatte nun 210 PS Gesamtleistung, ging einher mit einer Gewichtsreduzierung von 15 kg (von 425 kg auf 410 kg). Am 8. 5. 1913 führte Karl Maybach diesen Motor zu Zeppelins 75. Geburtstag als Überraschung vor. Graf Zeppelin drückte Karl Maybach die Hand und sagte: »Herr Maybach, Sie haben mir mit Ihrem Motor das schönste Geburtstagsgeschenk gemacht!«

Doch es wurden nicht nur Luftschiffmotoren produziert. Mit dem DW-Motor wurde ein Sechszylinder-Flugmotor produziert, der bei einem Hub/Bohrungsverhältnis von 160 x 130 bei 1350 U/min 160 PS leistete. Die gegenüber den Luftschiffmotoren besseren Leistungswerte resultierten in erster Linie aus den nun verwendeten hängenden Ventilen. Auch bei diesem Motor erfolgte die Ventilsteuerung durch untenliegende Nockenwellen über Stoßstan-

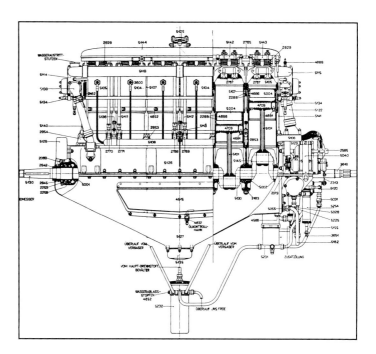

Zeichnung des Maybach-Flugmotor »IR«.

gen. Der Motor verfügte über eine Doppelzündung mit zwei Kerzen pro Zylinder, die von separaten Magneten betrieben wurden. Aus Platzgünden, die sich aus der Vierventilanordnung ergab, waren sie seitlich angeordnet. Die Kurbelwelle, Kolben und Pleuel waren mit denen des Luftschiffmotors identisch. Die Änderungen erläutert Schnauffer wie folgt:

»Sehr anerkennenswert ist, daß Maybach erstmalig auch die Ventile auf den Zylinderköpfen durch eine lange flache Haube gekapselt hatte, wodurch diese endlich ordnungsgemäß geschmiert werden konnten und das für den Flugzeugführer lästige Ölen der Motoren verhindert war. Der Motor machte konstruktiv einen ganz hervorragenden Eindruck. Er wog 240 kg, hatte also ein Leistungsgewicht von nur 1,5 kg/PS. (Mit dem gleichen Leistungsgewicht hatten die Benzwerke den ersten Kaiserpreiswettbewerb im Frühjahr 1914 gewonnen...) Die ersten DW-Motoren wurden 1915 in Marine-Flugzeuge der Brandenburgischen Flugzeug-Werke (Chefkonstrukteur Heinkel) in Warnemünde eingebaut. Diese Flugzeuge warfen bald darauf Bomben über England ab. Die DW-Motoren waren daher die ersten Maybach-Flugmotoren, die zum Einsatz kamen.«[15]

Konstruiert hatte Karl Maybach diesen Motor zum Einsatz beim Kaiserpreiswettbewerb, der jedoch durch den Kriegsausbruch nicht mehr ausgetragen wurde. Nachfolger dieses Motors war der I.R.-Motor[16], der die gleiche Abmessung und Leistung wie der DW-Motor hatte. Eine weitere Innovation Maybachs war der Einsatz von Ölküh-

DEUTSCHES REICH

REICHSPATENTAMT

PATENTSCHRIFT

№ 302439

KLASSE **46** c GRUPPE 18

Motorenbau G. m. b. H. in Friedrichshafen a. B.

Vorrichtung zur Kühlung der heißen Dämpfe im Innern des Kurbelgehäuses von raschlaufenden, leichten Explosionskraftmaschinen.

Patentiert im Deutschen Reiche vom 4. Oktober 1914 ab.

Bei raschlaufenden Explosionskraftmaschinen wird zuweilen das zur Schmierung der Maschine dienende Öl in dem als Ölbehälter ausgebildeten Gehäuseunterteil einer besonderen Kühlung mit Hilfe eines von Wasser oder Luft durchströmten Rohrsystems unterzogen. Die Temperatur im Innern des Kurbelgehäuses wird jedoch durch diese Anordnung nur unwesentlich beeinflußt, so daß Kolbenstangen, Kolben usw. fortwährend durch eine heiße, von Öldampf erfüllte Luft schlagen und eine Abführung der Wärmestauungen an den Kolbenböden u. dgl. nur in geringem Maße erreicht wird.

Der Zweck vorliegender Erfindung ist nun, die im Innern des Kurbelgehäuses herrschende ziemlich hohe Temperatur herabzusetzen und dadurch eine wirkungsvolle Kühlung nicht nur des Öls und der inneren Motorteile, sondern namentlich auch der hoch erhitzten Kolbenböden durch Kühlung der diese Teile umspülenden Gehäusedämpfe zu erzielen.

In der Zeichnung ist eine beispielsweise Ausführungsform der Erfindung dargestellt, und zwar zeigt:

Fig. 1 einen Längsschnitt durch die Maschine,
Fig. 2 einen Schnitt nach der Linie *A - B* der Fig. 1.

Es sind *a* das Kurbelgehäuse, *b* ein Zylinder, *c* ein Kolben, *d* eine Kolbenstange, *e* ein Loch im oberen Boden des Kurbelgehäuses, *f* Rohre, *g* und *h* Fangbleche und *i* der Ölvorrat im Kurbelgehäuse.

In das Kurbelgehäuse *a* ist ein aus einem oder mehreren Reihen bestehendes System von

Röhren über dem normalen Ölspiegel öldicht eingewalzt. Die durch den Propeller, Schwungrad oder Ventilator den Rohren *f* zugeführte Luftmenge durchströmt die Rohre in der Pfeilrichtung. Dadurch findet eine energische Wärmeentziehung der durch die Kolben heftig gegen die Rohre geworfenen Gehäusedämpfe und Ölteile statt. Diese Wirkung kann durch geeignete Verengung der zwischen Zylinder und Gehäuseraum befindlichen Öffnungen unterstützt werden, da hierdurch heftige Luftströmung gegen die Kolbenböden einerseits und die Kühlrohre andererseits stattfindet.

Die Anordnung der Rohre geschieht hierbei senkrecht zur Kurbelwelle. Hierdurch wird erreicht, daß die Rohre verhältnismäßig kurz gehalten werden können und dennoch ein großer Gesamtquerschnitt durch Untereinanderlegung der Rohre bei Verwendung großer Mengen Kühlluft erzielt wird. Der Luftstrom wird den Rohren *f* durch die Fangbleche *g* zugeführt und entweicht durch die Bleche *h* nach rückwärts.

PATENT-ANSPRUCH:

Vorrichtung zur Kühlung der heißen Dämpfe im Innern des Kurbelgehäuses von raschlaufenden, leichten Explosionskraftmaschinen, dadurch gekennzeichnet, daß in das Kurbelgehäuse über dem normalen Ölstand senkrecht zur Kurbelwelle Rohre eingebaut sind, durch welche Luft hindurchgeblasen wird, um die Temperatur in dem Kurbelgehäuse zu erniedrigen.

Hierzu 1 Blatt Zeichnungen.

BERLIN. GEDRUCKT IN DER REICHSDRUCKEREI.

Zu der Patentschrift **302439**

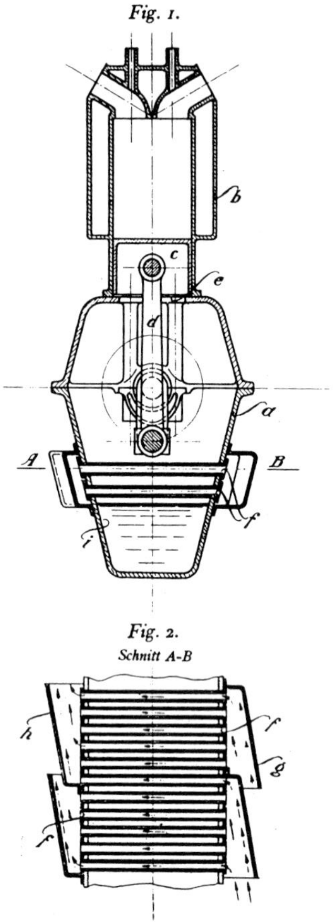

Fig. 1.

Fig. 2.
Schnitt A-B

PHOTOGR. DRUCK DER REICHSDRUCKEREI.

Patentschrift zur Kühlung der Dämpfe im Kurbelgehäuse, 1914.

---

lern bei Flugzeugmotoren. Die Kühleranordnung wurde so vorgenommen, daß dort gekühlt wurde, wo die Motorentemperatur am höchsten war, nämlich über dem Ölspiegel im Kurbelgehäuse. Für diesen neuartigen Ölkühler erhielt Maybach am 4. Oktober 1914 ein Patent (Patent Nr. 302 439), dessen Hauptanspruch lautete:

»Vorrichtung zur Kühlung der heißen Dämpfe im Inneren des Kurbelgehäuses von raschlaufenden, leichten Explosionskraftmaschinen, dadurch gekennzeichnet, daß in das Kurbelgehäuse über dem normalen Ölstand senkrecht zur Kurbelwelle Rohre eingebaut sind, durch welche Luft hindurchgeblasen

wird, um die Temperatur in dem Kurbelgehäuse zu erniedrigen [sic].«[17]

Es ist davon auszugehen, daß Wilhelm Maybach bei allen diesen von seinem Sohn und dessen Mitarbeitern konstruierten Motoren einen mehr oder weniger starken Einfluß auf die Konzeption und Gestaltung hatte. Das ist auch der Grund, warum an dieser Stelle auf die konstruktiven Besonderheiten eingegangen wurde. Mit dem 240 PS-Luftschiffmotor HSLu endet diese Einflußnahme des Vaters auf die Konstruktionen des Sohnes, dessen Lebenswerk ausführlich von Treue und Zima dargestellt wurde.

[1] Schnauffer, Karl: Die Luftschiff- und Flugmotorenentwicklung im Maybach-Motorenbau Friedrichshafen 1909 - 1918. Teil I und Teil II: Text und Anlagen. Erstellt im Auftrag der Arbeitsgemeinschaft für die Geschichte des Verbrennungsmotorenbaues, 1955, Archiv der mtu, Bestand »Wilhelm Maybach«, S. 1f.

[2] Treue, Wilhelm; Zima, Stefan: Hochleistungsmotoren - Karl Maybach und sein Werk. Düsseldorf 1992, S. 6 f.

[3] Ebd., S. 10 f.

[4] Beide Briefe aus dem Archiv der mtu, Bestand »Wilhelm Maybach: Briefwechsel mit dem Sohn Karl in den Jahren 1907 - 1908«.

[5] Treue; Zima, S. 12.

[6] Ebd., S. 14f.

[7] Ebd., S. 13.

[8] Rathke, Kurt: Wilhelm Maybach - Anbruch eines neuen Zeitalters. Friedrichshafen 1953, S. 412f.

[9] Schnauffer, Luftschiff- und Flugmotorenentwicklung, S. 5.

[10] Ebd., S. 7.

[11] Ebd., S. 8.

[12] Ebd., S. 9.

[13] Ebd., S. 11.

[14] Ebd., S. 13.

[15] Ebd., S. 16.

[16] Über diesen Motor schreibt Schnauffer: »Bei ihm wurden verschiedene konstruktive Verbesserungen am Zylinderkopf und im Antrieb der Steuerwellen vorgenommen. Außerdem betätigte erstmalig ein Stößel jeweils die beiden Einlaß- bzw. Auslaßventile. Um Gewicht zu sparen, waren überall sehr schwache Wandstärken verwendet worden. Beachtlich ist, daß z.B. das Kolbenhemd nur 1,25 mm dick war, gewiß für damals eine hervorragende Leistung.« Ebd., S. 17.

[17] Ebd., S. 17.

Der Mensch Maybach
Ein Leben im Geist des Bruderhauses

Mit und ohne Millionen hatte Maybach immer den gleichen Lebensstil gepflegt. Maybach war in der Geisteshaltung des schwäbischen Pietismus groß geworden und hat diese sein Leben lang nicht abgelegt. Er war bescheiden bis zur Selbstverleugnung, lediglich wenn sich andere all zu dreist mit fremden Federn schmückten, die zudem von ihm stammten, bezog er in den letzten Jahren seines Lebens dezidiert Stellung. Ganz gleich wie die Wertung und Zuordnung des Maybachschen Schaffens in der technikhistorischen Literatur erfolgte, kam die Sprache auf den Menschen Maybach, sangen alle Autoren das Lied vom braven Mann.

Dies gilt auch für Siebertz, dem es natürlich in seiner Daimler-Biographie primär darum zu tun war, alle technischen Entwicklungen Daimler zugute zu schreiben und der Maybach als den kongenialen Mitarbeiter porträtierte, ohne näher darauf einzugehen, wie sich Wilhelm Maybach in seinem Verhältnis zu Gottlieb Daimler fühlte. Bei Rauck, der in seiner Maybach-Biographie in erster Linie dessen Erfindungen auflistet, muß man schon zwischen den Zeilen lesen, um eine Charakterstudie zu erhalten. Tut man dies, so gewinnt man den Eindruck, daß auch Rauck in der Retrospektive versucht, die solidarische Beziehung Maybachs zu Daimler zu festigen. So schreibt er, wohl wissend um die Spannungen, die es zwischen beiden gab:

»Durch den Tod Gottlieb Daimlers verlor Maybach einen unersetzlichen Lebenskameraden. Trotz der Verschiedenartigkeit ihrer fachlichen Einstellungen, die oft zu Auseinandersetzungen führte, sind doch beide 35 Jahre miteinander ausgekommen. Sie wußten, daß sie sich stets aufeinander verlassen konnten. Ihre oft verschiedenen Meinungen spornten sie auch zu Höchstleistungen an: fast immer gab der jüngere Maybach nach, um aber doch noch auf Umwegen seine schöpferischen Gedanken durchzusetzen. Die beiden Ehefrauen, seit früher Jugend befreundet, sorgten stets für baldigen Ausgleich gereizter Stimmungen.«[1]

Aber war es tatsächlich Freundschaft, die diese beiden Männer verband? Eine Beziehung unter Gleichen war dieses Verhältnis wohl nie. Maybach sah in dem zehn Jahre älteren Daimler immer eine Respektsperson, andererseits spricht der Umstand, daß beide Frauen befreundet waren

und Daimlers Ehefrau auch die Patenschaft für Karl Maybach[2] übernommen hatte, dafür, daß die Beziehung über das rein Berufliche hinausgegangen sein muß. Daimlers Rolle war wohl die eines väterlichen Freundes. So schreibt denn auch Bertha Maybach 1913 anläßlich des Todes von Adolf Daimler:

»Seine Mutter ist mir unvergeßlich geblieben, wieviel Liebe sie mir in Deutz und hier erwiesen hat. Der liebe Gott möge es ihr vergelten!«[3]

Eine radikal andere Sichtweise Maybachs und des Geschehens verdanken wir Schnauffer mit seinen akribischen Recherchen und im folgenden Sass, dessen Beiträge sich weitgehend auf diesen stützen. Er entwirft ein Maybach-Bild, das dessen Verdienste realistischer darstellt, als dies bei Siebertz und Rauck der Fall war. Schnauffers Recherchen belegen klar, daß Maybach keinesfalls nur ein subalterner Mitarbeiter Daimlers war, der dessen Visionen brav umsetzte, um sich später von Jellinek die Richtung vorgeben zu lassen. Die Rehabilitierung Maybachs findet sich bei Sass ausgerechnet in den Ausführungen, in denen er die Bedeutung Daimlers für die Technikgeschichte untersucht. Er schreibt:

»Daß Daimler alle Erfindungen, die Maybach machte, für sich in Anspruch nahm, entsprach nicht nur seiner Herrennatur, sondern ist auch aus den Gepflogenheiten jener Zeit zu verstehen. Erfindungen der Mitarbeiter gehörten dem Unternehmer; das war damals und noch Jahrzehnte später selbstverständlich. Man pflegte sie auch auf den Namen des Unternehmers oder der Firma anzumelden. Nur während der Periode Königstraße/Hotel Hermann war Daimler genötigt, hiervon abzuweichen, weil er seine Beteiligung an Maybachs Arbeiten nicht bekannt werden lassen durfte. Aber Daimler hat wohl Maybachs vornehme Bescheidenheit gelegentlich zu sehr ausgenutzt, denn unmutig schreibt Maybach einmal »... jetzt aber, wo ich sehe, daß er (Daimler) der Alleserfinder gewesen sein will, muß ich meine Zurückhaltung sehr bedauern.« Die einzige Erfindung, die Gottlieb Daimler gemacht hat, ist die Kurvennutsteuerung. Alle anderen konstruktiven Einzelheiten, wenn sie auch auf Daimlers Namen angemeldet wurden, stammten von Maybach, sofern sie nicht, wie die Glührohrzündung, auf ältere Anregungen zurückzuführen gewesen sind.«[4]

Wilhelm Maybach in seinem Haus in der Pragstraße in Cannstatt (Original und Reproduktion: Stadtarchiv Heilbronn).

Mit dieser Aussage will Sass die Verdienste, die Daimler zweifellos hatte, nicht schmälern, aber er erhebt damit Maybach auf die gleiche Stufe, was nicht mehr als recht und billig ist.

Eine Schilderung des Menschen und Familienvaters Maybach findet sich in liebenswert feuilletonistischer Art bei Rathke. Er berichtet über private Gewohnheiten bis hin zum Lesestoff, der aus Periodika wie »Velhagen und Klasings Monatshefte«, die »Woche« und dem »Lahrer Hinkenden Boten« bestand.[5]

Doch Rathke beschreibt eine Idylle, die mit dem wirklichen Leben Maybachs nur wenig zu tun hat. Maybach sei bescheiden gewesen und hätte sich auch nicht im Ver-

wandtenkreis mit seiner Arbeit gebrüstet. Im Gegenteil, er sei soweit gegangen, sie über sein Schaffen vollkommen im Unklaren zu lassen, was natürlich die Neugier der Betroffenen hervorrief. Als es jemandem in einem unbeobachteten Augenblick gelang, einen Blick ins Arbeitszimmer zu werfen, kommentierte er dies im Kreis der Familie mit den Worten:

»So, jetzt weiß ich, was der Maybach macht, der isch nübergeschnappt, der will Wägen baue, die ohne Gäul laufe.«[6]

Gleich nach dem Weggang von der Daimler-Motoren-Gesellschaft hatte er sich seinen Herzenswunsch erfüllt: er ließ sich nach eigenen Vorstellungen in Cannstatt ein Haus bauen. Es lag in der Freiligratherstraße 7 und wurde, ob

Das Wohnhaus der Familie Maybach mit Gedenktafel, ca. 1960.

seiner sonnigen Lage, von Maybach liebevoll »die Riviera von Cannstatt« genannt. Seine Frau berichtet in ihren Erinnerungen über den Ankauf des Bauplatzes:

»Im Jahre 1905, Februar 8 Uhr morgens, als mein lieber Mann ins Geschäft wollte, bat ich ihn, er möchte so gut sein, um 10 Uhr heimzukommen zu einem wichtigen Ausgang. Seine Antwort war: »Was fällt Dir ein, dazu habe ich keine Zeit, was ist es denn?« - »Eine Besichtigung des schönsten Bauplatzes in der Freiligratherstr., den wir leicht versäumen könnten.« So versprach mir mein lieber Mann um 10 Uhr zu kommen. - Wir gingen dorthin, sahen den sehr verwilderten Platz dort an. Mein lieber Mann sagte, diesen Bauplatz können wir nicht kaufen, er ist für uns zu teuer! Betrübten Herzens kehrten wir um... Mein Mann ging nun in seinem gewohnten schnellen Schritt mir voraus um die Ecke Waiblingerstraße, ich rief ihm nach: »Ach warte doch ein wenig, ich muß Dir etwas sagen, was mir soeben eingefallen ist.« Vor der Doppelvilla Waiblingerstraße blieb ich stehen. Frage von meinem Mann: »Was willst Du dir denn hier ansehen?« Antwort von mir: »So ein Haus (Doppelvilla) könnten wir auf den Platz in der Freiligratherstraße hinbauen.« Mein Mann sagte gleich ganz bestimmt: »Das sieht Dir gleich, willst

Du denn zwei Häuser bauen?« »Nein«, sagte ich »aber mit jemand bauen.« »Mit wem denn?«, fragte mein Mann. In diesem Augenblick fiel mir schnell ein: »Mit Herrn Fahr zusammen, sie suchen auch wie wir einen Bauplatz.« Erstaunt fragte er: »Wie kommst Du denn auf den Gedanken? Da gehen wir doch gleich auf das Kontor zu Herrn Fahr, der Weg ist hier uns geschickt.« Der erste Schritt war getan. Ich besuchte Frau Dau in ihrer Wohnung oben. Sie war sehr erstaunt, so früh schon mich bei ihr zu sehen. Als ich ihr den Grund sagte, war sie der Meinung, »dort hinaus, so weit, komme ich dann nicht mehr«. Ich lachte und sagte: »Oh, wie oft werden Sie kommen!« Später, wenn wir uns begegneten, lachten wir deshalb. Unterdessen besprachen sich die Herren unten in Herrn Fahrs Kontor und so gingen beide Herren zugleich auch zu einem Werkmeister. Es war gerade die höchste Zeit, einige Tage später wäre dieser Platz verkauft worden. Frau Fahr hielt indessen den Daumen, daß daraus etwas werde. Von da an ging es dann auch bald flott weiter. Am 6. Juli 1905 (Karls Geburtstag) ist der erste Spatenstich gemacht. Unser Herr Regierungsbaumeister sagte zu mir: »Haben Sie es sich auch gründlich überlegt, ob zwei Frauen sich auch gegenseitig vertragen?« »Oh, sagte ich, wir beide schon, haben wir doch die Probe davon abgelegt, in der Karlstraße. In 20 Jahren sind wir noch so gut wie heute.« »Ach«, sagte er, »das ist eine lange Zeit«, schüttelte den Kopf und lachte. Es kamen nun die weiteren gemeinschaftlichen Besprechungen. Fahrs liessen uns als den älteren die Wahl: die Sommerseite oder schönere Seite des Hauses mit freiem Ausblick gegen die Nachbarn. Wir wählten gern die Sonnenseite. Weiter wurden die Pläne studiert, die Eingänge des Hauses genau besprochen. Wir wurden auch darin einig, daß jede Familie auf der Seite ungenierter aus- und eingehen könne, anstatt von der Straße aus. Der Bau machte weitere Fortschritte, daß bald auf der Bühne gemeinschaftliche Besprechungen stattfinden konnten. Die Innendekoration ging ziemlich rasch vorwärts. Am 12. Juni 1906 zogen wir in unsere schönen Häuser ein. Wie schnell ist diese lange Zeit nun verstrichen!«[7]

Für das neue Haus erfand Maybach, man sieht, der Techniker rastete auch nicht im Ruhestand, eine Heizung. Die Konstruktionszeichnungen und Pläne dazu sind erhalten geblieben und befinden sich im Archiv der mtu.[8]

Von seiner Tochter ist uns eine mehr pragmatisch orientierte Würdigung der Maybach-Heizung überliefert:

»Mein Vater hatte später keine besonderen Liebhabereien. Der Gasofen, diese Konstruktion seiner Altersjahre, war mehr Arbeit des nimmermüden Konstruktionsbedürfnisses als ein Zeitvertreib ... Die ersten Öfen sind schon in der Brunnenstraße entstanden, wo sich auch Herr Kübler etwas damit abgab, da der Vater noch in der DMG war. Als das Haus gebaut wurde, beschloß mein Vater, es ausschließlich mit dieser Heizung auszustatten und das geschah auch. (Das hatte leider zur Folge, daß das Haus nur einen einzigen Kamin eingebaut bekam, im übrigen nur Luftschächte, was sich im ersten Weltkrieg, als vorüber-

gehend die Gaszufuhr ganz unterblieb, sehr nachteilig auswirkte.) Jedes der zehn Zimmer bekam einen Gasofen, die unteren solche mit hübsch gehämmerten Verkleidungen, die oberen einfachere Lamellengestelle. Ich muß sagen, es ist mir inzwischen nie mehr eine solch ideale Einzelzimmerheizung begegnet. Innerhalb von 10 Minuten war ein Zimmer, ob groß oder klein, behaglich warm und die Temperatur konnte auf jedem gewünschten Grad gehalten werden. Man war sich bei und über den Grad nie ganz einig. Mein Vater und ich liebten es behaglich warm (21 - 23 Grad Celsius), meine Mutter brauchte es kühler. Deshalb rannte immer wieder abwechselnd einer zum Ofen und ich höre meine Mutter immer noch klagen: »24 Grad habt ihr jetzt wieder, das hält ja kein Mensch aus«, und flugs war der Hahn ganz zugedreht. Kurz vor dem Weltkrieg wurde durch die Herren Pfleiderer in Heilbronn an die Auswertung des Patents gedacht, die Herren hatten in großzügiger Weise erhebliche Geldmittel in die Sache gesteckt. Leider hat der Krieg das Geschäft jäh beendet. War die Heizung geradezu ideal für die Erwärmung einzelner Zimmer, so hatte sie ihre Mängel als Heizung eines ganzen Hauses. Wir stellten daher einen Dauerbrandofen im Vorplatz des Hauses auf, der auch das Treppenhaus und die oberen Stockwerke etwas erwärmte. Trotzdem mußte an kalten Tagen, auch während der Nacht im Schlafzimmer meiner Eltern der

Gasofen brennen. Ich stand an stürmischen Tagen oft mehrmals in der Nacht auf und sah nach, ob der Ofen im Zimmer der Eltern nicht ausgeblasen war. Ein Nachteil der Gasheizung war auch der teuere Preis für das Gas. In den Wintermonaten hatten wir nicht selten 100 - 120 RM monatlich Gasgebühren bei nur drei geheizten Zimmern.«[9]

Dieses Haus bewohnte Maybach zusammen mit Frau, Tochter Emma und dem Faktotum in Person der Haushälterin Elsa, die über 20 Jahre in Diensten stand. Sie gehörte zur Familie, was sich darin zeigte, daß sie mit Maybachs zusammen zu Abend aß. Von seiner Wohnung aus erreichte Maybach in drei Minuten den Kurpark, in den er sich vor allem in späteren Jahren oft schon zum Frühkonzert begab, und in der gleichen Zeit gelangte er auch zur Trambahnhaltestelle. Da er sich dieses Verkehrsmittels oft bediente, war dies ein für ihn durchaus wichtiger Umstand. Er selber fuhr im Alter kein Automobil mehr, was vor allem bei französischen Historikern zu dem Verdacht führte, Maybach hätte nie autofahren können. Sein Sohn Karl hat diesen Behauptungen nachhaltig widersprochen. Zu Fuß ging Maybach nur, wenn Rückenwind seinen Gang unterstützte. So entschied der Wind zum einen die Schrittrichtung und, wenn diese schon festlag, ob es zu Fuß oder

Wilhelm Maybach mit seiner
Familie auf einem
der ersten Riemenwagen
(Original und Reproduktion:
Stadtarchiv Heilbronn).

Der Bruder von Wilhelm
Maybachs Schwiegervater,
Heinrich, und dessen Frau
in Karlsruhe.

Wilhelm Maybach bei einem seiner Spaziergänge im Cannstatter Kurpark (Original und Reproduktion: Stadtarchiv Heilbronn).

mit der Trambahn in die gewünschte Richtung ging. Dazu blickte er aus dem Ostfenster seines Zimmers, von dem aus er den Wetterhahn des Nachbarhauses sehen konnte.

Die Straßenbahn war für ihn nicht nur Transportmittel, sondern auch Ort der Unterhaltung. Er traf auf den Fahrten seine Freunde, und alle Schaffner der Linie kannten ihn allmählich. Sein täglicher Spaziergang um 3 Uhr nach Stuttgart war ein festes Ritual, von dem er sich lediglich durch eine starke Erkältung abhalten ließ. Ziel war in den meisten Fällen das Café Männer, wo er gegen Abend dann mit Freunden und Bekannten eine Partie 66 zu spielen pflegte. Waren Besucher bei ihm zu Hause und die Zeit des Aufbruchs kam, blickte er wiederholt demonstrativ auf seine Taschenuhr. Half das nichts, entschuldigte er sich höflich, zog seinen Mantel an und überließ den Gast der Familie zur weiteren Behandlung. Den Erinnerungen

Emma Maybachs verdanken wir einen erzählerischen Blick in das Arbeitszimmer Maybachs, das dieser im Stil der Gründerzeit eingerichtet hatte:

»Sein Zimmer von 6½ x 5½ Meter Grundfläche hatte drei Erkerfenster nach Süden und ein Fenster nach Osten. Es war sehr behaglich und schön in den Farben. Alles war in Eiche, die gediegenen Möbel mit den gedrehten Verzierungen nach dem Stil der Jahrhundertwende, die eichenen Türen und Fensterverkleidungen, ja auch die Bilder (Intarsien vom Bruder aus Karlsruhe) waren in dieser Grundfarbe, die hübsch zu einer blauen Tapete und dunkelroten Polstermöbel und Bodenteppichen kontrastierte. Einige Einrichtungsstücke waren beim Bau des Hauses 1906 von dem Innenarchitekten Schneck (nachmaliger Prof. an der Kunstgewerbeschule in Stuttgart) neu ausgewählt worden, u.a. der eichene Mitteltisch mit 6 Stühlen, die ebenfalls dunkelrote Polsterung auf der Sitzfläche hatten ...« [10]

Diese aufwendig produzierten Möbelstücke stammten aus den ersten vollmaschinisierten Möbelfabriken Deutschlands, der Stil ist nach der damaligen Zeitepoche, der Gründerzeit, benannt.

In diesem Zimmer hielt sich Maybach (nach seinem Austritt aus der DMG) immer im Anschluß an seinem Frühspaziergang im Kurpark auf und rauchte die erste der drei Zigarren, die er sich täglich genehmigte. Er saß dabei in einem Clubsessel, im Sommer waren die Tische mit frischen Rosen geschmückt, las mitunter die Zeitung, meistens aber trommelte er sinnierend mit den Fingern auf die Sessellehne. Ging die Zigarre ihrem Ende zu, wurde sie auf einen Zirkel gespießt, so daß auch der letzte Rest ohne verbrannte Finger genutzt werden konnte. Gegen 11.30 Uhr folgte dann der zweite Spaziergangang, dieses Mal zu einem Schluck aus der Sauerquelle unter den Klängen des Kurkonzerts, sofern eines stattfand.

Maybach war ein Mensch, der gerne im Liegen nachdachte. Zu diesem Zweck befand sich eine Chaiselongue im Zimmer. Auf diese bettete er sich dann rücklings, die Hände über dem Bauch verschränkt und die Daumen kreisen lassend.

Die Küche der Maybachs war gut bürgerlich. Es wurde, wie damals üblich, nach dem Rezeptbuch der Hausfrau sorgfältig gekocht. Maybach war ein mäßiger Esser, der bei Tisch wenig sprach, da dies seiner Ansicht nach der Verdauung unzuträglich war. Es bereitete ihm andererseits aber Vergnügen, wenn an der Tafel Gespräche entstanden, denen er zuhören konnte. Suppe aß er nicht gerne, und zu einem zweiten Teller ließ er sich nie überreden. *»Suppe ist zu 98 Prozent aus Wasser«*, kommentierte er das Ansinnen seiner Frau, ihm einen Nachschlag geben zu wollen, was diese stets empörte. Bertha Maybach wollte es nicht einleuchten, daß die gute Suppe, die sie mit viel Mühe gekocht hatte, nur schlichtes Wasser darstellen sollte.

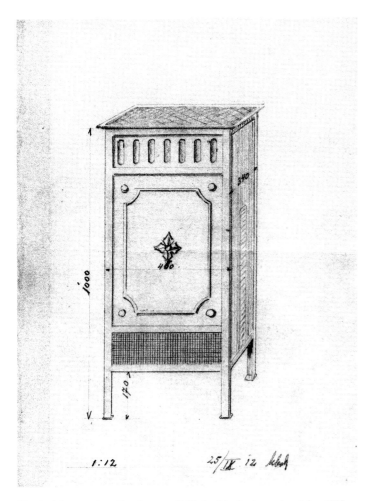

Handzeichnung eines Gasofens von Wilhelm Maybach aus dem Jahre 1912.

Sie war ihrem Gatten in vielem ähnlich. Wie er war sie bescheiden, selbstlos und hatte keinerlei Hang zum gesellschaftlichen Leben der bürgerlichen Kreise. Die einzige gesellschaftliche Aktivität war die Teilnahme am »Wernerkranz«. Ihre Tochter Emma vermerkt über das Engagement der Mutter:

»Sie hatte ihren "Wernerkranz", dessen Seele sie war. Über 40 Jahre hielt sie diese kleine wohltätige Vereinigung von ca. 10 Damen, darunter einige entfernte Verwandte und auch Frau Dr. Pfäfflin, geb. Daimler. Die Damen trafen sich in einem Kaffee- Restaurant alle 14 Tage und zahlten in ein Kässlein, das meine Mutter kreisen ließ, einen kleinen Betrag. Der so gewonnene Erlös wurde am Schluß des Jahres dem Bruderhaus in Reutlingen übersandt. Beide Eltern haben den von Vater Werner begründeten Anstalten in Dankbarkeit die Treue bewahrt.«[11]

Als Tochter des Posthalters und Gasthausbesitzers von Maulbronn, Carl Gottfried Habermaas[12], hatte Bertha eine Erziehung wie für höhere Töchter damals üblich, mit

Unterricht in Französisch, Zeichnen, Malen und Musik erhalten, die durch den einjährigen Besuch eines Mädchenpensionats in Stuttgart gekrönt wurde. Eine ähnliche Ausbildung ließ Maybach dann auch seiner Tochter Emma zugute kommen, wenn auch in etwas modernerer Form. Nun gehörte auch Sport dazu. Emma spielte im Sommer Tennis und fuhr im Winter Ski. In ihren Erinnerungen beschreibt sie sogar einen Unfall, den sie beim Skilaufen erlitt.

»Nun passierte es, daß ich im Winter 1926 in St. Christoph am Arlberg den Knöchel brach. Wie sollte ich das meinen alten Eltern beibringen, ohne daß sie zu sehr erschraken? Ich beschloß überhaupt nicht und wandte eine List an. Mit einiger Mühe bewerkstelligte ich den Transport ins Tal per Schlitten, von da mit der Eisenbahn, ein Stück per Auto, dann wieder mit der Eisenbahn. Schaffner und Mitreisende, waren außerordentlich hilfsbereit (während der Kriegszeit dachte ich manchmal an diese Reisen als an etwas, was im Märchenland lag) und ich kam wohlbehalten in Cannstatt an. Ich hatte per Telegramm Bekannte gebeten, mich mit zwei Mann abzuholen. Alles klappte und ich ließ mich nun (glücklicherweise guckte niemand zum Fenster heraus) an der Haustür abstellen mit Ski und Rucksack (ich sah vollständig gesund aus). Dann läutete ich, man drückte innen auf den Knopf und gleich darauf erschien meine Mutter oben an der Treppe des Parterre (ich natürlich noch unten an der Haustür). »Gottseidank, daß Du wieder gesund und heil da bist«, sagte meine Mutter. Wir lachten uns freundlich an. Dann sagte ich: »Gelt, Du siehst doch, daß es mir gut geht?« »Ja freilich«, sagte meine Mutter, »komm rauf, warum stehst Du denn dort wie angenagelt?« Nun mußte natürlich die Katze aus dem Sack. Aber der Schrecken war doch abgeschwächt. Ein nettes Nachspiel hatte die Sache. Als ich im nächsten Jahr wieder mit den Skiern loszog, kam ein Schaffner auf mich zu und sagte: »So, kennet Se jetzt wieder hopse?« Er hatte sich noch an die Exkursion vom vergangenem Jahr erinnert.«[13]

Die Tochter hat es dem Vater in späteren Lebensjahren immer verübelt, daß sie lediglich eine »Höhere Töchter-Ausbildung« erhalten hatte. Sie hätte wohl auch gerne studiert, was aber zu dieser Zeit für ein Mädchen immer noch etwas Ungewöhnliches war. Durch ihre Sprachkenntnisse, vor allem des Italienischen, wurde Emma während des Zweiten Weltkriegs als Dolmetscherin für die Deutschen Truppen in Italien eingesetzt.

In Cannstatt fand kein gesellschaftliches Leben statt, so daß jene, die daran teilhaben wollten, Mitglieder einer der vielen Stuttgarter Gesellschaftsvereine sein mußten. Maybachs waren dies nie. Bis auf gelegentliche musikalische Nachmittage genügte sich das Ehepaar selbst. Über den Kontakt zu seinen vier Brüdern schreibt die Tochter Emma Maybach:

»Aber andererseits muß man sich bei meinem Vater doch manchmal fragen, ob nicht der Mangel einer Familie Schuld war

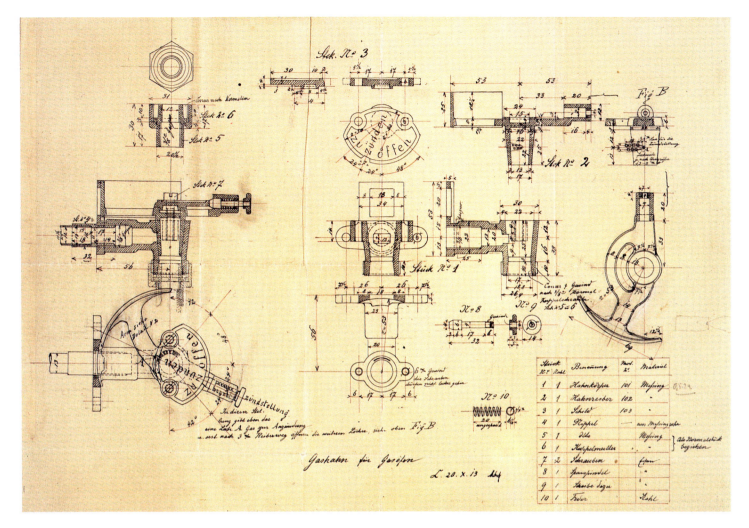

Originalzeichnung eines »Gashahns für Gasöfen« von Wilhelm Maybach, 1919.

an gewissen Härten in seinem Wesen. Zwar hat er zeitlebens treu zu seinen Brüdern gehalten, obgleich er sie im Grunde nur wenig kannte. Er hatte stehts Interesse an ihrem Ergehen und half auch, wo er konnte. Aber meinem Vater fehlte manchmal die Möglichkeit, sich in die Lage eines Anderen zu versetzten und das traf auch auf die eigene Familie zu.«[14]

Der Familienkreis war ihnen genug sozialer Kontakt, zudem war ja, beruflich wie privat, sehr viel Schweres gemeinsam durchzustehen. Dazu gehörte auch Maybachs in den vorangegangenen Kapiteln angesprochene Erkrankung im Jahr 1903, über deren Verlauf wir durch die Aufzeichnungen seiner Frau Bertha näheres wissen:

»Der liebe Vater wurde Ende September 1903 von einer heftigen Diarrhöe befallen, die ihn sehr schwächte. Einige Wochen danach überkam ihn eine Herz- und Nervenschwäche, die sich zuerst in der Kirche durch einen Bangigkeitszustand mit

Schwindel zeigte, so daß er die Kirche schnell verlassen mußte. Er glaubte, das sei nur vorübergehend, aber es zeigte sich leider, daß eine Nervenüberreizung durch allzu große Überarbeitung der letzten Zeit wie auch durch den Schrecken des Brandes im Geschäft wie durch den Tod des Herrn Geheimrat Duttenhofers und durch den Umbau in Untertürkheim sich bei ihm eingestellt hatte, mußte er im Geschäft aussetzten und sich zu Hause pflegen lassen. Durch das ruhige Verhalten zu Hause wurde es ihm bald besser, aber weil er wieder zu früh ins Geschäft ging, so kam ein Rückfall, der ihn noch mehr schwächte. So mußte er im November bis 24. Dezember nach Baden-Baden. Von dort kam er in Begleitung von Herrn Kübler wohler zurück und nach Neujahr wollte er wiederholt versuchen ins Geschäft zu gehen. Es war aber immer noch zu früh für seinen geschwächten Zustand und hatte die Folgen, daß er wieder fort mußte, und zwar Mitte Januar nach Freudenstadt, wohin ich und Emma ihn begleitete.

Emma Maybach in jungen Jahren.

Emma Maybach auf dem Weg zum Tennisspiel.

Emma Maybach mit Freunden beim Skifahren, »An der Teufelsmühle« 1922.

Emma Maybach mit Kolleginnen der Haushaltsschule in Karlsruhe.

Dort war es anfänglich bei der herrlich reinen Schneeluft soweit gut für ihn, später aber schlug es ins Gegenteil um, da die Witterung neblig und windig wurde, so daß wir nach vier Wochen abreisen mußten. Zu Hause angekommen ging der liebe Vater diesmal nicht ins Geschäft, auch da er sich noch nicht wohl fühlte und auch wohl weil Dr. Sch. noch dringend eine längere Kur im Süden in Arco (Südtirol) anriet, so entschloß er sich dorthin zu gehen und reiste am 28. Februar in Begleitung von Karl ab. Seit 14 Tagen ist er nun dort, von wo uns bis jetzt gottlob befriedigende Nachrichten zugekommen sind. Er wollte gerne, daß ich ihn nach Arco begleite, aber ich kann ja so schwer von Hause fort.«[15]

In seinem 57. Lebensjahr erkrankte Maybach zum ersten Mal ernsthaft, und von da an bestimmten zum Teil schwere gesundheitliche Beeinträchtigungen sein Leben. So befiel ihn 1906 ein Ischiasleiden. Die vom Hausarzt gewählte Medikation hatte sogar eine leichte Abhängigkeit zur Folge, die aber durch das resolute Auftreten seiner Frau, die weitere Herausgabe des Medikaments schlicht verweigernd, beendet wurde.[16]

Bertha kümmerte sich auch im Krankheitsfall intensiv um ihren Gatten und war kritisch und selbstbewußt genug, die Anweisungen der Ärzte ob ihrer Sinnfälligkeit zu hinterfragen. So auch 1913, als eine Blasenoperation für Maybach anstand und er zur stationären Behandlung ins

Krankenhaus mußte. Es wurde ein Zweibettzimmer genommen, in das auch Bertha einzog, um ihren Wilhelm mit Champagner zu versorgen, der ihrer Ansicht nach für den besseren Verlauf der Heilung unbedingt erforderlich war.[17]

Doch es waren nicht nur gesundheitliche Probleme, die das Familienleben der Maybachs belasteten. Die beruflichen Höhen und Tiefen, die Maybach durchlebte, wurden bereits in den vorangegangenen Kapiteln ausgeführt, aber auch privat traf die Familie ein harter Schicksalsschlag. Der 1884 geborene Adolf erkrankte wohl um die Jahrhundertwende an Katatonie, einer Sonderform der Schizophrenie.

Diese geistige Behinderung machte ihn zum Pflegefall. Die Maybachs haben dies, dem Zeitgeist entsprechend, als familiären Makel empfunden. Das ist auch der Grund, warum über das Schicksal Adolf Maybachs so gut wie nichts bekannt war. Über sein Leben, Leiden und Sterben wurde der Mantel des Schweigens gelegt. Die Zusammenstellung der folgenden Fakten ist das Ergebnis umfangreicher Recherchen im Rahmen dieser Biographie. Hier sei Herrn Sachs, dem Leiter der Stiftung Grafeneck, gedankt, der zur Aufhellung dieses Falles wesentlich beigetragen hat.

Andeutungen über seine Erkrankung lassen sich nur spärlich finden, so in einem Brief Maybachs an seine Tochter Emma vom 29. November 1910 zu deren Geburtstag. Zu diesem Zeitpunkt war Adolf 26 Jahre alt. Maybach schrieb:

»Adolf lernt jetzt das Singen und Klavierspielen bei einem Lehrer in Stuttgart, er hat das große Bedürfnis sich mit seinem Lehrer täglich auszusprechen, wenn er das nicht kann, dann kommt er zu oft zu mir, um manchmal stundenlang sich zu unterhalten, zu dem er jetzt ein großes Bedürfnis fühlt [sic!].«[18]

Die Zeit nach 1910 verbrachte Adolf Maybach in einem Schweizer Sanatorium; bis dahin hatte er im elterlichen Haus gewohnt.

Im Jahr 1912 muß sich sein Gesundheitszustand so verschlechtert haben, daß er am 4. Oktober in die Württembergische Heilanstalt Schussenried eingeliefert wurde. Er war dort als Privatpatient untergebracht. Den dortigen Unterlagen ist zu entnehmen, daß er sogar einen ihm zugeteilten Privatpfleger hatte und in der Verpflegungsklasse eins rangierte. Sein Vater hat ihn oft besucht, und in Schussenried war es jedesmal ein Ereignis, wenn Wilhelm Maybach vierspännig vom Bahnhof abgeholt wurde. Später war es dann Karl Maybach, der beim Besuch des Bruders für Aufsehen sorgte, wenn er mit dem großen 12-Zylinder-Maybach Zeppelin vorfuhr. Adolf Maybach lebte in der Heilanstalt Schussenried bis zum 18.6.1940. Am Anfang des Jahres 1940 war, nach Berichten des Medizinalrats Dr. Morstatt, beim Anstaltsdirektor der Heilanstalt Schussenried ein gewisser Dr. Koch als Vertreter des

Wilhelm und Käthe Maybach im Café Hausser in Lindau am 7. Mai 1916.

Familie Maybach beim Halma-Spiel. Das letzte Bild von Sohn Adolf, rechts im Bild.

Reichsgesundheitsamts erschienen, der die Frage der Sterilisierung ansprach, sich aber auch über den Stand der »Vernichtung lebensunwerten Lebens« erkundigte.[19]

Hintergrund war die Verfügung Adolf Hitlers vom 1. September 1939:

»Reichsleiter Bouhler und Dr. med. Brand sind unter Verantwortung beauftragt, die Befugnisse namentlich zu bestimmender Ärzte so zu erweitern, daß nach menschlichem Ermessen unheilbaren Kranken bei kritischer Beurteilung ihres Krankheitszustandes der Gnadentod gewährt werden kann.«[20]

Schon am 21. des gleichen Monats verfügte das Reichsinnenministerium, daß ihm alle Anstalten, in denen sich Epileptiker und geistig Behinderte befanden, aufgelistet werden mußten. Dabei spielte die Art der Einrichtung, also ob öffentlich, gemeinnützig, karitativ oder privat, keine Rolle. Das Stuttgarter Innenministerium meldete daraufhin 48 württembergische Einrichtungen nach Berlin, darunter auch die Heilanstalt Schussenried. Die nun als geheime Reichssache unter der Chiffre »Aktion T 4« (benannt nach dem Standort des Verwaltungsgebäudes der »Reichsarbeitsgemeinschaft Heil- und Pflegeanstalten« in der Tiergartenstr. 4 in Berlin) anlaufende Vorbereitung zielte auf die Ermordung der geistig Behinderten unter dem Deckmantel der Euthanasie[21] ab. In Württemberg war es die Landespflegeanstalt Grafeneck, die, neben fünf weiteren solcher Anstalten im deutschen Reich, für das verbrecherische Unterfangen präpariert wurde.[22]

Mit Beginn des Jahres 1940 fing das Morden in Grafeneck an. Damit begann für die Betroffenen ein grauenvoller Leidensweg, denn schon bald war unter den Heiminsassen, aber auch beim Pflegepersonal bekannt, welchem tatsächlichen Zweck die Verlegungstransporte dienten. Die Abgeholten wußten in den meisten Fällen, wohin die Reise ging.

Das Anwesen »Grafeneck« bei Gomadingen nahe Reutlingen.

Grafeneck heute

1. Schloß
2. Mitarbeiter-Wohnhaus
3. Landwirtschaftsgebäude
4. Geräteschuppen
5. Werkstatt für Behinderte

Grafeneck um 1940

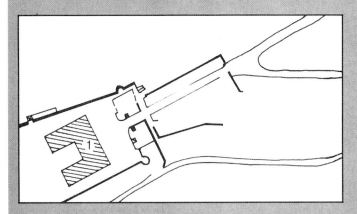

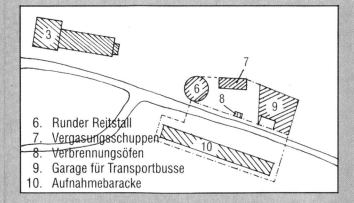

6. Runder Reitstall
7. Vergasungsschuppen
8. Verbrennungsöfen
9. Garage für Transportbusse
10. Aufnahmebaracke

Das obere Bild zeigt einen Blick auf das Gelände von Grafeneck. Zu sehen sind das Schloßgebäude, das Mitarbeiter-Wohnhaus, das Landwirtschaftsgebäude und die Werkstatt für Behinderte.

Die unteren Bilder zeigen einen Lageplan, in den die Gebäude eingezeichnet wurden, die im Jahr 1940 dort standen und in denen die Tötung der Behinderten vorgenommen wurde.

Aus allen Anstalten Württembergs erfolgten nach und nach die Verlegungen nach Grafeneck. Das Datum des Verlegungstages war in aller Regel auch das Sterbedatum, einen Aufenthalt der Bemitleidenswerten gab es in Grafeneck nicht.[23]

»Verlegt nach unbekannt« steht lapidar auf den Listen und entspricht, eigentümlich makaber, dem tatsächlichen Schicksal der Betroffenen. Die Verlegungsliste der Württembergischen Heilanstalt Schussenried führt unter der Nr. 18 Adolf Maybach. Während sich deutsche Panzer mit Motoren, die sein Bruder Karl entwickelt hatte, auf dem Marsch nach Westen befanden, starb Adolf einen einsamen Tod in der Gaskammer Grafeneck.

Die Familien der Betroffenen wußten von all dem nichts. So auch Karl und Emma Maybach. Sie erhielten die Mitteilung, daß Adolf Maybach an einer Krankheit verstorben war und aus Gründen der Vermeidung von Infektionsübertragungen die Leiche sofort eingeäschert werden mußte. Der Lügenbrief mit Sterbeurkunde ist nicht mehr erhalten. Exemplarisch sei an dieser Stelle deshalb ein anderer Brief angeführt, der routinemäßig an die Angehörigen verschickt wurde:

»Sehr geehrter Herr K.!
Wir bedauern, Ihnen heute mitteilen zu müssen, daß Ihre Tochter Anneliese K. am 20. Februar 1941 unerwartet infolge toxischer Diphtherie verstorben ist. Ihre Verlegung in unsere Anstalt stellt eine Kriegsmaßnahme dar und erfolgte aus mit der Reichsverteidigung im Zusammenhang stehenden Gründen. Nachdem unsere Anstalt nur als Durchgangslager für diejenigen Kranken bestimmt ist, die in eine andere Anstalt unserer Gegend verlegt werden sollen und der Aufenthalt hier lediglich der Feststellung von Bazillenträgern dient, deren sich solche bekanntlich immer wieder unter derartigen Kranken befinden, hat die zuständige Ortspolizeibehörde, um den Ausbruch und die Verschleppung übertragbarer Krankheiten zu verhindern, im Einvernehmen mit den beteiligten Stellen weitgehende Schutzmaßnahmen angeordnet und gemäß § 22 der Verordnung zur Bekämpfung übertragbarer Krankheiten die sofortige Einäscherung der Leiche und die Desinfektion des Nachlasses verfügt. Einer Einverständniserklärung der Angehörigen bedarf es in diesem Fall nicht. Der Nachlaß der Verstorbenen wird nach erfolgter Desinfektion hier aufbewahrt, weil er in erster Linie als Pfand für den Kostenträger der Anstaltsunterbringung dient. Bei dieser Gelegenheit erlauben wir uns, Sie darauf hinzuweisen, daß sich eine Beschädigung des Nachlasses durch die Desinfektion infolge Verwendung nachhaltigster Mittel sehr oft nicht vermeiden läßt und vielfach sowohl Versendung wie Herbeiführung eines Entscheides über Zuweisung des Nachlasses mehr Zeit und Kosten verursacht, als der Nachlaß wert ist.

Wir schlagen Ihnen aus diesem Grund vor, auf ihn zu verzichten, sodaß wir ihn im Falle der Beschädigung der NSV und im anderen Falle ohne gerichtlichen Entscheid dem Kostenträger zur Verfügung überlassen können. Falls Sie die Urne auf einem bestimmten Friedhof beisetzen lassen wollen - die Überführung erfolgt kostenlos - bitten wir Sie unter Beifügung einer Einverständniserklärung der betreffenden Friedhofsverwaltung um Nachricht. Sollten Sie uns diese innerhalb von 14 Tagen nicht zusenden, werden wir die Beisetzung anderweitig veranlassen, wie wir auch annehmen würden, daß Sie auf den Nachlaß verzichten, wenn Sie uns innerhalb gleicher Zeit hierüber eine Mitteilung nicht zukommen lassen sollte. Zwei Sterbeurkunden fügen wir zu Ihrer Bedienung bei. Heil Hitler!
gez. Dr. Keller.«[24]

Wilhelm Maybach und seiner Frau Bertha blieb die Kenntnis über dieses Grauen erspart. Sie haben diese Welt in dem Glauben verlassen, ihr Sohn Adolf sei in guten Händen. Bertha Maybach starb am 31. März 1931 in Cannstatt.

Verlegungsliste. Der Hinweis »verlegt nach unbekannt« wurde für die Überstellung nach Grafeneck verwendet. Nr. 18: Adolf Maybach.

Lfd. Nr.	Vor- und Zuname	Geburtsdatum	Aufnahmedatum in die Anstalt	Diagnose	a) Arbeitsfähig in % b) „Lebensunwert"?
1	Birkner, Gustav	1. 8.1881	30. 5.1923	Schizophr.	
2	Knöbel, Rudolf	9. 4.1906	1. 6.1929	"	
3	Knödler, Ernst	5. 4.1896	1.11.1921	"	
4	Knupfer, Joh.Bapt.	11. 9.1899	12.12.1919	Katatonie	
5	Kimpfler, Chrisostomus	28. 4.1880	30. 1.1920	Imbezillität	
6	Koch, Friedrich	15.10.1912	28. 7.1939	Epilepsie	
7	Köpf, Otto	21. 9.1885	4. 5.1927	Katatonie	
8	Kramer, Benedikt	20. 7.1885	19.10.1923	Schizophr.	
9	Kraus, Benedikt	11. 2.1899	16.10.1929	"	
10	Krimmer, Friedrich	9. 1.1899	18.12.1919	"	
11	Kuhn, Johann	26. 6.1895	1. 5.1933	Katatonie	
12	Leßle, Franz	26. 3.1900	2. 4.1930	Katatonie	
13	Lindenmayer,Robert	3.11.1894	15.11.1932	Schizophr.	
14	Locher, Hugo	17. 2.1884	6.11.1917	"	
15	Ludwig, Jakob	13.12.1902	26. 6.1935	"	
16	Mack, Jakob	21. 5.1899	20. 4.1935	"	
17	Magirus, Walter	1. 7.1885	18.10.1921	Idiotie	
18	Maybach, Adolf	12. 9.1884	4.10.1912	Katatonie	
19	Mayer, Johannes	26.12.1902	30.11.1931	Hebephrenie	
20	Mayer, Josef	6. 1.1875	11.10.1937	Schizophr.	
21	Merz, Josef	2. 3.1882	30. 9.1907	Katatonie	
22	Michler, Heinrich	18. 7.1870	6. 2.1934	Schizophr.	
23	Mühlberger,Robert	23. 4.1902	16. 3.1933	"	
24	Öttinger, Richard	12. 5.1890	10. 4.1933	"	
25	Pröllochs, Otto	3. 2.1903	28.11.1935	"	
26	Rasig, Georg	5. 5.1877	8. 6.1931	Katatonie	
27	Reichert, Heinrich	25. 7.1902	13. 6.1927	Katatonie	
28	Rieder, Josef	3. 9.1876	16. 8.1933	Schizophr.	
29	Rieker, Georg	6. 3.1903	24. 7.1928	"	
30	Riedlinger, Lorenz	8. 8.1891	14. 9.1936	"	
31	Rimmele, Philipp	13. 4.1874	2. 1.1899	"	
32	Rueff, Karl	1. 2.1892	19. 7.1924	"	

Wilhelm Maybach war, ganz im Gegensatz zu Gottlieb Daimler, ein versöhnlicher Lebensabend vergönnt. An Ehrungen und Auszeichnungen fehlte es dabei nicht. Die Auflistung der Ehrungen und Auszeichnungen befindet sich in chronologischer Abfolge im Anhang.

An seinem 70. Geburtstag, er hatte sich mittlerweile schon ganz ins Privatleben zurückgezogen, wurde ihm von der TH Stuttgart die Ehrendoktorwürde verliehen, ein Jahr zuvor hatte ihn der König von Württemberg zum Baurat ernannt, der Kaiser verlieh den Roten Adlerorden, und der VDI die Grashof-Denkmünze, die höchste Auszeichnung, die er zu vergeben hatte.[25] Der Tag, an dem Wilhelm Maybach die Ehrendoktorwürde verliehen wurde, ist uns ebenfalls durch die Aufzeichnung seiner Frau erhalten geblieben:

»Der heutige Tag wird uns unvergeßlich bleiben. Wie sonst gedachten wir Vaters Geburtstag still unter uns zu verleben. Daß wohl noch von manchen Seiten dem lieben Vater heute gratuliert würde, waren wir fest überzeugt, aber eine solche vielseitige Anteilnahme und besonders die großen Ehrungen kamen uns unerwartet. Früh morgens brachte die Post Briefe, und Telegramme liefen ein von morgens bis abends. Blumenspenden und liebe Besuche. Punkt 10 Uhr vormittags erschien eine Abordnung von 3 Herren der Technischen Hochschule: Staats-rat von Bach, Prof. Mayer und Prof. Baumann von Gotha. In schöner überaus würdiger Ansprache überreichte Prof. Maier dem lieben Vater den Dr. Ing. h.c. von der Technischen Hochschule. Wir waren gerührt. Noch kamen gleich nach diesem hohen Besuch weitere Ehrungen nacheinander: ein großes Wertpaket brachte dem lieben Vater den höchsten Ehrenpreis des Kaiserlichen Automobilclubs, eine große goldene Medaille mit auf Pergament geschriebenem Anerkennungschreiben, unterzeichnet vom Herzog von Ratibor. Dieser Ehrung folgte vom Verein Deutscher Motorfahrzeug Industrieller eine in Leder gebundene Mappe enthaltend eine prächtige Widmung. An diesem liefen im ganzen gegen 140 Briefe und über 20 Telegramme ein. Es traf auch eine weitere Medaille in Bronze (Steinbeismedaille) von der Zentralstelle für Gewerbe und Handel ein.«[26]

Auch die obligaten Ehrenmitgliedschaften in den verschiedenen Automobilclubs und technischen Vereinigungen blieben nicht aus. Aus dem Blickwinkel des ruhigen Rentnerdaseins war es ihm vergönnt, die erfolgreiche Karriere seines Sohnes Karl zu beobachten, der nur acht Jahre nach ihm ebenfalls von der Stuttgarter Universität mit der Ehrendoktorwürde ausgezeichnet wurde. Ein Höhepunkt dabei war wohl die Präsentation des Zwölfzylinder-Maybach Typ 12. Metternich schreibt über dieses Fahrzeug:

»Das neue Modell, der »Maybach 12« mit einem 7 Liter-V-12-Zylinder und 150 PS Leistung, war als Zwischenlösung gedacht und daher lediglich in der Zeit von Frühjahr 1929 bis Sommeranfang 1930 lieferbar. In seinen Dimensionen noch imposanter und in seiner Technik noch vollkommener als sein Vorgänger, war der »Maybach 12«, ein Vorläufer des Typs »Zeppelin«, ein Modell, mit dem Karl Maybach etwas Überragendes in der Geschichte der Personenwagen schuf. Nun befand sich Maybach wirklich, international gesehen, in der Spitze der Hersteller exclusiver, technisch erstklassiger Luxusautomobile.«[27]

Durch das Luftschiff LZ 127 »Graf Zeppelin« waren die Maybach 12-Zylindermotoren als herausragende Konstruktion bekannt. Die Restriktionen des Vertrags von Versailles bedeuteten für Maybach das Ende der Flugmotorenproduktion. So begann man ab 1921 mit der Herstellung von Automobilen. Der erste Versuchswagen, der Maybach Typ W 1, besaß noch ein Chassis der Daimler-Motoren-Werke in das Karl Maybach den von ihm konstruierten 6-Zylindermotor mit einer Leistung von 36 PS setzte.[28]

Daß auch noch Wilhelm Maybach, mittlerweile schon 74 Jahre alt, regen Anteil an der Vorentwicklung der Fahrzeuge hatte, beweist uns ein Brief vom 19. Juni 1920 an seinen Sohn Karl. Hierin macht er sehr präzise Vorschläge im Hinblick auf die Konzeption eines zukunftsweisenden Fahrzeugs, die so auch heute noch ihre Gültigkeit haben:

»Lieber Karl! Ich nehme an, daß Du nach den schönen Fahrten am Samstag, gestern gut zuhause angekommen bist. Die verschiedenen Fahrten, die ich nun mit dem Versuchswagen ohne Übersetzung gefahren, zeigten mir als Vorteil: die sehr einfache Handhabung und die Erzielung höhere Geschwindigkeiten auch in größeren Steigungen und wenn damit ein höherer Brennstoffverbrauch verbunden ist, wäre dies bei dem früheren Brennstoffreichtum weniger bedenklich; da aber heute und in aller Zukunft Brennstoffmangel herrscht und herrschen wird, wären Verbesserungen im Bezug auf geringeren Brennstoffverbrauch wertvoller als schnelles Fahren, das nur für Rennwagen Sinn hat. Mit dem schnellen Fahren durch größere Kraft werden auch die Pneu's entsprechend höher beansprucht, was sich bei den wenigen Fahrten, die ich mitgemacht, fast regelmäßig in nötig gewordener Auswechselung derselben zeigte; solche Wagen können sich deshalb auch nur die Reichsten leisten.

Die nun weiter vorgesehene Rückübersetzung der Geschwindigkeit der Hinterachse wird sich in noch höherem Brennstoffverbrauch per Streckeneinheit bemerkbar machen. - Der seitherige zwei- bis vierfache Geschwindigkeitswechsel entsprach seinerzeit der Notwendigkeit, den Motor nicht allzu groß und schwer zu bauen, in der Hauptsache wegen geringerem Brennstoffverbrauch; auch kann man unvernünftige Wagenführer nur durch einen kleinen Motor von dem stets gefährlichen zu raschen Fahren abhalten.

Philipp Jung, Ingenieur

der

Daimler Motoren-Gesellschaft

——— Stuttgart-Untertürkheim. ———

gratuliert herzlich zur Doktorwürde

Glückwunschkarte zur Doktorwürde.

Als Type für die Allgemeinheit möchte ich vorschlagen, einen nur halb so großen Motor und einen einzigen Geschwindigkeitswechsel auf halb, mittelst stoßfreiem Wechsel zweier Kupplungen, wozu nur zwei paar Zahnräder in stetem Eingriff und eine kurze Nebenwelle erforderlich ist. Nach der neusten Nummer 29 der allgemeinen Autozeitung, Seite 14 verbraucht ein Buckel-Viersitzer 6,2 Liter Brennstoff pro 100 km und ein Mathis-Viersitzer 7,2 pro 100 Kilometer und nur wenn wir oder bessere auf noch kleinere Verbrauchsziffern kommen, können wir in der neuen Zeit vorwärtskommen. Mit dem vorgeschlagenen halb so starken/großen Motor, bliebe immer noch der Vorteil etwas höherer Geschwindigkeit bei größerer Steigung. Mit herzlichem Gruß Dein Vater.«[29]

Die Produktion begann mit dem 22/70 PS (Typ W 3), der zwischen 1921 und 1926 gebaut wurde; es folgte der 27/120 PS (Typ W 5). Sein Bauzeitraum lag in den Jahren 1926 - 1929. 1928 folgte ein modifizierter Typ des 27/120, der W 5 SG. All diese Wagen hatten einen Reihensechszylinder-Motor und wurden in den Varianten Pullman-Limousine, Pullman-Cabriolet, Sport-Cabriolet und Cabriolet 4-Türer zu Preisen zwischen 31 500 und 35 500 Reichsmark angeboten. Dem Maybach »Zwölf« (1929, Typ DS) folgte ein Jahr später der »Zeppelin« (Typ DS 7). Mit sei-

Danksagung.

Oberbaurat Dr. Ing. h. c. W. Maybach

dankt herzlich

für die freundlich übersandten Glückwünsche

Cannstatt

nem 7 Liter-Motor, der 150 PS leistete, und einem Doppel-Schnellganggetriebe brachte es die 2800 kg schwere Pullman-Limousine auf eine Höchstgeschwindigkeit von 145 km/h. Der Maybach »Zeppelin« erregte allgemeine Aufmerksamkeit und wurde als deutsches Pendant zum Rolls Royce gesehen. Er wurde als 8 Liter Typ DS 8 (Bauzeitraum 1931 - 1940) bis Kriegsanfang gebaut und zwar sowohl als Pullman-Limousine für 34 000 Reichsmark als auch als sogenanntes »Transformations-Cabriolet« für 36 000 Reichsmark erhältlich.[30]

Dieser Wagen (Maybach 12 Typ DS von 1929) war von Karl wohl so etwas wie eine Hommage an den Vater, als ein Beweis Maybachschen Könnens und natürlich ein Zwölfzylinder; ein Wagen also, den Daimler-Benz seiner noblen Kundschaft nicht bieten konnte.

Mit großer Genugtuung erlebte Wilhelm Maybach die Erfolge seines Sohnes Karl, und er dankte es ihm im Stillen, war er doch kein Mann großer Worte, wie überhaupt Gefühlsäußerungen nicht seinem Naturell entsprachen. An dessen 45. Geburtstag aber wollte er seine Dankbarkeit und Anerkennung zum Ausdruck bringen, und er tat dies, indem er Karl die goldene Taschenuhr mit Stoppfunktion überreichte, die ihm Emil Jellinek einst für seine herausragenden konstruktiven Leistungen geschenkt hatte. Für Karl war dies ein Zeichen, daß die hohen Erwartungen, die der Vater in ihn gesetzt hatte, für diesen erfüllt waren.

Ein glücklicher Augenblick im Leben eines Sohnes, der nicht jedem vergönnt ist. Karl wollte im übrigen nie mit seinem Vater verglichen werden. Als man ihm anbot, eine Biographie über ihn zu publizieren, lehnte er dies mit dem Hinweis ab, daß dies seinem Vater an erster Stelle zustände. So sind Wilhelm und Karl Maybach nicht nur beredtes Beispiel für ein erfolgreiches Konstrukteursleben, sondern auch für eine beispielhafte Vater-Sohn-Beziehung.

Wilhelm Maybach war ein durch und durch bürgerlicher Mensch ohne Extravaganzen, geprägt vom schwäbischen Pietismus. Dieser Sonderform des Protestantismus zeichnete sich nicht nur durch Frömmigkeit und dem daraus resultierenden Bemühen um das Wohl der Mitmenschen aus, sondern er führte auch zu einem starken Streben nach religiöser und beruflicher Erkenntnis. Diese Verpflichtung hat Maybach sein Leben lang verspürt, und sie hat ihn daran gehindert, sich auf den erworbenen Lorbeeren auszuruhen. Er gab ihm aber auch die Kraft, die schweren Schicksalsschläge, die er privat wie beruflich hatte hinnehmen müssen, mit zäher Beharrlichkeit zu überwinden und zu verarbeiten. In der Geschichte des Automobilismus steht sein Name, zusammen mit Gottlieb Daimler und Karl Benz, an erster Stelle. Er war der Schöpfer des ersten schnellaufenden Benzinmotors und der Entwickler des ersten modernen Automobils. Keiner hat wie

er in der Versuchswerkstatt, auf der Landstraße oder an der Rennstrecke die Entwicklung des Automobils vorangetrieben.

»Roi des Constructeurs«, König der Konstrukteure nannten ihn die Franzosen respektvoll, treffender ließ sich seine Person nicht beschreiben.

Am 29. Dezember 1929 schloß Wilhelm Maybach für immer die Augen, im Todesjahr von Karl Benz und Baronin von Weigel, geb. Jellinek, jene Frau, die Maybachs Meisterwerk ihren Namen gab: Mercédès.[31]

Beigesetzt wurde er auf dem Cannstatter Uff-Friedhof, wo sich auch das Grab von Gottlieb Daimler befindet. Damit war eine Ära des Automobil- und Motorenbaus zu Ende gegangen, die das Gesicht der Erde wie wohl keine andere Erfindung verändert hat.

Das Erbe lebt weiter, erst in der Daimler-Benz AG und im Maybach Motorenbau, und heute unter dem Dach der DaimlerChrysler AG und deren Tochter, der Motoren- und Turbinen-Union Friedrichshafen GmbH. Sowohl in Stuttgart, als auch in Friedrichshafen bewahrt man stolz das Andenken jenes Mannes, der dem Auto das Laufen beibrachte.

[1]   Rauck, Max J.B.: Wilhelm Maybach. Der große Automobilkonstrukteur, Baar (Schweiz) 1979, S. 178.

[2]   Getauft war er auf den Namen Karl Wilhelm Maybach.

[3]   DaimlerChrysler Konzernarchiv, Bestand Maybach: Aus Aufzeichnungen von Frau Bertha Maybach, der Gattin von Wilhelm Maybach vom 8. Oktober 1926.

[4]   Sass, Friedrich: Geschichte des deutschen Verbrennungsmotorenbau von 1860 bis 1918, Berlin, Göttingen, Heidelberg 1962, S. 248.

[5]   Rathke, Kurt: Wilhelm Maybach. Anbruch eines neuen Zeitalters, Friedrichshafen 1953, S. 422ff.

[6]   DaimlerChrysler Konzernarchiv, Bestand Maybach: Lebenserinnerungen der Emma Maybach. S.13.

[7]   DaimlerChrysler Konzernarchiv, Aufzeichnungen Bertha Maybach vom 8. Oktober 1926.

[8]   Archiv der mtu, Bestand »Wilhelm Maybach«: Ordner Nr.3, Konstruktionszeichnungen.

[9]   DaimlerChrysler Konzernarchiv, Bestand »Maybach«: Lebenserinnerungen der Emma Maybach, S. 6.

[10]   Ebd.; S. 2.

[11]   Ebd.; S. 5.

[12]   Über diesen schreibt Emma Maybach: »Meine Mutter hing sehr an ihrer Familie. Ihr Vater, der Posthalter von Maulbronn, war ein großzügiger Mann, durchaus eigener Prägung. Er studierte sein Fach in Frankreich, wo er eine Zeitlang Mitbesitzer eines Hotels gewesen war. Die Post in Maulbronn war jedenfalls weit und breit berühmt für gutes Essen und einen guten Tropfen Wein. Scheffel, der Dichter [gemeint ist Viktor von Scheffel, A.d. Verf.], wohnte monatelang dort und auch der bekannte Klostermaler Grützner [Professor Eduard Grützner, A.d. Verf.] aus München. Mein Großvater sorgte nicht nur für das leibliche Wohl seiner

Gäste, er suchte ihnen auch den Aufenthalt in jeder Weise angenehm zu machen, zeigte ihnen die Umgebung und wo sie jeweils einen guten Tropfen, beispielsweise des berühmten »Elfinger« finden konnten. Er sorgte für das Anlegen von Spa-zierwegen, Bänken usw. Er muß ein energischer eigenwilliger Mensch gewesen sein, aber gut und fürsorgend für die Familie und Untergebenen. Letztere sprach er mit »er« oder »sie« an. »Komm er her, Gottlob! Jetzt sorg er dafür, daß die Pferde im Stall sind usw.« Ich selbst kann mich noch an die alte Rieke, die Frau des letzten Postillions im Großelternhaus, erinnern, die von Zeiseweiher nach Maulbronn hereinkam, wenn meine Mutter bei ihrer Schwester war, und die meine Mutter etwa wie folgt anredete: "Wie gehts ihr, Rieke? Warum ist sie gestern net reingekomme usw." Ein Stück altväterischer, patriachalischer Welt ragte damit in unsere Zeit hinein, die mir fremd war und daher haften blieb.« Ebd.; S. 10.

[13] Ebd.; S. 12.

[14] Ebd.; S. 9.

[15] DaimlerChrysler Konzernarchiv, Aufzeichnungen Bertha Maybach vom 8. Oktober 1926, S. 1.

[16] Ebd.; S. 11.

[17] Ebd.; S. 12.

[18] DaimlerChrysler Konzernarchiv, Bestand "Maybach": Brief an Emma Maybach von Vater Wilhelm Maybach vom 29. Nov. 1910.

[19] Klee, Ernst (Hrsg.): Dokumente zur "Euthanasie". Frankfurt a.M. 1985, S. 61f.

[20] Morlok, Karl: Wo bringt ihr uns hin? Geheime Reichssache Grafeneck. Stuttgart 1985, S.31.

[21] Dieser von den Nationalsozialisten zur Ermordung geistig und körperlich behinderter Menschen mißbräuchlich verwendete Begriff stammt aus dem Griechischen und bedeutet »leichter Tod«.

[22] Über den Aufbau Grafenecks schreibt Morlok:
»Nachdem die am 17. Oktober angereiste Planungsgruppe Brack ihre Vorstellungen entwickelt hatte, wurden diese sofort verwirklicht. Die Bauleitung übernahm der 33 Jahre alte Dr. Horst Schumann. Er holte sich wenige Leute aus Berlin und über das Münsinger Arbeitsamt etwa 15 Handwerker und Arbeiter aus Dapfen, Dottingen und Steingenbronn.
Den Aufbau der Verwaltung und die anfängliche Kontrolle des Bürobetriebs übernahm Dr. Bohne. Was der Bevölkerung in den umliegenden Orten zuerst auffiel, war dies, »daß mit Lastwagen so viele Bretter nach Grafeneck transportiert wurden, daß sich jedermann fragte, was damit wohl geschehen soll«. Am Jahresende 1939 wohnten etwa acht Personen im Schloß. Erst im neuen Jahr kam der große Personalschub. Am 6. Januar brachten zwei graue Omnibusse 23 Schwestern, Pfleger, Handwerker und andere Angestellte der »Reichsarbeitsgemeinschaft« aus Berlin. Sie fanden in Grafeneck Horst Schumann als ersten »Direktor« vor. Noch fünf Monate zuvor war er Amtsarzt in Halle gewesen. Bei der Ankunft dieser »Gefolgschaft« waren die für den neuen Verwendungszweck veränderten oder errichteten Gebäude fertig, ein Baugesuch wurde nicht eingereicht ... Von nun an wur-de hier nicht mehr schwachem Leben ein Lebenswert gestiftet, sondern es wurde, weil plötzlich »lebensunwert«, von den Kanzleibeamten des »Führers« vernichtet. Das Schloß und das landwirtschaftliche Gebäude, in dem 1929 auch eine Korbmacherei und eine Bürstenmacherei für die Heimbewohner eingerichtet wurden, blieben von baulichen Veränderungen völlig verschont. Die Küche, die Vorratsräume und der Speisesaal des Schlosses wurden wie bisher genutzt. Im 1. Obergeschoß (rechts) waren die Wohn- und Verwal-tungsräume der Ärzte (Chef- und Assistenzarzt) und (links) das Standesamt, das Polizeibüro, und die »Trostbriefabteilung«, die »Absteckungsabteilung« und andere Büros untergebracht... [Die Ermordung der Betroffenen erfolgte in umgebauten Garagen, die Morlok so beschreibt: (A.d.Verf.)] Nach diesen baulichen Veränderungen, die dem jetzt 48 m² großen Raum ein ausreichendes Fassungsvermögen für 75 Menschen verlieh, war die rechte »Garage« ein mit Kleiderhaken und Bänken versehener Entkleidungsraum, die mittlere und linke »Garage« ein platierter, mit Röhren und Brauseköpfen, mit Bänken und Holzrosten ausgestatteter »Duschraum« [die Ermordung erfolgte in diesem mittels Kohlenmonoxid (A.d.Verf.)]. Er hatte nur

ein zum früheren Waschhaus durchgebrochenes Fenster, an seiner Rückwand ein oder zwei Ventilatoren, nach vorn behielt er die 2,50 m und 2,90 m breiten und 2,35 m hohen hölzernen Doppeltore.«

[22] Morlok; S. 20ff.

[23] In dem Prospekt der Gedenkstätte Grafeneck, herausgegeben von der Samariterstiftung Nürtingen, ist darüber zu lesen:
»Die grauen Busse, die die Behinderten nach Grafeneck brachten, bogen auf der Höhe links in die Schloßallee ein. Nach 250 Metern wurde die Schloßallee von einem drei Meter hohen Bretterzaun unterbrochen. Durch ein Brettertor gelangte man in einen Hof. Nach 70 Metern kam wieder ein Brettertor, durch das die Straße hinaus zum Schloß führte. Im Hof war rechts von der Allee ein Bretterzaun, links von der Allee lag eine 68 Meter lange Baracke, in der sich ein Schlafsaal mit 100 Betten befand. Den Menschen, die hierher gebracht worden waren, wurde gesagt, sie müßten vor dem Essen noch untersucht werden. Sie sollten sich ausziehen. In einem Nebenraum war die Ärztekommission. Nach der »Untersuchung« durften sich die Behinderten nicht anziehen. Man sagte ihnen, sie würden erst noch zum Duschen geführt. Nackt, oder mit einem Militärmantel bekleidet, wurden sie quer über die Schloßallee durch eine Bretterzauntür in den anderen Hofteil gebracht. Dort war eine kleine Baracke mit drei Schornsteinen und etwas zurückversetzt stand ein alter Wagenschuppen. Der rechte Raum war der Entkleidungsraum. Der mittlere Raum hatte einen Plattenfußboden und an der Decke waren Röhren mit Brauseköpfen. Er wurde »Duschraum« genannt. Der linke Raum war der Sezierraum. Aus den Brauseköpfen kam das tödliche Kohlenmonoxid. Zwanzig Minuten lang ließ man das Gas einströmen. Danach wurde der fensterlose Raum zwanzig Minuten lang mit Ventilatoren gelüftet. Die Toten wurden herausgeholt und in den Öfen des Krematoriums verbrannt.«

[24] Klee; S. 139f.

[25] In ihren Aufzeichnungen gibt es einen Kommentar Bertha Maybachs zur Ordensverleihung:
»19. 3. 1909. Heute früh erhielt der liebe Vater beim Frühstück ein Schreiben von Herrn Kommerzialrat Vischer aus der Daimler-Fabrik, daß ihm vom Deutschen Kaiser der rote Adlerorden 4. Kl. verliehen worden sei als Anerkennung für die dem Heer gute Dienste leistende Konstruktionen im Automobilbau. Der liebe Vater dachte nicht mehr, daß ihm eine solche Auszeichnung noch zuteil würde. Nachdem er jetzt schon zwei Jahre aus dem Geschäft ausgetreten sei [sic!], war es ihm eine große Überraschung und Freude.« DaimlerChrysler Konzernarchiv, Aufzeichnungen Bertha Maybach, vom 8. Oktober 1926, S. 1.

[26] Ebd.; S. 2.

[27] Metternich, Michael Graf Wolff: "Distanz zur Masse", Lorch, 1990, S. 17.

[28] Ebd.; S. 23.

[29] Stadtarchiv Heilbronn: Brief von Wilhelm an Karl Maybach vom 19. Juni 1920.

[30] Oswald, Werner: Deutsche Autos 1920 - 1945. Eine Typengeschichte, Stuttgart, 1981, S. 190 ff.

[31] »Mercedes Jellinek wird am 16.9.1889 in Wien als drittes Kind der Eheleute Emil Jellinek und Rachel Jellinek geboren. Ihre Brüder heißen Adolph und Fernand. Mercedes Jellinek: ein hübsches, blondes Mädchen - lebenslustig und mit einem Schuß Abenteuerlust im Blut - ganz wie der Papa. 1909 heiratet Mercedes den Wiener Baron Schlosser in Nizza: Die Presse spricht von einem glanzvollen Fest. 1912 wird die Tochter Elfriede und 1916 der Sohn Hans-Peter geboren. Nach 14jähriger Ehe verläßt Mercedes Heim und Familie, um den Wiener Bildhauer Baron Weigel zu heiraten. Diese Verbindung ist nicht von langer Dauer: Der Baron stirbt nach kurzer Zeit. Sechs Jahre später, am 23. 2. 1929, stirbt auch Mercedes - knapp 40jährig und findet auf dem Wiener Zentralfriedhof ihre letzte Ruhestätte...Interessant ist, daß sowohl das Geburtsjahr als auch der Familienname falsch angegeben wurden: 1899 statt 1989 und Schlosser statt Weigel.« Aus: Mercedes: Wie der Name entstand. Hrsg.: Daimler-Benz AG, Stuttgart 1985.

Typen von 1921 - 1941

Die Marke Maybach

Die Automobile Karl Maybachs

Am 23. März 1909 wurde die »Luftfahrzeug-Motoren-bau GmbH« gegründet. Karl, der Sohn Wilhelm Maybachs, war ein ausgezeichneter Motorenkonstrukteur, konstruierte vorerst Motoren für die Zeppelin-Luftschiffe und entwickelte während des ersten Weltkrieges den ersten Höhenflugmotor.

Das Verbot, nach dem ersten Weltkrieg weiter Benzinmotoren entwickeln und bauen zu dürfen, traf die im Jahre 1913 nach Friedrichshafen umgezogene und 1918 in »Maybach-Motorenbau GmbH« umfirmierte Firma hart. So beschloß Karl Maybach, sich auf die Spuren des Vaters zu begeben und sich u.a. dem Automobilbau zuzuwenden. Es entstand ein nicht in Serie produziertes Fahrzeug, der W 1, und wenig später konnte ein Vertrag mit dem holländischen Automobilhersteller Spyker über die Lieferung von 1000 Motoren des Typs W 2 für das Spyker-Luxusmodell 30/40 (C 4) abgeschlossen werden. Die Firma geriet bald darauf aber in schwierige finanzielle Verhältnisse und war nicht mehr in der Lage, die vereinbarte Stückzahl von Motoren abzunehmen.

So beschloß Karl Maybach, eine eigene Fabrikation von Automobilen aufzubauen, um die Mitarbeiter und die Fabrikationsanlagen zu nutzen und die nicht verkauften W 2-Motoren zu verwenden. So wurde im September 1921 auf der Automobilausstellung in Berlin der erste Maybach Typ W 3, ein Luxusfahrzeug mit neuen technischen Konzeptionen, vorgestellt. Der 6-Zylinder-Reihenmotor leistete bei 5 740 ccm Hubraum 70 PS und war ausgerüstet mit Doppelzündung. Eine weitere Besonderheit war das 2-Gang-Planetengetriebe und der Preis von 22 600 RM nur für das Fahrgestell. Da an eine Großserienfertigung nicht gedacht war, sondern an luxuriöse, hochwertige Qualitätsprodukte, konzentrierte man sich ausschließlich auf die Herstellung des Motors und des Fahrgestells und überließ die Aufbauten verschiedenen Karossiers.

Dem W 3 folgte Ende 1926 der Typ W 5 mit neuem 7-Liter-Sechszylindermotor, der nun 120 PS leistete. Vorerst wurde der W 5 mit dem bisherigen Planetengetriebe mit der May-

bach-Abweisklaue, ab 1928 mit einem Maybach-Schnellganggetriebe ausgerüstet, was zu der Bezeichnung W 5 SG führte.

Die Nachfolgemodelle W 6 (1931-1933) und W 6 DSG (1934 – 1935) wiesen beide den Vorgängermotor mit 7-Liter-120-PS-Motor auf, jedoch einen verlängerten Radstand und vergrößerte Karosserieabmessungen. Der W 6 verfügte über ein 3-Gang-Getriebe mit Kugelschaltung und Schnellganggetriebe, das pneumatisch durch einen Schalthebel am Lenkrad betätigt wurde. Der W 6 DSG (Doppelschnellgang) verfügte über 4 Vorwärtsgänge, die durch 2 kleine Hebel am Lenkrad – ohne zu kuppeln – betätigt werden konnten; Leerlaufstellung, 1a Gang und Rückwärtsgang wurden durch einen Handhebel auf der Mittelkonsole betätigt.

Der »Maybach Typ 12« mit 12-Zylinder-Motor in 60°-V-Form löste 1929 den W 5 SG ab und wurde bis Mitte 1930 gebaut, die Leistung betrug nun 150 PS bei einem Hubraum von 7 Litern. Neben anderen technischen Raffinessen wies er ein Dreiganggetriebe sowie saugluftunterstützte Bremsen auf.

Die Zwölfzylinder-Nachfolge traten 1930 die Typen »Zeppelin« DS 7 (1931 – 1935) und »Zeppelin« DS 8 (1931 – 1939) an. Mit unveränderter Motorleistung war der DS 7 zu haben, der DS 8 erhielt einen auf 7 922 ccm vergößerten Motor, der nun 200 PS leistete und dem Wagen, je nach Aufbau, bis zu 170 km/h Höchstgeschwindigkeit verhelfen konnte. Ab 1938 war auch anstelle des Doppel-Schnellganggetriebes ein 7-Gang-Schaltreglergetriebe erhältlich.

1934 wurde das Programm durch den Maybach DSH (Doppel-Sechs-Halbe) erweitert. Sein neuentwickelter 5,2-Liter-Sechszylinder-Reihenmotor leistete nun 130 PS und war gut für maximal 140 km/h. Die Fahrgestelle konnten mit der identischen Karosserie des 12-Zylinder-«Zeppelins« erworben werden. Gegenüber den 12-Zylindertypen war der technisch nahezu gleichwertige Sechszylinder wesentlich preiswerter. Aus den Erfahrungen der Weltwirtschaftskrise erschien es ratsam, ein »kleineres« Modell aufzulegen,

MAYBACH

TYP SW 38

140 PS   3,8 Liter   6 Zylinder

MAYBACH 12

TYPE ZEPPELIN

8 Liter 200 PS

ZEPPELIN

MAYBACH-MOTORENBAU G.M.B.H.

Friedrichshafen a. Bodensee ⁄ Fernruf SA 651 ⁄ Telegramme: Maybachmotor

Maybach Typ »Zeppelin« DS 8, 200 PS (1931-1937).

Maybach Typ »SW 38«, (1936-1939).

das jedoch nur niedrige Verkaufszahlen erreichte. Der DSH blieb bis 1937 im Verkaufsprogramm.

Bereits 1935 erschien ein neu konzipierter, stark modernisierter Wagen, erstmals mit Schwingachsen und einem neu konstruierten Sechszylinder-Motor, der bei 3,5 Litern Hubraum eine Leistung von 140 PS abgab und eine Höchstgeschwindigkeit von 150 km/h erreichen konnte. Dieser Typ SW 35 (Bezeichnung nach Hubraum) wurde bereits ein Jahr später durch den Typ SW 38 mit 3,8 Litern Hubraum ersetzt. Dies war eine Folge der sich vor dem Krieg immer mehr verschlechternden Benzinqualität, und die Hubraumerhöhung

sollte keine Leistungssteigerung erreichen, sondern die gleichbleibende Leistung von 140 PS garantieren. 1939 mußte der Hubraum nochmals auf 4,2 Liter vergrössert werden, mit abermals auf 4,2 Liter vergrößertem Hubraum trat der SW 42 die Nachfolge des SW 38 bis 1941 an.

Da für die Maybach-Motorenbau GmbH der Pkw-Bau nur einen nicht lukrativen Zweig der gesamten Produktionspalette darstellte, wurde nach dem zweiten Weltkrieg die Produktion von Pkws nicht wieder aufgenommen.

Maybach Typ »Zeppelin«, Sport-Cabriolet, 1938.

Gemälde der MTU Friedrichshafen GmbH in Friedrichshafen, ehemals Maybach-Motorenbau GmbH, Werksansicht Anfang der 60er Jahre.

Maybach Typ »SW 38« Transformations-Cabriolet, (1939-1941).

Die »Maybach-Motorenbau GmbH« stellte auf der Berliner Automobilausstellung 1921 erstmals ein komplettes Serienfahrzeug vor, den 22/70 PS, der ab 1922 unter der Typenbezeichnung »W 3« gebaut wurde.

Maybach 22/70 PS Typ W 3, Baujahr 1923/24, Karosserie Neuss, Berlin

Maybach 22/70 PS

Typ:	W 3 (Wagen 3)
Bauzeit:	1922 - 1928
Zylinderzahl:	6 (Reihe)
Hubraum (ccm):	5740
Leistung in PS:	70 bei 2 200 U/min
Bohrung/Hub in mm:	95 x 135
Getriebe:	Maybach-Planetengetriebe, 2 Vorwärtsgänge, 1 Rückwärtsgang
Radstand in mm:	3660
Länge/Breite/Höhe:	5000 x 1760 x 1950
Größe der Bereifung:	33 x 6,75
Fahrgestellgewicht:	1650 kg
Höchstgeschwindigkeit:	ca. 110 km/h
Verbrauch auf 100 km:	21 Ltr.
Gebaute Stückzahl:	ca. 400
Preise:	
Fahrgestell:	22.600 RM
je nach Aufbau:	25.500 – 35.600 RM

Maybach 27/120 PS, Typ W 5, Bauzeit 1927 – 1928, Karosserie Auer, Bad Cannstatt

Maybach 27/120 PS

Typ:	W 5 (Wagen 5)
Bauzeit:	1926 – 1928
Zylinderzahl:	6 (Reihe)
Hubraum (ccm):	6991
Leistung in PS:	120 bei 2100 U/min
Bohrung/Hub in mm:	94 x 168
Getriebe:	Maybach Planeten-Getriebe, 2 Vorwärtsgänge, 1 Rückwärtsgang
Radstand in mm:	3660
Länge/Breite/Höhe:	5000 x 1760 x 1950
Größe der Bereifung:	33 x 6,75
Fahrgestellgewicht:	1750
Höchstgeschwindigkeit:	115 km/h
Verbrauch auf 100 km:	22 Ltr.
Gebaute Stückzahl:	ca. 300 (zusammen mit W 5 SG)
Preise:	
Fahrgestell:	22.600 RM
je nach Aufbau:	29.700 – 35.000 RM

Maybach Typ W 6 SG Cabriolet, Baujahr 1932, Karosserie Daimler-Benz, Sindelfingen

Maybach Typ W 5 SG Cabriolet, 1929, Karosserie Daimler-Benz, Sindelfingen

Maybach 27/120 PS

Typ:	W 5 SG (Wagen 5 Schnell-gang)
Bauzeit:	1928 – 1929
Zylinderzahl:	6 (Reihe)
Hubraum (ccm):	6991
Leistung in PS:	120 bei 2400 U/min.
Bohrung/Hub in mm:	94 x 168
Getriebe:	Mit dem Motor verblocktes Handschaltgetriebe und in das Schubrohr eingebautes Schnellganggetriebe
Radstand in mm:	3660 oder 3320
Länge/Breite/Höhe	5000 x 1760 x 1950
Größe der Bereifung:	33 x 6,75
Fahrgestellgewicht:	1750 kg
Höchstgeschwindigkeit:	130 km/h
Verbrauch auf 100 km:	22 Ltr.
Gebaute Stückzahl:	300 (zusammen mit Typ W 5)
Preise:	
Fahrgestell:	24.700 RM
je nach Aufbau:	29.700 – 37.500 RM

Maybach Typ »12«, »Limousine mit Separation«, Bauzeit 1929, Karosserie Papler, Köln

Maybach Typ »12«

Typ:	Maybach »12« (12-Zylinder)
Bauzeit:	1929 - 1931
Zylinderzahl:	V 12
Hubraum (ccm):	6967
Leistung in PS:	150 bei 2800 U/min
Bohrung/Hub in mm:	86 x 100
Getriebe:	Am Motor angeblocktes Maybach-3-Gang-Handschaltgetriebe mit im Schubrohr eingebauten Maybach-Schnellganggetriebe
Radstand in mm:	3660
Länge/Breite/Höhe	5100 x 1820 x 1700
Größe der Bereifung:	32 x 6,75
Fahrgestellgewicht:	1850 kg
Höchstgeschwindigkeit:	140
Verbrauch auf 100 km:	27 Ltr.
Gebaute Stückzahl:	ca. 200
Preise:	
Fahrgestell:	23.000 RM
je nach Aufbau:	29.000 – 33.800 RM

Maybach-12-Zylinder-V-Motor für Maybach Typ »12«, DS 7 bzw. DS 8

Bauzeit:	1929 - 1939
Zylinderzahl:	12 Zylinder (60° V)
Hubraum (ccm):	6922 bzw. 7922
Leistung in PS:	150 PS bei 3000 U/min bzw. 200 PS bei 2300 U/min
Bohrung/Hub in mm:	86 x 100 bzw. 92 x 100
Verdichtung:	1: 6,3 bzw. 1: 6,5
Vergaser:	2 Doppelvergaser Solex MMOVS 35
Ventile:	hängend
Kühlung:	Wasserpumpe
Schmierung:	Druckumlauf
Zündung:	Batterie
Verbrauch auf 100 km:	ca. 28 Ltr./100 km
Gebaute Stückzahlen bis 1938:	ca. 100 (ca. 300, ohne DSO-Motoren)

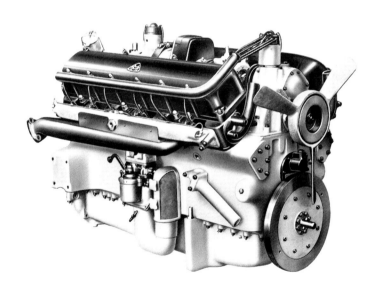

Maybach-12-Zylinder-V-Motor für Maybach Typ »12«, DS 7 bzw. DS 8, Bauzeit 1929 - 1939

Der abgebildete Maybach-12-Zylinder-Motor, kam in den Personenwagentypen »12«, DS 7 und DS 8 zum Einbau. Es wurde auch eine Nutzfahrzeugversion namens DSO 8 mit reduzierter Leistung und Drehzahl hergestellt, hauptsächlich für Überlandomnibusse und Militär-Halbkettenfahrzeuge. Als SDS 8 fand der Motor in Motoryachten und schnellen Booten Verwendung.

Maybach Typ W 6, Bauzeit 1931 – 1933, hier Karosserie Spohn, Ravensburg

Maybach Typ »W 6«

Typ:	W 6 (Wagen 6)
Bauzeit:	1931 – 1933
Zylinderzahl:	6 (Reihe)
Hubraum (ccm):	6992
Leistung in PS:	120 bei 2800 U/min
Bohrung/Hub in mm:	94 x 168
Getriebe:	Maybach-3-Gang-Handschaltgetriebe am Motor angeblockt mit Maybach-Schnellgang im Schubrohr
Radstand in mm:	3660/3735
Länge/Breite/Höhe:	5370/5500 x 1845 x 1900
Größe der Bereifung:	7.00/7.50 - 20
Fahrgestellgewicht:	1850 kg
Höchstgeschwindigkeit:	120 – 130 km/h
Verbrauch auf 100 km:	22 Ltr.
Gebaute Stückzahl:	ca. 100 (zusammen mit W 6 DSG)
Preise:	
Fahrgestell:	15.000 RM
je nach Aufbau:	22.000 – 27.000 RM

Maybach Typ W 6 DSG

Typ:	W 6 DSG
	(Wagen 6 Doppelschnellgang)
Bauzeit:	1934 – 1935
Zylinderzahl:	6 (Reihe)
Hubraum (ccm):	6992
Leistung in PS:	120 bei 2800 U/min
Bohrung/Hub in mm:	94 x 168
Getriebe:	Maybach Doppelschnellgang-
	getriebe DSG 80 am Schubrohr
	angeblockt, 4 Vorwärtsgänge,
	1 Rückwärtsgang
Radstand in mm:	3735
Länge/Breite/Höhe:	5500 x 1845 x 1900
Größe der Bereifung:	7,00/7,50 – 20
Fahrgestellgewicht:	1850
Höchstgeschwindigkeit:	130 – 140 km/h
Verbrauch auf 100 km:	23 Ltr.
Gebaute Stückzahl:	100 (zusammen mit W 6)
Preise:	
Fahrgestell:	16.800 RM
je nach Aufbau:	22.500 – 29.000 RM

Maybach Typ DSH Cabriolet, 1936, Karosserie Spohn, Ravensburg

Maybach »Zeppelin« Typ DS 7 Cabriolet,
Bauzeit 1931 – 1933, Karosserie Gläser, Dresden

Maybach Typ »Zeppelin« DS 7

Typ:	DS 7 (Doppel-Sechs-7-Liter)
Bauzeit:	1931 – 1933
Zylinderzahl:	V 12
Hubraum (ccm):	6922
Leistung in PS:	150 bei 2800 U/min
Bohrung/Hub in mm:	86 x 100
Getriebe:	Am Motor angeblocktes Maybach Doppel-schnellganggetriebe DSG 80, 4 Vorwärtsgänge, 1 Rückwärtsgang
Radstand in mm:	3660/3735
Länge/Breite/Höhe:	5370/5500 x 1845 x 1800
Größe der Bereifung:	7,00/7,50 x - 20
Fahrgestellgewicht:	1900 kg
Höchstgeschwindigkeit:	140 – 150 km/h
Verbrauch auf 100 km:	27 Ltr.
Gebaute Stückzahl:	200 (zusammen mit Maybach 12 und DS 8)
Preise:	
Fahrgestell:	23.000 RM
je nach Aufbau:	29.000 – 36.000 RM

Maybach Typ »Zeppelin« DS 8, Bauzeit 1931 – 1937, Karosserie Spohn, Ravensburg

Maybach Typ »Zeppelin« DS 8

Typ:	DS 8 (Doppel-Sechs-8-Liter)
Bauzeit:	1931 – 1937
Zylinderzahl:	V 12
Hubraum (ccm):	7922
Leistung in PS:	200 bei 3200 U/min
Bohrung/Hub in mm:	92 x 100
Getriebe:	Maybach-Doppelschnellgang-getriebe DSG 80, 4 Vorwärtsgän-ge, 1 Rückwärtsgang, später DSG 110
Radstand in mm:	3660/3735
Länge/Breite/Höhe:	5370/5500 x 1845 x 1800
Größe der Bereifung:	7,00/7,50 - 20
Fahrgestellgewicht:	1950 kg
Höchstgeschwindigkeit:	170 km/h
Verbrauch auf 100 km:	28 Ltr.
Gebaute Stückzahl:	ca. 200 (zusammen mit May-bach 12 und DS 7)
Preise:	
Fahrgestell:	29.500 RM (Spezial- und Sport-ausführung 30.500 RM)
je nach Aufbau:	33.000 – 48.000 RM

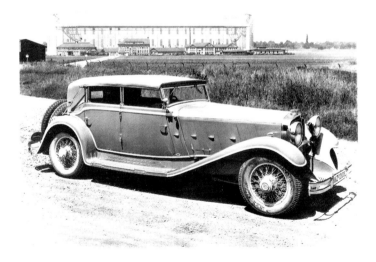

Maybach Typ »Zeppelin« DS 8 Sportcabriolet, 1931, Karosserie Spohn, Ravensburg; im Hintergrund die Luftschiffhalle in Friedrichshafen

*Maybach Typ »Zeppelin«
DS 8 Cabriolet, 1932,
Karosserie Spohn, Ravensburg.
Dieses Fahrzeug befindet sich
im Besitz von DaimlerChrysler,
Stuttgart*

*Maybach Typ »Zeppelin« DS 8
offener Tourenwagen, 1933,
Karosserie Spohn, Ravensburg.
Der Wagen wurde an den
Maharahja von Patiala (Indien)
geliefert*

Maybach Typ »Zeppelin« DS 8

Typ:	DS 8
	(Doppel-Sechs-8-Liter)
Bauzeit:	1938 – 1939
Zylinderzahl:	V 12
Hubraum (ccm):	7973
Leistung in PS:	200 bei 3000 U/min
Bohrung/Hub in mm:	92 x 100
Getriebe:	Maybach-Schaltreglergetriebe
	SRG, 8 Vorwärtsgänge, 1 Rück-
	wärtsgang, später DSG 110
Radstand in mm:	3735
Länge/Breite/Höhe:	5550 x 1845 x 1800
Größe der Bereifung:	7,00/7,50 – 20
Fahrgestellgewicht:	ca. 2300 kg
Höchstgeschwindigkeit:	150 – 170 km/h
Verbrauch auf 100 km:	28 Ltr.
Gebaute Stückzahl:	ca. 200 (zusammen mit May-
	bach 12 und DS 7)
Preise:	
Fahrgestell:	29.500 RM (Spezial- und Sport-
	ausführung 30.500 RM)
je nach Aufbau:	33.000 – 48.000 RM

Maybach Typ »Zeppelin« DS 8 Cabriolet, Bauzeit 1938 – 1939, Karosserie Spohn, Ravensburg

Maybach Typ »Zeppelin« DS 8 Sportcabriolet, 1937, Karosserie Erdmann & Rossi, ausgeliefert an Prinz Bernhard der Niederlande

Maybach Typ DSH

Typ:	DSH (Doppel-Sechs-Halbe)
Bauzeit:	1934 – 1937
Zylinderzahl:	6 (Reihe)
Hubraum (ccm):	5184
Leistung in PS:	130 bei 3200 U/min
Bohrung/Hub in mm:	100 x 110
Getriebe:	Maybach-Doppelschnell-ganggetriebe DSG 80, 4 Vorwärtsgänge, 1 Rückwärtsgang
Radstand in mm:	3735
Länge/Breite/Höhe:	5500 x 1845 x 1900
Größe der Bereifung:	7,00/7,50 - 20
Fahrgestellgewicht:	1850 kg
Höchstgeschwindigkeit:	125 – 140
Verbrauch auf 100 km:	19 Ltr.
Gebaute Stückzahl:	ca. 140
Preise:	
Fahrgestell:	17.300 RM
je nach Aufbau:	22.500 – 29.000 RM

Maybach Typ DSH, sechssitziges Pullman-Cabriolet, Bauzeit 1934 – 1937, Karosserie Erdmann & Rossi, Berlin-Halensee

Maybach Typ SW 35

Typ:	SW 35 (Schwingachswagen 3,5 Liter)
Bauzeit:	1935
Zylinderzahl:	6 (Reihe)
Hubraum (ccm):	3434
Leistung in PS:	140 bei 4500 U/min
Bohrung/Hub in mm:	90 x 90
Getriebe:	Die ersten Fahrzeuge wur-den noch mit konventionel-lem ZF-Getriebe ausgelie-fert, danach: Maybach-Doppelschnellganggetriebe DSG 35, 4 Vorwärtsgänge, 1 Rückwärtsgang
Radstand in mm:	3100/3500
Länge/Breite/Höhe:	4500/4900 x 1850 x 1650
Größe der Bereifung:	6,50 – 17
Fahrgestellgewicht:	1300 kg
Höchstgeschwindigkeit:	130 – 150 km/h
Verbrauch auf 100 km:	19 Ltr.
Gebaute Stückzahl:	ca. 900 (zusammen mit SW 38 und SW 42)
Preise:	
Fahrgestell:	29.500 RM (Spezial- und Sportausführung 30.500 RM)
je nach Aufbau:	33.000 – 48.000 RM

Maybach Typ SW 35 Pullman-Limousine, Bauzeit 1935, Karosserie Spohn, Ravensburg

Maybach Typ SW 35

Typ:	SW 35 (Schwingachswagen 3,5 Liter)
Bauzeit:	1936
Zylinderzahl:	6 (Reihe)
Hubraum (ccm):	3434
Leistung in PS:	140 bei 4500 U/min
Bohrung/Hub in mm:	90 x 90
Getriebe:	Maybach-Doppelschnellganggetriebe DSG 35, 4 Vorwärtsgänge, 1 Rückwärtsgang
Radstand in mm:	3380
Länge/Breite/Höhe:	4500/4900 x 1850 x 1650
Größe der Bereifung:	6,50 x 17
Fahrgestellgewicht:	1300
Höchstgeschwindigkeit:	130 – 150 km/h
Verbrauch auf 100 km:	19 Ltr.
Gebaute Stückzahl:	ca. 900 (zusammen mit SW 38 und SW 42)
Preise:	
Fahrgestell:	13.200 RM
je nach Aufbau:	18.000 – 23.500 RM

Dieses Fahrzeug ist ein Typ SW 35 mit einer Stromlinienkarosserie nach einem Entwurf Paul Jarays, 1935, Karosserie Spohn, Ravensburg

Maybach Typ SW 35 Limousine, Bauzeit 1936, Karosserie Spohn, Ravensburg

Maybach Typ SW 38

Typ:	SW 38 (Schwingachswagen 3,8 Liter)
Bauzeit:	1936 - 1939
Zylinderzahl:	6 (Reihe)
Hubraum (ccm):	3815
Leistung in PS:	140 bei 4000 U/min
Bohrung/Hub in mm:	90 x 100
Getriebe:	Maybach-Doppelschnellgang-getriebe DSG 35,

4 Vorwärtsgänge, 1 Rückwärtsgang

Radstand in mm:	3380/3680
Länge/Breite/Höhe:	4600/5100 x 1850 x 1650
Größe der Bereifung:	6,50/7,00 – 17
Fahrgestellgewicht:	1400 kg
Höchstgeschwindigkeit:	130 – 150 km/h
Verbrauch auf 100 km:	15 - 19 Ltr.
Gebaute Stückzahl:	ca. 900 (zusammen mit SW 35 und SW 42)

Preise:	
Fahrgestell:	13.800 RM
je nach Aufbau:	18.000 – 26.500 RM

Maybach Typ SW 38 (mit 4,2 Ltr.-Motor) Pullman-Limousine, 1937, Karosserie Spohn (angefertigt im Jahre 1950)

Maybach Typ SW 38 Sport-Cabriolet, Bauzeit 1936 – 1939, Karosserie Spohn, Ravensburg

Maybach Typ SW 42 Cabriolet, Bauzeit 1939 – 1940,
Karosserie Dörr & Schreck, Frankfurt

Maybach Typ SW 42

Typ:	SW 42 (Schwingachswagen 4,2 Liter)
Bauzeit:	1940 – 1941
Zylinderzahl:	6 (Reihe)
Hubraum (ccm):	4196
Leistung in PS:	140 bei 4000 U/min
Bohrung/Hub in mm:	90 x 110
Getriebe:	Maybach-Doppelschnellganggetriebe DSG 40, 4 Vorwärtsgänge, 1 Rückwärtsgang
Radstand in mm:	3380/3680
Länge/Breite/Höhe:	4600/5100 x 1850 x 1650
Größe der Bereifung:	6,50/7,00 – 17 oder 7,50 – 17
Fahrgestellgewicht:	1400 kg
Höchstgeschwindigkeit:	130 – 150
Verbrauch auf 100 km:	18 Ltr.
Gebaute Stückzahl:	ca. 900 (zusammen mit SW 35 und SW 38)
Preise:	
Fahrgestell:	13.800 RM
je nach Aufbau:	18.000 – 26.500 RM

Maybach Typ SW 42, Bauzeit 1940 – 1941.
Die beiden abgebildeten SW 42 erhielten nach
dem Krieg »modernisierte« neue Ponton-
Karosserien und wurden bei der Maybach-
Motorenbau GmbH als Direktionsfahrzeuge
eingesetzt. Der Aufbau des linken Fahrzeugs
wurde 1951 bei Spohn in Ravensburg ange-
fertigt, der des rechten Fahrzeugs 1954 bei der
FIF (Fahrzeuginstandsetzung, damals im
Luftschiffbau Zeppelin,) in Friedrichshafen.

Prof. Dr.-Ing. E. h. Karl Maybach beim
Betriebsjubiläum 1959 vor Produkten seiner
Firma:
Links: Maybach-Pkw Typs 42;
Mitte: dieselhydraulische Krauss-Maffei-
Lokomotive ML 3000 der Deutschen Bundes-
bahn mit je zwei Maybach-MD-Motoren,
Mekydro-Getrieben sowie sechs Maybach-
Achstrieben;
rechts: Maybach-Dieselmotor Typ MD für
schnelle Boote.

»Die Legende ist wieder Auto geworden«

DaimlerChrysler präsentiert
den ultimativen Luxuswagen

*D*ie Legende ist wieder Uhr geworden«, dieser von der Glashütter Uhrenfirma Lange & Söhne gewählte Slogan zum Neubeginn des Uhren-Unternehmens im Jahre 1994 läßt sich in abgewandelter Form auch auf den Markennamen »Maybach« übertragen. Auch wenn es Karl Maybach nach dem Zweiten Weltkrieg nicht mehr möglich war, seine raren Luxusautomobile zu produzieren, so gab es doch eine große Gemeinde von Maybach Liebhabern, die die alten Maybachs sammelten und liebevoll pflegten.

Das markante, die Kühler der Maybach Automobile zierende Doppel-M-Emblem hat ergo Tradition. Zwei Jahrzehnte lang – von 1921 bis 1941, war es Kennzeichen ganz besonderer Wagen, die neben den Mercedes-Benz-Limousinen zur damaligen Elite des deutschen Fahrzeugbaus zählten.

Das Zusammenspiel aus Ästhetik, Noblesse und technischer Meisterleistung begründeten den Ruf der Limousinen und Cabriolets der Marke Maybach, deren Flaggschiff »Zeppelin« mit rund 5,50 Metern Länge einst der repräsentativste deutsche Personenwagen war – »ein Automobil letzter Wunscherfüllung mit vornehmster Eleganz und Kraft«, wie es 1934 in einer Broschüre der automobilen Luxusmarke hieß. Das legendäre Gütezeichen für höchste automobile Exklusivität, das markante in einem Bogendreieck verwobene Doppel-M, wird nun wieder zu neuem Leben erwachen und das Emblem der neuen automobilen Luxusmarke sein. »MM« stand einst für »Maybach-Motorenbau«; heute steht es für »Maybach Manufaktur«.

So präsentierte denn die DaimlerChrysler AG in Genf 2002 mit der Marke Maybach einen neuen Stern der internationalen Spitzenklasse im Automobilbau. Kein anderer Name reicht, neben dem Gottlieb Daimlers, so weit zurück zu den Wurzeln der Unternehmensgeschichte der Daim-

lerChrysler AG, wie der Maybachs. Das Wiederaufleben der Marke Maybach ist sowohl eine Hommage an Wilhelm Maybach als auch an die Automobilmarke seines Sohnes Karl Maybach.

Dieser hohen Wertschätzung hatte sich der Name Maybach nicht immer erfreut. Als Maybach 1907 die Daimler-Motoren-Gesellschaft verließ, um zusammen mit seinem Sohn Karl ein eigenes Unternehmen zu gründen, das in der Folge begann, Automobile zu produzieren, die in direkter Konkurrenz zu den Mercedes, später dann Mercedes-Benz Fahrzeugen standen, vermieden es die Daimler-Benz-Chronisten, vorsichtig gesagt, allzu sehr auf die Verdienste Maybachs abzuheben.[1] Daimler wurde in der hausinternen Geschichtsschreibung, so Maybach, als der »Alleserfinder« gefeiert. Das führte 1954 so weit, daß bei der Eröffnung des sogenannten Ehrensaals im Deutschen Museum Wilhelm Maybach aus »Platzgründen« und »weil von geringerer Bedeutung als Daimler« nicht mit aufgenommen wurde. Es sollte elf Jahre dauern, bis dieser unglückliche Beschluß aufgehoben wurde.

Zu einem grundlegenden Wandel bei Daimler-Benz sollte es erst 1996, dem Jahr des 150. Geburtstags Wilhelm Maybachs kommen. Schon 1995 hatte die (damals noch als eigenständiges Unternehmen firmierende) Mercedes-Benz AG bei der Automotive Hall of Fame in Dearborn USA den Antrag gestellt, neben Gottlieb Daimler, Karl Benz und Bela Barényi, nun auch Wilhelm Maybach aufzunehmen. Dem Antrag wurde stattgegeben und Maybach 1996 aufgenommen. Diese Aufnahme war Bestandteil der Feierlichkeiten anläßlich des 150. Geburtstags von Wilhelm Maybach, den seine Geburtsstadt Heilbronn in Kooperation mit der Mercedes-Benz AG und der mtu Friedrichshafen durchführ-

---

[1] Vgl. Siebertz, Paul: »Gottlieb Daimler. Ein Revolutionär der Technik«, München / Berlin 1941.

*Automobile Träume
gestern und heute:
der Maybach DS 8
von 1930 ...*

*... und die Highend-
Luxuslimousine
Maybach 62.*

te. Wesentlicher Bestandteil dieses Jubiläums waren die wissenschaftliche Aufarbeitung und publizistische Erschließung der Maybach Archivalien.

Maybach, dieser Name ist neben Gottlieb Daimler, Walther P. Chrysler und Karl Benz der Nukleus der Daimler-Chrysler AG. Mit der über 100jährigen Erfahrung und der technischen Kompetenz in der Entwicklung und Produktion von Luxuslimousinen seiner Marke Mercedes-Benz scheint der Konzern geradezu prädestiniert, den Namen Maybach zu neuem Leben zu erwecken.

Die technischen Voraussetzungen, um einen modernen Luxuswagen der Spitzenklasse zu konzipieren, finden sich bei der Schwestermarke Mercedes-Benz, die als weltweiter Innovationsführer Standards hinsichtlich Sicherheit, Qualität, Zuverlässigkeit und Langlebigkeit setzt. Jeder Kunde kann davon auszugehen, daß der neue Maybach von diesem technologischen Vorsprung profitieren und so zu einer Symbiose aus wegweisender Spitzentechnologie und höchster Exklusivität wird.

Mercedes-Benz und Maybach – das waren in den zwanziger- und dreißiger Jahren des vorigen Jahrhunderts die führenden Luxuswagenmarken Deutschlands und während Mercedes-Benz diese Position über Jahrzehnte innehat, kehrt die Marke Maybach nach nunmehr 60 Jahren strahlend aus dem Dunkel der Geschichte zurück.

Ganz im Geist der Gründungsväter werden künftig beide Marken unter dem Dach des DaimlerChrysler-Konzerns ihren Weg eng verbunden gehen: Mercedes-Benz als technologischer Trendsetter mit sportlichem Appeal und weltweit erfolgreichster Anbieter von Premium-Automobilen in wachstumsstarken Marktsegmenten; – Maybach als Marke für erstklassige, höchst individuelle Highend-Luxus- und Repräsentationslimousinen in handwerklicher Perfektion und innovativer Mercedes-Technik.

So wird das Unternehmen, durch die Symbiose wegweisender Mercedes-Entwicklungen mit Maybach-typischer Exklusivität und Individualität, erneut ein unvergleichliches Prestige-Objekt auf die Räder zu stellen. Nach über einem halben Jahrhundert kommt es zu einer Wiedergeburt der le-

Der leistungs- und drehmomentstärkste Pkw-Serienmotor der Welt: 5,5 Liter Hubraum, zwei Turbolader, 405 kW/550 PS Leistung und 900 Newtonmeter Drehmoment sind die eindrucksvollen Kennwerte.

Leistung, Laufruhe, Langlebigkeit: Die Qualitätsmerkmale des legendären Maybach-Motors aus dem Jahre 1929 waren auch bei der Entwicklung des modernen Typ 12-Triebwerks oberstes Ziel.

gendären Automarke Maybach mit dem Anspruch, dem Kunden Automobilbau in Vollendung zu präsentieren.

Maybach wird mit zwei Varianten in den Markt gehen. Die Länge der Fahrzeuge ist gleichzeitig bestimmend für die Typenbezeichnung. Mit dem Maybach 57 (intern W 240) und dem Maybach 62 (intern V 240), so der Name für die Langversion, setzt die Marke ihre Tradition der geräumigen Limousinen fort und bietet einen Luxuswagen an, der in vielerlei Hinsicht neue Dimensionen im Automobilbau erschließt. Die Fond-Passagiere des 6,16 Meter langen Spitzenautomobils genießen bei 3,83 Metern Radstand die Reise auf komfortablen Einzelsitzen, die sie per Knopfdruck in eine höchst bequeme Liegeposition mit automatisch ausfahrenden Bein- und Fußstützen bringen können. Für Unterhaltung und Information stehen im Fond zwei Flachbildschirme zur Verfügung, die mit dem serienmäßigen TV-Empfänger und dem DVD-Spieler verbunden sind.

Die zweite Maybach-Limousine, deren Karosserie 5,72 Meter mißt, setzt mit ihrer serienmäßigen Exklusivausstattung Zeichen. Sie beinhaltet ebenfalls ein leistungsfähi-

ges TV-DVD-Entertainmentsystem im Fond, Dolby-Surround-Soundsystem, Vier-Zonen-Klimatisierung und Multikontursitze für alle Passagiere. Ein Markenzeichen der Maybach-Modelle ist die zweifarbige Außenlackierung; sie bietet mehr als hundert Möglichkeiten für eine individuelle Exterieurgestaltung.

Beide Modellvarianten werden von dem neu entwickelten 405 kW/550 PS starken Maybach-Motor »Typ 12« angetrieben. Mit 5,5 Litern Hubraum, Biturbo-Aufladung und einem Drehmoment von 900 Newtonmetern bietet er alle Voraussetzungen für überlegene Fahrleistungen und wird zugleich dem hohen Komfortanspruch der automobilen Luxusmarke gerecht. Gebaut wird der Motor in Berlin-Marienfelde, dem ältesten Produktionswerk von DaimlerChrysler. Dort montieren 30 Mitarbeiter mit weißen Handschuhen, damit kein Schweiß oder Hautfett Glanz und Funktionalität des Maybach Zwölfzylinders beeinträchtigen. Halle 25, in der dies geschieht, ist in helles Licht getaucht und entspricht hinsichtlich der Sauberkeit beinahe einem Operationssaal. 750 Einzelteile gilt es zu montieren, die meisten von Hand, denn bes-

Im Sicherheitszentrum des Mercedes-Technologie-Centers hat die Highend-Luxuslimousine zahlreiche Crashtests absolviert und mit Bravour bestanden. Hier der Maybach 57 bei einem Offset-Frontcrash gegen die deformierte Barriere.

Im Windkanal stand neben der Aerodynamik vor allem das Thema Aero-Akustik auf dem Programm – eine wichtige Entwicklungsdisziplin, die für das niedrige Geräuschniveau an Bord des neuen Highend-Luxuswagens sorgt.

Im Rahmen seiner rund dreijährigen Entwicklung hat der neue Maybach insgesamt über 2,5 Millionen Erprobungskilometer abgespult und unzählige Tests bei extremer Beanspruchung, wie hier bei der Hitze-Erprobung in Texas, erfolgreich bestanden.

ser als Maschinen kann der Mensch prüfen, ob die Prozesse ineinander greifen. 270 kg (das bedeutet 0,66 kg/kW) wiegt der fertige Motor, bei dem Maschinen zur Montage nur dort zum Einsatz kommen, wo sie eine höhere Genauigkeit liefern als dies ein Mensch könnte. So werden zwar die Schrauben für die Zylinderkopfbefestigung von Hand eingelegt, festgezogen aber werden sie von automatischen Elektroschraubern, die den Zylinderkopf genau mit dem notwendigen Drehmoment fixieren. Nach eineinhalb Tagen ist ein Motor montiert, dann beginnen die letzten Prüfungen in Form eines Prüfstandlaufs. Nun ist der M 285, so das interne Kürzel für den Motor, fertig für die Montage in einen Maybach.

Das Ziel das DaimlerChrysler mit der neuen automobilen Highend-Luxusmarke Maybach hat, ist es, sich an der obersten Spitze eines kleinen aber feinen Marktsegments zu etablieren, das nach Ansicht vieler Fachleute auch in den kommenden Jahren weiteres Wachstumspotential birgt.

Um nichts dem Zufall zu überlassen, sowohl was die zukünftige Marktentwicklung als auch die Wünsche und Ansprüche der Kunden im Luxuswagensegment betrifft, wurde das Marktsegment durch ein Projektteam in den ver-

gangenen drei Jahren sorgfältig analysiert. Während der Entwicklung lud es weltweit Interessenten des neuen Luxuswagens zum Dialog und erhielt bei mehrstündigen Gesprächen viele wertvolle Anregungen für die Gestaltung der Limousine. Mit anderen Worten: Maybach kennt die Wünsche seiner Kunden bereits sehr genau und weiß, welche Anforderungen an ein absolutes Spitzenautomobil dieser Klasse gestellt werden.

Daß neben technischer Perfektion und stilvoller Eleganz vor allem die Betreuung der anspruchsvollen Klientel nicht zu kurz kommt, dafür sorgt das Center of Excellence. Dieses Marken- und Auslieferungszentrum in Sindelfingen ist das Herz der neuen automobilen Luxusmarke. Wie schon in den 20er und 30er Jahren im Hause Maybach üblich, werden die Wünsche der Kunden auch heute das Maß aller Dinge sein.

Da man eine Maybach-Limousine in der Regel nicht per Katalog kaufte, wird auch zukünftig die Gestaltung und Ausstattung des Luxuswagens das Ergebnis eines ausführlichen Gedankenaustauschs zwischen dem Kunden und den Designern oder Ingenieuren des Luxuswagens sein. Ihr Treffpunkt ist das auf einer Fläche von rund 2200 Qua-

Auf dem Eis-See im schwedischen Arjeplog stimmten die Maybach-Ingenieure unter anderem das elektronische Stabilitätsprogramm ESP® und die elektrohydraulische Hochleistungsbremse SBT^{TM} ab.

dratmetern errichtete Center of Excellence, ein Maybach-Atelier, wo Kunden ein einzigartiges Angebot edelster Materialien, exklusiver Farben und innovativer technischer Details zur Auswahl steht. Diese Vielfalt von Edelhölzern, Natursteinen, Stoffen, Ledersorten und anderen erlesenen Ausstattungsdetails bildet die Grundlage für die höchst individuelle, einzigartige Gestaltung einer jeden Maybach-Limousine.

Noch anspruchsvollere und exquisitere Wünsche realisieren die Fachleute der automobilen Luxusmarke im ständigen Dialog mit den Kunden. Die Nähe des Centers of Excellence zum Mercedes-Technologie Center und zur Maybach-Manufaktur schafft beste Voraussetzungen für eine optimale, fachgerechte Beratung, wobei der individuellen Gestaltung und Ausstattung des Maybach kaum Grenzen gesetzt sind. Der Kunde hat sogar die Möglichkeit die Wirkung einer Lackierung bei den speziellen Lichtbedingungen seines Heimatortes simulieren zu lassen. Dafür sorgt eine spezielle Lichttechnik, die über die entsprechenden Daten verfügt.

So wird jede Limousine zu einem wertvollen Einzelstück, das ausschließlich vom persönlichen Stil und Geschmack seines Besitzers geprägt ist.

Neben dem Center of Excellence in Sindelfingen ist ein globales Netz von Beratungs- und Verkaufsstützpunkten im Entstehen begriffen, in denen Maybach-Kunden die Person treffen werden, die sich um alle Wünsche kümmert und die die klangvolle Berufsbezeichnung »Personal Liaison Manager« trägt.

In der deutschen Hauptstadt Berlin baut DaimlerChrysler auf dem Dach der Mercedes-Benz Niederlassung »Am Salzufer« ein hochmodernes Maybach-Center, und in München errichtet das Automobilunternehmen für die Kunden der automobilen Luxusmarke ebenfalls ein exklusives Verkaufs- und Beratungszentrum.

Europaweit sind derzeit weitere zehn Maybach-Center geplant: in Belgien, Frankreich, Italien, Spanien, Großbritannien, in den Niederlanden und in der Schweiz.

Die Marke Maybach wird darüber hinaus weltweit präsent sein. Außerhalb Europas werden weitere Stützpunkte

Der neue Maybach – Ein automobiles Meisterstück mit Luxus und Komfort in einer neuen Dimension.

Die Fondpassagiere genießen die Reise auf komfortablen Einzelsitzen, die sie per Knopfdruck in eine bequeme Liegeposition mit automatisch ausfahrenden Bein- und Fußstützen bringen können.

Design, Ausstattung und Technik der Maybach-Limousinen erfüllen höchste Ansprüche. Für die Gestaltung des Interieurs stehen die hochwertigsten Materialien zur Auswahl – besonders weiche Ledersorten, feine Teppiche sowie edle Zierhölzer.

der neuen Automobilmarke entstehen und zwar im Mittleren Osten, in Japan, in Hongkong sowie in den Vereinigten Staaten. Hier haben Kunden, die keine Gelegenheit haben, für die Gestaltung und Ausstattung ihrer Maybach-Limousine das Center of Excellence zu besuchen, die Möglichkeit via Video-Konferenz mit den Maybach-Fachleuten aus Design, Technik und Manufaktur zu sprechen und sich individuell zu informieren. Ein neuartiges computergestütztes Beratungssystem erleichtert die Präsentation und Auswahl der zahlreichen Interieur-Zierteile, Materialien und Farben per Virtual-Reality-Technik. Jedes Maybach-Center im In- und Ausland wird mit diesem hochmodernen System ausgestattet.

Die Übergabe der Luxuswagen erfolgt nach Kundenwunsch im Center of Excellence oder in einem der Maybach-Center.

Während die exklusive Kundschaft ihren Maybach in früheren Jahren von Fachfirmen wunschgerecht »karossie-

ren« ließ, wird die neue Luxuslimousine zu 100 Prozent im Mercedes-Werk in Sindelfingen gefertigt. Während in der Motorenmanufaktur des Werks Berlin die Herstellung des V12-Triebwerks erfolgt, stammen Getriebe und Achsen aus dem Mercedes-Benz-Stammwerk in Stuttgart-Untertürkheim.

Im Karosseriebau und bei der Montage bieten ausgewählte Mitarbeiter die Voraussetzung für die Realisierung individuellster Wünsche. Die Maybach-Manufaktur, die ihren Betrieb im Sommer 2002 aufgenommen hat, stellt täglich – ausschließlich auf Basis individueller Kundenbestellungen – durchschnittlich fünf Exemplare des Luxuswagens fertig.

Dabei hat die intensive persönliche Kundenbetreuung zu jedem Zeitpunkt – bei der Fahrzeugbestellung, während der Manufaktur und vor allem auch nach der Auslieferung der Limousine – höchste Priorität. Deshalb haben die Mitarbeiter der neue Automobilmarke ein beispielloses Konzept entwickelt, das höchste Individualität, perfekten Service und die Verwirklichung anspruchsvollster Wünsche gewährleistet.

Für die Unterhaltung und Information stehen im Fond modernste elektronische Kommunikationssysteme wie TV-Tuner, DVD-Spieler, CD-Wechsler, Telefon und ein Soundsystem für Dolby-Surround-Effekte an jedem Sitzplatz zur Verfügung. Die leistungsfähige Telekommunikationsanlage beinhaltet Mobil- und Festeinbau-Telefon.

Die Schlüsselrolle bei der Kundenbetreuung spielen die »Personal Liaison Manager«. Diese kümmern sich jeweils um einen sehr kleinen Kreis von Maybach-Besitzern, beraten sie bei allen Fragen rund ums Automobil und übernehmen auf Wunsch auch eine Vielzahl an Dienstleistungen, sei es die Organisation der Besuchsreisen zur Maybach-Manufaktur, die Planung von Wartungsterminen oder die Reservierung von Eintrittskarten fürs nächste Formel-1-Rennen. Der persönliche Kundenmanager ist jederzeit – rund um die Uhr – für seine Kunden erreichbar; ein Tastendruck am Autotelefon genügt, um den Kontakt herzustellen.

Egal wo sich der Kunde mit seinem Fahrzeug gerade befindet es wird ihm, soweit nötig, umgehend geholfen.

Für solche Fälle, sowie für die Wartung und Reparatur der Limousinen richtet Maybach weltweit etwa 50 Service-Center ein. Hier sind hoch qualifizierte Fachleute beschäftigt, die sich um alle technischen und logistischen Aspekte kümmern. Ihr Ziel ist ein bis ins Detail geplanter Komplett-Ser-

vice, so daß die Maybach-Besitzer bei Inspektions- oder Reparaturterminen von allen Aufgaben entlastet werden.

Nach vorheriger Absprache zwischen dem Kunden und seinem Personal Liaison Manager wird jeder Maybach wohl behütet via Lkw oder in speziellen See-Luftfrachtcontainern von seinem jeweiligen Einsatzort zum nächstgelegenen Servicestützpunkt gebracht. Die Automobilmarke baut deshalb in Zusammenarbeit mit ausgewählten Partnern ein weltweites Logistikkonzept auf, das den ebenso schnellen wie sorgfältigen Versand der Fahrzeuge vom Kunden zum Service-Center und zurück sicherstellt.

Die moderne Ausstattung der Maybach-Werkstätten mit den leistungsfähigsten Diagnosesystemen, mit neuesten Werkzeugen und einem eigens gestalteten Mobiliar entspricht dem hohen Anspruch der neuen deutschen automobilen Luxusmarke. Sollte wider Erwarten doch einmal ein technisches Problem auftreten, können sich Maybach-Kunden auf ein hoch qualifiziertes Spezialistenteam verlassen, das binnen weniger Stunden zur Stelle ist und vor Ort schnelle, fachgerechte Unterstützung bietet.

Maybach gewährt seinen Kunden eine vierjährige Neuwagengarantie. Überdies gilt die von Mercedes-Benz entwickelte lebenslange Mobilitätsgarantie mobilo-life auch für die neue Maybach-Limousine.

Das Endprodukt, das der Kunde erhält ist, unabhängig von der individuellen Ausstattung, ein überaus faszinierendes Fahrzeug. Trotz des Gewichts von 2660 kg für den Typ 57 und 2780 kg für den Typ 62 vermittelt der Wagen dem Fahrer ein fahrdynamisches Gefühl äußerster Leichtigkeit. Dazu kommt die ungeheure Kraft des Motors. 900 Nm geben dem Fahrer beim Gasgeben das Gefühl, die Erdkugel nach hinten zu drehen. In nur 5,2 bzw. 5,4 Sekunden sprintet der Maybach von 0 auf 100 km/h fast eine Sekunde schneller als der gewiß nicht träge Bentley Arnage Red Label. Steigungen nimmt dieser Wagen nicht wahr und Entwicklungschef Rainer Leucht bemerkte erst bei der Einfahrt in den Tunnel, daß er dabei war, die Geislinger Steige zu erklimmen. An diesem souveränen Fahrverhalten hat natürlich der V 12 mit einem Zylinderwinkel von 60° und einem Hubraum von 5513 ccm einen erheblichen Anteil. 405 kW/550 PS bei 5250/min entwickelt der Dreiventil- Biturbomotor des Maybachs. Er ist damit das stärkste Serienlimousinentriebwerk der Welt. Die Höchstgeschwindigkeit des Fahrzeugs beträgt, elektronisch abgeregelt, 250 km/h, der Normverbrauch nach NEFZ liegt bei 15,9 l für die Standardversion. Das Fahrwerk wurde, der Motorleistung entsprechend, aufwendig konzipiert. Vorne eine Doppelquerlenkerachse, hinten eine Raumlenkerachse. Die Fahrschemel sind und das ist eine Novität, über hydraulisch gedämpfte Elemente mit der Rohbaukarosserie verbunden. Die Luftfederung arbeitet mit variabler Federhärte und einem adaptiven Dämpfersystem sowie mit einer als Airmatic DualControl bezeichneten integrierten Niveauregulierung. Im Aero-Akustikkanal fahndeten die Ingenieure mit Hilfe moderner Messverfahren nach Karosseriedetails, die lästige Windgeräusche oder Schwingungen verursachen, und entwickelten, wenn nötig, Abhilfe. Beispiele dafür sind die aufwendigen Dichtungssysteme an den Fugen der Karosserieanbauteile, die auch bei hoher Geschwindigkeit die Entstehung von Windgeräuschen in den Spalten wirksam verhindern. Zudem verhindern umfangreiche Dämmmaßnahmen der Karosserieteile das Durchschallen etwaiger Windgeräusche in den Innenraum des Maybach. Dazu zählen beispielsweise die umlaufenden Dichtungsprofile an den Türen sowie zusätzliche Dichtungen an den vorderen Kotflügeln und den Dachsäulen. Damit auch nicht das geringste Zischen des Fahrtwindes die Ruhe der Insassen stört, wurde das Fahrzeug aufwendig geräuschoptimiert. Außenspiegel, A-Säulen, der Schiebedachwindabweiser, aber auch die Lamellenform der Lufteintritte und eine besondere

»Schuppung« der Fenster- und Dachflächen tragen zu einer Minimierung der Windgeräusche bei.

Ganz besonders achteten die Maybach-Ingenieure auch auf tiefe Störfrequenzen, die durch die Schwingungen großflächiger Bauteile entstehen können. So lieferten die Aero-Akustikmessungen zum Beispiel wichtige Hinweise für eine steife, schwingungsarme Konstruktion der Verkleidungsteile für den Unterboden und ihrer Befestigungspunkte. Das störende Wummern, das bei geöffnetem Schiebedach den Fahrkomfort trübt, vermeiden die Fachleute durch den Einsatz eines Windabweisers, in dessen Profil vier exakt berechnete Kerben eingearbeitet sind. Sie erzeugen kleine Wirbel und unterdrücken auf diese Weise die Störgeräusche.

Die elektronisch geregelte Luftfederung und das elektrohydraulische Hochleistungsbremssystem Sensotronic Brake Control (SBC™), sind weitere Innovationen aus dem Mercedes Technologie Center, die den neuen Maybach auszeichnen und für eine nachhaltige Verbesserung der Fahrsicherheit sorgen. Wer einmal erlebt hat, wie schnell und sensibel die Bremsen bei strömendem Regen mit SBC™ ansprechen, möchte auf dieses Feature nicht mehr verzichten. Auch bei Trockenheit zeigt sich diese Bremse durch das sogenannte »Vorfüllen« den bisher gebräuchlichen Bremssystemen überlegen. Sobald der Fahrer den Fuß abrupt vom Gas nimmt, werden die Bremsbeläge eng an die Bremsscheiben angelegt, ohne jedoch schon einen spürbaren Bremsdruck aufzubauen. Tritt der Fahrer dann tatsächlich die Bremse, ist die Ansprechzeit auf ein Minimum verkürzt, was sich in einem verringerten Anhalteweg niederschlägt. Es versteht sich fast von selbst, daß die Assistenz- und Fahrdynamiksysteme, die sich schon in Mercedes-Benz Fahrzeugen finden, auch im Maybach eingesetzt werden. Antriebsschlupfregelung (ASR), Electronic Stabitlity Program (ESP®), ABS und der Bremsassistent (BAB) sind Bestandteil der hochkomplexen Brems- und Fahrdynamiksysteme des Maybachs.

Neben der aktiven Sicherheit ist beim Maybach natürlich auch in der Frage der passiven Sicherheit alles Erdenkliche an technischen Möglichkeiten umgesetzt worden, um einen höchst möglichen Insassenschutz zu erzielen. Dazu gehören neben den Integralsitzen (Gurtanlenkpunkte sind im jeweiligen Sitz integriert) mit Gurtstraffern Airbags, die mit einem zweistufigen Gasgenerator ausgerüstet sind, der je nach Unfallschwere zeitversetzt aktiviert wird. Sidebags in den

Nächste Seite:
Der erste Maybach traf nach einer achttägigen Reise von Sindelfingen via Southampton auf dem Seeweg an Bord der „Queen Elizabeth 2" in New York ein. Per Hubschrauber wurde die Highend-Luxuslimousine an Land geflogen und absolvierte kurze Zeit später seine erste Fahrt durch die Straßen von Downtown in die Wall Street.

Sitzlehnen und Windowbags tun ein Übriges, um das Verletzungsrisiko bei den Insassen bei einem eventuellen Unfall zu minimieren.

Darüber hinaus hat die Highend-Luxuslimousine im Sicherheitszentrum des Mercedes Technologie Centers zahlreiche Crashtests absolviert und wie nicht anders zu erwarten mit Bravour bestanden. Auf dem Programm standen zum Beispiel der Offset-Frontalaufprall mit 64 km/h, der Frontalcrash mit voller Überdeckung sowie die Seitenkollisionen, die zum europäischen oder amerikanischen NCAP-Verfahren (New Car Assessment Programme) gehören. Ein wesentlicher Schwerpunkt war dabei die Sicherheitsentwicklung des neuartigen Ruhesitzes im Fond des Maybach 62. Seine innovative Technik gewährleistet in jeder Sitzposition, also auch liegend, bestmöglichen Insassenschutz.

Serienmäßig ist der Wagen mit TeleAid ausgerüstete, einem System, das selbsttätig nach einem Unfall einen Notruf mit der präzisen Position des Unfallortes absetzt. Gleichzeitig wird automatisch eine Sprachverbindung zwischen der Leitzentrale und dem Unfallfahrzeug hergestellt, um der Polizei für gezielte Rettungsmaßnahmen weitere Informationsmöglichkeiten zu geben.

Der Sicherheit dient auch als weiteres Feature ein neuartiges Reifendruckkontrollsystem (RDK), das im Stand und während der Fahrt den Druck aller vier Reifen überwacht. Wird ein Mindestluftdruck unterschritten, wird die mögliche Fahrgeschwindigkeit auf 80 km/h begrenzt und gibt so dem Fahrer eine deutliche Rückmeldung, den Luftdruck zu erhöhen. Durch Kickdown kann die Funktion in Notfällen jedoch ausgeschaltet werden.

Im Innenraum wird für den Fahrer und Beifahrer aller erdenklicher Luxus geboten. So ist das Fahrzeug mit zwei Klimaanlagen ausgerüstet. Die Fondklimaanlage ist unter der Mittelkonsole untergebracht und wurde speziell für den Maybach entwickelt. Sie garantiert extrem kurze Ansprechzeiten bei der Fondklimatisierung und kann von jedem der beiden Fondpassagiere separat eingestellt werden. Natürlich sind auch die rückwärtigen Sitze beheizt und belüftet und wie die Vordersitze auch mit einer Multikonturlehne mit dynamischer Lordosenstütze versehen. Die beiden Fondsitze können als Option im Maybach 62 zudem mit Edelholz und Leder verkleideten Klapptischen ausgerüstet werden. Damit jederzeit auch kalte Getränke verfügbar sind, ist ein Kühlfach in der Fondmittelkonsole mit einem Fassungsvermögen von 9,3 Liter integriert, das einen eigenen Kältekompressor besitzt.

Der Typ 62 kann natürlich als ausgesprochenes Chauffeurfahrzeug auf Kundenwunsch mit einer Trennwand ausgerüstet werden, die den vorderen Teil des Fahrgastraumes vollständig vom Fond trennt. Dennoch bleibt die Durchsicht erhalten, da ab Lehnenoberkante eine versenkbare Verbundglasscheibe montiert ist. Die Scheibe verfügt über eine schaltbare Transparenz, mit der die Durchsicht vermindert werden kann. Die Kommunikation mit dem Fahrer erfolgt über eine Gegensprechanlage. Die Bildschirme, ansonsten in den Lehnen der Vordersitze integriert, sind bei der Version mit Trennwand in diese integriert. Die zentrale Bedieneinheit für die meisten Funktionen ist COMAND. Damit lassen sich das Radio, DVD, TV (vorn), Telefon (vorn) und die Navigation mit Kartendarstellung bedienen. Selbstverständlich verfügt dieses System auch über alle relevanten Dienste wie SMS, Email, WAP, MB-Info, und Tele-Diagnosies und Teleaid. Neben Audio-CDs lassen sich auch DVDs abspielen. Selbstverständlich können die Funktionen vom Fond aus ebenso mit einer Fernbedienung gesteuert werden oder vom Fahrer mittels Spracherkennung aktiviert werden. Ein Soundsystem mit Bose Digital Soundverstärker versorgt 21 Lautsprecher, deren maximale Ausgangsleitung bei 600 Watt liegt.

Der Maybach ist im Segment der großen repräsentativen Limousine die konsequente Fortsetzung der Tradition, die jeweils zeitgemäße Spitzentechnologie im Automobilbau zu definieren. Den Wunsch, der vielfach an DaimlerChrysler herangetragen wurde, nach einem höchst exklusiven und absolut individuellen Automobil der Highend-Luxusklasse kommentierte Professor Jürgen Hubbert, Vorstandsmitglied der DaimlerChrysler AG, Geschäftsfeld Pkw Mercedes-Benz und smart, wie folgt: »Wir erfüllen diesen Wunsch auf Basis unserer über 100-jährigen Erfahrung und technischen Kompetenz in der Entwicklung und Produktion von Luxuslimousinen«.

Dieses Auto als eigenständige Marke »Maybach« einzuführen, ist nur konsequent.

Technische Daten
Maybach Typ 57 und Typ 62

Fahrzeug	Typ 57	Typ 62
Motor		
Zylinderzahl/-anordnung	V12 (60°), 3 Ventile pro Zylinder	V12 (60°), 3 Ventile pro Zylinder
Hubraum cm^3	5513	5513
Bohrung x Hub mm	82,0 x 87,0	82,0 x 87,0
Nennleistung	KW/PS	405/550 bei 5250/min
Nenndrehmoment Nm	900 bei 2300 – 3000/min	900 bei 2300 – 3000/min
Verdichtungsverhältnis	9,0 : 1	9,0 : 1
Gemischaufbereitung	Elektronische Motorensteuerung mit 2 Abgasturboauflader mit Ladeluftkühler	Elektronische Motorensteuerung mit 2 Abgasturboauflader mit Ladeluftkühler
Fahrleistungen, Kraftstoffverbrauch		
Beschleunigung 0-100 km/h s	5,2	5,4
Höchstgeschwindigkeit km/h	250**	250**
Kraftstoffverbrauch NEFZ ges. l/100 km	15,9	15,9
Kraftübertragung		
Getriebe	5-Gang-Automatikgetriebe mit elektronischer Steuerung und Wandlerüberbrückungs-Kupplung	5-Gang-Automatikgetriebe mit elektronischer Steuerung und Wandlerüberbrückungs-Kupplung
Übersetzungen		
Achsantrieb	2,82	2,82
	4. Gang: 1,00	4. Gang: 1,00
	5. Gang: 0,831	5. Gang: 0,831
Fahrwerk		
Vorderachse	Doppelquerlenker	Doppelquerlenker
Hinterachse	Raumlenker	Raumlenker
Bremsanlage	Elektrohydraulisches Bremssystem SBC	Elektrohydraulisches Bremssystem SBC
(SBC™) und Brake-Assist, ABS, ASR, ESP®	Scheiben Grauguß, innenbelüftet	Scheiben Grauguß, innenbelüftet
Lenkung	Kugelumlauf-Servolenkung	Kugelumlauf-Servolenkung
Felgen	8 J x 19	8 J x 19
Reifen	275/50 R 19	275/50 R 19
Maße und Gewichte		
Radstand mm	3390	3827
Spurweite vorn/hinten mm	1675/1695	1675/1695
Gesamt – Länge mm	5728	6165
Gesamt – Breite mm	1980	1980
Gesamt – Höhe mm	1572	1573
Wendekreis m	13,4	14,8
Kofferraumvolumen* l	605*	605*
Leergewicht fahrfertig nach EG kg	2735	2855
Zuladung nach EG kg	525	525
Zulässiges Gesamtgewicht kg	3260	3380
Tankinhalt l	110	110

*für Serienausführung ohne Reserverad und mit Tirefit oder bei SA Räder mit Notlaufeigenschaften, bei Reserverad 500 Liter; **elektronisch abgeriegelt

Die elegante Shilouette des Maybach 62 vor der New Yorker Skyline.

Der Maybach 62 wurde am 2. Juli 2002 in New York erstmalig der Öffentlichkeit präsentiert.

Anhang

Briefe und Ehrungen

Seine Majestät der König von Württemberg

haben vermöge höchster Entschließung vom heutigen Tage dem Fabrikdirektor M a y b a c h in Stuttgart-Cannstatt

das Ritterkreuz 1. Klasse des Friedrichsordens

zu verleihen geruht. Zur Beglaubigung ist nach höchstem Befehle Seiner Königlichen Majestät dem Herrn Fabrikdirektor M a y b a c h hierüber die gegenwärtige Urkunde ausgestellt worden.

Stuttgart, den 10. August 1905.

Der Ordens-Kanzler:
(gez.) v. Soden.

*

Königl. Württembergisches
Ministerium des Innern

U R K U N D E

Seine Königliche Majestät haben am 31. Mai ds. Js. allergnädigst geruht, dem Fabrikdirektor a. D. Wilhelm M a y b a c h in Cannstatt den Titel und Rang eines

Oberbaurats

zu verleihen.

Dem Herrn
Oberbaurat Wilhelm Maybach
wird hierüber gegenwärtige Urkunde ausgestellt.

Stuttgart, den 9. Juni 1915

Der Staatsminister des Innern
(gez.) Fleischhauer

*

Berlin, den 9. Februar 1916

Der Kaiserliche Automobil-Club

gibt sich die Ehre,

Euer Hochwohlgeboren anläßlich Ihres Eintritts in das 70. Lebensjahr seine besten Glückwünsche darzubringen und Ihnen, in Anerkennung der großen Verdienste, die sich Euer Hochwohlgeboren als der geistige Erfinder und erster Erbauer des

Benzin-Motors um die Entwicklung des Kraftfahrwesens erworben haben, die

Goldene Medaille des Clubs

zu überreichen.

Indem wir Euer Hochwohlgeboren bitten, diese Auszeichnung gütigst annehmen zu wollen, geben wir dabei dem Wunsche Ausdruck, daß es Euer Hochwohlgeboren vergönnt sein möge, noch lange Jahre hindurch sich der Segnungen zu erfreuen, die Sie durch ein an Arbeit und Erfolgen reiches Leben erworben haben.

Der Präsident
(gez.) Victor Herzog von Ratibor.

Herrn
Oberbaurat
WILHELM MAYBACH

Cannstatt

*

Allgemeine Automobil-Zeitung, Berlin, 19. Februar 1916

Die 70. Geburtstagsfeier Oberbaurats Dr.-Ing. h.c. Maybach

in Cannstatt am Mittwoch, den 9. d. M. gestalte sich zu mannigfachen schönen Kundgebungen für den Jubilar und legte dafür Zeugnis ab, welcher Liebe und Verehrung sich dieser in den weitesten Kreisen erfreut. Von automobilistischer Seite gingen, wie schon in voriger Nummer erwähnt, dem Jubilar die Goldene Medaille des Kaiserlichen Automobil-Clubs mit einem Glückwunschschreiben des Clubs und eine kunstvolle Adresse des Vereins Deutscher Motorfahrzeug-Industrieller zu, welch' letztere wir beistehend abbilden. Diesen Verbänden schloß sich der Königlich-Württembergische Automobil-Club und dessen Sektion Heilbronn, aus welcher Stadt Oberbaurat Maybach stammt, an, ferner Glückwunschschreiben von Generaldirektor Dr.-Ing. h. c. Kommerzienrat Heinrich Kleyer, von Adam Opel, Rüsselsheim, und anderen deutschen Automobilfabriken, von Dr.-Ing. h. c. Robert Bosch, Stuttgart, Generaldirektor Colsman, Friedrichshafen, Oberst Oschmann, Berlin, Reg.-Rat Dr. Büchner, Berlin, August Euler, Frankfurt a. M., vom Vorstand des Mitteleuropäischen Motorwagen-Vereins und vielen anderen. Auch die Haupt- und Residenzstadt Stuttgart und der Oberbürgermeister der Stadt Heilbronn entboten ihre Glückwünsche; ferner ging ein Glückwunschschreiben vom Königlich Württembergischen Kriegsministerium ein, unterzeichnet vom General der Infanterie, Generaladjutanten des Königs von Württemberg, Kriegsminister Marchtaler. Eine ganz besonders hohe

Ehrung für den Jubilar war aber die V e r l e i h u n g   d e r   W ü r d e eines Dr.-Ing. h. c. an ihn, welche durch eine Abordnung der Königlich-Technischen Hochschule Stuttgart mit einer gehaltvollen Ansprache des Herrn Prof. Wilhelm Maier unter Überreichung einer Urkunde erfolgte. Der Abordnung gehörten außerdem die Herren Prof. Dr.-Ing. h. c. von Bach, Kgl.-Württembergischer Staatsrat und Professor des Maschinen-Ingenieurwesens, und Herr Prof. A. Baumann an.

Seinem Ehrenmitgliede

Herrn Königlichen Oberbaurat **Wilhelm Maybach**

zu seinem 70. Geburtstage am 9. Februar 1916
Der Verein Deutscher Motorfahrzeug-Industrieller

Am 70. Geburtstag seines Ehrenmitgliedes des

Königlichen Oberbaurats Herrn Wilhelm Maybach

gedenkt die gesamte technische Welt, vor allem auch der Verein Deutscher Motorfahrzeug-Industrieller als Vertreter der Interessen der deutschen Automobil-, Flugzeug- und Motorindustrie in Bewunderung und Dankbarkeit der unvergänglichen Verdienste, welche sich der geniale Konstrukteur um die Erfindung und Vervollkommnung der Motoren- und Kraftwagentechnik erworben hat.

In jahrelanger enger Mitarbeit mit Gottlieb Daimler hat Wilhelm Maybach wesentlich an der Ausarbeitung der Erfindung des ersten Daimlerschen Explosionsmotors mitgewirkt und so in hervorragendem Maße mit die Grundlagen geschaffen, auf welchen heute unsere hochentwickelte Automobiltechnik und Kraftwagen-Industrie beruht. Durch eine Reihe genialer Konstruk-tionen hat Wilhelm Maybach in einem langen, arbeitsreichen Leben unablässig an der technischen Vervollkommnung des Kraftwagens gearbeitet, so daß ihm heute in der gesamten technischen Welt, weit über die Grenzen Deutschlands hinaus, neidlos der Ruf eines unserer glänzendsten und erfolgreichsten Erfinder und Ingenieure zuerkannt wird.

Der Verein Deutscher Motorfahrzeug-Industrieller, welcher stets mit ganz besonderer Genugtuung sein Ehrenmitglied Wilhelm Maybach zu den Seinigen zählen durfte, faßt seine Glückwünsche dahin zusammen, daß ihm noch eine lange Reihe glücklicher Jahre beschieden und ihm vergönnt sein möge, die immer noch unaufhaltsam fortschreitende stolze Entwicklung des Automobilismus, an welcher sein eigenes Lebenswerk einen so großen Anteil hat, in geistiger und körperlicher Frische weiter zu verfolgen.

Der Vorstand

Tischbein	Gossi	Dr. Wilhelm Opel
Erster Vorsitzender	Stellvertretende Vorsitzende	

*

»Der Motorwagen« brachte am 20. Februar 1916 zum 70. Geburtstag Wilhelm Maybachs einen Glückwunsch der »A u t o m o b i l - u n d   F l u g t e c h n i s c h e n   G e s e l l s c h a f t (Technisch-wissenschaftliche Vereinigung)« zu Berlin, deren Ehrenmitglieder K a r l   B e n z und W i l h e l m   M a y b a c h sind.

Zum 70. Geburtstage Wilhelm Maybachs

Wilhelm M a y b a c h , der große Konstrukteur, feiert in voller Kraft seinen 70. Geburtstag.

Die Riesenindustrie der Automobil- und Flugzeugmotoren, welche im Jahre 1883 in Daimlers und Maybachs kleiner Werkstatt sowie in den Versuchen von Carl Benz schlummerte, hat Maybach großgezogen.

Er hat bis ins einzelne die Wege der Entwicklung gewiesen; er hat das Glührohr und den Oberflächenvergaser, den Spritzvergaser, die Zellenkühlung und Kulissenschaltung, die Grundlagen der systematischen Ölung der Motoren erfunden und nach seinem Austritt aus der Daimler-Motoren-Gesellschaft in Verbindung mit seinem Sohne Karl Maybach das Vorbild aller betriebssicheren Leichtmotoren für die Zeppelinschiffe geschaffen.

Maybach hat zuerst gezeigt, wie man im Leichtmotoren- und Automobilbau die Bauelemente einfach, klar und übersichtlich formen soll, wie man jede Wirkung auf geradem Wege ohne Komplikation und Umwege, aber unter Sicherung jeder Teilfunktion erreichen kann.

Was er erfunden hat, das hat er stets bis zur Betriebssicherheit entwickelt. Alle seine Schöpfungen werden heute immer noch gebaut, alle Wege und alle Prinzipien hat er festgelegt.

Spät erst haben ihn, dessen Werke alle Fachleute längst bewundert haben, auch die äußeren Ehren erreicht, Orden aller Art und der Titel eines Oberbaurats, den er durch die Annahme ausgezeichnet hat.

Uns, den Mitgliedern der Automobil- und Flugtechnischen Gesellschaft, bleibt er der Meister und das Vorbild für jedes technische Schaffen.

Wir senden ihm in aufrichtiger Verehrung unsere Glückwünsche zum 70. Geburtstag.

*

Der Verein Deutscher Ingenieure

hat in seiner 62. Hauptversammlung zu Dortmund

Herrn Oberbaurat Dr.-Ing. h. c. Wilhelm Maybach

in dankbarer Anerkennung seiner großen Verdienste, die er sich als bahnbrechender Konstrukteur um die Schöpfung des neuzeitlichen Kraftfahrzeuges und um die Entwicklung der raschlaufenden Verbrennungsmaschine erworben hat, die

G R A S H O F - D E N K M Ü N Z E

verliehen, worüber diese Urkunde ausgefertigt ist.

Berlin, den 18. Juni 1922.

Dr. Klingenberg   Dr. L. Lippart
Vorsitzender   Kurator

D. Meyer   C. Matschoß   Hellmich
Direktoren

*

Allgemeine Automobil-Zeitung Berlin, 4. Januar 1930

Das Jahr 1929 war ein Trauerjahr für die deutsche Automobilindustrie. Ein Trauerjahr in wirtschaftlicher Beziehung - leider aber auch in persönlicher. Wir mußten Führer unserer Industrie hinscheiden sehen, deren Namen mit dem Werden und Wachsen der deutschen Automobilindustrie unlösbar verknüpft sind. Und nun hat uns das Geschick zwei Tage vor Schluß des alten Jahres noch einmal einen unserer Besten geraubt.

Oberbaurat Wilhelm Maybach, Dr.-Ing. e. h., ist im Alter

von 84 Jahren nach kurzer Krankheit in Stuttgart verschieden.

Mit dem Namen Wilhelm Maybachs, der heute durch die Maybach-Luftschiffmotoren und Maybach-Luxuswagen internationalen Ruf erhalten hat, hängt der Urbeginn des Automobilbaues zusammen. Er war Gottlieb Daimlers Chefkonstrukteur und erster Berater und er hat mit ihm zusammen die ersten Automobile der Welt auf die Beine gestellt. Er erfand die Glührohrzündung, den Spritzdüsenvergaser, das Umschaltgetriebe und den Bienenkorbkühler. Von ihm wurde der erste Mercedes-Wagen entworfen.

Im Jahre 1907 gründete er dann in Friedrichshafen seine eigene Firma, hat aber nur noch ein Jahr lang seinem kongenialen Sohne Karl, dem heutigen technischen Leiter der Maybach-Motorenwerke und Schöpfer der Luftschiffmotoren und Maybach-Wagen, helfen können. Dann zog er sich nach Stuttgart in das »otium cum dignitate« zurück. Voller Freude erlebte er noch den Ruhm seines Sohnes und den Aufstieg seines Werkes, bis ihn der Tod jetzt von der Erde rief. Maybachs Andenken kann nie in Vergessenheit geraten.

*

Automobiltechnische Zeitschrift, Berlin, 10. Januar 1930

Oberbaurat Dr.-Ing. e. h.

Wilhelm Maybach

Am 29. Dezember 1929 verstarb in Cannstatt im Alter von 84 Jahren Oberbaurat Dr.-Ing. e. h. Wilhelm Maybach. Die überaus schmerzliche Nachricht vom Tode des großen Konstrukteurs, Führers und Wegbereiters des deutschen Automobilbaus trifft die deutsche Automobilindustrie um so schwerer, als sie noch eine junge Industrie, schaffend unter den Augen und in Verehrung ihrer Schöpfer, nun im kurzen Zeitraum eines Jahres das Hinscheiden ihrer großen Vorkämpfer Benz, Büssing und Maybach zu beklagen hat. Aber nicht nur sie, und nicht nur Deutschland gedenkt in tiefer und aufrichtiger Trauer Wilhelm Maybachs. Sein Name, fortlebend im eigenen Werk und dem seines Sohnes, hat den Ruf deutscher Schaffenskraft und deutschen Erfindungsgeistes in alle Länder der Welt getragen. In der Geschichte des Automobilbaus wird ihn die Welt als einen der genialsten Konstrukteure ehren, dessen grundlegende Erfindungen - Werk eines Lebens voll aufopfernder, zielbewußter Arbeit - der Allgemeinheit zugute kamen. Der Reichsverband der Automobilindustrie, der Dr.-Ing. e. h. Wilhelm Maybach seit langem als Ehrenmitglied nennen durfte, wird seinen Namen, unauslöschbar eingeschrieben in die Geschichte des deutschen Motorenbaus, allezeit in Ehren halten.

Reichsverband der Automobilindustrie E. V.

Dr. Allmers
1. Vorsitzender

*

Zeitschrift des Vereins Deutscher Ingenieure, Berlin, 12. April 1930

Wilhelm Maybach

Inhaber der Grashof-Denkmünze des Vereins Deutscher Ingenieure

Am Sonntag, dem 29. Dezember 1929, ist Wilhelm Maybach im Alter von 84 Jahren in Cannstatt bei Stuttgart von uns gegangen. Wir verlieren in ihm einen der großen Gestalter auf dem Gebiet der neuzeitigen Verbrennungskraftmaschine und des das Verkehrswesen umgestaltenden Kraftwagens.
(...)

1883 war der erste Motor, ein Einzylindermotor mit waagerechtem Zylinder mit Luftkühlung und großem Schwungrad aus Schmiedeeisen fertig . . . Infolge der vielseitigen geschäftlichen Inanspruchnahme Daimlers hatte Maybach die ganze Verantwortung für das Gelingen der Entwürfe zu tragen, was an seine Fähigkeiten als Konstrukteur und Fabrikleiter die höchsten Ansprüche stellte.

Als 1890 die Daimler-Motoren-Gesellschaft gegründet wurde, trat Maybach nicht in das neue Unternehmen ein; er übersiedelte vielmehr mit Unterstützung Daimlers in eine kleine Werkstatt, wo er sich weiter der Verbesserung des damaligen Kraftwagens widmete. In dieser Zeit arbeitete Maybach ein ganz neues Verfahren zum Mischen des Brennstoffes mit der angesaugten Luft aus (franz. Patent 232 230 vom 17. August 1893), das die Grundlage der heute allgemein gebräuchlichen Spritzvergaser mit Schwimmerregelung geworden ist.

1895 wurde der Daimler-Maybachsche Betrieb mit der Daimler-Motoren-Gesellschaft vereinigt; Maybach erhielt hierbei die Stelle des ersten Direktors der Daimler-Motoren-Gesellschaft, die er mit großem Erfolg in den Händen behielt, bis 1907 sein Vertrag gelöst wurde.

In dieser Stellung bot sich Maybach Gelegenheit, eigene Gedanken zu verwirklichen, denen er schon 1889 in dem »Stahlradwagen« feste Form verliehen hatte. Sein Gedanke war, daß der Kraftwagen als Ganzes eine Maschine darstelle und daß der Kraftwagen nicht durch den Einbau des Motors in ein beliebiges Gestell verwirklicht werden könne.

Schon der Phönixwagen, der 1896 entstand, zeigte mit seinem vornstehenden Motor mit Kupplung und Wechselgetriebe die Richtung, in der sich der Bau des Kraftwagens fortentwickeln würde. In rascher Folge kamen nun die Erhöhung der Motorleistung durch Vermehrung der Zylinder von zwei auf vier, die ständige Verlängerung der Achsstände, der Übergang zur Luftbereifung und schließlich als Vorbild des heutigen schnellen Kraftwagens im Jahre 1900 der Mercedes-Wagen mit seinem langen, aus Stahlblech gepreßten, tiefliegenden Rahmen, eine Bauart, die mit dem Sieg im Gordon-Benett-Rennen 1903 den Weltruhm der Daimler-Motoren-Gesellschaft begründet hat.

Alle diese Leistungen, deren Größe nur der Eingeweihte, mit den vielen Einzelteilen des Kraftwagens Vertraute erfassen kann, wurden vollbracht, ohne daß außer dem engsten der am Automobil beteiligten Kreise, besonders den Sportleuten, die Welt des geistigen Schöpfers überhaupt gewahr wurde. Bescheiden, wie es seine Art stets war, blieb er hinter dem Namen der Firma verborgen; selbst die Erfindungen, z. B. die Kulissenschaltung des Getriebes, der Bienenkorbkühler, die Ausbildung des Motorschwungrades als Ventilator zum Absaugen der heißen Luft von den Motorzylindern und viele andere, trugen den Namen der Firma, gaben also der Öffentlichkeit im allgemeinen keine Kenntnis von ihrem Urheber.

Schon während seiner Stellung bei der Daimler-Motoren-Gesellschaft war Maybach in ein Vertrauensverhältnis zum Grafen von Zeppelin gelangt. Der Graf glaubte an den hervorragenden Konstrukteur in Maybach, und als 1908 nach dem Unglück von Echterdingen Maybach sich dem Grafen zum Bau von Luftschiffmotoren zur Verfügung stellte, nahm dieser das Angebot bereitwillig an. Die Maybachschen Luftschiffmotoren wiesen so hervorragende Eigenschaften auf, daß man 1912 daran denken konnte, in Friedrichshafen eine eigene Fabrik für den Bau dieser Motoren zu errichten. Bei allen diesen Arbeiten hatte Maybach schon an seinem Sohn Karl eine wertvolle Hilfe, der selbst bereits bei Daimler und in anderen Fabriken im Inland und dann auch im Ausland, besonders in Frankreich, tätig gewesen war; er wurde der verantwortliche Leiter des Baues der Zeppelin-Luftschiffmotoren in Friedrichshafen. Die Freude an den Erfolgen des Sohnes verschönerte den Lebensabend Maybachs.

Dem in seinem ganzen Leben an einfache Lebensführung gewöhnten Manne war es beschieden, auch die hohen Lebensjahre in steter Gesundheit im Kreise der Seinen im eigenen Heim in Cannstatt verleben zu können. Immer noch verfolgte er mit Anteilnahme die Fortschritte der Schöpfung, der sein ganzes Leben gewidmet war. Auch im weiteren eigenen technischen Schaffen suchte er Anregung und Erholung.

Abseits vom Gebiete, das ihn sein ganzes Leben beansprucht hatte, beschäftigte ihn die Anwendung von Leuchtgas zu Heizzwecken, ein Problem, dem er in seinen ersten Lebensjahren bei Arbeiten mit dem Petroleumflachbrenner von Stobwasser begegnet war; zu diesem Problem kehrte Maybach in seinen alten Tagen zurück. Aus Liebhaberei stattete er sein Haus ganz mit Gasheizkörpern aus, die er nach eigenen Gedanken verbesserte. Aber auch den Motorenbau verlor er dabei niemals aus den Augen. Noch vor wenigen Jahren befaßte er sich mit Plänen und Berechnungen, die heutige Verbrennungsmaschine thermisch zu verbessern.

An Anerkennung seiner großen Verdienste um die Technik fehlte es nicht. Orden, Titel, der Ehrendoktor der Technischen Hochschule Stuttgart suchten dieser Anerkennung äußeren Ausdruck zu geben. Der Verein deutscher Ingenieure verlieh ihm gelegentlich der Hauptversammlung 1922 zu Dortmund seine höchste Auszeichnung, die goldene Grashof-Denkmünze »in dankbarer Anerkennung seiner großen Verdienste, die er sich als bahnbrechender Konstrukteur um die Schöpfung der neuzeitlichen Kraftfahrzeuge und um die Entwicklung der raschlaufenden Verbrennungsmaschine erworben hat.«

Der drittletzte Tag des Jahres 1929 drückte ihm die Augen zu, nachdem er das Weihnachtsfest noch im Kreise der Seinen fröhlich verlebt hatte. Eine Lungenentzündung setzte nach einer zweitägigen Krankheit seinem Leben ein Ziel.

Wir deutschen Ingenieure sehen in ihm einen hervorragenden Vertreter unseres Berufes, dem es beschieden war, durch eigene Arbeiten bahnbrechend an wichtigsten Aufgaben mit an erster Stelle zu schaffen. Wir bewundern seine Taten, und wir lieben seine Einfachheit und Bescheidenheit. Wir werden sein Andenken in hohen Ehren halten.

Verein deutscher Ingenieure

Der Vorsitzende	Der Kurator	Die Direktoren
C. Köttgen	A. Nägel	C. Matschoß
		W. Hellmich

Württembergischer Bezirksverein des
Vereins deutscher Ingenieure

Der Vorsitzende
C. Stocker

Sachregister

Personenregister

Aschinger 135
Astor 8

Bach, von 211
Balzer 139
Barbarou, Marius 152
Baronin von Weigel, geb. Jellinek 225
Barrow, Lorraine 124
Bartholomäi, Gustav 86, 87
Bauer, Wilhelm 121, 122, 139
Baumgarten, Georg 60
Bealès 25
Beneke, von 110
Bennett, Gordon 131
Benz, Karl 39, 94, 99, 225
Bosch, Robert 91
Bouhler 207
Brandt 207
Braun, Hermann 121, 139, 160
Brauner, Joseph 122
Büchi, A. 157

Charley 166
Clément, Adolphe 152
Cugnot, Nicolas Josef 40
Custer, General 29

Daimler, Adolf 161, 170, 196
Daimler, Emma 27, 54, 76
Daimler, Gottlieb 14, 16, 20, 21, 24, 25, 26, 27, 33, 37, 38, 39,
　　40, 41, 46, 54, 58, 57, 58, 60, 61, 68, 70, 72, 73, 75, 76, 78,
　　79, 80, 81, 81, 82, 84, 86, 89, 91, 94, 95, 97, 98, 99, 99, 100,
　　106, 110, 113, 122, 124, 150, 170, 196, 197, 211, 225
Daimler, Paul 158, 161, 163, 164, 170, 171, 184
Dannwolf, Luise Barbara 10
de Caters, Baron, Pierre 141, 158
de Rivaaz, Isaac 40
Delamare-Deboutteville, Edouard 40
Desjoyaux 163
Deurer, Wilhelm 98, 99
Dietrich 89, 91
Dinsmore, Gray 8, 136, 139
Donnersmark, Henckel von 135
Duttenhofer, Max von 8, 76, 78, 79, 80, 94, 95, 97, 99, 100,
　　110, 131, 135, 150, 154, 170, 176, 180, 203

Edge, S. F. 129

Fahr 198
Ford, Henry 94
Funck, Leo 43
Ganß, Julius 152
Georges 124
Gotha, von 211
Goulds 8
Graf Lavalette 180
Gribeauval, General 40

Habermaas, Bertha 27
Habermaas, Carl Gottfried 202
Haußmann 97
Herzog von Ratibor 211
Hieronimus, Otto 139, 158
Hitler, Adolf 207

Jellinek, Emil 8, 81, 115, 117, 118, 122, 124, 125, 126, 131,
　　135, 139, 141, 152, 161, 163, 164, 166, 167, 170, 171, 196,
　　225
Jellinek, Georg 115
Jellinek, Max 115
Jellinek-Mércèdes, Emil 8
Jellinek-Mércèdes, Guy 8, 115, 117, 118
Jenatzy, Camille 139, 141
Junghans, Arthur 89, 91

Kaiser Franz Josef 193
Katzenstein 139
Kaufmann, Louise 10
Kaulla, Alfred von 163, 164, 165, 170
Keene, Foxhall 139
Keller 210
Kessler, Emil 14, 16
Keßler, Alfing 176
Kleinheins, Peter 64
Knabe 64, 68
Knapp 124
Koch 207
König von Württemberg 211
Kübler 106, 203
Kunze-Knorr 60
Kurtz, Heinrich 48, 46, 68
Kurz, Emma 21

Stadtarchiv Heilbronn - Maybach-Archiv

1 Wilhelm Maybach und Karl Maybach
1898 - 1928; 189 Briefe, 9 Karten, 2 Telegramme, 2 Ausarbeitungen, Vollmacht, Notizzettel

1 Ansichtskarte [Berneck/Schweiz] 31.8.1898
Urlaubsgruß von KM.

2 Brief 18.12.1912
WM übersendet einen Artikel aus der Zeitschrift »Der Motorwagen« über den »Dixi-Flugmotor« und vergleicht Einzelheiten mit Lösungen bei ihrem eigenen Motor (u. a. Kurbelschmierung, Ventile). Auch die Doppelzündung des eigenen Motors und die symmetrische Ventilanlage mit gut gekühlten Ventilsitzen sei besser. Bereits bei seinen Versuchen in Deutz mit großen Gasmotoren mit einer geringen Kompression seien ständig Frühzündungen aufgetreten, die durch Kühlung der Schlußdeckel mit Wasser beseitigt wurden. [Anlage: Artikel aus dem »Motorwagen«]

3 Ansichtskarte [Rialtobrücke Venedig] 16.2.1913
KM berichtet aus Venedig, daß er nachmittags die Ballonhalle besichtigt habe und daß die Motoren gut laufen. Am Abend wolle er nach Rom weiterfahren.

4 Ansichtskarte [Rom] 18.2.1913
KM meldet seine Ankunft in Rom bei starkem Schneegestöber. Er sei von Offizieren und Professoren freundlich empfangen worden, da ihr Motor dort in bestem Ansehen stehe.

5 Postkarte 22.2.1913
KM teilt mit, daß er Donnerstag aus Rom nach Friedrichshafen zurückgekommen sei.

6 Brief 18.8.1913
KM übersendet die Kopie eines Briefs der Firma Bergmann AG wegen Prioritätsansprüchen auf ihren Ölsicherheitsapparat. Bergmann habe vor ihnen diesen zur Anwendung gebracht, aber eben kein Patent darauf angemeldet. Ihre eigene Einrichtung unterscheide sich im Kolben von der Bergmannschen. Bevor KM antwortet, möchte er die Ansicht seines Vaters dazu hören. Von der Kompressorenfabrik Flottmann legt er ebenfalls einen Brief in Kopie bei, in dem diese Anforderungen für einen angebotenen Motor mitteilt, worauf KM noch näher eingeht. Für England seien gute Aussichten vorhanden, nur ginge lei-

der alles über Parseval. Herr Colsmann habe sich zu einer schriftlichen Zusage hinreißen lassen. KM erläutert ferner eingehend das geplante Motorengeschäft mit England. [Anlagen: Kopien von Briefen der Firmen Bergmann und Flottmann an die MMB vom 14. und 16.8.]

7 Brief 13.10.1913
KM berichtet, daß ihn Herr Dornier besucht habe, und zwar mit einer neuen Sache, die er nur mit Direktor Colsmann besprochen habe und die sonst im LZ nicht bekannt werden solle. Einen kleinen Vorversuch bei der MMB habe er [KM] abgelehnt. Er bittet WM um seine Meinung. Danach folgt eine längere Beschreibung der Dornierschen Vorstellung, daß beim Einsaugen von Luft über den Öffnungen ein kleines Vakuum entstehe und so spezielle Tragflächen konstruiert werden könnten.

8 Brief 13.11.1913
WM greift eine alte Sache auf, die Ausblasung des Verbrennungsraums vor der Saugperiode mittels der Auspuffkraft, die sich auf zweierlei Art äußern könne: 1. durch Ejektion und 2. durch die bekannte und angewandte englische Art der Saugkraft der in Schwingung versetzten Luftsäule im Auspuffrohr. Er erläutert die praktische Ausführung genau und hält sie auch für ein Mittel gegen Vergaserbrände, die seit dem Unglück des L 2 ein Problem seien.

9 Brief 14.11.1913
Anknüpfend an seinen letzten Brief erläutert WM seine Ansichten zum widerstandslosen Auspuff weiter. Auch in dieser Hinsicht wäre der 6zylindrige Motor dem 4zylindrigen überlegen.

10 Brief 27.11.1913
Um der Feuergefahr für Luftschiffe vorzubeugen, empfiehlt WM, daß die Ausmündung aus dem Auspufftopf nicht gegenüber der Einmündung liegt, sondern, daß die Gase gegen eine gut gekühlte Wand stoßen und die Funken daran erlöschen. Weiter äußert er sich zur Verstärkung des Motorgehäuses, um die Bildung von Rissen zu vermeiden. Als Geschenk für Emma Maybach empfiehlt er ein Opernglas. Sein eigener Zustand habe sich gut gebessert, so daß er hofft, bald nach

- Karnowski, Rainer: Der Urahn. Daimlers erster Versuchsträger von 1885 - ein Motorrad/Hrsg.: Daimler-Benz AG. Stuttgart 1985.
- Kirchberg, Peter (Hrsg.): Automobilausstellungen und Fahrzeugtests in aller Welt. Teil 1: 1898 - 1914. Moers 1985.
- Kirchberg, Peter: Horch. Prestige und Perfektion, Suderburg-Hösseringen 1994.
- Klee, Ernst: Dokumente zur »Euthanasie«. Frankfurt 1992.
- Kläger, Erich: Böblingen. Eine Reise durch die Zeit. Stadt Böblingen (Hrsg.), Böblingen 1979
- Kleinheins, Peter: Die Motorluftfahrt begann vor hundert Jahren. Doktor Wölfert und Gottlieb Daimler. Wahlwies 1988.
- Krebs, Rudolf: 5 Jahrtausende Radfahrzeuge. Über 100 Jahre Automobil. Berlin, Heidelberg, New York 1994.
- Kruk, Max; Lingnau, Gerold: 100 Jahre Daimler-Benz. Das Unternehmen. Mainz 1986.
- Langen, Arnold: Nikolaus Otto. Der Schöpfer des Verbrennungsmotors. Stuttgart 1949.
- Löber, Ulrich (Hrsg.): Nicolaus August Otto. Ein Kaufmann baut Motoren. Eine Ausstellung des Landesmuseums Koblenz. Koblenz 1987.
- Ludvigsen, Karl: Mercedes-Benz Renn- und Sportwagen. Gerlingen 1993.
- Matschoss, Conrad: Gottlieb Daimler in der Geschichte des Kraftwagens / Hrsg.: Deutsches Museum. Berlin 1934.
- Maybach-Motorenbau GmbH (Hrsg.): Fünfzig Jahre Maybach zu Wasser, zu Lande, in der Luft. Friedrichshafen 1959.
- Mercedes-Benz AG (Hrsg.): 100 Jahre Daimler-Motoren-Gesellschaft. Stuttgart 1990.
- Metternich, Michael Graf Wolff: Distanz zur Masse. Ein Bilderbuch über die Vielgestaltigkeit der Maybach-Fahrzeuge. Lorch 1990.
- Morlok, Karl: Wo bringt ihr uns hin? Geheime Reichssache Grafeneck. Stuttgart 1990.
- Mtu (Hrsg.): Karl Maybach. Leben und Werk 1879 - 1960. Katalog zur Maybach-Gedächtnis-Ausstellung. Friedrichshafen 1980.
- Mtu (Hrsg.): Tagebuch Wilhelm Maybach: »Reise nach Amerika« vom 9. September bis 3. Dezember 1876. Facsimiledruck, Friedrichshafen 1976.
- Niemann, Harry (Hrsg.): Das Mercedes-Benz Archiv. Archivführer. Stuttgart 1993.
- Niemann, Harry: Die Renngeschichte von Benz & Cie. Mit »maximalen Benz«, in: Mercedes-Benz AG (Hrg): Benz & Cie. Zum 150. Geburtstag von Karl Benz. Stuttgart 1994, S. 115-146.
- Niemann, Harry: Zum Interaktionsverhältnis Mensch - Technik innerhalb der Rahmenbedingungen von Schulung und Verrechtlichung in den Anfangsjahren des Automobilismus. In: Niemann, Harry; Hermann, Armin (Hrsg.): Stuttgarter Tage für Automobil- und Unternehmensgeschichte 1993. Die Motorisierung im Deutschen Reich und den Nachfolgestaaten. Stuttgart 1995, S. 104 - 145.
- Oswald, Werner: Mercedes-Benz Lastwagen und Omnibusse 1886 - 1986. Stuttgart 1986.
- Oswald, Werner: Mercedes-Benz Personenwagen 1886 - 1986. Stuttgart 1987.
- Rathke, Kurt: Könige der Motoren - zu Lande, zu Wasser und in der Luft. München 1962.
- Rathke, Kurt: Wilhelm Maybach. Anbruch eines neuen Zeitalters. Friedrichshafen 1953.
- Rauck, Max J.: Wilhelm Maybach. Der große Automobilkonstrukteur. Baar (CH) 1979.
- Rauck, Max J.: Zeittafel zur Geschichte des Kraftfahrzeugs und des Verbrennungsmotors. Teil 1: bis 1900. Unveröffentlichtes Manuskript, Stuttgart 1955.
- Rinker, Reiner; Setzler, Wilfried (Hrsg.): Die Geschichte Baden-Württembergs. Stuttgart 1986.
- Sass, Friedrich: Geschichte des deutschen Verbrennungsmotorenbaus von 1860 bis 1918. Berlin, Göttingen, Heidelberg 1962.
- Schenk, Georg: Kilian Steiner. Jurist, Finanzmann, Landwirt, Mitbegründer von Schillerverein und Schiller-Nationalmuseum 1833 - 1903. In: Lebensbilder aus Schwaben und Franken / Hrsg.: Max Miller; Robert Uhland. Bd. 1: Stuttgart 1969, S. 312 - 326.
- Schildberger, Friedrich: Anfänge der französischen Automobilindustrie und die Impulse von Daimler und Benz, in: Automobil-Industrie, Heft 2, 1969,
- Schildberger, Friedrich: Daimler und Benz auf der Pariser Weltaustellung 1889. Sonderdruck aus der ATZ, Stuttgart 1961.
- Schildberger, Friedrich: Die Entstehung der englischen Automobilindustrie bis zur Jahrhundertwende, Sonderdruck aus Automobil-Industrie, 14. Jahrgang (1969), Heft 4, S. 4ff.
- Schildberger, Friedrich: Eine Wortmarke wird zum Symbol: Mercedes 1901, Mercedes-Benz 1926. Unveröffentlichtes Manuskript, Stuttgart 1975.
- Schildberger, Friedrich: Entwicklungsrichtungen der Daimler- und Benz-Arbeit bis um die Jahrhundertwende. Sonderdruck aus der ATZ, Heft 6/1961, Stuttgart 1961.
- Schlomka, Agnes: Die Finanzierungsgeschichte der Daimler-Motoren-Gesellschaft Untertürkheim. Abschlußarb., Handelshochschule Berlin 1917.
- Schmolz, Helmut: Wilhelm Maybach (1846 - 1929). Vom Waisenbuben zum »König der Konstrukteure«. Sonderdruck aus dem Jahresbericht 1992 der Gemeinschaftskernkraftwerk Neckar GmbH. Neckarwestheim 1993.

- Schnauffer, Karl: Wilhelm Maybach in Deutz 1872 - 1882. Erstellt im Auftrag der Arbeitsgemeinschaft für die Geschichte des Deutschen Verbrennungsmotorenbaues. Teil I: Text, Teil II Anlage. Unveröffentlichtes Manuskript 1952.
- Schnauffer, Karl: Gottlieb Daimler und Wilhelm Maybach in den Jahren 1882 - 1895. Erstellt im Auftrag der Arbeitsgemeinschaft für die Geschichte des Deutschen Verbrennungsmotorenbaues. Teil I: Text, Teil II Anlagebände 1-2. Unveröffentlichtes Manuskript 1957.
- Schnauffer, Karl: Die Entwicklung des raschlaufenden Viertaktmotors durch Daimler und Maybach 1882 - 1887. Erstellt im Auftrag der Arbeitsgemeinschaft für die Geschichte des Deutschen Verbrennungsmotorenbaues. Teil I: Text, Teil II Anlage. Unveröffentlichtes Manuskript 1953.
- Schnauffer, Karl: Die von Daimler und Maybach auf dem Seelberg entwickelten Motoren 1887 - 1890. Erstellt im Auftrag der Arbeitsgemeinschaft für die Geschichte des Deutschen Verbrennungsmotorenbaues. Teil I Text, Teil II Anlagen. Unveröffentlichtes Manuskript 1953.
- Schnauffer, Karl: Die Motoren-Entwicklung in der Daimler-Motoren-Gesellschaft1890 - 1895. Erstellt im Auftrag der Arbeitsgemeinschaft für die Geschichte des Deutschen Verbrennungsmotorenbaues. Teil I: Text, Teil II Anlagen. Unveröffentlichtes Manuskript 1954/55.
- Schnauffer, Karl: Die Entwicklungsarbeiten in der Königstraße und im Hotel Hermann 1891 - 1895. Erstellt im Auftrag der Arbeitsgemeinschaft für die Geschichte des Deutschen Verbrennungsmotorenbaues. Teil I Text, Teil II Anlagen. Unveröffentlichtes Manuskript 1954.
- Schnauffer, Karl: Die Motorenentwicklung in der Daimler-Motoren-Gesellschaft von 1895 bis zum Tode Daimlers. Erstellt im Auftrag der Arbeitsgemeinschaft für die Geschichte des Deutschen Verbrennungsmotorenbaues. Teil I Text, Teil II Anlagen. Unveröffentlichtes Manuskript 1954/55.
- Schnauffer, Karl: Die Motorenentwicklung in der Daimler-Motoren-Gesellschaft 1900 - 1907. Erstellt im Auftrag der Arbeitsgemeinschaft für die Geschichte des Deutschen Verbrennungsmotorenbaues. Teil I Text, Teil II Anlagen. Unveröffentlichtes Manuskript 1954/55.
- Schnauffer, Karl: Die Motorenentwicklung in der Daimler-Motoren-Gesellschaft 1907 - 1918. Erstellt im Auftrag der Arbeitsgemeinschaft für die Geschichte des Deutschen Verbrennungsmotorenbaues. Teil I: Text, Teil II Anlagen. Unveröffentlichtes Manuskript 1956.
- Seherr-Thoss, H. C. Graf von: Die deutsche Automobilindustrie. Eine Dokumentation von 1886 bis 1979. Stuttgart 1979.
- Siebertz, Paul: Gottlieb Daimler. Ein Revolutionär der Technik. München, Berlin 1941.
- Sievers, Immo: AutoCars. Die Beziehungen zwischen der englischen und der deutschen Automobilindustrie vor dem Ersten Weltkrieg. Frankfurt a.M. 1995.
- Stadtarchiv Heilbronn (Hrsg.): Wilhelm Maybach. Leben und Wirken eines großen Motoren- und Automobilkonstrukteurs. Gedächtnisausstellung anläßlich des 50. Todestages am 29. Dezember 1979 in Heilbronn. Heilbronn 1979.
- Stahlmann, Michael: Die erste Revolution in der Automobilindustrie. Management und Arbeitspolitik von 1900 - 1940. Frankfurt a.M. 1993.
- Temmesfeld, Claudia: Die Bedeutung von Patenten und Lizenzen für das Wachstum der Daimler-Motoren-Gesellschaft in den Jahren 1890 - 1902/03. Diplomarb., Univ. Regensburg 1979.
- Treue, Wilhelm: Eugen Langen und Nicolaus August Otto. Zum Verhältnis von Unternehmer und Erfinder, Ingenieur und Kaufmann. Tradition: Zeitschrift für Firmengeschichte und Unternehmensbiographie; 3. Beiheft. München 1963.
- Treue, Wilhelm; Zima, Stefan: Hochleistungsmotoren. Karl Maybach und sein Werk. Düsseldorf 1992.
- Trüdinger: Daimler-Motoren-Gesellschaft. In: Königliches Statistisches Landesamt Württemberg (Hrsg.): Beschreibung des Oberamts Cannstatt. Stuttgart 1895.
- Walz, Werner: Daimler-Benz. Wo das Auto anfing. Konstanz 1989.
- Wandel, Uwe Jens (Hrsg.): 150 Jahre Gottlieb Daimler. Ausstellung des Stadtarchivs im Rathaus Schorndorf. Schorndorf 1984.

Verwendete Periodika

- Allgemeine Automobil Zeitung und Officielle Mittheilungen des Oesterreichischen Automobil-Club, Jge. 1900 und 1901.
- Allgemeine Automobil Zeitung, Berlin-München, Jge. 1902 - 1929
- Allgemeine Automobil Zeitung, Wien, Jge. 1902 - 1929
- Deutsche Automobil Zeitung, Jg. 1934.
- Motor, Jge. 1914 - 1929
- Stuttgarter Anzeiger, Jg. 1856
- Werkszeitung der Zeppelinbetriebe, Jg. 1936

Einleitung

I. Das »Maybach-Archiv« im Stadtarchiv Heilbronn

Am 9. Februar 1846 wurde der bedeutende Motoren- und Automobilkonstrukteur Wilhelm Maybach in Heilbronn als Sohn des aus Löwenstein stammenden Tischlermeisters Christian Karl Maybach (1813 - 1856) und dessen Ehefrau Luise Barbara (1814 - 1854) geboren.

Obwohl die Familie Maybach bereits im Jahre 1851 von Heilbronn weg nach Stuttgart verzog, wo der Vater in einer Klavierfabrik Arbeit gefunden hatte, hat Wilhelm Maybach diese ersten fünf Jahre seines Lebens in Heilbronn stets in guter und fester Erinnerung behalten, wie er dem Heilbronner Bürgermeister Dr. Göbel im Jahre 1916, nun schon 70 Jahre alt, selbst mitteilte.

Anläßlich des 50. Todestages von Wilhelm Maybach am 29. Dezember 1979 wurde auf Initiative von Archivdirektor Dr. Helmut Schmolz vom 1. Dezember 1979 bis 1. Januar 1980 eine große, das Leben und Werk dieses genialen Erfinders würdigende Ausstellung organisiert und dazu ein Katalog zusammengestellt. Die Ausstellung wurde dann in der Zeit vom 5. Februar bis zum 2. März 1980 in Friedrichshafen gezeigt, ergänzt um einen Teil über Karl Maybach, der als Konstrukteur gleichrangig mit seinem Vater gesehen werden muß, anläßlich dessen 20. Todestages.

Bei der Vorbereitung der Heilbronner Ausstellung wurde auch Verbindung mit der Enkelin von Wilhelm Maybach, Frau Irmgard Schmid-Maybach aufgenommen, die den umfangreichen Nachlaß ihres Vaters und Großvaters zunächst leihweise zur Verfügung stellte. Nach dem Festakt vom 1. Dezember griff Frau Schmid-Maybach die Anregung von Oberbürgermeister Dr. Hans Hoffmann auf und stiftete den Nachlaß der Stadt Heilbronn mit der Auflage, ihn im Stadtarchiv als »Maybach-Archiv« zu verwahren.

Den größten und wichtigsten Teil des Nachlasses bildet der Briefwechsel von Wilhelm Maybach mit zeitlichem Schwerpunkt in den Jahren des Ersten Weltkrieges und den 20er Jahren. Dazu kommen Briefe an und von anderen Familienmitgliedern, Schriftstücke aus dem persönlichen und beruflichen Bereich, Medaillen und Auszeichnungen und über 100 Fotos.

Der gesamte Nachlaß war grob vorgeordnet, einmal nach Briefpartnern, aber auch nach Sachbetreffen, so z. B. Glückwunschkarten zur Verlobung Karls, zu Geburtstagen u.a. Bei der endgültigen Verzeichnung wurde der Ordnung nach Briefpartnern der Vorrang gegeben. Den Anfang machen die umfangreichen und auch inhaltlich interessantesten Schriftwechsel zwischen Wilhelm und seinem Sohn Karl sowie Wilhelm und der Firma Motorenbau bzw. Maybach-Motorenbau in Friedrichshafen. Die fast 200 Briefe Wilhelms an seinen Sohn geben Einblick in seine Beschäftigung mit Konstruktionsfragen während des Ersten Weltkrieges, die Korrespondenz mit der Firma behandelt überwiegend Finanzangelegenheiten.

Daran schließen sich die weiteren Briefpartner Wilhelms in alphabetischer Reihe an (Nr. 3 - 138). Die zahlreichen Handbilletts mit Glückwünschen sind unter der Nr. 136 zusammengefaßt. Anschließend folgen die Briefwechsel von Karl Maybach, Bertha Maybach und weiteren Familienmitgliedern (Nr. 139 - 194). Den Schluß bilden die Schriftstücke, die sinnvollerweise nach dem Sachbetreff geordnet wurden, sowie Medaillen, Auszeichnungen und Ehrungen (Nr. 195 - 226). Die Originalfotos (Abzüge und Glasnegative), die überwiegend Familienangehörige und auch viele nicht identifizierbare Personen zeigen, werden in der Fotosammlung des Stadtarchivs Heilbronn verwahrt. Im »Maybach-Archiv« befinden sich neue Abzüge.

Bei der Verzeichnung wurde in der Regel jedem Briefpartner eine Nummer gegeben, der in der ersten Zeile mit dem jeweiligen Mitglied der Familie Maybach aufgeführt ist. Vornamen und Funktionen wurden hier oder auch im Register stillschweigend ergänzt, soweit das mit vertretbarem Aufwand möglich war. Beruf und Wohnort sind jeweils in runden Klammern angeben. Daran schließt sich eine summarische Aufzählung des Umfangs des Briefwechsels mit der Angabe der Laufzeit an. Danach folgen in chronologischer Reihenfolge und jeweils durchnumeriert die Regesten der einzelnen Briefe bzw. Entwürfe. Die Signatur lautet: Maybach-Archiv Nr., die einzelnen Briefe werden mit Schrägstrich angeschlossen, z. B. Nr. 1/34. Wenn der Briefwechsel über floskelhafte Glückwünsche oder Grüße nicht hinausgeht, wurde nur eine stichwortartige Angabe gemacht. Öfters waren den Briefen Anlagen beigegeben, die im Regest erwähnt, aber nicht mehr in jedem Fall auch erhalten sind.

Die tatsächlich noch vorhandenen Anlagen sind deshalb in eckigen Klammern angegeben, ebenso Ergänzungen, die zum besseren Verständnis nötig sind. Die verwendeten Abkürzungen sind dem Abkürzungsverzeichnis zu entnehmen. Zur Orientierung bei den vielen Glückwünschen seien hier die wichtigen Anlässe aufgeführt:

2.8.1915 bzw. 26.10.1915 Verlobung bzw. Heirat von Karl mit Käthe Lewerenz
Juni 1915 Verleihung des Titels Oberbaurat an Wilhelm Maybach
8.2.1916 70. Geburtstag und Verleihung des Titels Dr.-Ing. an Wilhelm Maybach
8.2.1921 75. Geburtstag von Wilhelm Maybach
8.2.1926 80. Geburtstag von Wilhelm Maybach
5.9.1928 goldene Hochzeit von Wilhelm und Bertha Maybach

Die Erstverzeichnung des Bestandes wurde 1986 von Dr. Jörg Leuschner unter Mithilfe von Claudia Buggle, Bärbel Fischer und Beate Schmidt vorgenommen, konnte seinerzeit aber nicht zur Veröffentlichung gebracht werden. Der 150. Geburtstag von Wilhelm Maybach im Jahr 1996 bietet nun den geeigneten Anlaß, das Findbuch des Maybach-Archivs in einer neuen Publikation über den bedeutenden Sohn der Stadt zugänglich zu machen. Die Bearbeitung für die Drucklegung erfolgte durch Walter Hirschmann mit Unterstützung von Annette Geisler und Dr. Susanne Schlösser.

II. Historische und biographische Unterlagen zu Wilhelm und Karl Maybach im DaimlerChrysler-Konzernarchiv und bei der mtu Friedrichshafen

Neben den Unterlagen im Stadtarchiv Heilbronn sind im DaimlerChrysler Konzernarchiv Stuttgart und bei der mtu Friedrichshafen weitere Maybach-Archivalien erhalten. Um einen Gesamtüberblick über alle vorhandenen Doku-mente zu ermöglichen, werden die Findlisten dieser Be-stände hier ebenfalls veröffentlicht.

Die beiden Verzeichnisse wurden bereits vor längerer Zeit jeweils von Mitarbeitern der Firmen angelegt (Mercedes-Benz 1990, mtu 1954) und für die Veröffentlichung nur formal (z. B. durch die einheitliche Benutzung von Abkürzungen) der eigenen Verzeichnung angepaßt. Lediglich die Inhaltsangaben der 30 Notizbücher von Wilhelm Maybach (mtu-Karton 1) wurden für diese Publikation neu erstellt.

Abkürzungen

AAZ = Allgemeine Automobil-Zeitung, Berlin und Wien
Abtlg. = Abteilung
a.D. = außer Dienst
AG = Aktiengesellschaft
BM = Bertha Maybach
betr. = betrifft
bzgl. = bezüglich
bzw. = beziehungsweise
ca. = circa
d.h. = das heißt
DMG = Daimler-Motoren-Gesellschaft
Dr. = Doktor
D.R.P. = Deutsches Reichspatent
e.h. = ehrenhalber
Fa. = Firma
GmbH = Gesellschaft mit beschränkter Haftung
h.c. = honoris causa
Ing. = Ingenieur
K. bzw. k. = königlich
KM = Karl Maybach
km = Kilometer

Ksl. = Kaiserlich
L = Luftschiff
Ltd. = Limited
LZ = Luftschiffbau Zeppelin GmbH
M = Mark
med. = medicinae
MMB = Maybach Motorenbau GmbH bzw. Luftfahrzeug-Motorenbau GmbH (bis 1912) bzw. Motorenbau GmbH (bis 1918)
Nr. = Nummer
o.D. = ohne Datum
Prof. = Professor
PS = Pferdestärke
rer.nat. = rerum naturalium
stud.chem. = studiosus chemiae
TH = Technische Hochschule
u.a. = unter anderem
VDI = Verein Deutscher Ingenieure
vgl. = vergleiche
WM = Wilhelm Maybach
z.Z. = zur Zeit

Verwendete und weiterführende Literatur

- Arns, Günter: Über die Anfänge der Industrie in Baden und Württemberg. Stuttgart 1986.
- Bartel, Karlheinz: Gustav Werner. Eine Biographie. Stuttgart 1990.
- Barthel, Manfred; Lingnau, Gerold: 100 Jahre Daimler-Benz. Die Technik. Mainz 1986.
- Bauer, Thomas: Die wirtschaftliche Entwicklung der Firmen Gottlieb Daimler und Karl Benz bis zu ihrer Fusion 1926. Dipl.arb., Univ. Erlangen-Nürnberg 1972.
- Bellon, Bernard P.: Mercedes in Peace and War. German automobile workers 1903 - 1945. New York 1990.
- Bingmann, Holger: Mensch - Politik - Kultur. Einflüsse auf die technische Entwicklung bei Daimler-Benz . Dissertation, Univ. Berlin 1990.
- Boelcke, Willi: Sozialgeschichte Baden-Württembergs 1800 - 1989. Stuttgart 1989.
- Borst, Otto (Hrsg.): Wege in die Welt. Die Industrie im deutschen Südwesten seit Ausgang des 18. Jahrhunderts. Stuttgart 1989.
- Buberl, Alfred: Die Automobile des Siegfried Marcus. Wien 1994.
- Clary, Marcus: Mercedes-Benz in Nordamerika. Unveröffentlichtes Manuskript 1993.
- Daimler-Benz AG (Hrsg.): Die Ahnengalerie. Stuttgart 1986.
- Daimler-Benz AG (Hrsg.): Chronik Mercedes-Benz Fahrzeuge und Motoren. Stuttgart 1978.
- Daimler-Benz AG (Hrsg.): Mercedes - wie der Name entstand. Stuttgart 1985.
- Daimler-Benz AG (Hrsg.): Die Renngeschichte der Daimler-Benz AG und ihrer Ursprungsfirmen 1894 - 1939. Stuttgart 1940.
- Daimler-Motoren-Gesellschaft (Hrsg.): 40 Jahre Daimler-Motoren. Ein Beitrag zur Geschichte des Automobils. Stuttgart 1923.
- Daimler-Motoren-Gesellschaft (Hrsg.): Zum 25jährigen Bestehen der Daimler-Motoren-Gesellschaft Untertürkheim 28. November 1915. Stuttgart 1915.
- Demand, Carlo; Simsa, Paul: Kühne Männer, tolle Wagen. Die Gordon Bennett Rennen 1900 - 1905. Stuttgart 1987.
- Diesel, Eugen; Goldbeck, Gustav; Schildberger, Friedrich: Vom Motor zum Auto. Fünf Männer und ihr Werk. Stuttgart 1968
- Eckert, Bruno: Die Entwicklung der Flugzeugantriebe bei der Daimler-Benz AG. Unveröffentlichtes Manuskript, Stuttgart 1988.
- Ehmer, Willi: Gottlieb Daimler. Der Erfinder, Arbeiter und Mensch. Stuttgart 1934.
- Fersen, Olaf von: Ein Jahrhundert Automobiltechnik - Nutzfahrzeuge. Düsseldorf 1987.
- Fersen, Olaf von: Ein Jahrhundert Automobiltechnik - Personenwagen. Düsseldorf 1986.
- Flink, James J. : America adopts the automobile 1895 - 1910. Cambridge, Mass. 1970.
- Frankenberg, Richard von; Matteuci, Marco: Geschichte des Automobils. Künzelsau u.a. 1976.
- Goldbeck, Gustav: Siegfried Marcus. Ein Erfinderleben. Düsseldorf 1961.
- Goldbeck, Gustav; Schildberger, Friedrich: Siegfried Marcus und das Automobil - Ende einer Legende, in: ATZ 71 (1969) 6, S. 107f.
- Grube, Sybille; Forstmeier, Friedrich: Werk Untertürkheim - Stammwerk der Daimler-Benz Aktiengesellschaft. Ein historischer Überblick / Hrsg.: Daimler-Benz AG. Stuttgart 1983.
- Gustav Werner Stiftung zum Bruderhaus (Hrsg.): Damals und Heute. Eine Bilddokumentation über Leben und Werk. Reutlingen 1987.
- Hanf, Reinhard: Im Spannungsfeld zwischen Technik und Markt. Zielkonflikte bei der Daimler-Motoren-Gesellschaft im ersten Dezenium ihres Bestehens. Wiesbaden 1980.
- Hardenberg, Horst: Schießpulvermotoren. Materialien zu ihrer Geschichte. Düsseldorf 1992.
- Harenbergs Personenlexikon des 20. Jahrhunderts. Dortmund 1992.
- Hegele, A.: Gottlieb Daimler, der Schöpfer des Automobils. Ein Lebensbild zur Wiederkehr seines 100. Geburtstages am 17. März 1934. Stuttgart 1934.
- Heuss, Theodor: Gottlieb Daimler als Wegbereiter der Verkehrsmotorisierung. Rede des Bundespräsidenten anläßlich der Gottlieb-Daimler-Gedenkfeier. Stuttgart 1950.

- Horras, Gerhard: Die Entwicklung des deutschen Automobilmarktes bis 1914. München 1982.
- Jellinek-Mercédès, Emil: Ein Kapitel zur Geschichte des Automobilismus. AAZ Wien, 3. Febr.1918, Nr.5, Band I., XIX Jahrgang, S. 14ff.
- Jellinek-Mercédès, Guy: Mein Vater, der Herr Mercédès. Wien, Berlin, Stuttgart 1962.
- Johnson, Erik: The Dawn of the Motoring. How the car came to Britain / Hrsg.: Mercedes-Benz UK. Tongwell 1986.

Hause zu können.

11 Brief 22.12.1913
WM gibt Hinweise zur Lagerung und Schmierung der Luftschraube bzw. der Kurbelachse am Flugmotor. Er bittet KM, von Friedrichshafen so rechtzeitig abzureisen, daß er bei der Bescherung anwesend sein kann. [Anlage: Zeichnung]

12 Brief 21.1.1914
WM teilt mit, daß er nach eingehender Vertiefung in das Problem der Ausspüleinrichtung der Meinung sei, daß beim 6-zylindrigen Motor noch ewas verbessert werden könnte und übersendet eine Projektbeschreibung nebst Zeichnung. Das Gelingen hänge weitgehend von der richtigen Auspuffanordnung ab, wozu noch Vorversuche angestellt werden sollten. Abschließend rät WM: »Es wird dir die Durcharbeit viel Mühe machen, nehme die Sache also nicht in einem Zug vor sondern täglich kleinere Abschnitte ...« [Anlagen: Beschreibung zum Projekt zur völligen Ausspülung der Verbrennungsprodukte bei 6zyl. Motoren« vom 20.1.1914 und Zeichnung eines Motors mit Ausspülung der Verbrennungsprodukte im Kompressionsraum durch Luft vom 9.1.1914

13 Brief 25.1.1914
WM teilt mit, daß er von der LZ die Abschrift eines Briefs und eine Einladung des Reichsmarineamtes zu einer Besprechung für den 3.2. erhalten habe, die er jedoch angesichts der gerade erst überstandenen Operation nicht wahrnehmen wolle. Er bittet daher seinen Sohn, der heute auch viel besser mit den Einzelheiten vertraut sei, für ihn nach Berlin zu fahren; sich jedoch vorher noch mit Herrn Colsmann abzusprechen.

14 Brief 6.2.1914
WM macht angesichts der Tatsache, daß man nicht genug Wärme aus dem Zylinderkopf abführen kann, den Vorschlag, diesen aus Bronze herzustellen. Dadurch würden sowohl die Ventile als auch der Kolben kühler gehalten. Da Bronze ein festeres Material als Gußeisen sei, könne Bronze dünner genommen werden. Auch der Kühlmantel und die übrigen Außenwände können dann dünner gearbeitet werden, so daß man die Vorteile des stahlgeschweißten Zylinders ohne dessen Nachteile erreiche.

15 Brief 19.2.1914
WM schreibt, daß es auffällig sei, daß stets der mittlere Lagerhals gebrochen sei. Dies liege wohl an der stärkeren Beanspruchung durch die in ihrer Richtung wechselnden Torsionskräfte bei Explosion und Kompression.

16 Brief 22.2.1914
WM äußert sich erneut zum Problem der gebrochenen Kurbelachse am neuen Motor.

17 Brief 24.2.1914
WM schickt die Briefkopie Bischof zurück und macht eine kurze Berechnung zur Achse. Die 50-mm-Achse sei einfach zu schwach gewesen. Zur Zeit hätte er die Bauleute im Hause.

18 Brief 26.2.1914
WM schreibt, daß er nach der Durchsicht der Beschreibung der Erfindung des Herrn von Soden der Ansicht sei, daß die Sache für Luftschiff- und Fliegermotoren nicht in Betracht kommen könne, da dadurch weder an Gewicht noch an Brennstoff gespart werde. Es handele sich offenbar um die Umgehung eines ihm nicht bekannten Patents. Er kritisiert verschiedene Details und bemerkt, daß angesichts wichtigerer Aufgaben weitere Untersuchungen nicht ihre Aufgabe sein könnten.

19 Brief 11.3.1914
WM übersendet Mahnbriefe zur Taxzahlung für die Patente des Motors mit schwingendem Zylinder. Er wisse nicht wie weit KM mit den Versuchen sei und ob damit ein Geschäft zu machen sei, empfehle aber die Taxen bis auf weiteres zu zahlen.

20 Brief 23.3.1914
WM schlägt vor, den Schraubenantrieb für den 200-PS-Flugzeugmotor mit Innenverzahnung nach Skizze zu machen, um den Kraftverlust geringer zu halten.

21 Brief 4.8.1914
WM berichtet, daß er gestern abend nur mit halbstündiger Verspätung in Stuttgart eingelaufen sei, obwohl der Zug doppelt so lang und mit Offizieren und Sanitätsleuten vollbesetzt gewesen sei. Nachdem er in Manzell die Kühler selbst einmal sehen konnte, urteilt er so, daß der Kühler, den man dem Motor als Krone aufs Haupt setzt, ein schrecklicher Unsinn und der HZ-Kühler im Flugboot zu empfindlich und zu wenig wirksam sei. Er empfiehlt daher KM, seinen Kühler am 150-PS-Motor auszuprobieren. Er erläutert dann Details dieses Kühlers, um zu beweisen, daß nach diesem Prinzip ein ganz leichter, solider Kühler ohne Aluminium gebaut werden könne.

22 Brief 8.8.1914
WM teilt mit, daß er den Brief vom 5.8.1914 mit Einlage erhalten habe. Er habe die Sache bereits mit [Albert] Hirt und Dr. Junghans besprochen und sei mit ihnen in der Hauptsache, der

Gehäuseteilung, einverstanden. Hirt wolle in diesem Sinne eine Zeichnung anfertigen lassen. In der Zwischenzeit habe er sich nochmals der Innenverzahnung zugewandt und teilt das Ergebnis mit. Das große Rad müsse jedoch aus Bronze sein. Er beendet den Brief mit dem Hinweis, daß man heute den Geburtstag der Mutter feiere und die Nachrichten vom Kriegsschauplatz erfreulich seien. [Anlage: Zeichnung vom 8.8.1914]

23 Brief 11. 8. 1914
WM äußert sich zu Details des Zahnradgehäuses, dessen Zeichnung er erhalten hat. Das übersandte Telegramm habe sich nun durch ein Telefonat erledigt. [Anlage: 2 Skizzen]

24 Brief 12.8.1914
WM teilt mit, daß die Bohrung der Schraubenachse keine »rapiden Übergänge« haben sollte und erläutert weitere Änderungsvorschläge für das Getriebe.

25 Brief 15.8.1914
WM schreibt zum Kapitel »Getriebegehäuse«, daß durch die hohle Kurbelachse kein Dunst aus dem Motorgehäuse in das Getriebegehäuse gelangen dürfe und sie daher geschlossen sein müsse. Da es WM interessiert, wie das Getriebegehäuse ausgeführt werden soll, bittet er um eine Blaupause. Er schlägt für später den Bau eines Innengetriebes nach beigefügten Skizze vor. Weiter fragt er nach Resultaten von Kühler und Kondenser, die folgende Vorzüge hätten: 1. Geringsten Widerstand, 2. Leichtigkeit, da alle Teile mit gleich kalter Luft bestrichen werden, 3. kein unangenehmes Pfeifen, 4. eine Verstopfung ist fast unmöglich und durch den Kondenser ist das Auspuffgeräusch gedämpft. Nach diesen Prinzipien hält er auch einen Kühler für Flugzeuge möglich. Den durchziehenden Truppen wird auch in Cannstatt an der Bahn allabendlich zugejubelt. [Anlage: Zeichnung vom 15.8.1914]

26 Brief 17.8.1914
KM teilt mit, daß er aus Sicherheitsgründen von allen Zeichnungen Blaupausen habe anfertigen und sie in neun Blechbüchsen verpacken lassen. Diese habe er in einer Kiste zu WM nach Cannstatt abgeschickt. Eine Zeichnung der neuen Ausführung des Getriebes lege er bei und erläutert die Montage von Motor und Getriebe. Zur Zeit bestehe große Nachfrage nach Flugzeugmotoren, so daß sie zunächst 40 Stück des 160-PS-Motors entsprechend dem Versuchsmotor ausführen lassen.

27 Brief 18. August 1914
WM teilt mit, daß nach Gesprächen mit den Herren Lindauer und Lilienfein neben Eckhard auch die Norma bereit wäre, Artikel für die MMB herzustellen. Daher solle er auch dort nach Preisen fragen. Wenn die größeren Ventile eingesetzt seien, könne man wohl nach dem Totpunkt die Kompression früher beginnen lassen.

28 Brief 19.8.1914
WM kritisiert die soeben erhaltene Getriebezeichnung im Detail und bemerkt, daß KMs Chefkonstrukteur R. Z. immer noch eigensinnig sei. Im Nachsatz erklärt er, daß die 40 Flugzeugmotoren zum jetzigen Krieg leider kaum mehr fertig würden.

29 Brief 19.8.1914
WM bestätigt den Empfang der Zeichnungen, die im großen Souterrain-Zimmer aufbewahrt würden. Er fragt für den »garnisonsdienstfähigen« Sohn seines Hausflaschners um eine militärdienstliche Verwendung im MMB oder im LZ. Im Nachsatz fordert er KM auf, sich nochmals die Kugel- bzw. Rollenlager anzusehen.

30 Brief 19.8.1914
WM weist auf eine weitere Schwierigkeit am Getriebe hin.

31 Brief 20.8.1914
WM kritisiert, daß das Getriebe zu schnell gezeichnet und nicht gründlich durchkonstruiert sei. »Wenn auch der Krieg die Gedanken ablenkt, so sollte darunter eine so ernste Sache wie ein Getriebe nicht notleiden müssen.«

32 Brief 22.8.1914
KM begründet seinem Vater gegenüber verschiedene Details des Getriebes, die dieser in den letzten Briefen kritisiert hatte. Bezüglich des Cannstatter Flaschners habe ihm gestern Herr Dornier erzählt, daß er schwer tüchtige Flaschner finden könne. Der Mann solle sich bei der LZ, Abtlg. Do., melden, die bekanntlich Stahlprofile für die neuen Luftschiffe herstellt.

33 Brief 26.8.1914
WM macht Vorschläge für die Kühlung der Bootsmotoren für Kiel. Beim Wendegetriebe hält er das Anpressen der Lamellen oder Konen durch Schraubendruck, wie seiner Zeit schon Herrn von Soden vorgeschlagen, immer noch für besser. [2. Blatt des Briefes fehlt]

34 Brief 31.8.1914
WM macht Änderungsvorschläge zu Details des Getriebes. Im Nachsatz erwähnt er einen Brief von Eugen Maybach mit der Feldpostadresse von

dessen Bruder Karl, der an die Westgrenze abge-
rückt ist. [Anlage: Skizze]

35 Brief 2.9.1914
WM hofft, daß KM im Besitz seines Briefs über
die Zahnradausbohrung ist und bittet, »dem Be-
achtung zu schenken«. Er erläutert die beiliegende Zeichnung eines Schiffsantriebs nach Marine-
wünschen. [Anlage: Zeichnung vom 2.9.1914]

36 Brief 23.9.1914
WM macht Änderungsvorschläge für die Formu-
lierung eines Patentanspruchs auf eine Sparein-
richtung an Explosionskraftmaschinen. Er freut
sich über das endlich bessere Wetter und hofft auf
eine »Wendung zum Guten« in diesem »entsetzli-
chen Krieg«. Im Nachsatz bemerkt er, daß er zur
Kriegsanleihe 10.000 M gezeichnet habe und fragt
an, wie weit KM mit dem 220-PS-Flugzeugmotor
sei.

37 Brief 25.9.1914
WM berichtet, daß er die Werkstatt von Herrn
Hesser besichtigt habe, der einen Probeauftrag
für die MMB ausführte. Die Qualität sei gut, so
daß es nur noch auf den Preis ankomme. Weiter
berichtet er über ein Zusammentreffen mit
Hellmuth Hirth, dem der Motor »außerordentlich«
gefiel. WM bietet seine Mitarbeit in Friedrichshafen an, falls es notwendig sei. Weiter teilt er mit,
daß ihm Chr[istian] Supper seinen Freund
Hellmuth Schwarezky vorbeigeschickt hat, der eine Empfehlung an Graf Zeppelin oder an das
Kriegsministerium wollte. Da er dessen Sache
nicht beurteilen konnte bzw. wollte, schickte er
ihn an den Vater Hirth's, der dazu eher in der
Lage sei.

38 Brief 4.10.1914
WM gibt Hinweise für die Beurteilung der beiden
Kühler von Feuerbach und von Windhoff. Man
solle nicht nur die äußere Form, sondern hauptsächlich das Prinzip der Kühlmethode in Betracht
ziehen.

39 Brief 15.1.1915
WM übersendet die Korrespondenz mit dem
Kriegsministerium und schreibt, daß sich Herr
Oschmann wohl wieder mit drei St[unden]
[Probelaufzeit] zufrieden gegeben haben wird
und er hofft auf die Erledigung der Kühlerfrage.
Ebenso schickt er die Patentsachen wieder zurück. Er äußert sich zur Vorrichtung zur Kühlung
der heißen Dämpfe im Gehäuse. Herr Lilienfein
sagte ihm, daß nun auch Hirth sen. sein Flugzeug
baut. Von Herrn Oberfinanzrat Klett habe er gehört, daß in Friedrichshafen keine Luftschiffe

mehr bestellt werden, er hält dies aber für »eines
von den vielen falschen Gerüchten«. [Anlage:
Abschriften von 2 Briefen des Kriegsministeriums
an die MMB vom 8. und 12.1. über die Abnahme
von 220-PS-Motoren]

40 Brief 7.2.1915
WM berichtet über eine telefonische Benachrich-
tigung durch die LZ, derzufolge er die Zeichnungen des Kühlers und des Ballastgewinners nach
Friedrichshafen schicken solle, von wo sie an die
Militärbehörden in Berlin gesendet werden. Weiter habe er einen Brief aus Potsdam von Herrn
Dörr erhalten mit einem Bericht über Versuche
mit dem Ballastgewinner. Da seine Arbeitszeich-
nungen nicht bei einer Behörde vorlegbar seien
und er auch keine Zeit habe, neue anzufertigen,
will er sie nach Friedrichshafen schicken, um sie
dort neu zeichnen zu lassen. Er äußert sich zu Ergebnissen des Versuchsberichts und schlägt Änderungen vor.

41 Telegramm 14.6.[1915]
Glückwunsch von KM zur ehrenvollen Ernennung [zum Oberbaurat].

42 Brief 4.7.1915
WM äußert sich zu den Ein- und Auslaßröhren
und zur Kühlung bei der Konstruktion des
großen Motors. Zur Verdeutlichung legt er eine
frühere Zeichnung bei. Er bittet KM um die
Zusendung der jeweiligen Konstruktionsent-
würfe, weil er sich gerne mit den Details befasse.
[Anlage: Zeichnung für einen einfachen Wagen-
motor vom 21.11.1914]

43 Telegramm 2.8.1915
Gruß des Brautpaars KM und Käthe Lewerenz
aus Hamburg. [Entwurf des Antworttelegramms
auf dem Blatt]

44 Brief 8.11.1915
WM übersendet einen Vorschlag für die Auspuff-
einrichtung am neuen Motor; den er nach langem
Überlegen für die einzig richtige Lösung hält.
[Anlage: »Vorschlag zur Auspuffeinrichtung
beim Motor 200 x 240 n = 1200 mit doppeltem
Auspuff« vom 8.11.1915 und Zeichnung]

45 Brief 9.11.1915
WM übersendet seine Gedanken über die Innen-
kühlung des Kolbens. [Anlage: »Kühlung des
Kolbeninnern« vom 9.11.1915]

46 Brief 18.11.1915
WM berichtet über die Generalversammlung der
Hamburg-Amerikanischen-Uhrenfabrik und daß
KM seine drei Coupons einlösen kann. Er richtet
Grüße aus von Alfred Deurer, der bei Staatsrat

von Mosthaf, dem Vorstand der K. Zentralstelle für Gewerbe und Handel, gewesen war und dort erfahren hat, daß der Titel »Baurat« für Paul Daimler vom Kriegsministerium in Berlin beantragt worden sei. Mosthaf hielt daraufhin die Zeit für gekommen, auch für ihn [WM] den Titel zu beantragen und habe dafür auch die Zustimmung von Graf Zeppelin eingeholt. Mosthaf wünsche auch, die MMB zu besichtigen.

47   Brief 5.2.1916
WM äußert sich zum Regulator, der den Zündstrom ablenken soll. Er hat vom Untergang des »L 19« gelesen und bittet um nähere Angaben. Er empfiehlt KM, sich mit den österreichischen Verhältnissen bekannt zu machen und deswegen die AAZ Wien zu abonnieren.

48   Brief 2.3.1916
Bezugnehmend auf ein Telefongespräch zwischen Käthe und Emma Maybach bietet WM seine Mithilfe beim Problem der Kühlung mit Außenluft an. Die Kolbenringe könne man nun wieder aus Stahl fertigen, nachdem auch Stahlzylinder üblich seien. Er bittet um Information über den »Stand der Krisis«, damit er »aus der furchtbaren Ungewißheit herauskomme«. Er beruhige sich nur, weil er annimmt, »daß die Konkurrenz auch nichts besseres haben wird.«

49   Brief 14.3.1916
WM bedankt sich für die Zeichnung zur Gehäuselüftung. Er berichtet von einem Treffen mit Herrn Adolf Pfleiderer, welcher ihm erzählte, daß sein jüngerer Bruder Flieger sei und mit einem Mercedesmotor fliege. Diese seien zu Anfang besser gewesen als jetzt und blieben oft stehen. Neulich habe er nach einem Motorstillstand in 3.000 m Höhe über französischem Gebiet 15 km im Gleitflug zurück zur Truppe fliegen müssen. WM meint, die vielen beschädigten Motoren hingen mit der gesteigerten Tourenzahl zusammen. Flieger und Luftschiffer sollten die Schrauben etwas steiler machen, um die Geschwindigkeit wieder herunterzukriegen.

50   Brief 11.4.1916
WM nimmt Bezug auf die Zeichnung zum großen Motor und sieht Probleme bei den längs der Zylinder liegenden Saugröhren, die kein einfach durchgehendes Rohr haben und dadurch den Gemischstrom verzögern.

51   Brief 17.4.1916
WM gibt einen weiteren Hinweis zur Saugleitung und bittet um eine Zeichnung des vorgesehenen Vergasers.

52   Brief 22.4.1916
WM gibt unter Bezugnahme auf die erhaltenen Zeichnungen Hinweise zum Verteilungsrohr, äußert sich im Detail zum Vergaser und schlägt die Vorwärmung der Verbrennungsluft vor. Die zwei Berichte von der Front gäben ihm »die nötigen Winke zu weiteren Verbesserungen«.

53   Brief 22.4.1916
Als Nachtrag zum Brief vom Morgen macht sich WM Gedanken zur Verhinderung von Ventilfederbrüchen beim neuen großen Motor.

54   Brief 23.4.1916
WM geht erneut auf die Vergasung am großen Motor ein und hält die Vorwärmung der Gemischluft für »absolut notwendig«. Dazu könnte man am einfachsten die ungekühlte Gehäuseluft verwenden.

55   Brief 24.4.1916
WM beschäftigt sich weiter mit der Frage der Saug- und Verteilröhren und stellt die Vorteile einer gleichmäßigen Saugung dar. KM solle sich diese Punkte überlegen, um sie beim nächsten Besuch in Schachen zu besprechen.

56   Brief 25.4.1916
WM erklärt, daß man mit einem einzigen Vergaser in der Mitte noch besser wegkäme, denn Vereinfachung sei namentlich bei dem großen Motor sehr erwünscht.

57   Brief 26.4.1916
WM erklärt bezugnehmend auf den gestrigen Brief, daß ein zentraler Vergaser doch Nachteile hat und man bei zwei Vergasern bleiben muß.

58   Brief 28.4.1916
WM gibt detaillierte Hinweise zur Luftführung zum und durch den Vergaser. [Anlage: Zeichnung]

59   Brief 22. Juni 1916
Bezugnehmend auf einen Bericht in der Zeitschrift des VDI äußert WM seine »alte Idee«, den Auspuff durch allmähliche Erweiterung zum Absaugen zu verwenden. Er bittet KM, sich selbst damit zu beschäftigen »bevor andere auf denselben, in der Luft liegenden Gedanken kommen und ausnützen«, oder Herrn Lutz zur Bearbeitung zu geben. [Anlagen: Aufsatz aus der Zeitschrift des VDI (Nr. 17/1913) von Heinrich Hochschild »Versuche über die Strömungsvorgänge in erweiterten und verengten Kanälen«; Abhandlung »Auspuffneuerung« vom 21.6.1916 von WM; Anlage zu einem vermutlich verlorenen Brief: »Gedanken über die Änderung der Kühlwasserpumpe« vom 17.5.1916 von WM]

60 Brief 28.6.1916
WM weist auf einen Bericht in der Beilage »Auto-Technik« der Berliner AAZ über einen neuen Vergaser hin, der empfiehlt, Brennstoffpumpen anzuwenden. Auch die Drosselklappe vor der Düse für geringeren Benzinverbrauch findet WM interessant, bemerkt aber, »daß wir schon längst auf besseren Wegen sind«. In der österreichischen AAZ sei ein amerikanisches Kunststück, ein 12-Zylinder-V-Motor mit nur einer einzigen Steuerwelle, abgebildet. Als weiterer Vorteil seiner Auspuffneuerung führt er die Geräuschdämpfung an.

61 Brief 3.7.1916
WM übersendet das Bild des erwähnten amerikanischen 12-Zylinder-Motors. Er hält die angegossenen Zylinder für zuweitgegangen. Er überlegt jedoch, ob die Sache für ihre Zwecke geeignet sei. In der soeben erschienen Zeitschrift »Der Motorwagen« (vom 30.6.) habe er ihre Zylinderkopfkonstruktion von dem »Frechdachs« Birkfeld nachgeahmt gesehen. [Anlage: Bild des 12-Zylinder-Motors aus der österreichischen AAZ]

62 Brief 4.7.1916
Unter Bezugnahme auf seinen gestrigen Brief bemerkt WM, daß man eine doppelte Pleuelstangenkonstruktion für ein einfaches Kurbellager »solide« ausführen könnte. Nach dem soeben geführten Telefongespräch komme er voraussichtlich am Donnerstag nach Friedrichshafen.

63 Brief 10.7.1916
WM übersendet den Urtext zum oszillierenden Motor mit der vom Patentamt zurückgewiesenen Ölkühlung. Herr D. meinte, die Ölkühlung sei bei großen statischen Motoren bekannt und könne auch für den Luftschiffbetrieb von Vorteil sein, weil 1. der Kühlapparat kleiner ausfallen würde, 2. weniger leicht vergasender Brennstoff verwendet werden könnte und 3. in höheren Luftschichten keine Frühzünder auftreten würden. WM gibt nun Hinweise wie KM diese Wünsche mit dem neuen Motor erfüllen könnte.

64 Brief 10. 7 1916
WM schreibt über die Zündbüchse für den großen Motor und den neuen 240-PS-Motor.

65 Brief 11.7.1916
WM bestätigt die gute Lösung der Ölkühlung am Stahlzylinder und erläutert die Verbindung zum Bronzezylinderkopf.

66 Brief 13.7.1916
WM schlägt für das Rollenlager am Anhubhebel eine andere Lösung vor und skizziert die Wand-

temperaturen des Zylinders und des Zylinderkopfs bei Wasser- und Ölkühlung.

67 Brief 29.7.1916
WM berichtet, daß er von der MMB den Auszug seines Kontos vom I. und II. Vierteljahr 1916 erhalten habe und bestätigt den Kontostand. Er erkundigt sich wegen der neuen Kapitalerhöhung der MMB, für die sie 140.000 M einzahlen müßten und schlägt die Zeichnung von 100.000 M bei der neuen Reichsanleihe vor.

68 Brief 30.7.1916
WM fragt, ob KM bei dem neuen Motor an Stelle der variablen Ladungen bereits das angewandte Mittel des variablen Brennstoffgehalts anwende und nennt die Vorzüge.

69 Brief 12.8.1916
WM räumt ein, daß die aus Schmiedeeisen geschweißten Zylinder der Mercedes-Motoren haltbarer sind als solche aus Gußeisen. Für die kleineren Zylinderköpfe beim neuen Motor schlägt er jedoch Stahlguß vor, um die Wandungen dünn zu halten und dadurch die Kühlung zu verbessern.

70 Brief 5.9.1916
Mit Hinweis auf den unbeantworteten Brief [vom 29.7.] fragt WM wegen der Zeichnung der Kriegsanleihe und Einzahlung der Kapitalerhöhung nach.

71 Brief 13.9.1916
WM bestätigt den Erhalt von Bauplan und Brief von Käthe. Er macht Detailvorschläge zum Bau des zweistockigen Hauses u. a. zu den Kaminen und zur Kellerbelüftung mit Vergleich zum eigenen Haus in Cannstatt.

72 Brief 10.11.1916
WM fragt KM wegen der Überweisung zur Bezahlung der Steuer und geht auf die Kriegsgewinnsteuer ein.

73 Brief 13.11.1916
WM erinnert an den morgen ablaufenden Termin zur Steuerzahlung.

74 Brief 17.12.1916
WM entschuldigt sich, daß er bei Ferngesprächen nicht ans Telefon komme, weil er sie nicht mehr gut hören könne. Die Verdunstungsschale auf dem Gasofen empfiehlt er wegzulassen, da sie sinnlos ist. Er hat von Emma von den anstehenden Versuchen mit dem neuen Motor bei verschiedener Kompression bzw. Ladung gehört und ist gespannt auf die Ergebnisse.

75 Brief 9.1.1917
Anknüpfend an ein Telefongespräch mit KM äußert sich WM über die Firma H., die Packma-

schinen für Zucker und Kaffee herstellt. Er
übersendet Vergleiche von Motoren ohne und
mit Ausspülung der Rückstände. Den von ihm
entworfenen Schiebermotor könne man aber erst
für die Friedenszeit in Aussicht nehmen. [Anlage:
Übersicht »Schiebermotor mit Ausspülung« und
»Ventilmotor ohne Ausspülung«]

76   Brief 15.1.1917
WM bedankt sich für das Foto von Liselotte. Da
sie einen Offizier zur Einquartierung erhalten,
hätten BM und Emma viel zu tun. Einen Besuch
in Friedrichshafen will er wegen der Jahreszeit
noch aufschieben. Er bittet um rechzeitige Übersendung des Kurses ihrer Anteilscheine bei der
MMB und die Schlußabrechnung für 1916.

77   Brief 15.1.1917
WM greift nochmals das Problem der Kühlung
bei Motoren mit und ohne Ausspülung auf (mit
Berechnungen) und nennt Vorteile der Ölkühlung. [Anlage: Diagramm Deutz 1878]

78   Brief 17.1.1917
Anschließend an seinen Briefe vom 15.1. macht
WM einige weitere Bemerkungen zu den Kom-
pressions- und Temperaturverhältnissen bei käl-
teren Ladungen.

79   Brief 19.1.1917
WM übersendet zu seinen Briefen vom 15. und
17.1. noch eine Übersicht zum oszillierenden Motor. Weiter weist er KM auf eine spezielle Bestimmung des Kriegssteuergesetzes hin, die er von
Kommerzienrat Banzhaf erfahren habe. Dieser sei
aufgrund seiner Verbindung zur Fahrzeugfabrik
Neckarsulm an diesen Fragen immer noch sehr
interessiert. [Anlage: »Motor mit oszillierenden
Zylindern«]

80   Brief 19.1.1917
WM geht weiter auf die Bestimmung des Kriegssteuergesetzes ein, über die Herr Banzhaf und
Barometerfabrikant Lufft heute beim Kaffee gesprochen hätten.

81   Brief 20.1.1917
In Anknüpfung an seinen Brief vom 19.1. sendet
WM eine weitere Ausarbeitung über den oszillierenden Motor. KM möge sich trotz seiner knap-
pen Zeit täglich eine halbe Stunde zur Kontrolle
nehmen. Zur Zeit würden die Steuerfassionszet-
tel ausgegeben. [Anlage: »Motor mit oszill. Zylindern Fortsetzung« vom 20.1.1917]

82   Brief 22.1.1917
Als Nachsatz zum oszillierenden Motor räumt
WM ein, daß er bei allen Vorzügen nie die Ein-
fachheit, Leichtigkeit, Kleinheit und Umdre-

hungsgeschwindigkeit der seitherigen Motoren
erreichen werde. Der Weg zur Erzielung kalter
Ladungen müsse aber verfolgt werden, am besten durch die Ausspülung.

83   Brief 23.1.1917
WM teilt mit, daß er die Vordrucke für die
Kriegssteuererklärung erhalten habe, die schon
einiges Studium erfordern. Zur endgültigen
Fassion benötige er noch die Abrechnung der
MMB für 1916 und den Kurs ihrer Beteiligung.
[Anlage: »500-PS-Motor Berechnung« vom
23.1.1917]

84   Brief 25.1.1917
WM weist auf eine Broschüre zu Steuerfragen hin
und übersendet neue Ausführungen zur
Ausspülung. [Anlagen: »Fortsetzung nach Be-
rechnung des 500 PS« und zwei Diagramme
Deutz 1880]

85   Brief 28.1.1917
Nachdem sich WM nach dem Zustand Liselottes
erkundigt hat, geht er auf die Ausfüllung der
Steuererklärung ein und übersendet weitere
Ausführungen zur Ausspülung. [Anlagen: »Fort-
setzung des Blattes vom 25.I.« vom 28.1.1917 und
Diagramm Deutz 1880]

86   Brief 2.2.1917
WM erinnert seinen Sohn an den Abgabetermin
15.2. für die Einreichung der Kriegssteuererklärung und weist auf die steuerliche Auswirkung unterschiedlicher Kurse der Anteilscheine
hin.

87   Brief 3.2.1917
WM geht wieder auf die zu leistende Vermö-
genszuwachssteuer ein, die wohl einmalig sein
dürfte und wozu er immer noch Unterlagen
benötigt. WM äußert, daß er die Steuer gerne
zahle, auch wenn es weh tut, »angesichts der allseitigen Not, die nach dem Krieg auch in unseren
Reichsfinanzen herrschen wird«.

88   Brief 13.2.1917
WM berichtet, was Herr Landenberger über die
Kursbestimmung ihrer Aktien schreibt. Für die
MMB käme eine amtliche Festsetzung danach
nicht in Frage. Beim Kameralamt Cannstatt wer-
de er Terminverlängerung beantragen.

89   Brief 15.2.1917
WM teilt mit, daß er dem Kameralamt wegen
Terminverlängerung geschrieben habe und bittet
KM darum, endlich die Abrechung für das ver-
gangene Jahr zu veranlassen. [Anlage: Abschrift
des Briefs an das Kameralamt Cannstatt]

90   Brief 17.2.1917

WM teilt KM mit, daß man ihm für die Steuererklärung eine Frist bis zum 1.3. eingeräumt habe und bittet um Mitteilungen über die Dauerversuche bei Prof. Riedler in Adlershof.

91   Brief 19.3.1917
WM hofft, daß sich KM von den Strapazen erholt hat und empfiehlt ihm einige Tage Erholung. Weiter fragt er, ob er die verstellbare Kompression in ihren verschiedenen Möglichkeiten zum Patent angemeldet habe, damit ihre Neuerungen nicht immer nur der Allgemeinheit zugute kämen.

92   Brief 11.4.1917
Zum Problem der Ladung von Motoren teilt WM mit, daß die zwischen Saugventil und Vergaserdüse stilliegende Luftsäule bei plötzlich rascher Saugung eine große Hemmung für die Ladung bildet. Er stellt Berechnungen an und macht Vorschläge zur Abhilfe.

93   Brief 11.7.1917
WM begrüßt die Ausdehnung der MMB durch eine Tochtergesellschaft in Potsdam. Er übersendet Zeichnungen und eine Beschreibung mit den Resultaten mehrjähriger Überlegungen für den Bau eines wesentlich besseren Motors. Daraus dürfte sich etwas herausbilden, das »unserem Namen Ehre macht und den nun umfangreichen Fabrikanlagen eine gute Zukunft sichert«. [Anlagen: »Beschreibung Kolbenhub-Differenziervorrichtung für Viertaktmotoren« vom Juli 1917 und 2 Zeichnungen]

94   Brief 18.7.1917
WM schickt zwei Schriftstücke zurück (Sitzungsprotokoll und Vertrag mit Neckarsulm). Den Vertrag hält er »für die Leute dort« für sehr günstig. Dann schließen sich Ergänzungen zu seinem im Brief vom 11.7. über den neuen Motor an.

95   Brief 31.7.1917
WM schlägt Veränderungen am Auspuff vor und beschreibt die vorteilhafte Verbindung mit Kühler und Ballastgewinner. [Anlagen: »Auspuff - Vorgänge und Berechnung« v. 29.7.1917 und Zeichnung]

96   Brief 3.8.1917
WM greift wieder seine Überlegungen zur Konstruktion eines neuen Motors auf und erläutert die Vorteile der dreigliedrigen Pleuelstange.

97   Brief 22.8.1917
WM beschreibt den Vergaser für den neuen Motor. [Anlage: Zeichnung vom 22.8.]

98   Brief 17.9.1917
WM erläutert die Zylinderkopfkühlung für den neuen Motor. [Anlage: Zeichnung vom 17.9.]

99   Brief 20.9.1917
WM dankt für die Urlaubsgrüße aus Berchtesgaden. Bezüglich des neuen Motors weist er auf den wirtschaftlichen Vorteil hin. Außerdem spricht er die Summe von mehr als 500.000 M an, die ihnen von der MMB zusteht und schlägt die Zeichnung von Kriegsanleihen über je 100.000 M vor.

100   Brief 10.10.1917
WM teilt seine Bedenken bezüglich der Übergrößerung des Motors für Hochflugzeuge durch Vergrößerung des Kolbendurchmessers mit und empfiehlt stattdessen eine Vergrößerung des Hubs.

101   (ohne Begleitbrief an KM)
Ausarbeitung von WM über »Verhältniszahlen über Inhalt und Abkühlungsfläche verschieden großer Kompressionsräume ...« A und B vom 24. und 25. 10.1917.

102   Brief 9.11.1917
WM teilt mit, daß sie nach den Tauffeierlichkeiten wieder gut nach Hause gekommen seien. In der Fabrik habe er sich überzeugen können, daß sich der Ausspülmotor für die jetzige enorm hohe Tourenzahl nicht eigne, doch wolle er die Sache noch nicht aufgeben. Der effektivere Gasmotor wird die Dampfmaschinen verdrängen, zumal auch »der lästige Fabrikrauch und -ruß ... aus den Städten verschwinden und elektrischer Antrieb hauptsächlich von Wasserkräften geliefert werden« muß. [Anlage: Ausarbeitung »Vergaser für Höhenflug« vom 9.11.]

103   Brief 10.11.1917
WM übersendet einen Nachtrag zu seinem gestrigen Brief und einen Auszug aus einem Brief des jungen Banzhaf (vom Hotel Royal), der zur Zeit in Flandern gegen die Engländer kämpft. [Anlage: »Nachtrag zur Betrachtung des Vergasers für Höhenflug« vom 10.11.1917]

104   Brief 16.11.1917
WM übermittelt seine Untersuchungsergebnisse von Ladevorgängen bei sechszylindrigen Motoren und hofft, daß KM sich die Sache »mit einiger Hingabe in freier Stunde« ansieht. Mit Glückwünschen zum Geburtstag von Enkelin Liselotte schließt er. [Anlagen: »Untersuchung der Ladevorgänge beim 6zyl. Motor« vom 16.11.1917 mit 2 Skizzen]

105   Brief 17.11.1917
WM ergänzt seine Ausführungen vom letzten Brief zu den Ladevorgängen.

106 Brief 19.11.1917
WM übersendet die Schlußergebnisse über die Ladung der Motoren, die eine sehr komplizierte Sache sei. [Anlage: »Nachtrag zu meinem Schreiben vom 16.11.1917«]

107 Brief 30.11.1917
WM teilt mit, daß er bei Notar Schittenhelm gewesen sei, der nun »die Sache« bearbeiten wolle. Dieser finde nur noch kein richtiges Ende für den Übergang an die LZ nach dem Ableben aller Interessierten. Darüber solle KM deshalb mit Colsmann verhandeln. Danach macht er Vorschläge zur Verbesserung der Flugzeugmotoren, in der Hauptsache eine Idee zur Schaffung eines gleichen Mischungsverhältnisses in allen Höhenlagen. [Anlagen: »Vorschläge zur Verbesserung von Flugzeugmotoren« vom 30.11.; Zeichnung vom 30.11.; »Theoretische Schwankung der Sauggeschwindigkeit bei 6 zylindrigen Motoren u deren graphische Ermittlung«; »Verschleppung der Ladung, Verlauf auf einer Umdrehung«; »Graphische Ermittlung der theoretischen Geschwindigkeitskurve bei einer Pleuelstangenlänge 1,8 : 1 Hub«]

108 Brief 2.12.1917
WM hofft, daß KM seinen umfangreichen Brief vom 30.11. erhalten habe, und fährt dann mit seinen Verbesserungsvorschlägen fort. Er widmet sich besonders der Vergaserkonstruktion.

109 Brief 3.12.1917
WM ergänzt seine Vorschläge zur Vergaserkonstruktion und insbesondere zu den Brennstoffdüsen.

110 Brief 9.12.1917
WM sendet KM einen Auszug aus seinem Testamentsentwurf, soweit es ihn (KM) betrifft, und bittet ihn um Prüfung.

111 Brief 9.12.1917
WM schlägt vor, den Kompressionsraum auf ca. 20 % des Hubs zu reduzieren und der Ladung weniger Brennstoff zuzuführen. So steigere sich die Sättigung aufs richtige Maß für jede Höhenlage von selbst (ohne jegliche Stell- oder Reguliervorrichtung, die möglichst vermieden werden sollte).

112 Brief 10.12.1917
WM führt seine Gedanken über eine regelrechte Zündung von schwächerem Brennstoffgemisch durch höhere Kompression fort. Damit ließe sich bei allen Motoren Brennstoff einsparen.

113 (ohne Begleitbrief an KM)
Ausarbeitung von WM über den »Hochkom-

pressions-Motor« vom 14.12.1917.

114 Brief 19.12.1917
WM gibt seiner Hoffnung Ausdruck, daß KM und Familie von ihrem Besuch in Cannstatt wohlbehalten in Friedrichshafen angekommen seien. Dann knüpft er bei den von KM gemachten Versuchen mit Haarröhrchen an. Dabei könnte KM doch leicht einen Versuch mit dem besprochenen, allmählich erweiterten Rohr für gedämpften Auspuff und Rohranschluß am Kühlapparat machen. [Anlage: »Dem Druck proportionale Ausflußgeschwindigkeit für Flugzeugmotoren« vom 19.12.1917]

115 Brief 23.12.1917
WM knüpft an seine im letzten Schreiben gemachten Vorschläge an, empfiehlt jedoch statt der geradlinig konischen Düse eine parabolisch erweiterte in Versuchen zu testen.

116 Brief 27.12.1917
WM äußert sich anläßlich eines Artikels im »Motorwagen« über amerikanische Motoren über die Frage der Kolbenringe. Der Artikel bringe zwar nichts Neues, »aber man sieht daraus, daß Andere auch schließlich zur Erkenntnis des Guten kommen.«

117 Brief 31.12.1917
WM drückt seine Freude darüber aus, daß der Brand, der einen dummen Anlaß hatte, so glimpflich verlaufen sei. Vom Notar habe er keine weiteren Nachrichten. Nachdem er nochmals die Konstruktion des Flugzeugmotors mit höherer Kompression und brennstoffärmerer Ladung durchdacht hat, ist er der Überzeugung, »daß hierdurch der einfachste Flugzeugmotor« entstehen werde. [Anlage: »Flugzeugmotor mit höherer Kompression und brennstoffärmerer Ladung« vom 31.12.1917]

118 Brief 9.1.1918
WM fragt an, ob sie die Schuld von 50.000 M bei Stahl & Federer/Stuttgart tilgen sollten und schlägt eine Überweisung von 60.000 M durch die MMB vor. Er übersendet weitere Bemerkungen zum »Zukunftsmotor«. Vom Notar Sch[ittenhelm] habe er keine neuen Nachrichten. Onkel Heinrich sei in Karlsruhe am Hals operiert worden. [Anlage: »Sparsamer Motor für Fernflüge« vom 9.1.1918]

119 Brief 15.1.1918
WM geht auf die Auspuffgeschwindigkeit aus allmählich erweiterter Düse ein und regt Versuche an.

120 Brief 17.1.1918

Anknüpfend an seinen letzten Brief ist WM gespannt, wie die Versuche in der »Düsensache« ausgehen werden. Zum beiliegenden Schriftsatz [bzgl. Testament] von Notar Schittenhelm bittet er ihn um seine Meinung.

121 Brief 21.1.1918
WM greift wieder die Düsensache auf und begründet die Notwendigkeit von Versuchen. Auch wenn der Versuch mit erweiterter Düse keine der Druckhöhe proportionale Ladung ergebe, so sei der Versuch doch wichtig für die Anwendungen zur Auspuffdämpfung und zum Anschluß der Wasserabführung ins Kühlgefäß.

122 Brief 6.2.1918
WM übermittelt in der Anlage eine sehr einfache Schieberkonstruktion, die das Ergebnis seiner früheren Erfahrungen in Deutz und der heutigen Anforderungen seien. »Damit wäre auch der einfachste Höhenflugmotor gefunden ...«. [Anlage: »Einrichtungen zur Erzielung höherer Kompression mit brennstoffarmen Gemisch zwecks besserer Wirtschaftlichkeit und Zeichnung vom 6.2.1918 (Blaupause)]

123 Brief 20.2.1918
WM bestätigt den Eingang seines Briefs und verspricht, am morgigen Tag in der Testamentssache den Notar aufzusuchen. Die günstige Beurteilung ihrer Motoren durch die Inspektion freue ihn außerordentlich. In der Anlage übersendet er ihm nochmals seine Ansichten zur besseren Kühlung und Auspuffdämpfung. [Anlage: »Kühl- und Auspuffverbesserungen« und Konstruktionszeichnung vom 17.2.1918]

124 Brief 25.2.1918
WM übersendet nochmals das von Notar Schittenhelm entworfene Testament zur Durchsicht und meint, daß ein extra Testamentsvollstrecker nicht nötig sei. KM und Emma würden dem »armen Adolf« auch so einmal gerecht werden.

125 Brief 13.3.1918
WM berichtet KM, daß er ihn gegen die Bedenken von Notar Hofrat Schittenhelm als Testamentsvollstrecker eingesetzt habe. Danach bemerkt er, daß die »Daimlersache« schlimm sei, wobei er einem Artikel der »Süddeutschen Zeitung« über »Lieferungswucher« habe entnehmen können, daß Daimler 1904 8 % Dividende, 1914 14 %, 1915 28 % und 1916 35 % verteilt habe und daß der Hauptgewinn in diesem Jahr den Aktionären in Form von billigen Aktien »geschenkt« worden sei. Daß Oschmann die DMG so sehr in Schutz

nehme, verstehe er nicht, vor allem nicht den Passus, daß Daimler stets auf der Höhe der Anforderungen gestanden habe. WM erinnert an die Zahlung ihrer Kriegsanleihe und übersendet einen Nachtrag zu seinem Brief vom 20.2. [Anlagen: »Wärmekalkulation« und Diagramm Deutz 1881]

126 Brief 25.3.1918
WM bestätigt den Eingang des Geldes und berichtet von einem zufälligen Zusammentreffen mit Oberfinanzrat Klett. Dieser habe die Baupläne zu Karls Haus in einer Ausstellung im Kunstgebäude gesehen, die ihm gut gefallen hätten. [Anlage: »Weitere Betrachtungen über den Hochdruck-Viertaktmotor« vom 25.3.1918]

127 Brief 1.4.1918
WM übersendet eine weitere Ausarbeitung, die er als »Schlußstein seiner vielen Vorschläge« zum neuen Motor bezeichnet und die er für sehr wichtig für die Friedensarbeit hält. Er berichtet von einem Mahnbrief von Blum aus Zürich, worauf KM als jetziger Inhaber der Patente vom Motorenbau selbst antworten solle. Für einen Sommeraufenthalt habe Mutter die Wohnung in Maulbronn hergerichtet. [Anlage: »Fortsetzung meiner Erwägungen vom 13. u. 25. März«]

128 Brief 10.4.1918
WM berichtet, daß Papa Lewerenz auf der Rückreise von Friedrichshafen ihn im Cafe »Männer« im Königsbau erwartet und bei ihm in Cannstatt übernachtet habe. Die Zinsenrechnung habe er noch immer nicht erhalten. In der Anlage übersendet er ihm das endgültige Testament und eine geänderte Zeichnung mit Beschreibung der Ausspülmaschine. Er bittet KM, durch seine Leute die Patentanmeldung zu betreiben und kündigt seinen Besuch in Friedrichshafen an. [Anlage: »Vorrichtung zur mechanischen Ausspülung der Verbrennungsrückstände aus dem Verbrennungsraum von Viertaktmotoren« vom 10.4.1918 und Konstruktionszeichnung]

129 Notizzettel »Steueranmeldung per 1918 April«.

130 Brief 30.5.1918
Nachdem sein Magen wieder in Ordnung sei, möchte WM die Steuerangelegenheiten durch persönliche Vorsprache beim Kameralamt klären und bittet KM dafür um die Aufschlüsselung der Lizenzbeträge der letzten vier bis sechs Jahre. Er bestätigt den Erhalt der diesjährigen Dividende von 20.000 M.

131 Brief 6.6.1918
WM teilt mit, daß aus den Aufstellungen der

Lizenzbeträge hervorgehe, daß er [WM] seine zu versteuernden Beträge zu hoch angegeben habe. Er erklärt, wie er die Sache beim Kameralverwalter bereinigen wolle und bittet KM um seine Meinung.

132 Brief 7.6.1918
WM teilt den Entwurf eines Satzes im gewünschten Schriftstücks mit, bevor er zu Wider geht. Mit diesem Satz bestimmt er KM zum Verfügungsberechtigten über Anteile an der MMB, die eventuell in WMs Nachlaß vorhanden sein sollten.

133 Brief 25.6.1918
Da KM auf den Vorschlag von WM, das Ausspülverfahren als Patent anzumelden, bisher nicht reagiert habe, erläutert WM nochmals das »Für und Wider« dieses Verfahrens. Nach längerem Studium sei er heute mehr denn je überzeugt, daß sein Weg der einzig richtige sei, um das »Wärmeproblem« zu lösen, d. h. den Wirkungsgrad zu steigern. Er räumt ein, daß der früher entworfene Motor mit schwingendem Zylinder leider das genaue Gegenteil war.

134 Brief 27.6.1918
WM knüpft an seine Ausführungen vom 25.6. zum Problem der Wärme an und rechnet vor, wie effektiv der neue Motor im Vergleich zum alten ist.

135 Brief 10.7.1918
WM übersendet in der Anlage eine richtiggestellte Zeichnung des neuen Motors sowie die ausführliche Patentbeschreibung und bittet darum, die Patentanmeldung zu betreiben. [Anlagen: »Neuer Viertakt-Wärmemotor-Beschreibung« vom 10.7.1918 und Konstruktionszeichnung]

136 Brief 16.7.1918
WM formuliert als Nachtrag zur Beschreibung vom 9.7. »Weitere Bemerkungen über den Neuen Motor«.

137 Brief 4.8.1918
WM erkennt beim Studium des sparsamen Viertakt-Motors, daß 25 % Brennstoff, dessen Wärme beim jetzigen Motor im Auspuff verloren geht, schon am Eintritt zurückgehalten werden muß. Er rechnet dann vor, wie die Ladungs-, Kompressions- und Expansionsverhältnisse sein müssen, um dies zu erreichen.

138 Brief 6.8.1918
Anknüpfend an sein letztes Schreiben faßt WM seine Überlegungen dahingehend zusammen, daß der Expansionshub gegenüber dem Ladehub um etwa 25 % verlängert werden müsse. Dann fährt er fort, die Vorteile des Ausspülungsmotors

gegenüber dem jetzigen Motor zu beschreiben und hofft, daß KM nach genauerem Studium sich »endlich auch zur Ausspülung bekehren« werde.

139 Brief 7.8.1918
»Nachtrag zu meinen Ausführungen vom 6.8.1918«.

140 Brief 7.8.1918
Bezugnehmend auf den »Nachtrag« ergänzt WM, daß er vergessen habe, den Hochflugmotor mit Ausspülung zu erwähnen.

141 Brief 12.8.1918
WM berichtet von einem Gespräch mit Schelling, der ihm gesagt habe, daß für ihre Zwecke statt eines Testaments ein Erbschaftsvertrag gemacht werden sollte. Zum Entwurf benötige er die Statuten bzw. den Gesellschaftsvertrag.

142 Brief 18.8.1918
WM greift einen Vorschlag von KM auf, den Motor durch halben Hub und doppelte Drehzahl leichter zu machen, und empfiehlt, dies eingehend zu untersuchen. WM geht näher auf die dabei möglichen Ladungs- und Kompressionsverhältnisse ein.

143 Brief 20.8.1918
In Ergänzung seines Briefs vom 18.8. macht WM Angaben zur Auswirkung der Luftdruck- und Temperaturverhältnisse in der Höhe auf die Ladung des Motors.

144 Brief 8.9.1918
WM drückt seine Hoffnung aus, daß KM mit seiner Familie wieder gut zu Hause angekommen sei. Bei dem anstehenden Besuch KMs in Cannstatt will er nochmals die »Motorfrage« eingehend mit ihm besprechen und übersendet als Vorbereitung seine neuesten Überlegungen. [Anlage: »Viertaktmotor mit Ausspülung der Verbrennungsrückstände in Verbindung mit kleinerer Füllung und höherer Kompression« vom 4.9.1918]

145 Brief 10.9.1918
WM hält seinen Vorschlag, die Ladung am Hochflugmotor in Erdnähe luftreicher zu machen, doch nicht mehr für empfehlenswert und sieht Probleme mit der doppelten Drehzahl.

146 Brief 22.9.1918
WM teilt den Zeichnungsbeginn für die 9. Kriegsanleihe mit und schlägt vor, diesmal mehr zu geben wie das letzte Mal. Da er auch Steuern zu zahlen habe, bittet er um Überweisung von 200.000 M. BM, die noch in Maulbronn sei, habe von einem Fliegerangriff auf Karlsruhe geschrieben.

147   Brief 11.10.1918
WM kündigt seinen Besuch bei KM an, nach dessen Umzug und wenn »der politische Horizont
wieder klarer wird«. Er möchte dann mit ihm
seine Idee besprechen und schickt zur Vorbereitung die neueste Zeichnung mit Beschreibung. Er
besteht darauf, sich seine Erfindung patentieren
zu lassen, auch um sich gegenüber Colsmann für
den vermeintlichen Fehlschlag mit dem ersten
Zweikurbelmotor zu rechtfertigen. Nur KM
müßte seine Erfindungen auf den Namen der
MMB eintragen lassen, er aber nicht, da diese
Überlegungen seinerseits schon aus der Deutzer
Zeit stammten. Er fordert KM auf, nun endlich
schriftlich Stellung zu dem Vorschlag zu nehmen,
da er sich bisher »offenbar noch nie darin ver-
tieft« habe. [Anlagen: »Neuer Viertaktmotor Beschreibung« vom 9.10.1918 und Konstruktions-
zeichnung]

148   Brief 15.11.1918
WM bittet dringend um die Überweisung von
30.000 M, um seine Steuern und Schulden zahlen
zu können. Er denkt, daß es in Friedrichshafen
ruhiger ist, als in Stuttgart, wo es die »Roten«
immer sehr eilig mit den rotbeflaggten Autos hätten. Am Montag abend sei ihm und allen Nachbarn mitgeteilt worden, daß Militär gegen die
»Roten« vorgehen werde. Er sei aber ruhig zu
Bett gegangen. Da man die Zimmerzahl überall
aufgenommen habe, rechnet er mit Einquartierungen.

149   Brief 26.11.1918
WM versichert, daß er KM gerade in dieser
schweren Zeit beratend zur Seite stehen werde.
Entgegen der Meinung seines Sohnes sieht er im
Dieselmotor nicht den idealen Wärmemotor, da
er vor allem das doppelte Ladevolumen Luft für
die gleiche Brennstoffmenge benötige als der
Explosionsmotor. Nur beim Explosionsmotor
seien daher noch Verbesserungen möglich, die er
in folgendem beschreibt. [Anlagen: »Hochflug-
zeugmotor« vom 22.11.1918 und »Lastwagen-
motor« vom 26.11.1918 (vorhanden jeweils
Entwurf und Reinschrift)]

150   Brief 21.12.1918
WM rät, über den Gleichdruckmotor, den er in
leichter Ausführung als Zukunftsmotor für die
MMB weiterentwickeln wolle, den Explosionsmotor nicht zu vernachlässigen. Als einzige Möglichkeit auf dem Weg zu einem sparsameren
Motor betrachtet er das Ausspülverfahren nach
seiner Konstruktion, die er nun gern als Not-

standsarbeit ausgeführt sehe, wenn nötig auf
seine Kosten. Er faßt nochmal seine Ziele für den
Wärmemotor zusammen. [Entwurf und Rein-
schrift]

151   Brief 31.12.1918
WM übermittelt vor einer geplanten Besprechung
den Hauptpunkt, um den es gehen soll. Die
zuletzt berechnete 2,6fache Expansion auf jetziger
Hublänge gestatte eine Kürzung derselben durch
Einteilung der Zündung so, daß der Höchstdruck
erst eintrete, nachdem der Kolben mindestens
einen Raum gleich dem Kompressionsraum zu-
rückgelegt habe. WM zählt die offensichtlichen
Vorteile dieser Neuerung auf. [Entwurf und Rein-
schrift]

152   Brief 9.1.1919
Anknüpfend an seinen Brief vom 31.12. teilt er
mit, daß er alle Vorgänge im Explosionsmotor
nochmals betrachtet hat und übersendet die
Ergebnisse. [Anlage: »Nachtrag zu meinem
Schreiben vom 31.12.1918« (Entwurf und Reinschrift)]

153   Brief 17.3.1919
WM schlägt vor, die fällige Steuererklärung gemeinsam aufzustellen und bittet um Unterlagen.
Dann erwähnt er seine graphischen Darstellungen über die Vorgänge im Viertakt-Explosions-
motor, die dessen größere Sparsamkeit gegenüber
dem Dieselmotor eindeutig zeigten. Er berichtet,
daß sie sich entschlossen hätten, den aus Straßburg ausgewiesenen Ministerialrat Fleisch und
Frau aufzunehmen, um so Einquartierungen zu
vermeiden. Die Colsmann-Maybach-Erklärung in
den Zeitungen habe großes Interesse gefunden.

154   Brief 3.5.1919
WM bestätigt den Eingang des richtiggestellten
Kontoauszugs durch die MMB und stellt einige
Fragen. Zum Abschluß der Steuererklärung er-
warte er KM und Papa Lewerenz in Cannstatt.

155   Brief 29.5.1919
WM übersendet [auf der Rückseite des Briefs]
eine Berechnung [über einen Elektromotor als
Anfahrhilfe ?] zur Überprüfung. Aufgrund einer
Anzeige in der Zeitschrift »Motor« über eine
Brennstofförderung »Pallas« macht WM sich
Sorgen um die Konstruktion von KM.

156   Brief 3.8.1919
WM berichtet, daß er dessen Neuerungen die
Weglassung des Wechselwerks betreffend rechnerisch genauer überprüft habe und die Bedenken des Patentamtes versteht.

157   Brief 24.8.1919

Anknüpfend an sein Schreiben vom 3.8. weist er anhand von Kraftdiagrammen die Nachteile bei Weglassung des Wechselwerks nach.[Entwurf und Reinschrift] [Anlagen: 4 graphische Darstellungen der Druck- und Wärmeverhältnisse eines Viertakt-Motors bei verschiedenen Brennstoffmischungen, März 1919]

158   Brief 25.8.1919
WM fragt an, ob die vier Diagramme, von denen er keine Kopien habe, angekommen seien. [Entwurf und Reinschrift]

159   Brief 11.9.1919
WM schreibt, daß er sich über die außerordentlich großen Vorteile der Ausspülung der Rückstände nicht so leicht hinwegsetzen könne und bedauert, daß KM sich damit noch gar nicht eingehend beschäftigt habe. Er habe bereits 1878 den Wert größerer Luftlademengen erkannt und er wiederholt die damaligen Erkenntnisse und die Vorteile der Ausspülung. [Entwurf und Reinschrift]

160   Brief 25.10.1919
WM entschuldigt sich bei KM, daß er ihn auch in dieser schwierigen Zeit mit seinen Gedanken störe, aber KMs Idee mit dem Wagen ohne Wechselwerk sei zu wichtig. Wegen KMs Einwänden faßt er nochmals die Vorteile des ·Ausspülmotors in sieben Sätzen zusammen. [Anlage: Zusammenfassung über den Ausspülmotor und Bemerkung über das Auto ohne Wechselwerk oder mit nur zwei Gängen]

161   Brief 3.11.1919
WM bittet KM, den Betrag von 180.000 M von der MMB direkt ans Kameralamt Cannstatt für Einkommens- und Kapitalsteuer überweisen zu lassen. [Anlage: »Fortsetzung der Berechnung« zum Ausspülmotor vom 2.11.1919]

162   Postkarte 3.11.1919
WM erinnert an die Überweisung der Summe.

163   Brief 4.12.1919
Weil KM zu den Ansichten WMs bisher geschwiegen hat, kommt WM nochmals auf das Problem zurück und berechnet den Brennstoffverbrauch für den überdimensionierten Flugmotor und den normalen Motor beim Einsatz am Boden. Im Ergebnis schneidet der Flugmotor ohne Wechselwerk schlecht ab und WM empfiehlt, in Holland entsprechend zu verhandeln. [Anlagen: 2 graphische Berechnungen]

164   Brief 27.1.1920
WM greift nochmals die Vorteile der völligen Ausspülung auf und sieht darin im Motorenbau die einzige Möglichkeit des Fortschritts, die er anschließend erneut umfassend darlegt. Die Erfahrungen datierten schon aus der Deutzer Zeit und den damaligen Indikatorversuchen. [Anlagen: »Berechnung der Vorteile eines Ausspül-Explosionsmotors« vom 2.1.1920]

165   Brief 29.1.1920
WM teilt mit, daß er nun das Formular für die Kriegsgewinnabgabe erhalten habe und er bittet ihn, diese mit ihm und Vater Lewerenz gemeinsam durchzusprechen. Für seine Reise nach Holland und die Verhandlungen dort wünscht er alles Gute.

166   Brief 22.2.1920
WM teilt mit, daß der Abgabetermin für die Vermögenserklärung verlängert worden sei. Er selbst habe sich erkältet. Anbei übersendet er ihm eine Aufstellung des Brennstoffverbrauchs pro Streckeneinheit mit und ohne Geschwindigkeitswechsel und gibt ausführliche Erläuterungen. [Anlage: »Auto-Antrieb mit und ohne Geschwindigkeitswechsel« vom 21.2.1920]

167   Brief 10.3.1920
WM berichtet, daß er, nachdem er sich kundig gemacht habe, mit der Ausfüllung der Steuererklärung zurechtkomme, und erklärt Einzelheiten. [Beiliegend: Notizen WMs zum neuen Reichs- und Kapitalsteuergesetz o. D.]

168   Brief 13.3.1920
WM teilt mit, daß ihm das Kameralamt die Abgabe der Steuererklärung auf den 1.4. verlängert habe. Daher bittet er ihn zu deren Erstellung nach Cannstatt zu kommen. Er vermutet, daß KM mit seinem neuen Wagenmotor bereits Versuche gemacht habe und bittet ihn um die Ergebnisse, vor allem bezüglich des Brennstoffverbrauchs.

169   Brief 21.3.1920
WM hofft, daß sich die politische Lage auch in Friedrichshafen wieder gebessert habe und KM wegen der Steuerangelegenheiten für einen Tag nach Cannstatt kommen könne.

170   Brief 19.7.1920
WM berichtet von den Fahrten mit dem Versuchswagen ohne Übersetzung. Als Vorteile habe er erkannt: die sehr einfache Handhabung und die Erzielung höherer Geschwindigkeiten auch bei größeren Steigungen. Angesichts des Brennstoffmangels wäre der geringere Verbrauch wertvoller als schnelles Fahren. Auch die Reifen würden stark beansprucht und »solche Wagen können sich deshalb auch nur die Reichsten leisten.«

Als Typ für die Allgemeinheit schlägt er einen halb so starken Motor mit einem Geschwindigkeitswechsel vor; »auch kann man unvernünftige Wagenführer nur durch einen kleinen Motor vor dem stets gefährlichen zu raschen Fahren abhalten.«

171   Brief 19.7.1920
WM berichtet, daß Emma krank sei, weil sie den Durst mit Wasser gelöscht habe und hofft, daß sie endlich mit ihrem Eifer in der Stuttgarter Tennis-Gesellschaft nachläßt. Mutter, die sich in Maulbronn aufhalte, gehe es hingegen gut.

172   Brief 23.7.1920
WM unterrichtet seinen Sohn davon, daß er sein Gasofenpatent verlängern lassen wolle. Da er seine Patentanwälte in Berlin nicht mehr für so zuverlässig hält, bittet er KM um die Adresse seines Anwalts in Stuttgart. Es müsse begründet werden, warum die Ausführung nicht aufrechterhalten werden konnte. Mutter gehe es in Maulbronn gut. In der Anlage übersende er eine Verordnung über den Verkehr mit Kraftfahrzeugen in und um Stuttgart und einen Artikel aus dem Stuttgarter Tagblatt über die Vernichtungstätigkeit der Ententekommission.

173   Brief 29.7.1920
KM teilt seinem Vater die Adresse seines Patentanwaltes Dr. Göller in Stuttgart mit. Er legt ihm auch den Vertrag vom 22.4.1914 bei und übersendet ein Schreiben von Rechtsanwalt Scheuing, dem WM eine kurze Nachricht schicken möge.

174   Brief 31.7.1920
WM bedankt sich bei KM für dessen Schreiben vom 29.7. mit der Adresse von Dr. Göller und für den Vertrag mit der MMB sowie die Rechnung von Dr. Scheuing. Heute habe er auch einen Brief von Staatsrat Carl von Bach erhalten, der für die 12. Auflage seiner »Maschinenelemente« um die vollständige Zeichnung des Getriebes eines Flugzeugmotors bittet. Er freut sich über die Bildchen vom kleinen Walter und das Wohlbefinden von Käthe. Mutter sei am Mittwoch gut erholt von Maulbronn zurückgekehrt. Die Rückkehr von Colsmann habe er der Zeitung entnommen. Doch mit dem Luftschiffbau werde es sicher nicht wieder so schnell losgehen.

175   Brief 17.8.1920
WM übermittelt seine Meinung zu einem Artikel in der »Zeitschrift des VDI« Nr. 33 (Verbrennungsvorgang im Dieselmotor) und in der AAZ Nr. 33 (Autokühler).

176   Brief 14.9.1920
WM schickt eine ausführliche Abhandlung über das Wesen des Überdruckauspuffs. Er könne der Meinung KMs nicht zustimmen, daß ein erweitertes Auspuffrohr den Schall verstärke, und schlägt die Durchführung eines Versuchs mit einem konischen Auspuffrohr vor. [Anlage: »Auspuff-Erläuterung« vom 14.9. (Entwurf und Reinschrift)]

177   Brief 20.9.1920
WM ergänzt seine Ausführungen zur Gestaltung des Auspuffs. [Entwurf und Reinschrift]

178   Brief 12.10.1920
WM informiert KM über ein Schreiben von Staatsrat Bach, der die Sendung der MMB dankend erhalten habe. Mit dem Bescheid des Finanzamtes Cannstatt wolle er sich nicht abfinden. Auf der Fahrt KMs im Schwarzwald dürfte sich der »Überdimensionierte« in der dünneren Luft bewährt haben.

179   Brief 3.11.1920
WM nimmt eine Werbeannonce für neue Auspufftöpfe zum Anlaß, das Auspuffthema erneut anzusprechen. Seiner Meinung nach gibt es gegen Hemmungen durch den Auspuff nur die »allmähliche Erweiterung der Auspuffleitung« und beschwert sich, daß sich KM leider noch nicht auf diesen Vorschlag eingelassen habe.

180   Brief 8.11.1920
WM macht nochmals darauf aufmerksam, daß seine Idee der Ejektion des Auspuffs bereits anderwärts verwendet werde. Daher sollte KM wenigstens den Motor mit Ausspülung der Rückstände in einfacher Art ausführen lassen, um diese Idee zu retten. Um die Finanzierung will sich WM beim Steueramt bemühen.

181   Brief 28.11.1920
WM berichtet über sein Vorgehen bezüglich der Steuererklärung, das von Emma mißbilligt werde. Er hofft, alles bald mit ihm persönlich besprechen zu können. [Anlage: Abschrift eines Briefs von WM an das Finanzamt Cannstatt]

182   Brief 4.3.1921
WM erinnert an die bald fällige Steuererklärung und bittet um eine Besprechung. Anschließend berichtet er über ein Treffen mit Herrn Zilling, der ihm von seinem Besuch in Friedrichshafen berichtet habe.

183   Brief 12.3.1921
WM schreibt, daß er gegen die vom Finanzamt Cannstatt beanspruchte Gesamtsteuer von 263.610 M Beschwerde eingelegt habe, aber trotzdem zunächst die zweite Hälfte bezahlen müsse. Es schließen sich weitere steuerrechtliche Überle-

gungen WMs an. Abschließend hofft er, daß Holland trotz der Entente-Kontrolle für deutsche Waren offen bleibe.

184 Brief 22.4.1921
WM berichtet, daß er nach eingehendem Studium allmählich erweiterter Flüssigkeitsleitungen der Meinung sei, daß diese für die Saug- und Auspuffleitungen von großer Wichtigkeit sind. KM solle sich dieser Sache endlich annehmen. [Anlage: Berechnung allmählich erweiterter Flüssigkeitsleitungen]

185 Brief 22.7.1921
WM macht auf den Prospekt der DMG im »Merkur« Nr. 332 aufmerksam, der »gute und praktische Ergebnisse in konstruktiven Arbeiten« erkennen lasse. Er habe auch schon in seiner Gesellschaft im [Cafe] »Männer« von Kompressoren an den Motoren gehört, die bei der kommenden Ausstellung in Berlin eine Überraschung bilden sollten. Er fragt nach, ob KMs Versuche mit dem Gleichdruckmotor zu besseren Ergebnissen hinsichtlich des Wirkungsgrades geführt haben als in Deutz. Er persönlich hänge bekanntlich an der »Mechanischen Ausspülung mit Differenzial-Kolbenbewegung«. Mutter und Emma seien wegen der Stuttgarter Hitze in Freudenstadt, wo sich Emma aber langweile. In der Nachschrift gibt er Hinweise zur Auspuffkonstruktion. [Anlage: »Studie über ein gemeinschaftliches Ein- und Auslaßorgan mit stoßfreier und nicht gegen den Auspuffdruck gerichteter Betätigung und zentraler Zündung« vom 21.7.1920]

186 Brief 26.7.1921
WM berichtet, daß er in der Zeitschrift »Motorwagen« vom 20.7.1921 eine Patentanmeldung der DMG von 1918 »Antrieb für Hilfsapparate von Verbrennungsmotoren, insbesondere für Gebläse zur Zuführung der Verbrennungsluft« gefunden habe. Es sei möglich, daß sich dies auf den geheimnisvollen »Kompressor« beziehe, der auch auf die Ausspülung der Rückstände abzielt, wobei er diese Art entschieden ablehne. Danach erläutert WM erneut seine Gedanken zur Ausspülung und bittet KM, doch endlich der Sache näher zu treten.

187 Brief 29.7.1921
WM berichtet erneut, daß man über eine Erfindung bei Daimler munkele. Er sieht darin allerdings hauptsächlich ein Lockmittel für den Verkauf der neuen Aktien und für eine Kurssteigerung. [Anlage: Zeitungsnotiz]

188 Brief 4.9.1921

WM bittet, das beiliegende Schreiben Herrn Heim zu geben. Die Generalversammlung der Hamburg-Amerikanischen Uhrenfabrik, Schramberg, finde am 14.9. statt, wobei er sich über die geplante Ausgabe von Freiaktien wundert. Er könne sich denken, daß die Lage bei KM zur Zeit schwierig sei. Emma könne es immer noch nicht ganz lassen und sei nach Ulm zu einem Tennisturnier gefahren.

189 Brief 14.9.1921
WM schreibt, daß er zusammen mit Emma bei Auer den Ausstellungswagen gesehen habe, der eines der schönsten Ausstellungsobjekte sei. Wichtig sei aber auch der Vorführwagen, um die Vorzüge zu demonstrieren. Er nimmt Bezug auf die Generalversammlung der Hamburg-Amerikanischen Uhrenfabrik, erläutert die Verteilung der Freiaktien an KM und ihn selbst und macht Vorschläge für die fälligen Einzahlungen. Vom Unglück des Herrn Löbell sei er betroffen.

190 Brief 16.11.1921
WM übersendet zwei Briefe, die nicht ihn [WM] betreffen, und neue technische Vorschläge. Hinsichtlich der Wirkung eines allmählich erweiterten Rohres habe er seine Sicherheit durch eine Blasprobe mit einem kleinen Messingröhrchen erhalten. Es folgt Persönliches. [Anlage: Ausarbeitung über Vergaser und Kühler für Automotoren ohne Wechselwerk vom 16.11.1921]

191 Brief 28.2.1922
Ausgehend von einem Prospekt der MMB macht WM Bemerkungen zum 6- und 8-Zylinder-Motor und Vorschläge zur Auspuffkonstruktion.

192 Brief 8.3.1922
WM bittet KM, daß ihm die MMB weiteres Geld zusenden solle, damit er verschiedene Schulden und Steuern begleichen könne.[Entwurf und Reinschrift]

193 Brief 10.5.1922
WM stellt neue Berechnungen zum erweiterten Auspuff auf.

194 Brief 10.6.1922
WM übersendet neue Ansichten über den Auspuff. Wie er der Zeitung entnehmen könne, wird nun auch in Friedrichshafen wieder gearbeitet. Emma könnte, wenn nötig, beim Umzug helfen. [Anlagen: »Neue Betrachtungen und Berechnung des Auspuffs« vom 8.6.1922 und Versuchsanordnung zur Ermittlung der auftretenden Strömungsgeschwindigkeit vom 10.6.]

195 Briefkarte 7.7.1922
KM bedankt sich bei seinem Vater für die Uhr als

Geschenk zum Geburtstag und Einstand zu seinem neuen Heim, besonders da sie WM selbst schon 20 Jahre getragen habe.

196   Brief 21.10.1922
       WM übersendet ein Schreiben für die MMB, die Steuerzahlung betreffend, und bittet um Überweisung aus seinem Guthaben.

197   Postkarte 6.11.1922
       KM teilt WM mit, daß er Herrn Heim veranlaßt habe, ihm wunschgemäß Geld anzuweisen und bittet ihn, von Dr. Göller Anzahlung zu verlangen.

198   Brief 29.6.1924
       WM gratuliert recht herzlich zum Erfolg beim 24-Stunden-Taunusrennen, das für die Fahrer sicher sehr schwer gewesen sei. Vom geplanten Start des Luftschiffs nach Amerika am 7.7. habe er gelesen und er hofft, daß auch der harte Auspuff gemildert ist. Hierzu macht er noch genauere Vorschläge.

199   Brief 27.8.1924
       KM übersendet seinem Vater einen Brief der AAZ nebst Anlagen. Der fragliche Artikel stamme von der Zahnradfabrik Friedrichshafen, die darin mit dem Namen Maybach für ihre Produkte werbe. Bei einem früheren derartigen Fall habe KM sich schon energisch dagegen verwahrt und will es jetzt wieder tun. Er bittet WM in der Sache um einen kurzen Brief und rät von langen Auseinandersetzungen in den Zeitungen ab.

200   Brief 25.11.1924
       KM übersendet die Aufforderung der »Deutschen Verkehrsausstellung München 1925« an WM (vgl. Nr. 17), dem Ehrenausschuß beizutreten. Da sie Motoren und Triebwagen ausstellen werden, wäre es gut, wenn WM in diesem Ausschuß genannt werden würde. Außerdem legt er eine Vollmacht zur Unterschrift bei, die zur Umstellung des Kapitals auf Goldmark (von 5 auf 1 1/2 Millionen) nötig ist. [Anlage: Notiz KMs zur Übersendung einer Einladung der »Deutschen Verkehrsausstellung München 1925« zur Mitwirkung im Finanzausschuß und Durchschlag seiner damaligen Absage]

201   Brief 13.3.1926
       WM berichtet, daß er bei einem Spaziergang vom Fahrer eines neuen Maybach-Wagens zur Mitfahrt eingeladen worden sei. Er sei über die ruhige und sichere Fahrt und die einfache Bedienung sehr erstaunt gewesen. Auch Emma sei mitgekommen und habe den großen Unterschied zum neuen Daimler-Wagen erfahren können, mit dem

sie am gleichen Tag vormittags gefahren sei. Er gratuliert seinem Sohn zu diesem Vorsprung und wünscht nur bald bessere Zeiten.

202   Vollmacht 24.6.1926
       WM bevollmächtigt KM, ihn als Gesellschafter der MMB zu vertreten.

203   Geburtstagskarte 9.2.1928
       Übermittlung von Glückwünschen zu WMs 82. Geburtstag. [Geschrieben von Käthe Maybach.]

2 Maybach-Motorenbau GmbH (Friedrichshafen) und WM (bis 1912 Luftfahrzeug-Motorenbau GmbH, von 1912 bis 1918 Motorenbau GmbH)

1911 - 1923; 123 Briefe, 9 Entwürfe, Quittung, Niederschrift

1   Brief 8.2.1911
       MMB übersendet das Protokoll der Gesellschafterversammlung vom 30.1.1911. [Anlage: Protokoll (u. a. Beschluß, den Firmensitz nach Friedrichshafen zu verlegen.)]

2   Brief 12.9.1911
       MMB teilt die Überweisung von 4.200 M als Lizenzgebühr für Motor 2, 3 und 4 mit.

3   Brief 16.4.1912
       MMB teilt WM mit, daß sie ihm insgesamt 1.316,64 M für ausgelegte Anmeldungsbeträge für Patente zurückerstattet habe.

4   Brief 16.4.1912
       MMB erläutert die Jahresbilanz für 1911, die einen Reingewinn von 6.804,02 M ausweist und macht Vorschläge über dessen Verteilung.

5   Brief 21.5.1912
       MMB übersendet in der Anlage das Protokoll der Gesellschafterversammlung, vom 8.5.1912. [Anlage: Protokoll (u. a. Namensänderung in Motorenbau GmbH.)]

6   Brief 12.9.1912
       MMB teilt WM die Gutschriften und Belastungen auf seinem Konto beim Bankhaus Stahl & Federer/Stuttgart mit.

7   Entwurf 19.9.1912
       WM bestätigt den Kontoauszug und den avisierten Betrag von 11.200 M als Lizenz für die Motoren 13 bis 23.

8   Brief 2.10.1912
       MMB teilt mit, daß sie das Belgische Patent sowie den Beschluß des Ksl. Patentamtes erhalten und daß sie die Jahrestaxe für Patent 253139 überwiesen habe.

9   Brief 18.3.1913
       MMB teilt mit, daß sie den Patentanwälten Kuhnt & Deissler Gebühren für verschiedene ausländische Patente und ebenso dem Ksl. Patentamt

Berlin für Patent 253139 überwiesen habe.

10 Brief 19.4.1913
MMB übersendet ein Exemplar des Geschäftsberichtes für 1912 und kündigt für Montag eine Gesellschafterversammlung an.

11 Brief 24.7.1913
MMB teilt WM mit, daß sie ihm 6.000 M überwiesen habe. [Anmerkung von WM: 4.000 für mich, 2.000 für Karl.]

12 Brief 4.10.1913
MMB übersendet WM einen Auszug mit einem Saldo von 64.350 M zu seinen Gunsten und bittet ihn mitzuteilen, welchen Betrag er überwiesen haben will.

13 Entwurf 7.10.1913
WM bedankt sich für den übermittelten Auszug mit dem erfreulichen Ergebnis.

14 Brief 16.10.1913
MMB teilt mit, daß sie wunschgemäß 34.350 M überwiesen habe.

15 Brief 8.1.1914
MMB teilt WM seinen Kontostand zum 31.12.1913 mit, der 65.328 M beträgt.

16 Brief 13.1.1914
MMB teilt WM mit, daß sie ihm 6.000 M überwiesen habe. [handschriftlicher Zusatz, daß der langjährige Vorarbeiter Sykora, der schwer lungenkrank gewesen sei, letzte Nacht verstorben ist.]

17 Brief 19.3.1914
MMB teilt WM mit, daß sie ihm 50.000 M überwiesen habe.

18 Brief 23.4.1914
MMB übermittelt eine Abschrift des Protokolls der Gesellschafterversammlung und fügt auch ein Exemplar des Lizenz-Vertrages vom 22.4.1914 bei. Für eine an ihn abgegangene Barzahlung über 500 M belastet sie ihn, zugleich überweist sie 12.000 M Dividende (20 %) für 1913.

19 Brief 30.4.1914
MMB teilt WM seinen Kontostand mit.

20 Brief 19.6.1914
MMB teilt WM mit, daß sie ihm 4.000 M überwiesen habe.

21 Brief 13.8.1914
MMB teilt WM seinen Kontostand zum 30.6.1914 mit, der 48.628 M aufweist.

22 Brief 5.10.1914
Mitteilung der MMB an WM, daß sie KM 20.000 M überwiesen und ihn damit belastet habe.

23 Brief 8.12.1914
MMB teilt WM seinen Kontostand vom 31.10.1914 mit, der 54.828 M beträgt.

24 Entwurf 13.12.1914
WM bedankt sich bei Herrn Winz für die freundliche Karte vom 8.10.1914 und den Rechnungsauszug, zu dem er einige Fragen stellt.

25 Brief 15.2.1915
MMB teilt WM seinen Kontostand vom 31.12.1914 mit, der 102.778 M erreicht hat.

26 Brief 22.2.1915
MMB teilt WM mit, daß sie ihm 3.000 M überwiesen habe.

27 Brief 5.3.1915
MMB teilt WM mit, daß sie KM 32.000 M überwiesen habe, womit sie sein Konto belaste.

28 Brief 22.3.1915
In Beantwortung seines Briefs vom 20.3.1915 teilt MMB WM mit, daß ein Irrtum bei der Lizenzberechnung bei ihr nicht vorliege. Bis zu Motor Nr. 40 wurden stets 1.500 M pro Motor (früher 1.400 M) vergütet. Entsprechend dem Abkommen vom 22.4.1914 sei die Lizenzfrage neu geregelt worden, so daß nach § 7 vom 40. bis 300. Motor 10 % und vom 300. Motor ab 5 % Lizenzgebühren vom Nettoverkaufspreis fällig werden.

29 Brief 1.4.1915
Mitteilung der MMB an WM, daß sie ihm 20.000 M überwiesen habe.

30 Brief 8.4.1915
MMB teilt WM mit, daß sein Kontostand zum 31.3.1915 170.199 M betrage, wobei 1.850 M zurückgebucht werden mußten, da von der LZ der Motor Nr. 207 zurückgegeben worden sei.

31 Brief 14.4.1915
MMB bittet WM, er möge ihr die Richtigkeit des Kontoauszuges bestätigen.

32 Brief 16.4.1915
WM bestätigt den Kontoauszug und den Eingang von 20.000 M.

33 2 Entwürfe [April / Mai] 1915
Aufstellung von WM über die Lizenzabrechnung MMB für 1914 und die Aufteilung zwischen ihm und KM.

34 Brief 5.5.1915
In Beantwortung eines Briefs vom 3.5.1915 teilt MMB WM mit, daß sie 25.976 M auf sein Konto überwiesen habe.

35 Entwurf 10.5.1915
WM bestätigt die Überweisung.

36 Brief 13.7.1915
In Beantwortung eines Briefs vom 12.7.1915 teilt MMB WM eine Überweisung von 10.000 M mit.

37 Brief 23.7.1915
MMB teilt WM seinen Kontostand zum 30.6. mit,

der 210.191 M beträgt.

38 Brief 19.8.1915
MMB teilt WM mit, daß sie ihm 12.000 M als Dividende für das Rechnungsjahr 1914 gutgeschrieben habe.

39 Brief 16.9.1915
MMB teilt WM mit, daß sie ihm 45.000 M und KM 55.000 M überwiesen habe.

40 Brief 5.11.1915
MMB teilt WM seinen Kontostand vom 30.9.1915 mit, der 236.556 M beträgt.

41 Entwurf 28.11.1915
WM bedankt sich bei Herrn Winz für die Übersendung des Rechnungsauszuges und bittet um Überweisung von 12.000 M.

42 Brief 29.11.1915
MMB teilt WM mit, daß sie die 12.000 M überwiesen habe.

43 Brief 29.1.1916
MMB teilt WM seinen Kontostand vom 31.12.1915 mit, der 294.839,12 M beträgt.

44 Brief 12.2.1916
MMB teilt WM mit, daß sie ihm wunschgemäß 20.000 M überwiesen habe.

45 Brief 28.12.1916
MMB übermittelt WM seinen Kontostand vom 30.9.1916 und die Lizenzabrechnung.

46 Brief 24.2.1917
MMB übermittelt WM seine Lizenzabrechnung für das vierte Vierteljahr 1916 und seinen Kontoauszug.

47 Brief 27.2.1917
MMB übersendet WM Rechnungsauszug mit Stand vom 31.12. und Zinsberechnung.

48 Brief 13.4.1917
MMB teilt WM mit, daß sie ihm 150.000 M überwiesen habe, wobei je 75.000 M ihm bzw. KM gehören.

49 Brief 28.4.1917
MMB übersendet den Geschäftsbericht des Geschäftsjahres 1916.

50 Brief 31.5.1917
MMB teilt WM mit, daß sie ihm 12.000 M als Dividende für das Geschäftsjahr 1916 überwiesen hat. [Vermerk von WM, daß er am 3.6.1917 von dieser Summe die Hälfte KM habe überweisen lassen.]

51 Brief 15.6.1917
MMB übermittelt WM die Lizenzabrechnung für das erste Vierteljahr 1917 und den Stand seines Kontos.

52 Brief 18.9.1917

MMB übermittelt WM die Lizenzabrechnung für das zweite Vierteljahr 1917 und den Stand seines Kontos.

53 Brief 9.10.1917
MMB teilt WM mit, daß sie ihm wunschgemäß 120.000 M überwiesen habe. Da man seinem Sohn ebenfalls 120.000 M gutgeschrieben habe, sei er mit 240.000 M belastet.

54 Brief 5.11.1917
MMB übermittelt WM die Lizenzabrechnung für das dritte Vierteljahr 1917 und seinen Kontostand.

55 Brief 5.2.1918
MMB teilt WM seine Lizenzabrechnung für das letzte Vierteljahr 1917, seinen Kontostand und die Zinsberechnung mit.

56 Brief 20.3.1918
MMB teilt WM mit, daß sie ihm und KM je 150.000 M überwiesen und ihn daher mit 300.000 M belastet habe.

57 Brief 15.5.1918
MMB übermittelt WM die Lizenzabrechnung für das letzte Vierteljahr 1917, seinen Kontostand und seine Zinsnota. [Inhaltlich gleich mit Brief vom 5.2.1918.]

58 Brief 24.5.1918
MMB kündigt die Überweisung der Dividende für das Geschäftsjahr 1917 mit 20.000 M an. [Anlage: Kopie eines Briefes der MMB an KM vom 24.5.]

59 Brief 23.8.1918
MMB übersendet die Lizenzabrechnung für das erste und zweite Vierteljahr 1918.

60 Brief 21.11.1918
MMB teilt WM mit, daß sie ihm auf Veranlassung von Direktor KM 50.000 M überwiesen habe.

61 Brief 4.2.1919
MMB übersendet die Niederschrift von der außerordentlichen Gesellschafterversammlung vom 1.2.1919. [Anlage: Niederschrift (Trennung von Direktor Winz als Geschäftsführer wegen Unregelmäßigkeiten.)]

62 Brief 15.4.1919
MMB teilt WM die Lizenzabrechnung über 643.018,13 M für das dritte Vierteljahr 1918 mit.

63 Brief 22.4.1919
MMB teilt WM mit, daß sie die im Auftrage seines Sohnes KM an die Fa. Deurer & Kaufmann in Hamburg überwiesenen 100.000 M bei ihm verbuche.

64 Brief 30.4.1919
MMB teilt WM mit, daß der Kontoauszug vom

17.4. fehlerhaft gewesen sei. Man habe ihm einen zusätzlichen Betrag von 12.148,80 M gutschreiben können, da eine im April für den Motor Mb IVa genehmigte Preiserhöhung rückwirkend bis 1.11.1917 bewilligt worden sei.

65 Durchschlag
Niederschrift über die Gesellschafterversammlung der MMB am 24.6.1919 (Besprechung der Bilanz und Verteilung der Tantiemen).

66 Brief 28.6.1919
MMB teilt WM mit, daß sie ihm auf sein Konto 20.000 M Dividende (20 % laut Gesellschafterbeschluß) überwiesen habe.

67 Brief 6.11.1919
MMB teilt WM mit, daß sie ihm auf Veranlassung von Direktor KM 180.000 M überwiesen habe.

68 Brief 3.12.1919
MMB teilt WM mit, daß sie ihm auf Veranlassung von Direktor KM 60.000 M überwiesen habe.

69 Brief 5.12.1919
MMB teilt WM mit, daß sein Konto zum 1.7.1919 einen Saldo von 971.612,03 M aufweise. Ferner Hinweise zur Lizenzabrechnung.

70 Brief 29.12.1919
Auf den Brief WMs vom 28.12.1919 überweist ihm die MMB 30.000 M.

71 Entwurf 30.1.1920
WM benötigt zur Steuerzahlung Geld und bittet MMB daher um Überweisung von 95.000 M.

72 Brief 31.1.1920
In Erledigung seines Briefs teilt MMB WM mit, daß sie ihm 95.000 M angewiesen habe.

73 Brief 3.2.1920
MMB teilt WM den Kontostand vom 31.12.1919 mit. Da nun auch die Lizenzabrechnung für November und Dezember 1918 möglich war, ergibt sich mit der Zinsabrechnung bis 31.12.1919 ein Saldo von 994.117,37 M. Für die letzten, ab 1.1.1919 noch fertiggestellten Motoren hat man WM 138.671,80 M gutgeschrieben.

74 Brief 26.4.1920
MMB teilt WM mit, daß sie ihm wunschgemäß 10.000 M angewiesen habe.

75 Brief 17.5.1920
MMB teilt WM mit, daß sich sein Saldo von 994.117,37 M auf 1.132.789,17 M erhöht habe, da man die Lizenzgutschrift von 138.671,80 M noch im Geschäftsjahr 1919 verbuchen konnte.

76 Brief 19.6.1920
MMB teilt WM mit, daß in Erledigung des Schreibens vom 16.6.1920 die gewünschten 60.000 M überwiesen werden.

77 Entwurf 3.7.1920
WM ersucht MMB, ihm 20.000 M zu überweisen.

78 Brief 5.7.1920
Entsprechend seinem Schreiben teilt MMB WM mit, daß sie ihm 20.000 M überwiesen habe.

79 Brief 20.8.1920
MMB teilt WM mit, daß sie ihm 20.000 M als Dividende in Höhe von 20 % überwiesen habe.

80 Brief 21.9.1920
Auf Wunsch WMs vom 19.9.1920 überweist MMB 150.000 M.

81 Brief 29.10.1920
MMB teilt WM mit, daß sie ihm wunschgemäß den Kontoauszug mit Stand vom 30.6.1919 zukommen lasse.

82 Brief 27.12.1920
MMB teilt WM mit, daß sie ihm auf Wunsch von Direktor KM 50.000 M überwiesen habe.

83 Brief 29.12.1920
MMB teilt WM mit, daß sie ihm auf Veranlassung von Direktor KM 10.000 M überwiesen habe.

84 Brief 31.12.1920
MMB teilt WM mit, daß sie auf Veranlassung von Direktor KM weitere 30.000 M überwiesen habe.

85 Brief 2.2.1921
MMB teilt WM den Kontostand vom 31.12.1920 mit einem Saldo von 776.027,17 M mit.

86 Brief 12.5.1921
MMB teilt WM mit, daß sie ihm 25.000 M überwiesen habe, da sie unter dem 9.5.1921 eine Lizenzzahlung von 100.000 M der Fa. Benz & Cie., Mannheim aus einer Prozeßsache erhalten habe und WM von dieser Summe vertragsgemäß 25 % zustehen.

87 Brief 17.5.1921
MMB teilt WM mit, daß sie dem Finanzamt Cannstatt 100.000 M zur Deckung der Kriegsabgabe von seinem Vermögenszuwachs überwiesen habe. [Anlage: Durchschlag des Schreibens vom 13.5. an das Finanzamt]

88 Brief 31.5.1921
MMB teilt mit, daß sich aufgrund des Kapitalertragssteuergesetzes ab 1.4.1920 die auf 48.238 M festgelegten Zinserträge für 1920 auf 34.843,45 M reduziert haben und daß davon nochmals 3.484,34 M (10 %) als Kapitalertragssteuer an die Steuerbehörde abzuführen sind. [Anlage: Quittung über die Kapitalertragssteuer]

89 Brief 14.6.1921
MMB teilt WM mit, daß sie ihm auf Veranlassung von Direktor KM 20.000 M angewiesen habe und in Zukunft jeweils am Monatsende 5.000 M

anweisen werde.

90 Brief 27.6.1921
MMB teilt die Überweisung von 5.000 M mit.

91 Brief 26.7.1921
MMB teilt die Überweisung von 5.000 M mit.

92 Brief 30.7.1921
MMB teilt WM mit, daß sie ihm für die Zeit vom 1.1. - 30.6.1921 18.849,65 M Zinserträge gutschreibe und davon 10 % Kapitalertragssteuer für die Steuerbehörde zurückbehalte.

93 Brief 26.8.1921
MMB teilt die Überweisung von 5.000 M mit.

94 Entwurf 3.9.1921
WM bestätigt den Empfang der Zinsnota vom 1.1. - 30.6.1921 und macht verschiedene Ergänzungen zur Zinsabrechnung. Er gibt die Anweisung, den von ihm berechneten Betrag als Kriegsabgabe vom Vermögenszuwachs an das Finanzamt Cannstatt zu bezahlen.

95 Brief 20.9.1921
In Beantwortung eines Schreibens WMs vom 4.9. teilt MMB ihm mit, daß sie alle Steuer- und Zinsangelegenheiten wunschgemäß regeln wird.

96 Brief 28.9.1921
MMB teilt die Überweisung von 5.000 M mit.

97 Brief 27.10.1921
MMB teilt die Überweisung von 5.000 M mit.

98 Brief 22.11.1921
MMB teilt WM mit, daß sie ihm künftig auf Weisung von Direktor KM monatlich 6.000 M überweisen werde. Außerdem habe sie ihm wunschgemäß 10.000 M zusätzlich überwiesen.

99 Brief 29.11.1921
MMB teilt mit, daß sie dem Finanzamt Cannstatt eine Teilzahlung von 100.000 M auf die zu entrichtende Kriegsabgabe gezahlt habe.

100 Entwurf 1.12.1921
WM bestätigt den Eingang des Briefs vom 29.11. und macht Angaben zur weiteren Abzahlung der noch offenen Summe.

101 Brief 2.12.1921
MMB übersendet WM in Abschrift zwei Briefe von Prof. Troske von der Technischen Hochschule Hannover, in denen dieser wegen der Verleihung der Ehrendoktorwürde an WM anfragt. [Anlagen: 2 Abschriften]

102 Brief 5.12.1921
In Beantwortung von WMs Brief vom 1.12. macht MMB genaue Angaben zur Kriegsabgabe sowie zur Einkommens- und zur Kapitalertragssteuer.

103 Brief 12.12.1921
MMB bestätigt den Erhalt eines Briefes von WM vom 10.12. mit dem Originalbrief von Prof. Troske und übersendet den Durchschlag ihres Briefs an das Finanzamt Cannstatt, dem sie die restliche Steuerschuld für die Kriegsabgabe 1919 überwiesen habe. [Anlage: Durchschlag des Briefes an das Finanzamt Cannstatt vom 12.12.: Bezüglich der Kriegsabgabe 1919 teilt MMB dem Finanzamt mit, daß von WM aufgrund des vorläufigen Steuerbescheids eine Teilzahlung von 131.805 M auf die Einkommenssteuer 1920 geleistet wurde, was angesichts der wirklich zu erwartenden Steuerhöhe eine wesentliche Überzahlung sein dürfte. Wegen der einschränkenden Bestimmungen des Friedensvertrages (Bauverbot für Flugzeugmotoren) und der Absatzschwierigkeiten bei Automobilen seien die Betriebsmittel äußerst angespannt. Die MMB bittet deshalb um Verrechnung der Teilzahlung auf die Kriegsabgabe 1919 und überweist die Restschuld.]

104 Brief 23.12.1921
MMB teilt die Überweisung von 6.000 M mit.

105 Brief 2.1.1922
MMB teilt mit, daß sie dem Finanzamt Tettnang laut Durchschlag geantwortet habe und gibt den Originalbrief des Finanzamtes vom 13.12.1921 zurück. [Anlage: Durchschlag] Vgl. Nr. 24.

106 Brief 14.1.1922
MMB teilt WM mit, daß sie ihm auf Weisung von Direktor KM 10.000 M überwiesen habe.

107 Brief 25.1.1922
MMB teilt die Überweisung von 6.000 M mit.

108 Brief 10.2.1922
MMB teilt WM mit, daß sie ihm für 1921 laut Lizenzabrechnung 176.762,50 M für Motorlieferungen nach Holland gutgeschrieben habe.

109 Brief 10.2.1922
MMB teilt WM den Stand seines Kontos vom 31.12.1921 mit, der 613.123,41 M beträgt, wobei die Kapitalertragssteuer von 10 % über 2.085,93 M bereits ans Finanzamt Tettnang abgeführt worden sei.

110 Entwurf 23.2.1922
WM bestätigt den Kontostand vom 31.12.1921.

111 Brief 24.2.1922
MMB teilt die Überweisung von 6.000 M mit.

112 Brief 10.3.1922
MMB teilt WM mit, daß sie aufgrund seines Schreibens an Direktor KM zu Lasten seines Kontos Überweisungen von insgesamt 59.250 M ausführen werde. Außerdem bestätigt MMB, daß sie ihm von Ende März an monatlich 8.000 M übersenden werde.

113 Brief 3.4.1922
     MMB teilt WM mit, daß sie auf Veranlassung von Direktor KM 400.000 M von seinem Konto auf das von KM übertragen haben.

114 Brief 25.4.1922
     MMB teilt die Überweisung von 8.000 M mit.

115 Brief 26.5.1922
     MMB teilt die Überweisung von 8.000 M mit.

116 Brief 27.6.1922
     MMB teilt die Überweisung von 8.000 M mit.

117 Brief 1.8.1922
     MMB teilt die Überweisung von 8.000 M mit.

118 Brief 17.8.1922
     MMB teilt WM auf dessen Schreiben vom 16.8.1922 mit, daß sie für ihn 8.474,40 M an das Finanzamt Cannstatt und 10.000 M an ihn persönlich überwiesen habe.

119 Brief 28.8.1922
     MMB teilt die Überweisung von 8.000 M mit.

120 Brief 27.9.1922
     MMB teilt die Überweisung von 8.000 M mit.

121 Brief 18.10.1922
     MMB teilt WM seinen Kontostand vom 30.6.1922 mit, der sich auf 115.918,27 M beläuft.

122 Brief 23.10.1922
     MMB teilt WM mit, daß sie entsprechend seinem Schreiben vom 21.10.1922 dem Finanzamt Cannstatt 49.950 M überwiesen habe.

123 Brief 27.10.1922
     MMB teilt die Überweisung von 8.000 M mit.

124 Brief 6.11.1922
     MMB teilt WM mit, daß sie ihm 50.000 M überwiesen habe und daß sie ihm künftig monatlich 16.000 M überweisen werde.

125 Brief 27.11.1922
     MMB teilt die Überweisung von 16.000 M mit.

126 Brief 30.11.1922
     MMB teilt WM mit, daß sie ihm 34.000 M überwiesen habe und von nun an den monatlichen Überweisungsbetrag auf 20.000 M erhöhen werde.

127 Brief 30.11.1922
     MMB teilt WM mit, daß die endgültige Lizenzabrechnung mit der in Konkurs gegangenen Niederländischen Automobil- und Flugzeugfabrik »Trompenburg« in Amsterdam und der neuen Firma »N. V. Spyker Ltd.« zu Amsterdam noch nicht möglich gewesen sei, so daß man ihm zunächst eine Abschlagszahlung von 500.000 M gutgeschrieben habe.

128 Brief 13.12.1922
     MMB teilt die Überweisung von 30.000 M mit.

129 Brief 22.12.1922
     MMB teilt die Überweisung von 30.000 M mit.

130 Quittung (Abschrift) 29.12.1922
     WM bestätigt den Erhalt von 20.000 M in bar.

131 Brief 9.3.1923
     MMB teilt WM mit, daß die Gesellschafter der LZ entsprechend einem Brief vom 24.2.1923 der Konzernabteilung die Absicht haben, von ihrem Anteil [an der MMB] in Höhe von 4.000.000 M einen Teilbetrag von 1.275.000 M an die Zeppelinstiftung Friedrichshafen abzutreten. Sie bittet WM mitzuteilen, ob er als Gesellschafter mit dieser Abtretung einverstanden ist. [Anlage: Abschrift des Briefes der Konzernabteilung der LZ vom 24.2. an MMB]

132 Brief 28.3.1923
     MMB teilt WM mit, daß sie ihm auf Veranlassung von KM von dessen Konto 500.000 M überwiesen habe.

133 Brief 6.4.1923
     MMB teilt WM die Lizenzabrechnung von 1922 mit, nach der er einen Betrag von 1.287.265 M und 1.031,72 Holländische Gulden gutgeschrieben bekommt.

134 Brief 12.4.1923
     MMB teilt WM mit, daß sie ihm 4.503,13 M Zinsen gutgeschrieben und davon 450 M Kapitalertragssteuer abgezogen habe.

3 Allgemeine Automobil-Zeitung Berlin (Chefredakteur Ernst Garleb) und WM

1913 - 1916; 19 Briefe, 2 Entwürfe Vgl. auch Briefwechsel mit Alfred Lewerenz Nr. 61.

  1 Brief 24.1.1913
     Die AAZ bittet WM um einen Artikel über die Geschichte des Daimlerwagens.

  2 Entwurf 27.1.1913
     WM schlägt einen Artikel über die Entwicklung des Gasmotors vor, den er allerdings nicht selbst schreiben will.

  3 Brief 29.1.1913
     Bitte an WM, den Artikel selbst zu schreiben.

  4 Brief 7.2.1913
     Erinnerung der AAZ.

  5 Brief 10.2.1913
     Die AAZ bestätigt einen Brief WMs vom 8.2. und bittet um Benennung eines Autors. Die Verdienste Daimlers sollten auch gewürdigt werden.

  6 Brief 24.2.1913
     Erinnerung der AAZ. [Antwortnotiz von WM, daß er den früheren Werkleiter Kübler, zuletzt Direktor in Bremen, empfohlen habe.]

7   Brief 5.5.1913
    Die AAZ bittet um Vermittlung WMs, weil Herr
    Kübler nicht reagiere.
8   Brief 20.8.1913
    Erinnerung der AAZ.
9   Brief 1.11.1913
    Die AAZ teilt mit, daß Direktor Kübler den
    Artikel bis 15.12. liefern will, der unter WMs
    Namen erscheinen soll. Angriffe und Polemiken
    sollten vermieden werden.
10 Brief 26.11.1913
    Erinnerung der AAZ.
11 Brief 25.4.1914
    Die AAZ bittet um Vermittlung, weil Direktor
    Kübler den Artikel noch nicht geliefert hat.
12 Brief 8.11.1915
    Die AAZ wird wunschgemäß kein Bild WMs im
    Festartikel über die DMG bringen und erwartet
    den angekündigten Aufsatz.
13 Entwurf 29.11.1915
    WM übersendet einen Artikel aus der »Motor-
    welt«, dessen Aussagen, besonders über Herrn
    Pöge, er heftig kritisiert. Er bittet deshalb den Ar-
    tikel von Alfred Lewerenz, den er korrigiert hat,
    unverändert abzudrucken.
14 Brief 1.12.1915
    Die AAZ schlägt in diesem streng vertraulichen
    Brief verschiedene Korrekturen des Artikels vor.
15 Brief 6.12.1915
    Anfrage der AAZ wegen der Bebilderung.
16 Brief 10.12.1915
    Redaktionelle Fragen der AAZ und Bitte um Ab-
    druckgenehmigung in zwei weiteren Fachzeit-
    schriften.
17 Brief 14.12.1915
    Redaktionelle Anmerkungen der AAZ zum
    Artikel.
18 Brief 16.12.1915
    Weitere redaktionelle Anmerkungen zum Artikel.
19 Brief 18.12.1915
    Die AAZ dankt für die beifällige Aufnahme der
    Artikel durch WM und regt den Abdruck auch in
    der Wiener AAZ an. Bitte um unveröffentlichte
    Fotos für einen Artikel zu seinem 70. Geburtstag.
20 Brief 11.1.1916
    Mitteilung der AAZ über Abdruck des Artikels
    und einer Notiz anläßlich WMs 70. Geburtstages.
21 Brief 23.3.1916
    Die AAZ äußert sich in dem streng vertraulichen
    Brief zur Auseinandersetzung zwischen WM und
    Paul Daimler und rät, die »Streitaxt« in den Auto-
    mobil-Zeitschriften ruhen zu lassen.

4   Apel, Georg (Major a. D., Grünau) und WM
1924; Brief, Entwurf
    1   Brief 28.8.1924
        Georg Apel, früher Besitzer einer Reparatur-
        werkstätte für Motoren, erinnert an alte Bezie-
        hungen, insbesondere an die Empfehlung des
        früheren Daimler-Monteurs Robert Brenner, der
        jetzt Inhaber seiner Werkstatt sei. Für dessen
        Sohn bittet er um Anstellung bei der MMB. Wei-
        ter berichtet er von seinen jetzigen Verhältnissen.
        [Auf der Rückseite Antwortnotiz von KM an
        WM, daß derzeit wegen der eingeschränkten
        Produktion keine Stelle frei sei.]
    2   Entwurf 5.8.[richtig 9.]1924
        Antwort WMs.

**5   Automobil- und flugtechnische Gesellschaft Berlin
und WM**
1905, 1920 - 1929; 3 Briefe, 2 Telegramme, Entwurf,
Durchschlag, Einladung
    1   Telegramm 17.5.1905
        Das Präsidium (Direktor Altinau, Graf Arco, Prof.
        Lutz) teilt WM mit, daß er zum Mitglied ernannt
        worden sei.
    2   Durchschlag (Danktelegramm) von WM 17.5.1905
    3   Brief 14.2.1920
        Dank an WM für eine Spende von 600 M.
    4   Brief 1.11.1920
        Die Gesellschaft übersendet eine Schrift über Mo-
        torpflüge, die durch die Spende mitfinanziert
        wurde.
    5   Telegramm 14.3.1924
        Die Gesellschaft übermittelt dem »Pionier der
        Autotechnik«, anläßlich des 20. Stiftungsfestes
        einen Festgruß.
    6   Entwurf 18.3.1924
        WM bedankt sich für den telegrafischen Gruß,
        wobei er aufgrund der Adresse eine Verwechs-
        lung mit seinem Sohn vermutet. [Auf der Rück-
        seite Rechnung mit Firmenansicht des Kaffeege-
        schäfts Otto Grasshoff, Stuttgart, für BM.]
    7   Brief 11.4.1924
        Die Gesellschaft entschuldigt sich für eine irrtüm-
        lich übersandte Nachnahmesendung.
    8   Gedruckte Einladung zur Festsitzung anläßlich
        des 25jährigen Bestehens der Gesellschaft [1929].

**6 Automobil- und Motorenfabrikation (Zeitschrift für
Serienbau und Massenherstellung, Verleger Dr.
Ernst Valentin, Berlin) und WM**
1921; 2 Briefe, Entwurf
    1   Brief 21.10.1921

Bitte an WM um ein Foto und einen Lebenslauf.

2 Entwurf 1.11.1921
WM bestätigt das Schreiben mit dem Hinweis, daß MMB schon über zehn Jahre seinem Sohn KM untersteht und zählt einige von dessen Leistungen auf.

3 Brief 19.11.1921
Bitte an WM, seinen Brief wörtlich in eine Artikelserie übernehmen zu dürfen. [Entwurf auf der Rückseite: WM bittet, den geplanten Artikel nicht zu bringen, um einer Veröffentlichung des VDI nicht vorzugreifen.]

14 Automobilwerke H. Büssing AG (Braunschweig) und WM

8.2.1929; Brief Die Automobilwerke gratulieren zum 85.[!] Geburtstag. [Entwurf des Dankschreibens auf der Rückseite]

227 Banzhaf, Gottlob (Kommerzienrat, Stuttgart) und WM

1915 - 1916; Telgramm, Brief, Postkarte

1 Telegramm 13.6.1915
Glückwunsch zur langverdienten Ehrung.

2 Brief 8.2.1916
Glückwünsche zum 70. Geburtstag.

3 Postkarte 9.2.1916
Glückwünsche zum 70. Geburtstag, unterschrieben von G. Banzhaf, Eugen Schreiber, Adolf Klett und N. Loewenstein.

7 Bauer, Wilhelm (Werkmeister bei der DMG und Rennfahrer) und WM

14.3.1900; Ansichtskarte [Marseille]
Wilhelm Bauer berichtet, daß er eine erste Probefahrt von 230 km in 3 Stunden 56 Minuten gemacht habe.

15 Bausch, Julius (Stadtschultheiß a. D., Ludwigsburg und Maulbronn) und WM

1915, 1928; Brief und Postkarte mit Glückwünschen.

8 Berckhemer, Pauline (Esslingen) und WM

1915 - 1916; 2 Karten mit Glückwünschen.

9 Bernhard, Ernst (Prokurist der DMG, Stuttgart) und WM

1915 - 1916; Karte und Handbillett mit Glückwünschen.

10 Bernlöhr, Eugen (Prokurist der DMG, Stuttgart) und WM

1915; Brief mit Glückwünschen.

11 Bessler, Felix und Clara (Neffe und Nichte, Freudental) und WM

1915 - 1916; 3 Briefe mit Glückwünschen.

12 Braunbeck, Gustav (Berlin) und WM

8.1.1916; Brief Gustav Braunbeck übermittelt Glückwünsche und bittet um Material für eine Würdigung im »Motor« anläßlich WMs 70. Geburtstag.

13 F. A. Brockhaus (Verlag Leipzig) und WM

13.2.1925; Postkarte
Der Verlag dankt für die Zusendung des Lebenslaufs und bittet um Nennung von Geburtstag und -ort des Sohnes KM.

228 Conz, G. (Ludwigsburg) und WM

1915; 2 Ansichtskarten [Ludwigsburg, Emichsburg und Schloß]
Glückwünsche zur Ernennung zum Oberbaurat und zur Verlobung von KM.

229 Daimler-Motoren-Gesellschaft (Cannstatt bzw. Untertürkheim) und WM

1904 - 1913; 2 Briefe, Entwurf

1 Brief 2.2.1904
Die DMG teilt die Übersendung der vom Verwaltungsausschuß der Firma für WM bestimmten Bronzeplakette mit. [Fotokopie und Abschrift]

2 Brief 16.12.1908
Begleitbrief zur Übersendung des Mercedes-Kataloges 1909 und der »Daimler-Nummer« der Berliner Zeitschrift »Deutsche Industrie - Deutsche Kultur« mit Würdigung WMs.

3 Entwurf 28.7.1913
WM möchte die Zeitungsfehde nicht weiter fortsetzen und empfiehlt, verschiedene Patente genauer anzusehen um zu erkennen, wie abhängig der Daimler-Motor vom Ottoschen Viertaktmotor war.

16 Deurer, Wilhelm (Hamburg) und WM

1914 -1924; 2 Feldpostkarten, 2 Ansichtskarten, Brief, Telegramm

1 Ansichtskarte [Hamburg] 23.11.1914
Wilhelm Deurer erwähnt einen »schönen Schrekken in Friedrichshafen«, der bös hätte ausgehen können.

2 Brief 19.7.1915
Wilhelm Deurer dankt für einen Brief und bemerkt, daß ihm mit der wohlverdienten Aus-

zeichnung WMs ein Herzenswunsch erfüllt wurde. Ferner berichtet er von seiner Kur. [Anlagen: Entwurf eines Briefes von Wilhelm Deurer an Staatsrat Mosthaf in Stuttgart vom 11.7.1913 und dessen Antwort vom 13.7. wegen einer königlichen Auszeichnung für WM.]

   3 Feldpostkarte 7.2.1916
      Glückwunsch zum 70. Geburtstag.

   4 Feldpostkarte 11.2.1916
      Glückwunsch zur neuen hohen Auszeichnung.

   5 Ansichtskarte [Bensheim (Bergstraße)] 16.10.1924
      Wilhelm Deurer gratuliert zum glänzenden Zeppelinerfolg, der auf dem Werk von WM ruht.

   6 Telegramm o. D.
      »Es hat geholfen hocherfreut herzliche Glückwünsche Ihres Deurer«.

17 »Deutsche Verkehrsausstellung München 1925« und WM

1924; 2 Briefe, Broschüre, Entwurf

   1 vervielfältigter Brief 22.9.1924
      Der Vorstand fordert Persönlichkeiten dazu auf, dem Finanzausschuß der Austellung beizutreten.

   2 Brief 18.11.1924
      Der Vorstand bittet WM, dem Ehrenausschuß beizutreten.

   3 Entwurf 26.11.1924
      Antwort WMs mit Zustimmung.

   4 Broschüre »Deutsche Verkehrsausstellung - Gruppeneinteilung und Organisation«. Siehe auch Brief von KM an WM Nr. 1 Brief 200.

18 Deutscher Automobil-Club (ab 1905 Kaiserlicher Automobil-Club, Berlin) und WM

1904, 1916; Brief und Entwurf

   1 Brief 29.8.1904
      Der Club bittet WM, dem Komitee für die Internationale Automobil-Ausstellung in Berlin 1905 beizutreten.

   2 Entwurf 18.2.1916
      WM bedankt sich für die Glückwünsche und die goldene Medaille zum 70. Geburtstag.

19 Dott, Josef (früher Zeichner bei der Gasmotorenfabrik Deutz) und WM

1928; Brief mit Glückwunsch zur goldenen Hochzeit.

20 Ernst Eisemann & Co GmbH (Fabrik elektrotechnischer Apparate Stuttgart) und WM

1913 - 1915; 2 Briefe

   1 Brief 19.4.1913
      Die Firma übersendet einen Brief des Comte

Henri de Lavalette und bittet WM, diesem einen günstigen Bescheid zu geben. Brief von Lavalette vgl. Nr. 58 Brief 1.

   2 Brief 9.8.1915
      Glückwünsche zur Verlobung des Sohnes KM.

21 Fahr, Josef (Nachbar von WM in Cannstatt) und WM

1915 - 1916; Wohlfahrtspostkarte, Telegramm, Briefkarte, Handbillett, Glückwünsche.

22 Fassheber, Karl (Nordholz) und WM oder KM

8.4.1916; Abschrift eines Briefes [handschriftlicher Vermerk »Bericht von der Front Vertraulich«] Bericht über die Erfahrungen mit den vier Motoren des Luftschiffs »L 22« nach 100 Betriebsstunden.

23 Feldhaus, Franz (Berlin-Tempelhof) und WM

1928; Brief, Entwurf

   1 Brief 3.8.1928
      Franz Feldhaus bittet für seinen technischen Abreißkalender um ein Foto und einen Sinnspruch.

   2 Entwurf mit Antwort WMs.

24 Finanzamt Tettnang und WM

13. und 29.12.1921; 2 Briefe

Anfrage bei WM wegen der Gebühr für die Überlassung von drei Geschäftsanteilen der MMB an KM. Vgl. Nr. 2 Brief 105.

25 Frankfurter Automobil-Club und WM

1924, 1929; 2 Briefe, 2 Entwürfe

   1 Entwurf 19.8.1924
      WM bedankt sich für die Mitteilung, daß er Ehrenmitglied werden soll.

   2 Brief 29.8.1924
      Der Club übersendet WM die Urkunde. [Entwurf der Antwort auf dem Blatt: WM bedankt sich für die Ehrenmitgliedschaft. Er freut sich um so mehr, als gerade 50 Jahre vergangen seien, seit er in der Gasmotorenfabrik Deutz unter Direktor Daimler den ersten Benzinvergaser und die Zündung entwickelt habe.]

   3 Brief 12.9.1929
      Für eine Jubiläumsnummer der Monatshefte bittet der Club um einen Beitrag WMs.

   4 Entwurf [nach 12.9.1929]
      WM übermittelt Glückwünsche zum 30jährigen Bestehen des Clubs.

26 Gasmotorenfabrik Deutz (Direktor Dr. Arnold Langen, Köln-Deutz) und WM

1913 - 1914, 1921; 3 Briefe, Entwurf

1 Brief 20.9.1913
Dr. Langen teilt mit, daß er aus dem Briefwechsel zwischen Direktor Stein und WM neue Kenntnisse über die Urheberschaft am Benzinmotor gewonnen habe. Er schlägt vor, in der geplanten Festschrift zum 50jährigen Bestehen der Gasmotorenfabrik die Verdienste WMs um den Benzinmotor zu würdigen.
2 Entwurf 25.9.1913
WM stimmt dem Vorschlag zu.
3 Brief 20.6.1914
Dr. Langen regt eine gemeinsame Besprechung mit Prof. Matschoß an, der die Festschrift bearbeiten soll.
4 Brief 16.4.1921;
Bitte an WM um Überlassung eines Fotos für die Firmenfestschrift. [Entwurf der Antwort auf dem Brief]

27 Göbel, Paul Dr. (Oberbürgermeister von Heilbronn) und WM

18.2.1916; Durchschlag
WM dankt für die Geburtstags-grüße und die Nachrichten über die Familie Maybach. 1850 habe der schlechte Geschäftsgang seinen Vater aus der Stadt getrieben, als er vier Jahre alt war. Dennoch habe er lebhafte Erinnerungen an diese Kinderjahre. Ihn habe es sehr gefreut, im Jahr 1900 ein Motorboot für den Verkehr Heilbronn - Heidelberg liefern zu können. Er spendet 1000 M für unbemittelte Schüler der gewerblichen Fortbildungsschule.

28 Göller, Hermann Dr. (Patentanwalt, Stuttgart) und WM
1921; Brief, Entwurf
1 Brief 17.1.1921
Dr. Göller teilt die Verlängerung des Patents D.R.P. 263121 mit. [Anlagen: Verlängerungsurkunde und Gebührenmahnung]
2 Entwurf 19.1.1921 Bestätigung des Briefes durch WM.

29 Groß, Lorenz (Heilbronn) und WM
1916; Ansichtskarte [Heilbronn Marktplatz] mit Glückwunsch zum 70. Geburtstag.

30 Habermaas, Karl (Schwager, Stuttgart) und WM
20.6.1915; Brief
Karl Habermaas gratuliert zur Ernennung zum Oberbaurat mit dem Hinweis, »daß jetzt einer gewissen Seite die Augen aufgehen« könnten [Daimler?]. Private Mitteilungen: Emil Hochstetter muß einrücken, neue Wohnung u. a.

31 Habermaas, Mathilde (Cousine von BM, Stuttgart) und WM
1916; Karte mit Glückwunsch zum 70. Geburtstag. [Zusatz von Maria Erlenmeyer]

32 Hagen, Rudolf (Ingenieur, Köln) und WM
1916; Handbillett
Rudolf Hagen gratuliert zum 70.Geburtstag und erinnert an die erste Begegnung in Köln-Müngersdorf. Er erwähnt seine Erfindung eines »Spähkorbs«, wofür die Zeppelinwerft das Patent erworben habe.

33 Haidle, Julius (Stuttgart) und WM
1915; Brief und Handbillett mit Glückwünschen zur Ernennung zum Oberbaurat.

34 Hanst, Karl (Ingenieur, Cannstatt) und WM
1915 -1916; Handbillett und Briefkarte mit Glückwünschen.

35 Harsch, Dr. (Hauptmann, Schachen bei Lindau) und WM
1916; Feldpostkarte mit Glückwunsch zum Titel Dr.-Ing. h. c.

36 Hochstetter, Emil und Marta (Neffe und Nichte, Stuttgart) und WM
1915 - 1916; Briefkarte und Ansichtskarte [Kind in Uniform] mit Glückwünschen.

37 Höfer, Adolf (Stuttgart-Berg) und WM
1916; Brief und Handbillett mit Glückwünschen.

38 Hönes, Christian (Dekan a. D., Ravensburg) und WM
1928; Postkarte mit gereimtem Glückwunsch zur goldenen Hochzeit.

39 Hofmann, Albert und Luise (Neffe und Nichte, Stuttgart) und WM
1915; Briefkarte mit Glückwunsch zur Ernennung zum Oberbaurat.

40 Holm, Karl (Stud. chem., z. Z. Stockholm) und WM
31.5.1905; Ansichtskarte [Zeichnung eines Mercedes] Gruß mit Anspielung auf den Ruhm des Mercedes.

41 Hüfler, Dr. (Sanitäts-Rat im Kurhaus Friedrichshafen) und WM
1915 - 1916; 2 Ansichtskarten [Kurhaus Friedrichshafen] mit Glückwünschen.

42 Kämmerle, Sigmund (Graveur, Wien) und WM
9.2.1916; Brief

Glückwünsche zum 70. Geburtstag, verbunden mit Erinnerungen an die gemeinsame Karlsruher Zeit und den Wiener Aufenthalt. Er erkundigt sich nach dem Bruder, Heinrich Maybach.

43 Kämpfer, Elli (Remagen) und WM
1916; Briefkarte mit Glückwünschen.

44 Katzenstein, Robert (Verkaufsstelle Frankfurt der DMG) und WM
9.2.1920; Brief
Robert Katzenstein berichtet kurz von seinem Kriegseinsatz als Ordonanzoffizier von Generalfeldmarschall von Eichhorn und verwendet sich für den Fliegeroffizier und Luftschiff-Führer Graf Beroldingen.

45 Keller, Karoline (Dettingen) und WM
1915 - 1916, 1927; 3 Briefkarten, Ansichtskarte [Deutsche Kolonial-Kriegsspende] Glückwünsche.

46 Kittel, Eugen (Stuttgart) und WM
1916; Briefkarte mit Glückwünschen.

47 Klüpfel, Gustav Dr. (Stuttgart) und WM
1916; Briefkarte mit Glückwunsch.

48 Krämer, August (Stuttgart) und WM
1916; Brief mit Glückwunsch.

49 Krimmel, Otto Dr. (Stuttgart) und WM
1916; Postkarte mit Glückwunsch.

50 Krockenberger, Alfred (Vorstand der Gustav-Werner-Stiftung, Reutlingen) und WM
16.6.1915; Briefkarte
Alfred Krockenberger gratuliert zur Ernennung zum Oberbaurat.

51 Kübler, Emil (K. Hofwerkmeister, Friedrichshafen) und WM
1915; Briefkarte und Handbillett mit Glückwünschen.

52 Kübler, Friedrich (Esslingen) und WM
1915 -1926; 3 Handbilletts, 2 Postkarten, Brief, Ansichtskarte [Esslingen] Glückwünsche.

53 Kuhnt, A. und R. Deissler (Patentanwalts-Büro, Berlin) und WM
1913 - 1914; 1920, 12 Briefe, 3 Rechnungen, Entwurf
  1 Brief 10.1.1913
    Mitteilung über die österreichische Anmeldung für WMs Viertakt-Explosionskraftmaschine.

  2 Brief 7.3.1913
    Übersendung der schwedischen Patenturkunde für die Viertakt-Explosionskraftmaschine (Nr. 34442).
  3 Quartalsrechnung 31.3.1913.
  4 Brief 1.4.1913
    Rückfrage bei WM wegen der Schweizer Anmeldung der Viertakt-Explosionskraftmaschine.
  5 Brief 16.4.1913
    Erinnerung an die Verlängerung des canadischen Patents Nr. 107083 (Zentralschmiervorrichtung).
  6 Brief 19.4.1913
    Das Büro teilt mit, daß die Änderungen für die Schweizer Anmeldung weitergeleitet wurden.
  7 Brief 21.4.1913
    Bestätigung eines Briefs von WM (u. a. Aufgabe des canadischen Patents).
  8 Brief 27.4.1913
    Das Büro teilt mit, daß die Fa. Ipsag AG für das Patent 180025 (Zentralschmierung) nicht mehr zahlen wolle. [Vermerk von WM, daß auch er das Patent fallen lasse.]
  9 Entwurf 17.2.1914
    WM bittet um Nachforschung nach dem französischen Patent für den Spritzdüsenvergaser.
  10 Brief 28.2.1914
    Das Büro teilt mit, daß es keine entsprechende Anmeldung aus dem Jahr 1892 finden könne.
  11 Rechnung 18.3.1914.
  12 Brief 26.3.1914
    Mitteilung über die vergebliche Nachforschung des Pariser Vertreters.
  13 Rechnung 26.3.1914.
  14 Brief 2.4.1914
    Rückfrage des Büros wegen der Nummer des französischen Patents.
  15 Brief 6.4.1914
    Das Büro weist den Vorwurf der mangelhaften Recherche zurück.
  16 Taxerinnerung 30.6.1920.

54 Kurtz, Wilhelm (Stuttgart) und WM
1916, 1928; Brief und Ansichtskarte [Große Glocke Metzingen] Glückwünsche.

55 Landeck & Gussmann (Metallwaren-Fabrik, Cannstatt) und WM
1915; Brief mit Glückwünschen zur Ernennung zum Oberbaurat.

56 Landenberger, Paul sen. und jun. (Besitzer der Hamburg-Amerikanischen Uhrenfabrik, Schramberg)

und WM

1913 - 1928; 3 Briefe, 3 Postkarten, 3 Handbilletts, Briefkarte, Ansichtskarte [Alhambra] Glückwünsche zu verschiedenen Anläßen, Einladungen.

57 Lautenschlager, Karl (Oberbürgermeister, Stuttgart) und WM

1916; Durchschlag, Briefumschlag, Quittung

1 Durchschlag 18.2.1916
WM bedankt sich für Glückwünsche zum 70. Geburtstag und kündigt eine Spende für den Hilfsausschuß an.

2 Quittung 18.2.1916
Spendenquittung über 1000 M., unterschrieben von OB Lautenschlager namens des Hilfsausschusses zur Unterstützung der Familien der gegen den Feind ziehenden Mannschaften aus Stuttgart.

58 Lavalette, Henri de (Paris) und WM

1913; Brief und Entwurf

1 Brief 18.4.1913
Henri de Lavalette übersendet die Zeitschrift »L´Illustration«, in der die Landung des Zeppelins bei Lunéville abgebildet und WM erwähnt ist. Er versichert WM seiner tiefen Hochschätzung und prophezeit dem neuen Motor einen großen Erfolg in Frankreich und Amerika. Er bittet deshalb unter Berufung auf den Vertrag von 1911 um Übersendung von Konstruktionszeichnungen und eines Musters. [Patentvertrag von 1911 siehe Nr. 201]

2 Entwurf [nach 18.4.1913]
Mitteilung WMs über den Entwicklungsstand des neuen Motors und damit zusammenhängende Patentfragen. [Auf der Rückseite Entwurf eines Schreibens an Ernst Pfleiderer, Stuttgart, vom 24.4.1913: WM teilt mit, daß das Ofenpatent öffentlich ausliegt und der Gasofen selbst bei ihm zuhause gut funktioniert.]

59 Lechler, Paul Dr. h. c. (Inhaber einer Firma für Fabrikbedarfsartikel, Stuttgart) und WM

1916; Brief mit Glückwunsch zum 70. Geburtstag.

60 Lehner, Ludwig (Wien) und WM

1916; Brief mit Glückwünschen zum 70. Geburtstag.

61 Lewerenz, Alfred sen. (in Fa. Deurer & Kaufmann, Hamburg, Schwiegervater von KM) und WM

1914 - 1928; 12 Briefe, 2 Telegramme, Ansichtskarte, Entwurf, Handbillett

1 Brief 23.3.1914
Alfred Lewerenz berichtet, daß der bekannte Hamburger Flieger Carl Caspar die Maybachschen Luftschiffmotoren kenne und anfragen lasse, warum WM nicht auch einen guten Flugzeugmotor herausbringe. Lewerenz empfiehlt Caspar als Testflieger für den neuen Motor.

2 Entwurf 29.3.1914
WM möchte den neuen Flugzeugmotor bis zum Abschluß der Entwicklung geheim halten und erkundigt sich nach dem Flugzeug Caspars.

3 Brief 19.11.1915
Alfred Lewerenz übersendet den Artikel für die AAZ und bittet WM um Korrekturen. Außerdem äußert er sich zum Konkurrenzkampf zwischen Daimler und Maybach. [Anlage: Artikelentwurf]

4 Brief 25.11.1915
Alfred Lewerenz teilt mit, daß er den Entwurf an Garleb geschickt hat. Er macht sich Gedanken über die Veröffentlichung in Fachzeitschriften, um die beste Wirkung gegen Daimler zu erzielen.

5 Brief 5.12.1915
Alfred Lewerenz äußert sich zur endgültigen Fassung des Artikels und erwähnt den Kurssturz der Daimler-Aktien.

6 Brief 7.12.1915
Alfred Lewerenz hebt nochmals die Wirkung hervor, die der Artikel haben wird, und erinnert WM an den Kontakt mit von Mosthaf. [Anlage: Durchschlag eines Briefs von Alfred Lewerenz an Garleb]

7 Brief 9.12.1915
Begleitschreiben zu einem Brief von Chefredakteur Garleb, in dem dieser um schnellste Übersendung von Fotos bittet.

8 - 17 Glückwünsche und Familiäres.

62 Lewerenz, Alfred jun., Heinz, Martha, Trudel und WM

1911, 1916, 1928; 2 Briefe, 2 Ansichtskarten [Luftschiff »Bodensee«, »Ruinen aus der Römerzeit« von Albert Hertel] und Briefkarte mit Glückwünschen.

63 Leykauf, Georg (Kommerzienrat, Nürnberg) und WM

1916, 1924; Brief und Briefkarte

1 Brief 9.2.1916
Glückwünsche zum 70. Geburtstag unter Bezugnahme auf die Bekanntschaft aus Deutzer Tagen.

2 Briefkarte 29.9.1924
Georg Leykauf wünscht »Herrn Geheimrat« [es könnte auch KM gemeint sein], daß die Fahrt[des Zeppelins] über den Ozean gelingen möge, er will selbst nach [Friedrichshafen] kommen, um

ihm seine Bewunderung auszudrücken.

64 Lilienfein, Emil (Kaufmann, Cannstatt) und WM
1916; Brief

Emil Lilienfein gratuliert zum 70. Geburtstag und drückt seine Freude darüber aus, daß verhindert wurde, daß WMs Erfinderleistungen »auf ein unrichtiges Konto verbucht wurden«.

65 Luftschiffbau Zeppelin GmbH (Direktor Alfred Colsmann, Friedrichshafen) und WM
1910 - 1917; 5 Briefe, 4 Entwürfe, Anwesenheitsliste

  1 Brief 2.11.1910

Mitteilung der LZ über den Verkauf von zwei Anteilen an der MMB durch KM und Kauf eines Anteils durch WM sowie Übersendung eines Schecks.

  2 Entwurf (nach dem 2.11.1910)

WM bestätigt den Brief und will die Motorenfrage auch fernerhin mit seinen Erfahrungen fördern. [Entwurf der Zustimmung von KM zur Anteilsübertragung auf dem Blatt.]

  3 Entwurf 6.2.1911

WM schlägt eine Kupplungsbetätigung vor (mit Skizze).

  4 Brief 14.2.1911

Die LZ dankt für die Vorschläge. Wegen des neuen Motors sei noch kein Beschluß gefaßt.

  5 Entwurf o. D.

WM macht genaue Vorschläge für die Konstruktion eines Auspuffs.

  6 Entwurf 28.3.1913

WM teilt Punkte mit, die er persönlich mit Colsmann besprechen will (u. a. Beteiligung der leitenden Herrn am Gewinn der MMB, Lizenzvertrag mit WM).

  7 Brief 28.7.1913

Direktor Colsmann berichtet, daß die Reichsmarine alle Benzinmotoren abschaffen will, und erwähnt die Auseinandersetzung WMs mit Daimler.

  8 Brief 19.5.1917

Begleitschreiben zum Protokoll über die Erhöhung des Stammkapitals der MMB.

  9 Brief 26.5.1917

Begleitschreiben zum Protokollentwurf der Gesellschafterversammlung vom 22.5.1917.

  10 Von WM handgeschriebene Anwesenheitsliste der Gesellschafterversammlung am 6.7.1917.

66 Mack, Adolf (Architekt, Cannstatt) und WM
1915 - 1916; 2 Briefkarten mit Glückwünschen.

67 Maier, Eduard (Kanzleirat a. D., Stuttgart) und WM
1915 -1916; 2 Briefe mit Glückwünschen.

68 Marik, Eugenie (Nichte, Stuttgart) und WM
1915; Briefkarte mit Glückwunsch.

69 Matschoß, Conrad Prof. (Vorstandsmitglied des VDI, Berlin) und WM
1915 - 1923; 5 Briefe, 2 Entwürfe

  1 Entwurf 8.12.1915

WM übersendet den Entwurf von Alfred Lewerenz für den Artikel in der AAZ und bittet um eine Abbildung des Spritzdüsenvergasers, den er genauer erläutert. Er drückt seine Verärgerung über die Festschrift der DMG aus und stellt seine und Gottlieb Daimlers Anteile an der Automobilentwicklung kurz dar.

  2 Brief 13.12.1915

Prof. Matschoß gratuliert zur Verleihung des Titels Oberbaurat und dankt für die Überlassung des Beitrags zur Geschichte des Automobilmotors. Eine von WM erwähnte Abbildung konnte er in den von Dr. Heller übergebenen Akten nicht finden. Abschließend bittet er für die Bildnissammlung hervorragender Ingenieure des VDI um ein signiertes Bild und um biographische Daten.

  3 Brief 19.11.1921

Prof. Matschoß stellt das Erscheinen der Arbeit über die Geschichte der Gasmotorenfabrik Deutz in Aussicht und regt an, die große Lebensarbeit WMs, die Entwicklung des Automobils und des schnellaufenden Motors, im Jahrbuch des VDI darzustellen. Bei einem Besuch in Stuttgart Ende des Monats würde er dieses Thema gern mit WM besprechen.

  4 Brief 6.12.1921

Prof. Matschoß dankt für die freundliche Aufnahme und die vielen Hinweise zur Entstehungsgeschichte des Automobils.

  5 Entwurf 4.2.1922

WM teilt mit, daß entgegen seinem Willen in der Zeitschrift »Automobil- und Motorenfabrikation« ein Lebensbild erschienen ist und er hofft, daß Prof. Matschoß dadurch in seinem Vorhaben nicht gestört wird.

  6 Brief 18.9.1922

Prof. Matschoß dankt für einen Brief mit interessanten technischen Ausführungen, die er auch Dr. Langen in Köln zeigen will. Er selbst sei kein großer Theoretiker mehr. Bei einer geplanten Sitzung in Stuttgart hofft er, WM wieder zu treffen. Die Papierfabrik des Bruderhauses habe er kennengelernt. Die Papierpreise machen ihm wegen der Fortführung der Zeitschrift große Sorgen.

7   Brief 24.3.1923
Prof. Matschoß bittet um Verständnis für die drastisch gestiegenen Zeitschriftenpreise. Zu den geschichtlichen Arbeiten (u. a. über das Automobil) komme er wegen der anderen Geschäfte (u. a. Rhein-Ruhr-Aufklärungsarbeit) leider gar nicht. Das Material habe er aber sorgfältig aufgehoben. Zum 50jährigen Jubiläum der Ausstellung in Philadelphia sei ein Ingenieurkongreß geplant, wobei dann auch aus WMs Erinnerungen veröffentlicht werden soll. [Entwurf der Antwort von WM auf dem Blatt.]

70 Mauthe, J. (Schwenningen) und WM
1915; Brief mit Glückwunsch.

71 Maybach, Eugen (Neffe, Karlsruhe) und WM
1915 - 1916; 2 Briefe
1   Brief 9.8.1915
An Stelle seines überlasteten Vaters [Heinrich Maybach] gratuliert er zur Verlobung KMs. Er hofft, daß sein Bruder Karl nach elf Monaten doch einmal Heimaturlaub bekommt, und wünscht ein schnelles Kriegsende.
2   Brief 12.2.1916
Eugen gratuliert zum Titel Dr.-Ing. h. c. und berichtet vom Geschäft. Karl sei zur Zeit im Ruhequartier. Angesichts der großen Verlustlisten hofft er auf ein baldiges siegreiches Kriegsende.

72 Maybach, Ferdinand (Bruder, Schneider, Stuttgart) und WM
13.6.1915; Brief
Ferdinand gratuliert zum Titel und berichtet kurz über seine Gesundheit.

73 Maybach, Heinrich (Bruder, Atelier für Marketerie, Karlsruhe) und WM
1915 -1928; 2 Briefe, 2 Postkarten, Ansichtskarte [Turm auf dem Feldberg] Glückwünsche, Familiäres, Ausflugsgrüße.

74 Maybach, Käthe geb. Lewerenz (Schwiegertochter) und WM
1924, 1928; 2 Briefe, Postkarte, Ansichtskarte
1   Ansichtskarte [Wasserburg am Bodensee]
18.10.1924 Von der Fahrt nach Konstanz kündigt Käthe eine Reise KMs nach Berlin und England

an. Alfred Lewerenz bittet WM, an Bürgermeister Fritz Arnold in Konstanz einen Prospekt des Gasofens zu schicken.
2   Brief 20.10.1924
Käthe übersendet Telegramme und Briefe und freut sich über die Anteilnahme am Erfolg [der Zeppelinfahrt]. KM ist abgereist. Preisvorschlag für den Bauplatz.
3   Postkarte 25.10.1924
Käthe teilt mit, daß KM wieder zurück und wie von einem Druck befreit ist, seit der Zeppelin in Amerika angekommen ist.
4   Brief 13.2.1928
Käthe berichtet von den Kindern und einem Besuch bei Colsmanns. Sie kündigt ihren Besuch in Cannstatt an.

75 Maybach, Karl (Neffe, Karlsruhe) und WM
22.2.1924; Brief
Karl entschuldigt sich, daß er so lange nichts von sich habe hören lassen. Er erklärt sich gerne bereit, nach dem Ableben von WM und BM die Vormundschaft zu übernehmen. Geschäftlich gehe es z. Z. sehr gut.

76 Maybach, Liselotte (Enkeltochter, Friedrichshafen) und WM
9.2.1926; Blatt mit kurzen Versen unter den Namen der Enkelkinder Liselotte, Walter, Marianne und Irmgard zum 80. Geburtstag. 8.2.1928; Glückwunschbrief.

77 Maybach, Mathilde (Nichte, Stuttgart) und WM
8.2.1916; Brief
Im Auftrag des Vaters [Ferdinand M.] und der Geschwister gratuliert sie zum 70. Geburtstag. Sie dankt dafür, daß WM ihr die Sorge um Vaters Wohl abgenommen hat.

78 Mayer, Adolf (Stadtschultheiß, Friedrichshafen) und WM
13.6.[1915]; Glückwunschtelegramm zur Auszeichnung [Ernennung zum Oberbaurat].

79 Meißner, Maria (Cousine, Cannstatt) und WM
1915 -1916; Brief und Briefkarte mit Glückwünschen.

80 Merkh, Lotte (»alte Bruderhäuslerin«, Reutlingen) und WM
1915 - 1916; 2 Briefe, Postkarte
1   Brief 25.6.1915
Lotte Merkh gratuliert zum Titel Oberbaurat, woran in den 50er Jahren im Bruderhaus niemand gedacht hätte. Aber auch andere hätten sich her-

ausgearbeitet: Karl Link, Wilhelm Eberle, Heinrich Zeeb. Weitere Mitteilungen vom Bruderhaus.

2 Postkarte 6.7.1915
Einladung an WM und Emma zu einem Besuch nach Reutlingen.

3 Brief 8.2.1916
Lotte Merkh gratuliert zum 70. Geburtstag unter Würdigung seines Lebenswerkes, der Erfindung des Autos. Vor allem das Lastauto entbinde das Pferd im Krieg von sehr schweren Arbeiten.

230 Moewes, E. (Berlin) und WM
1915; Brief mit Glückwunsch zur Ernennung zum Oberbaurat.

81 Motorschiff und Motorboot (Zeitschrift, Klasing-Verlag, Berlin) und WM
1915; Brief und Entwurf

1 Brief 10.12.1915
Redakteur Ruster fragt an, ob er zwei Photographien, die er vom Chefredakteur der AAZ, Garleb, erhalten hat, veröffentlichen kann.

2 Entwurf 13.12.1915
WM erlaubt den Abdruck und verbessert die Bildunterschriften. [WM im kleinsten Motorboot der Welt; Motorschiff für den Verkehr Heilbronn - Heidelberg.]

82 Müller, Karl (Stuttgart) und WM
7.2.1916; Brief [Briefpapier des Christlichen Hospiz Berlin] und WM Karl Müller gratuliert zum 70. Geburtstag und dankt für die lehrreichen Stunden.

83 Nast, Otto (Tübingen) und WM
19.6.1905; Ansichtskarte [Germanenhaus Tübingen] mit Dank für Autofahrt.

84 Nentwich, Max (Berlin) und WM
5.3.1913; Brief
Max Nentwich dankt für ein Bild und die interessanten Ausführungen. Er erinnert sich an einen Heißluftmotor und einen Deutzer Gasmotor mit Flammenzündung, der bei guter Pflege »ganz vorzüglich« arbeitete.

85 Norder Eisenhütte Julius Meyer & Co. (Norden) und WM
24.1.1913; Brief
Die Firma macht WM darauf aufmerksam, daß das von ihm angemeldete Gebrauchsmuster für eine Zugregelungsklappe an Öfen nicht schutzfähig sei, weil sie schon seit Jahren solche Klappen fertige. Sie würde die Modelle aber sehr günstig überlassen. [Entwurf der

Antwort auf dem Blatt: WM dankt für die Mitteilung, lehnt das Angebot aber ab, weil diese Klappen aus technischen Gründen für seine Gasöfen nicht geeignet seien.]

86 Oeburg, Ernst, Clara, Franz (Verwandte, Stuttgart) und WM
1915 - 1916, 1924 - 1925; 3 Briefe, 2 Briefkarten, Handbillett
Glückwünsche u. a. zur Verlobung von KM und Dank für Silberhochzeitsgeschenk.

87 Pfann, Leonie (Lehrerin a. D., Stuttgart) und WM
16.10 1924; Brief mit Glückwunsch zur gelungenen Landung des Zeppelins.

88 Pfleiderer, Adolf (z. Z. Ludwigsburg) und WM
15.6.1915; Brief
Glückwunsch zum Titel Oberbaurat und Bericht vom Geschäftsgang.

89 Pfleiderer, Ernst Prof. (Cannstatt) und WM
1915, 1928; Brief und Handbillett mit Glückwünschen. Vgl. Nr. 58 Brief 2.

90 Pfleiderer, Paul Otto (Heilbronn) und WM
1915 - 1916; Brief [Briefpapier des Hotels Württemberger Hof in Nürnberg] und Handbillett mit Glückwünschen.

91 Pöge, Willy und WM
2.1.1906; Ansichtskarte [Mercedeswagen (?) im Schwarzwald]
Willy Pöge wünscht »lauter erste Preise für Ihre Wagen«.

92 Reichert, Carl (Bergrat und Verwalter des Hüttenwerks Ludwigstal) und WM
1902 - 1916; 2 Handbilletts, Briefkarte, Glückwünsche zu WMs Auszeichnungen.

93 Reichert, Dr. (Tierarzt, Friedrichshafen) und WM
1915 - 1916; Ansichtskarte [»Marschall Vorwärts« von Adolf Menzel] und Briefkarte mit Glückwünschen zur Beförderung und zum Titel.

94 Reichsverband der Automobilindustrie (Berlin) und WM
1928 - 1929; 2 Schmucktelegramme mit Glückwünschen zum 85 [!] Geburtstag und zur goldenen Hochzeit.

95 Röhrig, Philipp (Oberinspektor, Stuttgart) und WM

15.6.1915;Postkarte
Mitteilung über Blumengruß zum 80. Geburtstag von Oberregierungsrat von Diefenbach, den er auch im Namen WMs überbringen möchte.

96 Rötscher, Carl (Bühl in Baden) und WM
15.3.1916; Brief
Carl Rötscher erklärt, daß seine Frau eine Tochter von Emma Maybach aus Heilbronn sei und mit der Tante von WM, Louise Maybach, in Verbindung stehe. Er bittet um Vermittlung, um seinem Sohn eine Ausbildung bei Daimler oder ein Stipendium zu verschaffen.

97 Rommel, Karl (Friedrichshafen) und WM
1915; Brief mit Glückwünschen zur Auszeichnung.

98 Salomon, Heinrich (Fabrikwerkmeister, Cannstatt) und WM
1916; Brief
Danksagung für die Beileidsbezeugung zum Tod seiner Frau.

99 Scharrer, (Rittmeister, Schloßgut Bernried und Adelsried am Starnbergersee) und WM
1916; Brief mit Glückwunsch zum 70.Geburtstag.

100 Schenk, Lina (Oberndorf) und WM
1916; Ansichtskarte [Oberndorf] mit Glückwünschen.

101 Scheuing, Paul Dr. (Rechtsanwalt, Stuttgart) und WM
13.6.1919; Brief
Dr. Scheuing übersendet den Entwurf von WMs Testament und gibt Hinweise zur Errichtung. Außerdem fügt er einen Vertragsentwurf über die Abtretung von Geschäftsanteilen an der MMB bei.

102 Schittenhelm, Wilhelm (Notar, Stuttgart) und WM
10.11.1910; Kostenrechnung für einen Abtretungsvertrag mit der LZ.

103 Schlatter, Babette (Reutlingen) und WM
1915 - 1916; Brief und Postkarte
  1 Postkarte 25.6.1915
     Glückwunsch zur Auszeichnung.
  2 Brief 8.2.1916
     Babette Schlatter gratuliert zum 70. Geburtstag und erinnert an das Bruderhaus, das stolz auf solche Söhne sei. WMs Erfindungen mögen sich bald bei Friedensarbeiten bewähren.

104 Schlatter, Heinrich und WM
20.8.1897; Ansichtskarte [Affoltern, Schweiz] mit

Grüßen aus der Kur.

105 Schmal, Adolf (Redakteur der Allgemeinen Automobil-Zeitung, Wien) und WM
1913, 1916; 2 Briefe, 2 Entwürfe
  1 Brief 2.7.1913
     Adolf Schmal übersendet einen Brief der Motor-Fahrzeugfabrik Laurin & Klement, Jungbunzlau, in dem diese bittet, WM dafür zu gewinnen, den technischen Teil der Fabrik zu überprüfen. [Anlage: Brief der Firma]
  2 Entwurf 4.7.1913
     WM lehnt aus gesundheitlichen und grundsätzlichen Gründen ab.
  3 Brief 4.1.1916
     Schmal bedankt sich für einen Brief WMs, berichtet über einen Artikel zum 25jährigen Bestehen der DMG und stellt den Abdruck des Artikels, den WM für die AAZ Berlin geschrieben hat, in Aussicht. Ferner persönliche Mitteilungen.
  4 Entwurf 7.1.1916
     WM übersendet die Weihnachtsnummer der AAZ Berlin mit seinem Artikel. Außerdem kritisiert er den »Daimlerartikel« und rückt die Bedeutung von Jellinek und Pöge aus seiner Sicht zurecht.

106 Schmidgall, Laura (Schmieh, Lkr. Calw) und WM
13.2.1916; Brief mit Glückwünschen.

107 Schoenborn, C. Alb. (Köln) und WM
1913 - 1917; 2 Briefe, 2 Briefkarten
  1 Brief 11.4.1913 [mit Foto des Briefschreibers]
     Schoenborn bedauert den abgerissenen Kontakt und gratuliert zu den Erfolgen der Maybach-Motoren, die mit den Zeppelinen in die Höhe und Weite gehen. Auch sein eigener beruflicher Erfolg sei beachtlich. Bericht von seiner Familie.
  2 Briefkarte 10.8.1915
     Schoenborn schreibt, daß es in den schweren Kriegszeiten auch noch erfreuliche Ereignisse gebe, wie die Verlobung KMs, wozu er gratuliert.
  3 Briefkarte 10.2.1916
     Schoenborn gratuliert zur Auszeichnung und hofft auf einen Besuch. Er wünscht weitere Erfolge bei den »kriegerischen Auslandsbesuchen« der Zeppeline.
  4 Brief 17.12.1917
     Schoenborn äußert sich zum Kriegsverlauf und berichtet über Sohn und Schwiegersohn, die im Felde stehen. Sein Geschäft habe er aufgegeben. Er hofft weiter auf einen Besuch WMs in Köln.

108 Scupius, Dora
1928; Briefkarte mit gereimtem Geburtstagsglückwunsch.

109 Sigle, Bertha (Cousine, Stuttgart) und WM
o. D.; 2 Briefkarten mit Glückwünschen.

110 Sigle, Johanna (Nichte) und WM
1897 [?]; Ansichtskarte [London] mit Urlaubsgrüßen vom Londonbesuch.

111 Simms, Frederick R. (Inhaber einer Firma für elektromagnetische Teile, London) und WM
1.3.1913; Brief
Simms berichtet über die im Aufbau befindliche Gesellschaft »Simms Motor Units Ltd.«, bei der er den Vorsitz übernehmen werde und bietet den Vertrieb der Maybachschen Motoren an.

112 Sommer, G. (Friedrichshafen) und WM
20.6.1909; Brief mit Glückwünschen zur Verleihung des »Roten Adlerordens«.

113 Sorg, Alois (Postinspektor, Stuttgart) und WM
1915 - 1916; Brief und Handbillett mit Zusage auf eine Einladung und Glückwünschen zum 70. Geburtstag.

114 Speidel, J. (Fellbach) und WM
9.2.1916; Brief mit Glückwünschen zum 70. Geburtstag.

115 Stein, Carl (Ingenieur und Direktor der Gasmotorenfabrik Deutz, Berlin) und WM
1913 - 1914; 5 Briefe
  1 Brief 27.8.1913
     Carl Stein bedauert, daß er nicht persönlich mit WM die Geschichte der Flugmotoren besprechen konnte. Er erinnert sich an den Unfall mit dem ersten Benzinapparat, bei dem Dr. Ottos Hose an brannte. Ausgehend von einem »ungeschickten« Artikel der DMG stellt er fest, daß die Verdienste der einzelnen Beteiligten durch soviel Beweismaterial festgelegt seien, daß sich ein neuer Kampf um die Erfinderehre nicht lohne. Das Material von WM werde er aber an die Kollegen in Deutz weitergeben.
  2 Brief 22.9.1913
     Carl Stein teilt mit, daß er das Schreiben von WM an seinen Direktionskollegen Dr. Langen weitergegeben habe, der im Rahmen einer Geschichte der Gasmotorenfabrik Deutz die Leistungen WMs würdigen wolle.
  3 Brief 25.9.1913
     WM teilt mit, daß Direktor Langen mit ihm we-
gen der Festschrift Kontakt aufgenommen hat und dankt Direktor Stein für die Vermittlung.
  4 Brief 23.5.1914
     Carl Stein kündigt an, daß er an der Tagung der Schiffbautechnischen Gesellschaft in Stuttgart bzw. Friedrichshafen teilnehmen werde und hofft auf ein Treffen.
  5 Brief 2.6.1914
     Carl Stein bedankt sich für die gute Aufnahme in Friedrichshafen und gibt Hinweise zu den Motorprüfständen nach Patent Dr. Becker.

116 Stuttgarter Straßenbahnen und WM
16.2.1928; Brief
Die Verwaltung der Straßenbahnen bittet WM für eine Festschrift um einen Text- und Bildbeitrag über den von ihm konstruierten Motorwagen. [Auf der Rückseite zwei verschiedene Antwortentwürfe von WM über den von ihm 1881 entworfenen Motorwagen für die Schmalspurstrecke in der Cannstatter Königstraße.]

117 Sulzmann, Johannes (Stadtschultheiß a. D., Stuttgart) und WM
1915 - 1916; 3 Briefkarten mit Glückwünschen.

118 Supper, Familie (Esslingen) und WM
1915 - 1916, 1927; Brief, Glückwunschkarte und Postkarte mit Glückwünschen.

119 Technische Hochschule Stuttgart und WM
1916 - 1923; 5 Briefe, Entwurf, Werbeblatt
  1 Brief 5.2.1916
     Prof. Maier kündigt den Besuch einer Abordnung der Abteilung für Maschineningenieurwesen zu WMs 70. Geburtstag an.
  2 Brief 21.2.191
     Rektor Prof. Sauer bedankt sich für die Spende von 3.000 M und bittet um eine nähere Zweckbestimmung.
  3 Entwurf und Abschrift 9.4.1916
     WM zieht seine schon gegebene Zustimmung zur Gründung einer Maybach-Stiftung zurück und bittet dafür um Verständnis. Die 3.000 M sollen einer der bestehenden Stiftungen zufließen.
  4 Brief 27.6.1916
     Rektor Prof. Sauer teilt mit, daß die neue Stiftung zur Förderung der Luftschiffahrt, Flugtechnik und Kraftfahrzeuge die Zustimmung der Ministerien gefunden hat.
  5 Brief 9.4.1921
     Der Rektor fragt, ob WM den Aufruf für den neu

gebildeten Verein »Stuttgarter Studentenhilfe« unterstützen möchte. [Auf der Rückseite Anwortentwürfe]

6 Gedrucktes Werbeblatt für die Vereinigung von Freunden der TH Stuttgart vom 23.1.1923 [2. Blatt fehlt].

120 Thiergärtner, August Emil (Baden-Baden) und WM

o. D.; Brief

Thiergärtner bittet um Auskunft, da er in Zeitungen gelesen habe, daß Karl Benz der Erfinder des Autos sei, was er für falsch halte. Beim Kauf einiger Gasmaschinen in den 80er Jahren habe er schon gehört, daß Daimler in Deutz ausgeschieden sei und zusammen mit WM in Cannstatt einen »eigenartigen« Motor entwickelt habe. Als Stadtrat habe er Kontakt zum damaligen Rektor des Polytechnikums in Stuttgart gehabt, der ihn gefragt habe, ob man diese Erfindung in Baden-Baden nicht dem Kaiser und anderen hohen Gästen vorführen könnte. Dies sei dann 1887 oder 1888 geschehen und dabei habe niemand von Benz gesprochen, weshalb er Daimler für den Konstrukteur halte.

121 Verband württembergischer Metallindustrieller und WM

1928; Schmucktelegramm zur goldenen Hochzeit.

122 Verein Deutscher Ingenieure (Berlin und Stuttgart) und WM

1922 - 1926; 3 Briefe, 2 Entwürfe, Einladung

1 Gedruckte Einladung des VDI-Bezirksvereins Württemberg vom 7.10.1922 zum Abendessen anläßlich der Überreichung der Grashof-Denkmünze an WM am 19.10.

2 Entwurf 13.10.1922
WM bittet Prof. Matschoß von der Übergabe der Grashof-Denkmünze in dem geplanten feierlichen Rahmen abzusehen und angesichts der Zeitumstände und seiner Gesundheit die denk bar einfachste Form zu wählen.
[Auf der Rückseite Entwurf eines Briefs an Geheim- und Kommerzienrat Dr. Karl Hägele, Stuttgart: WM begründet kurz die Unmöglichkeit des Vorschlages beim Explosionsmotor die Luft durch Wasserstoff zu ersetzen.]

3 Entwurf 14.10.1922
WM bittet den Vorsitzenden des Württ. Bezirksvereins, Bertold Fein, von dem geplanten Abendessen abzusehen und die Übergabe der Grashof-Denkmünze in der schlichtesten Form vorzunehmen.

4 Brief 16.10.1922
Prof. Matschoß bittet WM, mit der geplanten Form der Feier einverstanden zu sein. Sie soll im

kleinsten Rahmen stattfinden und es würden nur noch der Kurator des Vereins, Baurat Lippart, und Graf Soden teilnehmen.

5 Brief 24.3.1924
Der Verein bittet um WMs Einverständnis zur Verleihung der Grashof-Denkmünze 1924 an Hermann Zimmermann (1845-1935).

6 Brief 24.11.1926
Nachträgliche Übersendung der Grashof-Denkmünze in Gold, nachdem dies 1922 nicht möglich war.

123 Verein Deutscher Motorfahrzeug-Industrieller (Berlin) und WM

1908 - 1916; 2 Entwürfe, 2 Briefe, Durchschlag, Einladung, Zeitschrift

1 Entwurf o. D. [1908]
WM bedankt sich für die Ehrenmitgliedschaft.

2 Gedruckte Einladung zum Bankett zur Feier des 10jährigen Bestehens des Vereins am 20.1.1911.

3 Entwurf 7.1.1911
WM bedankt sich für die Einladung und sagt aus gesundheitlichen Gründen ab.

4 Brief 8.2.1916
Ankündigung einer »kunstvollen« Adresse zu seinem 70. Geburtstag.

5 Durchschlag 18.2.1916
WM bedankt sich für die Adresse.

6 Brief 26.10.1915 an die Fa. Deurer & Kaufmann, Hamburg Der Verein dankt für eine Mitteilung bezüglich WM.

7 Nr. 895/96 der Zeitschrift »Das Fahrzeug« vom 4.12.1915 zum 25jährigen Bestehen der Daimler-Werke mit Erwähnung WMs als Ehrenmitglied des Vereins.

124 Voith, Friedrich Dr.-Ing. h. c. (Kommerzienrat, Heidenheim) und WM

1913; Brief und Entwurf

1 Brief 14.1.1913
Voith fragt nach dem Entwicklungsstand von Schiffsmotoren, da er für sein Boot dringend einen 20-30 PS-Motor benötige.

2 Entwurf 16.1.1913
WM teilt mit, daß die Versuche mit dem neuen Motor noch nicht abgeschlossen seien und an eine Fabrikation frühestens in einem Jahr gedacht werden könne.

125 Volk (Direktor der Realschule, Überlingen) und WM

1918, 1920; Briefkarte, Brief

1 Briefkarte 29.8.1918

Volk freut sich über den bevorstehenden Besuch WMs in Friedrichshafen im Oktober und bittet um Terminvorschläge.

2   Brief 24.2.1920
Als Antwort auf einen Brief von WM teilt Volk mit, daß sein Manuskript seit der militärischen Niederlage Deutschlands in der Lade liege und erst dann veröffentlicht werden könne, wenn glücklichere Zeiten kommen. Die handschriftlichen Aufzeichnungen WMs hätte er bis dahin gerne als wissenschaftliche Belege behalten, weil der DMG seine Ausführungen insbesondere über den »technischen Genius Maybach« nicht besonderes gefallen dürften. Er übersendet Teile des Manuskriptes mit der Bitte um schonungslose Kritik. Die Unterlagen von Herrn Kübler habe er leider noch nicht.

126 Weisert, Eugen (Bauinspektor a. D., Stuttgart) und WM
1918, 2 Briefe
1   Brief 19.8.1918
WM dankt für die Mitteilung der Temperatur in verschiedenen Höhen und fragt nach dem Gewicht der Luft bei unterschiedlicher Temperatur und vollem bzw. halbem Luftdruck. [Auf der Rückseite des Blattes ausführliche Berechnungen von Prof. Pilgrim vom 22.8.1918.]
2   Brief 24.8.1918
Antwort von Eugen Weisert, der die Berechnungen von Prof. Pilgrim fortführt.

127 Wider, M. (Hauptmann der Reserve, Stuttgart) und WM
13. 6 1915; Brief
Glückwunsch zur Verleihung des Titels Oberbaurat: »Selten wird ein Rang in solcher Weise schon lange vorher innerlich errungen worden sein«.

128 Wißmann, Wilhelm (Mittelschullehrer, Cannstatt) und WM
1915 - 1916; Brief und Postkarte mit Glückwünschen.

129 Witt, Else (Lindau) und WM
1915; Brief mit Glückwunsch zur Verlobung des Sohnes KM.

130 Württembergischer Automobil-Club, Sektion Stuttgart und WM
1909, 1920; Entwurf und Brief
1   Entwurf 7.1.1909
WM bedankt sich für die Ehrenmitgliedschaft.
2   Brief 13.1.1920
Der Club bedankt sich für die Förderung durch

eine Spende von 500 M.

131 Zahnradfabrik AG (Direktor Alfred Graf von Soden-Fraunhofen, Friedrichshafen) und WM
20.7.1926; Brief
Die Firma möchte bei der Automobil-Ausstellung in Berlin ein modernes Wechselgetriebe der ersten Konstruktion gegenüberstellen und bittet WM um technische Angaben über sein erstes Wechselgetriebe.

132 Zeitschrift des Vereins Deutscher Ingenieure (Redakteur Dr. Arnold Heller, Berlin) und WM
1914; 3 Briefe, Entwurf
1   Entwurf 18.2.1914
Mitteilungen WMs über frühere Entwicklungslinien bei der Automobilkonstruktion.
2   Brief 19.2.1914
Dr. Heller dankt für die Auskünfte und wertvollen Aufzeichnungen, die er noch länger auswerten will.
3   Brief 25.3.1914
Dr. Heller berichtet, daß er beim Patentamt das Patent 232230 eingesehen habe, das sich auf den Spritzdüsenvergaser bezieht.
4   Brief 30.3.1914
Dr. Heller bestätigt, daß im französischen Patent 232230 der Spritzvergaser erstmals genannt wird und zählt die wichtigsten Elemente auf.

133 Zeppelin, Ferdinand Graf von Dr.-Ing. (Friedrichshafen) und WM
1905 - 1908, 1915; 2 Handbilletts, Brief, Entwurf
1   Brief [Fotokopie] 1.8.1905
Graf Zeppelin bittet WM nach Friedrichshafen zu kommen und zu bestimmen, wie die Auspufftöpfe für die Zeppelin-Motoren zu bauen sind, da die jetzigen Mängel aufweisen. In der Nachschrift nimmt er Bezug auf ein Telegramm, das die Unabkömmlichkeit WMs mitteilt und schickt deshalb seinen Mitarbeiter, Herrn Dürr, nach Unter-türkheim, um das Erforderliche zu besprechen.
2   Entwurf und Abschrift 22.8.1908
WM gratuliert zu den erfolgreichen Flügen und empfiehlt den neuen Motor seines Sohnes als überaus geeignet für Luftschiffe.
3   Umschlag und 2 Handbilletts 1915

134 Zilling, Paul A. (Direktor am Export-Musterlager, Stuttgart) und WM
1915, 1918; Handbillett und Brief mit Glückwünschen und Bitte um Rücksprache wegen des Gasheizofens.

135 Zur Mühlen, Jenny (geb. Pfähler [?], Den Haag) und WM
12.3.1916; Briefkarte
Jenny Zur Mühlen gratuliert WM zu den großartigen
Erfolgen seiner Erfindungen nachdem sie sein Bild im
»Schwäbischen Bilderblatt« gesehen hat.

**136 Glückwünsche an WM zu verschiedenen Auszeichnun-
gen, Geburtstagen und zur Verlobung von KM.** (Vor allem Handbilletts - weitere Glückwünsche siehe bei
den einzelnen Briefpartnern)

1 Hermann Balz (Oberingenieur und Generalver-
treter der DMG, Stuttgart), 2 Philipp Bauer
(Fabrikant und Ingenieur, Stuttgart), 3 Mathilde
Berckhemer (Witwe eines Kaminfegermeisters,
Stuttgart), 4 Paul Berner (Oberbaurat und Ge-
werbeinspektor a. D., Stuttgart), 5 Hermann
Brand (Berlin), 6 Georg Bürkle (Stadtpfleger,
Stuttgart), 7 Maria Christina Daimler (Ehefrau
von Adolf Daimler, Cannstatt), 8 Hermann
Decker (Gewerbeinspektor, Stuttgart), 9 Julius
von Diefenbach (Oberregierungsrat a. D., Stutt-
gart), 10 Karl Dieterle (Oberpostassistent, Stutt-
gart), 11 Wilhelm Dietz (Straßenmeister a. D.,
Stuttgart), 12 W. Dinter (Hamburg), 13 Emil
Ebert (Kaufmann, Stuttgart), 14 Adolf Eckert
(Privatier, Stuttgart), 15 Julius Elsas
(Kommerzienrat, Stuttgart), 16 Max Ensslin
(Oberfinanzrat a. D.,Stuttgart), 17 Adolf
Feyerabend (Ludwigsburg), 18 Benno Fischer
(Privatier, Stuttgart), 19 Ernst Fischer (Ingenieur
a. D., Stuttgart), 20 Emma Frech (Cannstatt), 21
Karl Gaerttner (Prokurist, Stuttgart), 22 Ludwig
Geiger (Präzeptor, Cannstatt), 23 Karl Göckel-
mann (Eisenwarenhändler, Cannstatt), 24
Berthold Goldmann (Fabrikant, Feuerwehrkom-
mandant, Teilhaber der Fa. H. Weißenburger &
Cie., Cannstatt), 25 Familie Haas 26 Emil Haller
(Bauwerkmeister, Cannstatt), 27 Heinrich
Hammel (Privatier, Stuttgart), 28 Max
Hartenstein-Praetorius (Kommerzienrat,
Cannstatt), 29 Emma Hartung, geb.
Schweickhardt, (Cannstatt), 30 Otto Hartung (K.
Hofwerkmeister, Baugeschäft Waiblinger,
Cannstatt), 31 Eduard Heimerdinger (Kaufmann,
Inh. der Fa. E. Heimerdinger, Cannstatt), 32
Julius Hermanuz (Oberingenieur, Cannstatt), 33
Otto Hesser (Maschinenfabrikant, Cannstatt), 34
Hugo Hinderer (Geschäftsführer der Fa.
Schlittschuh- und Baubeschlagindustrie GmbH,
Radevormwald), 35 Ernst Hochstetter (Lokomo-
tivführer a. D., Cannstatt), 36 Franz Hölder
(Oberinspektor des Staatl. Neckarwasser-

werks, Stuttgart-Berg), 37 Hans Holl 38 Dr. Ing.
Erhard Junghans (Fabrikant, Stuttgart), 39
Siegmund Kahn (Privatier, Cannstatt), 40 Karl
Keermann (Cannstatt), 41 Richard Koppenhöfer
(Gasthof und Weinrestaurant Appenzeller,
Stuttgart), 42 Ernst Kreglinger sen. (Rentner,
Stuttgart-Berg), 43 Hermann Krum (Rittmeister
der Landwehr-Kavallerie Mitglied des Ksl.
Freiwilligen Automobil-Korps), 44 Ernst Laiblin
(Major der Landwehr-Kavallerie a. D.,
Pfullingen), 45 Arthur Leicht (Kaufmann,
Cannstatt), 46 Wilhelm von Leo (Oberfinanzrat,
Stuttgart), 47 Salomon Lindauer sen. (Privatier,
Cannstatt), 48 Adolf Lindenmayer (Apotheker,
Cannstatt), 49 Andreas Link (Schultheiß,
Schmie/Oberamt Maulbronn), 50 Naftali
Loewenstein (Bankier, Stuttgart), 51 Wilhelm
Lohss (Prokurist, Stuttgart), 52 Paul Lufft
(Oberingenieur, Stuttgart), 53 Otto Majer
(Staatsrat a. D., Stuttgart), 54 August Mayer (Reg-
ierungsbaumeister, Architekt, Cannstatt), 55
Christian Mayer (Ratschreiber a. D., Cannstatt),
56 Hugo Mezger (Inhaber des Hofphotographen-
ateliers H. Brandseph, Stuttgart), 57 Karl Mohr
(Ulm/Donau), 58 Georg Müllerschön (Oberleh-
rer, Cannstatt), 59 Karoline Münz (Oberamts-
pfleger-Witwe, Stuttgart), 60 Hermann Naegele
(Prokurist der Fa. Otto Naegele, Hofwagenfabrik,
Stuttgart), 61 Berta Neidhardt (Privatiers-Witwe
Cannstatt), 62 Dr.-Ing. h. c. Heinrich von Neuffer
(Direktor, Vorstand der Bauabteilung der
Generaldirektion der württ. Staatseisenbahn,
Stuttgart), 63 Alice Notz (Weilderstadt), 64 Max
Oertz (Hamburg), 65 Gottlob Ortlieb (Xylograph,
Stuttgart), 66 Leopold von der Osten (Oberst-
leutnant, Cannstatt), 67 Marie Baronin von der
Osten, geb. Kotzebue (Cannstatt), 68 Dr. phil.
Paul Friedrich Pfäfflin (Apotheker, Stuttgart), 69
Hedwig Pross (Cannstatt), 70 Franz Pusch
(Fabrikdirektor, Cannstatt), 71 nicht belegt
72 Berta Rentschler (Oberlehrer-Witwe,
Cannstatt), 73 Agnes Rommelschacher [?]
(Friedrichshafen), 74 Max Rosenfeld (Kaufmann,
Teilhaber der Fa. M. L. Rosenfeld, Stuttgart), 75
Moritz Rosenfelder (Lederhändler, Cannstatt), 76
Rosenthal (Oberingenieur, Cannstatt), 77 Alfred
Rothermundt (Privatier, Cannstatt), 78 Eduard
Rothfritz (Oberamtstierarzt, Esslingen), 79
Martha von Sandberger, geb. Chevalier
(Präsidenten-Witwe, Stuttgart), 80 Leopold
Sattler (Privatier, Cannstatt), 81 Victor Sattler
(Privatier, Cannstatt), 82 Wilhelm Sauter

(Fabrikdirektor a. D., Urach), 83 Wilhelm Schall (2. Vorstand der Gustav-Werner-Stiftung, Reutlingen), 84 Christoph F. Scheer (Fabrikant, Stuttgart), 85 Kurt Schenkel (Friedrichshafen), 86 Albert Schill (Baumeister, Baugeschäftsinhaber, Cannstatt), 87 Karl Schnadtmann (Cannstatt), 88 Eugen Schreiber (Privatier, Stuttgart), 89 Carl Stolz (Esslingen), 90 Ernst Terrot (Kommerzienrat, Teilhaber der Fa. C. Terrot & Söhne, Cannstatt), 91 Franz Terrot (Fabrikant, Teilhaber der Fa. C. Terrot & Söhne, Cannstatt), 92 Alfred Vischer (Diplomingenieur, Cannstatt), 93 Gustav Vischer (Kommerzienrat, Stuttgart), 94 Mathilde Vöhringer (Stuttgart), 95 Guntar Wagner (Reutlingen), 96 Robert und Alwine Weiß (Cannstatt), 97 Albert Weißenburger (Prokurist, Cannstatt), 98 Heinrich Weißhaar (Privatarchitekt, Cannstatt), 99 Wider (Witwe, Stuttgart), 100 Ernst Wirsum (Stuttgart), 101 Rudolf Wölz (Fabrikant, Stuttgart), 102 Marie Wolfahrt (Witwe, Stuttgart), 103 Karl Wolpert (Reallehrer a. D., Stuttgart-Gablenberg), 104 Dr. med. Hermann Zaiser (Oberarzt, Stuttgart), 105 Otto Zels (Nizza und Baden), 106 Ida März (Cannstatt), 107 C. Meißner (Chamonix), 108 G. F. Grotz (Bissingen), 109 Carl von Bach (Stuttgart), 110 Heinrich Bilfinger (Finanzrat a. D., Cannstatt), 111 Joseph Butz (Stuttgart), 112 Julius Gritzner, 113 Michael Hamm, 114 Edmond Rheims, 115 Dr. rer. nat. Hedwig Dieterle, 116 Louis Woerner (Oberamtspfleger a. D., Cannstatt) sowie 5 Karten ohne Absender.

137 Schriftwechsel zwischen WM und unklaren Partnern

1   Ansichtskarte [Ulm von Norden] 30.5.1902
    »Alles wunderbar! Donnerstag abend Gruß ....«
2   Brief 9.12.1913
    Der Schreiber [Spiegel ?, Wien] berichtet, daß Herr Zels den Aufenthalt von KM in Nizza angenehm gestalten werde und kündigt einen Brief von Generalkonsul Jellinek-Mércèdes an.
3   Entwurf 11.5.1925
    Antwortentwurf von WM ohne Adressat.

138 Leere Briefumschläge (meist ohne Absender), adressiert an WM

139 Deutsche Bank und Disconto-Gesellschaft (Dr. Georg Solmssen, Berlin) und KM

1931 - 1932; 2 Briefe, 2 Durchschläge, Abschrift
1   Durchschlag 14.9.1931
    KM weist die Unterstellung zurück, er habe maß-
gebenden Einfluß auf den finanziellen Teil der Geschäftsführung bei der MMB. Er begrüßt die Betriebsprüfung durch einen Beauftragten von Dr. Solmssen.
2   Brief 16.9.1931
    Dr. Solmssen kritisiert heftig die Darstellung KMs über sein Verhältnis zur kaufmännischen Leitung der MMB.
3   Durchschlag 22.9.1931
    KM gesteht zu, daß sein Brief vom 14. mißverstanden werden konnte, und legt deshalb noch einmal seine Auffassung über das Verhältnis von technischer und kaufmännischer Leitung dar.
4   Brief 23.9.1931
    Dr. Solmssen bestätigt den Erhalt des Briefes und kündigt die Entsendung von Direktor Schmid nach Friedrichshafen an.
5   Abschrift 10.6.1932
    Dr. Solmssen drückt gegenüber der Direktion der MMB seine Freude über den Auftrag der Belgischen Staatsbahn aus, zu dem er beigetragen habe.

140 Eckener, Hugo Dr. Dr. h. c. (Vorsitzender der Gesellschafter der MMB und der LZ, Friedrichshafen) und KM

1929 - 1931; 3 Durchschläge
1   Durchschlag o. D. [ca. Dezember 1929]
    KM klärt Einzelheiten seiner Bezüge im Zusammenhang mit dem neuen Vertrag mit Wirkung vom 1.1.1930.
2   Durchschlag 12.3.1930
    Anläßlich der Benennung des Herrn Wiederhold als Vertrauensmann der LZ legt KM die schweren Zerwürfnisse zwischen ihm und Herrn Wiederhold dar. Diese müßten bereinigt werden, um eine reibungslose Zusammenarbeit wieder möglich zu machen.
3   Durchschlag 2.10.1931
    KM übersendet seine Vorschläge zur Neuorganisation der MMB, die durch Direktor Schmid ausgelöst wurde. [Anlage: »Vorschläge zur Organisation des konstruktiv-technischen Teiles unserer Firma in seiner Beziehung zur kaufmännischen Leitung und dem Betrieb.«]

141 Luftschiffbau Zeppelin GmbH (Friedrichshafen) und KM

21.6.1911; Brief
Die LZ bestätigt die Erklärung, die in einer Gesellschafterversammlung der MMB abgegeben wurde. Falls danach die wirtschaftliche Ausnutzung des gerade in Konstruktion befindlichen neuen Motors dazu führe, daß eine Motorenfabrik errichtet werde oder die LZ sich an einer beteilige, so soll KM in dieser eine

Stellung als Mitleiter erhalten.

142 Reichsverband der Automobilindustrie e. V. (Vorsitzender Dr. Robert Allmers, Berlin) und KM
1928; 3 Briefe, Durchschlag
  1 Brief 26.3.1928
     Der Verband fragt an, ob KM ein Ölbild seines Vaters, des langjährigen Ehrenmitgliedes, zur Verfügung stellen könne. Es soll zusammen mit den Bildern anderer Pioniere des Automobilwesens im neu erworbenen Haus aufgehängt werden.
  2 Durchschlag 19.9.1928
     KM teilt mit, daß WM bereit sei, für ein Bild zu sitzen, und bittet um Benennung eines Kunstmalers im Stuttgarter Raum. Die Kosten würde MMB übernehmen.
  3 Brief 21.9.1928
     Dr. Allmers dankt für die Zusage und empfiehlt den Maler, der das künstlerisch vollendete Bild des alten Herrn Benz gemalt hat.
  4 Brief 28.9.1928
     Baurat Friedrich Nallinger teilt auf Veranlassung von Dr. Allmers die Adresse des Malers W. Oertel in Mannheim mit.

143 Scheuing, Paul Dr. (Rechtsanwalt, Stuttgart) und KM
21.2.1923; Durchschlag
KM schlägt einen Termin für den Abschluß der Vertragsangelegenheit vor.

144 Verein Deutscher Ingenieure (Berlin) und KM
15.5.1930; Brief
Schriftleiter Dr. Haßler dankt für die Ausleihe von Originalschriftstücken von WM.

145 Glückwünsche an KM zur Verlobung im August 1915
9 Karten und Handbilletts
1 Mathilde Bauhardt (Friedrichshafen), 2 Ernst Bernhard (Stuttgart), 3 Max Hartenstein-Praetorius (Cannstatt), 4 Maria Meißner (Cannstatt), 5 Jos. Pregardien (Mühlheim am Rhein), 6 Ernst Terrot (Cannstatt), 7 Franz Terrot (Cannstatt), 8 Alfred Vischer (Cannstatt), 9 Paul A. Zilling (Stuttgart).

146 Balz, Grethe (Hagenau) und BM
12.2.1916; Brief
Glückwünsche zu WMs 70. Geburtstag, Persönliches und Bericht, wie sie ohne Mann, der beim Militär sei, auskomme.

147 Bauhardt, Mathilde (Friedrichshafen) und BM
8.8.1915; Brief
Glückwunsch zur Verlobung von KM und Ausdruck

der Freude, daß er keine Braut von hier gewählt habe, weil hier soviel Falschheit herrsche. Sie berichtet, wie sie im Krieg lebt, und über ihren Sohn Franz bei der Marine. [Vermerk von BM: »Inhalts wegen gleich diesen Brief zerreißen«]

148 Bernhard, Ernst (Prokurist der DMG, Stuttgart) und BM
30.7.1900; Ansichtskarte [Berneck] mit Grüßen.

149 Bessler, Felix und Klara (Neffe und Nichte, Freudental und Stuttgart) und BM
1915, 1927; Brief und Postkarte
  1 Brief 6.9.1915
     Klara Bessler entschuldigt sich bei BM, daß sie nicht zu KMs Verlobung kommen konnte. Das Postauto sei eingezogen worden und die Post werde wieder mit der Postkutsche zugestellt, was zu verspätetem Eintreffen der Einladung geführt habe. Ferner Persönliches.
  2 Postkarte 7.8.1927 mit Glückwunsch zum Geburtstag.

150 Böß, Th. (Stuttgart) und BM
10.9.1928; Postkarte
Th. Böß bedauert, daß durch einen Irrtum [zur goldenen Hochzeit] nicht die angekündigte Vase, sondern zwei Flaschen Wein an BM geschickt wurden.

151 Brintzinger, Sophie (Esslingen) und BM
29.6.1915; Briefkarte
Frau Brintzinger äußert den Wunsch, ebenfalls an dem Frauenkranz teilnehmen zu können, wenn es der Gesundheitszustand ihres Mannes erlaubt.

152 Bühler, Charlotte (Friedrichshafen) und BM
7.8.1915; Briefkarte mit Glückwunsch zur Verlobung von KM. [Zusatz von Dora Scupius]

153 Burrer, A. (Maulbronn) und BM
1915; Briefkarte mit Glückwunsch zur Verlobung von KM.

154 Dieterle, Thusnelda und BM
1897, 1912, 1924; 3 Ansichtskarten [Karlsbad, Rathaus Lindau, Gemälde von Murillo] Urlaubsgrüße, Glückwünsche zur Verleihung der Ehrendoktorwürde an KM.

155 Duckenmüller, H [?] und BM
1926; Ansichtskarte [Säntis und Schafberg] mit Glückwunsch zum Geburtstag.

156 Ehmendörfer, Emma (Waiblingen) und BM
1897, 1915, 1924 - 1927; 4 Briefe, Postkarte, Ansichts-karte [Bad Liebenzell] Glückwünsche und Urlaubs-grüße.

157 Fahr, J. und M. (Nachbarn, Cannstatt) und BM
15.8.1926; Brief
Frau Fahr gratuliert nachträglich zum Geburtstag, be-richtet von der Besserung der Leiden ihres Mannes und sinnt über den Weltlauf des ewigen Veränderns nach. So wohnten jetzt fremde Menschen in den Häusern der Nachbarschaft, was man sich beim Bauen nicht hätte träumen lassen.

158 Fuchs, Johanna (Stuttgart) und BM
8.8.1925; Geburtstagskarte.

159 Georgii, Margarete (Stuttgart) und BM
1926; Briefkarte mit Glückwunsch zum Geburtstag.

160 Göckelmann, T. und BM
1898; Ansichtskarte [Schruns] mit Urlaubsgrüßen.

161 Habermaas, Karl (Vater von BM, Maulbronn) und BM
1.12.1885; Brief
Er kündigt die Ankunft von zwei Fäßchen Wein an, gibt Ratschläge zur Wein- und Faßbehandlung und rechnet den Weinvorrat ab.

162 Habermaas, Mathilde (Cousine von von BM, Stuttgart) und BM
1915; Glückwunsch zur Verlobung von KM.

163 Hofmann, Albert und Louise (Stuttgart-Zuffenhausen) und BM
o. D.; Geburtstagskarte.

164 Keller, Anna (Esslingen) und BM
1915 - 1916; 2 Briefkarten
Glückwünsche zur Auszeichnung und zum 70. Ge-burtstag WMs.

165 K[eller ?], M. (Maulbronn) und BM
1911, 1915; 2 Ansichtskarten [Kloster Maulbronn]
Glückwünsche zum 60. Geburtstag und zur Verlobung von KM.

166 Krockenberger, Alfred (Vorstand der Gustav-Werner-Stiftung, Reutlingen) und BM
10.9.1928; Brief
Ausgehend von einem Gespräch auf der goldenen Hochzeit klärt er Unstimmigkeiten über geleistete

Beiträge auf.

167 Kübler, Friedrich (Esslingen) und BM
1904, 1926; Brief und Ansichtskarte
1   Ansichtskarte [Hotel Bellevue Arco] 11.4.1904
    BM bestätigt den Erhalt von zwei Briefen und teilt mit, daß es WM besser geht.
2   Brief 7.8.1926
    Glückwunsch zu BMs Geburtstag.

168 Lewerenz, Alfred jun. (Hamburg) und BM
1926, 1928; Brief und Telegramm
Glückwünsche zum Geburtstag und Erklärung, war-um er nicht zur goldenen Hochzeit kommen könne.

169 Lewerenz, Martha (Hamburg) und BM
1921, 1927; 2 Briefe
Familienangelegenheiten, Glückwünsche.

170 März, Ida (Cannstatt) und BM
1879, 1915; Brief und Briefkarte
1   Brief [aus Deutz] 5.11.1879
    Privates, BM berichtet über den Sohn KM und ihr Heimweh, sie dankt für das Jäckchen.
2   Briefkarte 14.6.1915
    Glückwunsch von Ida März zur Ernennung WMs zum Oberbaurat und Danksagung für zuge-schickte Rosen.

171 Maybach, Käthe, geb. Lewerenz (Schwiegertochter) und BM
1916 - 1927; 3 Briefe
1   Brief 12.2.1916
    Käthe bedankt sich für Kuchen, den BM ge-schickt hat. Geschäftlich gehe es KM im Moment wieder besser. Sie freut sich mit KM, der auch ei-nige Zeilen anfügt, über den Titel Dr.-Ing. h c. für WM und hofft, daß dieser seine Seelenruhe wie-der gefunden habe.
2   Brief 7.8.1925
    Glückwünsche zum Geburtstag, zu dem sie nicht persönlich kommen könne, da das Auto nicht zur Verfügung stehe und Irmchen erkältet im Bett lie-ge. Sie berichtet über verschiedene Besuche sowie die Zeppelin-Feiern und lädt BM nach Friedrichs-hafen ein.
3   Brief 6.8.1927
    Glückwunsch zum 76. Geburtstag BMs und Ent-schuldigung, daß sie alle nicht kommen könnten. Anschließend Bericht über die Familie.

172 Maybach, Liselotte (Enkelin, Friedrichshafen) und BM

6.8.1925; Brief
Glückwunsch zum Geburtstag der Großmutter und
Bericht über die Geschwister Walter, Marianne und
Irmgard. [Glückwunschgedicht eines der Enkelkinder
o. D. liegt bei.]

173 Maybach, Wilhelm und BM

1894 - 1904; Brief, 9 Ansichtskarten

1 Ansichtskarte [Wiener Neustadt] 16.6.1894 mit
   Gruß von WM.
2 Ansichtskarte [Gebhardsberg-Bregenz] 27.8.1898
   WM berichtet über die Ankunft und Begrüßung
   in Friedrichshafen und Bregenz. [Unterschrift
   auch von KM.]
3 Ansichtskarte [Hessische Landestrachten] 20.11.1898
   WM berichtet über den Zwischenaufenthalt in
   Bingerbrück auf einer Reise über Köln nach
   Vlissingen.
4 Brief 21.11.1898
   WM berichtet über die Fortsetzung der Reise, die
   Ankunft in London und die Unterbringung im
   Hotel, wo er und sein Begleiter Paul Daimler die
   Herren Banzhaf und Zeidler getroffen haben.
5 Ansichtskarte [Hoftheater Hannover] 23.11.1898
   [Poststempel Vlissingen]
   WM meldet sich von der Fahrt auf dem Dampfer
   »Deutschland« mit Paul Daimler.
6 Ansichtskarte [Weidendammer Brücke, Berlin]
   5.9.1899
   WM berichtet, daß er noch nicht aus Berlin her-
   ausgekommen ist und am 11. wieder nach Hause
   komme.
7 Ansichtskarte [Restaurant Steinmann, Leipzig]
   13.11.1899
8 Ansichtskarte [Hotel Bellevue, Arco] 2.3.1904
   WM berichtet über die Ankunft in Arco und die
   Begrüßung durch Herrn Reger. [Unterschrift
   auch von KM.]
9 Ansichtskarte [Starnberger See] o. D.
   WM berichtet von der Reise nach Milbertshofen
   und zum Oktoberfest nach München.
10 Ansichtskarte [Kurhaus Lenzerheide] 9.8.1904
   WM teilt die Abreise von KM mit.

174 Moewes, J. (Berlin) und BM

1924; Ansichtskarte [Haus der Absenderin]
Frau Moewes dankt für eine »Kranz-Karte« und hofft,
daß der Wernerkranz noch lange bestehen möge.

175 Münz, Karoline (Mitglied des Wernerkranzes, Stuttgart) und BM

1915, 1924; Brief und BriefkarteGlückwünsche zur

Verlobung von KM und Bericht über ihren Umzug
nach Neckarsulm.

176 Oeburg, Ernst und Clara (Verwandte, Stuttgart und BM

1915 - 1927; 2 Postkarten und Brief
Glückwünsche zur Ernennung WMs zum Oberbaurat
und Bericht über Urlaub in Oberstdorf. Gedanken
beim Anblick des Zeppelins (»Amerika-Luftschiff«) in
der Schweiz.

177 Oeburg, Lucia (Stuttgart) und BM

5.9.[1915]; Briefkarte
Lucia Oeburg entschuldigt sich für eine nicht angenommene Einladung; Glückwunsch zur Verlobung
von KM.

178 Schmidgall, Laura (Nichte, Haus Schmie bei Maulbronn) und BM

1926 - 1927; 2 Briefe, Ansichtskarte

1 Brief 5.8.1926
   Glückwunsch zum Geburtstag und Bericht von
   der Ernte. [Anlage: Ansichtskarte vom Jugend-
   haus Schmie am Tag der Einweihung, 26.7.1926]
2 Ansichtskarte [Innenansicht von Haus Schmie]
   25.7.1927
   Glückwunsch zum Enkel Günther Wilhelm.
3 Brief 7.8.1927
   Glückwunsch zum Geburtstag und Bericht von
   der Ernte.

179 Scupius [?], Dora (Friedrichshafen) und BM

1921 - 1927; 5 Glückwunschgedichte.

180 Sigle, Bertha (Alpirsbach) und BM

1897 - 1898, 1915; 2 Ansichtskarten [Bad Nauheim,
Ermatingen], Postkarte
Grüße, Dank für Einladung, Glückwünsche zur Ernen-
nung von WM zum Oberbaurat.

181 Stockder, H. (Bad Reichenhall) und BM

1926 - 1927; 2 Ansichtskarten [Kurhaus Reichenhall,
Lofer mit Steinberge]
Glückwünsche zum Geburtstag.

182 Supper, Christian (Esslingen) und BM

1899; Ansichtskarte [Kutsche] mit Ankündigung seines Besuchs.

183 Supper, Sofie [Mutter und Tochter?] (Esslingen) und BM

1915 - 1916, 1924 - 1928; 5 Briefe, 2 Postkarten, Briefkarte
Glückwünsche zu verschiedenen Anlässen.

184 Tritschler, Mathilde (Mitglied des Wernerkranzes, Korntal) und BM
11.3.1916; Brief
In Beantwortung eines Briefs von BM bedauert sie, daß diese nicht am letzten [Werner]kranz in Cannstatt habe teilnehmen können. Sie wünscht WM alles Gute zum Geburtstag und hofft auf ein Treffen im April.

185 Uhlig, Angelika (Friedrichshafen) und BM
1927 - 1928; Postkarte und Glückwunschkarte
1 Postkarte 30.7.1927
  Angelika Uhlig berichtet über ihren Krankheitszustand und gratuliert zum Enkel Günther Wilhelm.
2 [September 1928] Glückwunschkarte zur goldenen Hochzeit.

186 Wernerkranz, Frauenverein und BM
5.9.1928; Briefkarte
Die Frauen des Wernerkranzes senden ihrer leitenden Kranzfrau und deren Mann Glückwünsche zur goldenen Hochzeit.

187 Wider, Eugenie und Emilie (Stuttgart) und BM
1915, 1926; 2 Briefkarten mit Glückwünschen.

188 Wider, Johanna und Ferdinand (Stuttgart) und BM
1915, 1924 - 1927; 2 Briefkarten, Brief, Ansichtskarte
1 Briefkarte 6.8.1915
  Glückwünsche zur Verlobung von KM.
2 Briefkarte 29.2.1924
  Glückwunsch zur Verleihung des Titels Dr. Ing. h. c. an KM.
3 Brief 6.8.1926
  Glückwunsch zum 75. Geburtstag mit anschliessendem Bericht über den Aufenthalt in Murnau am Staffelsee.
4 Ansichtskarte [Sarnen-Obwalden] 10.8.1927
  Glückwünsche zum Geburtstag und Urlaubsgrüße.

189 Zaiser, Emilie (Mitglied des Wernerkranzes, Stuttgart) und BM
1924, 1927; Postkarte und Brief
1 Postkarte 22.10.1924
  Einladung an BM zu einem Besuch.
2 Brief 3.8.1927
  Emilie Zaiser sagt Teilnahme am [Werner]kranz in Esslingen zu und wünscht schon im voraus alles Gute zur Geburt des Enkelkindes.

190 Unklare Briefpartner von BM
1 P. R. (Heilbronn) Ansichtskarte [Restaurant

Kaiserhof, Heilbronn] 1897.
2 Thekla (Stuttgart) Brief 12.2.1914 Glückwunsch zum Geburtstag und zur Ernennung von WM zum Dr. Ing. h. c.
3 Emma (Stuttgart) Briefkarte 28.81915 Glückwunsch zur Verlobung von KM und zur Ernennung WMs zum Oberbaurat.
4 Karoline Brief [1915] Glückwunsch zur Hochzeit von KM und Käthe.
5 Bertha S. (Stuttgart) Postkarte und 2 Briefkarten 1915 - 1916 mit Glückwünschen.
6 Grete (Hamburg) Ansichtskarte [Partie bei Bellevue, Hamburg] 1925 mit Glückwunsch zum Geburtstag.
7 Karl und Adelheid (Stuttgart) Brief, Postkarte und Briefkarte 1925 - 1927 mit Glückwünschen.

191 Keller, Karoline (Dettingen) und Emma Maybach
16.2.1916; Briefkarte
Karoline Keller fragt Emma Maybach, ob eine Tiefbrandarbeit als Hochzeitsgeschenk für KM geeignet sei.

192 Lewerenz, Alfred (Hamburg) und Emma Maybach
28.2.1924; Brief
Alfred Lewerenz berichtet von seinen Bemühungen, die Hamburger Gaswerke für den Gasofen von WM zu interessieren, und macht Vorschläge für eine eventuelle Produktion. [Anlage: Durchschlag eines Briefs an die Direktion der Gaswerke Hamburg]

193 Maybach, Bertha und Wilhelm (Eltern) und Emma Maybach
1 Ansichtskarte [Automobilausstellung Paris] 15.12.1910
  WM berichtet Emma, daß er am Morgen in Paris angekommen sei, die Ausstellung besichtigt habe und am selben Abend nach Cannstatt zurückreisen werde.
2 Bruchstück eines Briefes von BM o. D. Rechtfertigung der eigenen Lebensnormen, die sie ihrer Mutter [Rosine Habermaas], einer einfachen Frau, die in aller Stille in Maulbronn und unter den Verwandten zur größten Wohltäterin geworden sei, in Wort und Tat abgeschaut habe.

194 Maybach, Karl (Bruder) und Emma Maybach
1923 - 1924; 5 Briefe
1 Brief 21.2.1923
  KM kündigt ihr die Überweisung von außerplanmäßigen 300 M und seinen Besuch in Stuttgart an, um mit ihr bei Rechtsanwalt Scheuing einen Vertrag abzuschließen.

2 Brief 28.8.1923
KM gibt detaillierte Hinweise zur Erstellung ihrer und WMs Steuererklärung.

3 Brief 19.9.1923
In Antwort auf eine Karte vom 18.9. klärt KM einige zurückliegende und aktuelle Fragen der Lizenzabrechnung und der Geldüberweisung von MMB an Emma, WM und ihn selbst.

4 Brief 22.3.1924
KM bestätigt den Eingang ihres Briefes vom 21.3. nebst Einlage. Er stimmt zu, daß das Ausfüllen des Fragebogens [der Anstalt, in der Adolf Maybach lebt] nicht in Frage komme. Allgemein solle sie nur angeben, daß die Eltern gegenwärtig ohne Einkommen seien und von seiner Unterstützung lebten, daß sie sich aber bereit erklären sollten, den bisherigen Betrag zu zahlen Der Unterbringung im Einzelzimmer könne man weiterhin zustimmen, auch falls es etwas mehr kosten sollte.

5 Brief 3.8.1924
KM berichtet, daß der »Typenlauf« der Luftschiffmotoren (90 Stunden) erfolgreich verlaufen sei und daß es nun »bald los gehen« könne. Er übersendet »weiteres von Gabriele Maybach«, das er gelegentlich zurückerbittet.

195 **Trauung von WM und BM, geb. Habermaas, am 5.9.1878 in Maulbronn.**
1878, 1928
Enthält: Ansprache von Repetent Roller, Stück vom Brautschleier, Glückwunschgedicht zur goldenen Hochzeit, gedrucktes Gedenkblatt zur goldenen Hochzeit von Staatspräsident Bolz; Glückwunschtelegramm zur goldenen Hochzeit vom »einstigen brautjungferle & ernst«; handschriftliches Dankkärtchen für Glückwünsche und Geschenke von WM und BM mit aufgeklebtem Foto.

196 **Bürgerrechtsurkunde der Stadt Stuttgart für WM.**
15.5.1909

197 **Haus von WM in Cannstatt, Freiligrathstr. 9.**
1905 - 1923
Enthält: Kaufvertrag mit Ernst Terrot über das Grundstück 1905, Hypothekendarlehen der Württembergischen Sparkasse 1905 - 1910, Vertrag über den Wasserbezug 1906, Gebührenrechnung der Baukontrolle 1906, Tariffestsetzung für den Gasbezug 1914, Gutachten des Mieteinigungsamtes Stuttgart über den Mietzins für die Wohnung im 2. Stock 1923.

198 **Dienstvertrag zwischen dem Bruderhaus Reutlingen und WM über seine Anstellung als technischer Zeichner**
1.1.1869

199 **Änderungsvertrag zwischen der DMG in Untertürkheim und WM zum Dienstvertrag vom 8.11.1895**
28.10.1904

200 **Beschluß des Kaiserlichen Patentamtes über die Zurückweisung der Anmeldung von WM für eine »Verbrennungskraftmaschine mit oszillierendem Arbeitszylinder«.**
1.11.1911

201 **Vertrag zwischen Henri de Lavalette, Paris, und WM über die Nutzung von Patenten für Motoren in Frankreich und den USA.**
12.4.1911

202 **Patentanmeldungen von WM für Gasöfen.**
1904 - 1912
Enthält: Abhandlung über Heizung im Allgemeinen mit Schlußfolgerung für eine rationellere Heizung 1904, Entwurf einer Patentanmeldung für »Belüftungsvorrichtungen heißer Flächen« 1912, Entwurf ener Patentanmeldung für Gasöfen bzw. Heizkörper o. D., Ausarbeitung über die Vorteile der Gasofenheizung mit Schilderung der Anlage im eigenen Haus o. D., Widerlegung der angeblichen Mängel der Gasofenheizung o. D.

203 **Technische Zeichnungen von WM [Kopien und Originale, meist nicht mehr zuordenbare Anlagen].**
1876 - 1912
Enthält u.a.: 2 Diagramme, Schmierapparat 1910, 2 Zei-chnungen einer Viertakt-Explosionskraftmaschine zur Patentanmeldung 1912.

204 **Artikel [Entwürfe und Durchschläge] über WM**
Enthält: »Wilhelm Maybach - Miterfinder und Konstrukteur der Daimler Fahrzeuge« [1904 - 1907], »Zur Geschichte des Automobil-Motors« von Alfred Lewerenz nach Angaben von WM [Fotokopie, Original bei Nr. 61 Brief 3] 1915, »Wilhelm Maybach« 1944, »Wilhelm Maybach zu seinem 100. Geburtstag« [1946], »Wilhelm Maybach vor 100 Jahren geboren« 1946.

205 **Zeitungs- und Zeitschriftenartikel [Ausschnitte und Kopien].**
1910 - 1954
Enthält u.a.: Artikel über WM und KM, Carl Benz, Zeppelin-Luftschiffe und die DMG.

Zeppelin-Luftschiffe und die DMG.

206 Programm zur Feier des 1000. Motors der DMG am 21. Dezember 1895 im Kursaal in Cannstatt.

207 Drehbuch für den Werkfilm »Die Geschichte des Maybach-Motorenbau«.
1953

208 Handakte von KM zum Buch von Kurt Rathke (1846 - 1951) 1951 - 1954
Enthält: einige Dokumente über WM in Kopie, Schriftwechsel (u. a. mit Zeitzeugen), ausführliche Formulierungsvorschläge KMs für Abschnitte des Buches.

209 Auflistung von Ausstellungsstücken für eine WM-Ausstellung in 8 Vitrinen.
[nach 1965]

210 Kopien des Ahnenpasses von Walter Wilhelm Maybach, Sohn von KM.
1941

211 »Kleine Erinnerungen, wie sie mir zwanglos einfallen« von Emma Maybach.
[um 1970, 10 Blatt]

212 Gästebuch von Karl und Käthe Maybach.
1915 - 1927, 1963 [11 beschriebene Blätter]

213 Dankschreiben von WM an Staatsminister Graf von Soden [für das Ritterkreuz I. Klasse des Friedrichsordens] (Entwurf und Abschrift ?) und Empfangsbestätigung des Kabinettschefs.
1905

214 Medaille »für hervorragende Förderung der Motorwagen-Technik«, gewidmet Herrn Direktor Wilhelm Maybach vom Mitteleuropäischen Motorwagen-Verein anläßlich des zehnjährigen Bestehens.
1907

215 Medaille zum 100. Geburtstag von Ferdinand Steinbeis.
1907

216 Widmung der Meister der DMG in Untertürkheim für ihren scheidenden Direktor WM.
1907 [reich verzierte Ledermappe mit den Unterschriften der Meister]

217 Anhänger [Mitgliedsabzeichen ?] der Kaiser-Wilhelm-Gesellschaft zur Förderung der Wissenschaften.

218 Verleihung des Roten Adlerordens 4. Klasse an WM durch den König von Preußen.
Enthält: Verleihungsurkunde mit 2 Begleitschreiben, Entwurf eines Dankschreibens, Sportelrechnung
1909

219 Sportelrechung für die Verleihung des Titels Oberbaurat.
1915

220 Goldmedaille des Kaiserlichen Automobilclubs, verliehen an WM anläßlich seines 70. Geburtstages 1916.

221 Verleihung der Grashof-Denkmünze des VDI an WM. Enthält: gerahmte Verleihungsurkunde, Grashof-Denkmünze in Bronze und Gold, Listen der Denkmünzen-Inhaber
1922

222 Bronzetafel über die Ernennung von WM zum Ehrenmitglied des Württembergischen Bezirksvereins des VDI anläßlich seines 50jährigen Bestehens.
1927

223 Goldmedaille zum 100. Geburtstag von Rudolf Diesel, gewidmet von der Kolbenfirma Mahle zum Gedenken an gemeinsame Entwicklungsarbeit auf dem Gebiet des Dieselmotors.
1958

224 »Erinnerungen zum 80. Geburtstag von Dr. Ing. E. h. Karl Maybach am 6.7.1959« herausgegeben von der Kolbenfirma Mahle 1959 [Blaue Ganzleinenmappe mit Fotos und Texten vor allem zu WM]

225 Einzelschriftstücke der MMB.
1914, 1931
Enthält: Bekanntmachung an die Belegschaft zur Geheimhaltung von militärisch wichtigen Informatio-

30. 7.1914, Aufstellung über die neue Leistungsberech-
nung der Motoren G4 bis G6, 5.2.1931.

226 Drucksachen
Enthält: Broschüre »Der Herr segne dich und behüte
dich!« von Samuel Zeller 1904, 2 Kärtchen mit Bibel-
sprüchen, 4 Ansichtskarten [Garmisch-Frühlingstraße,

Donnstetten OA Urach, Bibelspruch mit Gedicht, japa-
nische Druckgrafik].

**231 Koloriertes Foto, montiert in Etui, ca. 1840 - 1850
nach einem beiliegenden Zettel von Emma Maybach
vermutlich Gottliebin Habermaas.**

Maybach im
DaimlerChrysler Konzernarchiv

1 Lebensläufe von WM 1910 - 1993
Lebensläufe u.a. von bzw. aus:
Braunbeck (1910), Rauck (1938), Zeittafel: »50 Jahre Maybach-Motorenbau« (1959), Historisches Archiv (1967, 1977, 1979), Schildberger (1970), Niemann (1993).
Zusammenstellungen über:
Patente, Einkommen WMs, Verhältnis Daimler - WM, Mitarbeiter WMs.
Sonderdruck aus: Baden-Württembergische Portraits (Karnowski, 1988).
Jahresbericht Gemeinschaftskernkraftwerk Neckar GmbH in Neckarwestheim (1992).
[Alte Signatur: Biogr. Maybach 4]

2 Biographische und autobiographische Dokumente 1856 - 1975
Biographische Dokumente:
Auszüge aus Familien- und Taufregister, Anzeige im Stuttgarter Anzeiger (20.3.1856) betreff Waisenkinder Maybach, Repro des Heimatscheins (22.7.1856) mit Negativ, beglaubigte Kopie der Sterbeurkunde (30.12.1929), Ahnenpaß von Walter Wilhelm Maybach, ausgestellt am 14.6.1941 (Kopien), Ahnenliste WMs, aus: Südwestdeutsche Blätter für Familien- und Wappenkunde (Juli 1975), Erinnerungen von Alfred Vischer über WM (2./3.10.1957).

Autobiographische Notizen:
»Zur Geschichte des Automobilmotors. Bisher unveröffentlichte Mitteilungen des Oberbaurats Maybach« (1916), Selbstgeschriebener Lebenslauf (12.1.1921), »Daten und Erinnerungen aus meiner Jugend« (18.1.1922), »Oberbaurat Dr. Wilhelm Maybach: Eine Erzählung aus seinem Leben, von ihm selbst geschrieben.« Zeitungsausschnitt aus: Stuttgarter Neues Tagblatt (24.12.1926).
Fotos von WM u.a. auf Wagen, mit Werksangehörigen, Adolf Daimler, mit seiner Frau.
[Alte Signatur: Biogr. Maybach 1, 5]

2A Tagebuch WM: »Reise nach Amerika« 9.9.-2.12.1876
Faksimile-Druck des Reiseberichtes über die Ausstellung in Philadelphia, herausgegeben von der mtu-Friedrichshafen (mit Transkription), 1985 (incl. englischer Übersetzung)
[Alte Signatur: Biogr. Maybach 1]

3 Beruflicher Werdegang WMs 1869 - 1907
Bruderhaus Reutlingen:
Dienstvertrag von 1.1.1869, Zeugnis von 7. September 1869, Handcolorierter Holzstich (um 1870): Die Werner'schen Anstalten - das Bruderhaus in Reutlingen und (als Repro) die Papierfabrik Dettingen, Presseberichte über das Bruderhaus (1981 - 1986).
Gasmotorenfabrik Deutz:
Vertrag zwischen der Gasmotorenfabrik Deutz und WM (6.12.1872) mit Negativen.
DMG: Anstellungsvertrag von WM bei Gottlieb Daimler (18.4.1882) mit Negativen, Dienstanstellungsvertrag zwischen der DMG und WM (8.11.1895), Brief von Gustav Vischer an Wilhelm Deurer betr. den Vertrag zwischen DMG, Daimler und WM (5.11.1895), zwei Verträge zwischen Gottlieb Daimler und der DMG, mit Passus über WM (ohne Datum), Zusatzvertrag zwischen der DMG und WM (1904), Brief von Ing. Raustein (28.3.1950) betr. u.a. das Ausscheiden WMs (1.4.1907) aus der DMG.
[Alte Signatur: Biogr. Maybach 6 - 10]

4 Auszüge aus WMs Notizbüchern 1876 - 1928
Technische Angaben, Verhältnis zu Gottlieb Daimler, Erfindungen, Allgemeines.
[Alte Signatur: Biogr. Maybach 11]

5 Versuchsberichte 1879 - 1906
Zündungsdiagramme (Feb. 1879).
Versuche am E.D.M. (15.6.1904).
Versuche mit kombiniertem Explosions-Luftmotor (2.2.1906).

[Alte Signatur: Biogr. Maybach 12]

6 Patentanmeldungen und Patentschriften 1893 - 1900

Patentanmeldung Nr. 5812: Vorrichtung zur Circulation und Kühlung der Kühlflüssigkeit bei Motoren und Compressoren (15.2.1893).

Patentanmeldung Nr. 5827: Riemen- oder Seilwechselgetriebe (15.2.1893).

Patentanmeldung Nr. 5828: Motorfahrzeug (15.2.1893).

Patentschrift Nr. 68492: Riemen- oder Seilwechselgetriebe mit abwechselnd angedrückten Spannrollen (13.9.1892), 1 Zeichnung.

Patentschrift Nr. 70577: Einrichtung zur Riem- oder Seilaus- und Einrückung mittelst Spannrollen (13.9.1892), 2 Zeichnungen.

Patentschrift Nr. 75069: Federnde Lagerung der Antrieb-Vorrichtung von Motor-Fahrzeugen (13.9.1892), 1 Zeichnung.

Patentzeichnungen des englischen Spritzvergaser (Patent-Nummer 16072, 1893).

Patentschrift Nr. 84639: Lenkvorrichtung für Straßenfahrzeuge mit einer senkrechten Drehachse für jedes der beiden Lenkräder (11.5.1895), 1 Zeichnung.

Englische Patentschrift Nr. 23042: Improvements in and connected with Explosionmotors (22.9.1900), 2 Zeichnungen.

[Alte Signatur: Biogr. Maybach 13]

7 Konstruktionen 1883 - 1907

WMs Sonderkonstruktionen (1900-1907), aus: Die Motorenentwicklung der DMG (1900-1907), Schnauffer. Mercedes Renn- u. Tourenwagen (1901-1907).

»Etwas über Daimler-Mercedes. Gespräch mit Direktor Maybach über technische Probleme im Automobilbau«, aus: Automobil Revue 15.3.1906. Fotos von Konstruktionen 1883-1905.

[Alte Signatur: Biogr. Maybach 14]

8 Korrespondenz WMs 1897 - 1926

Korrespondenz zwischen WM und der DMG/Max von Duttenhofer 1897-1904: Brief von Duttenhofer an WM (5.10.1897) betr. Antrieb und Kühlvorrichtung.

Brief von WM und Gustav Vischer (25.5.1900) mit Anlage: Gutachten von WM über Wagenantriebe mittelst Schaltwerk.

Brief von Vischer und WM an Duttenhofer (5.7.1900) betr. Grundstückskauf, Betriebskosten im Automo-

bilbau und Konstruktionsfortschritte der neuen Wagen.

Brief von Vischer und WM an Duttenhofer (24.11.1900) betr. Terminprobleme mit der Auslieferung der neuen Wagen für Jellinek mit Anlage: Bericht über den Befund des ersten 35-PS-Mercedeswagen in Nizza von WM.

Brief von Schwarz an WM (15.12.1903) betr. Platzen von Reifen u. den 3-Zyl.-Motor.

Brief WM an Vischer (29.4.1904) betr. Ernennung von Herrn Moeves als WMs Stellvertreter

Brief WM an Wilhelm Lorenz (14.6.1904) betr. Rückmeldung nach überstandener Krankheit, Bitte um höhere Vergütung bzw. besseren Vertrag.

Brief WM an Lorenz (30.6.1904) betr. erneute Bitte um finanziell besseren Vertrag, Wunsch nach Beschränkung seines Tätigkeitsbereiches auf Neukonstruktionen, Bitte um Mitwirkung seines Sohnes KM in der DMG.

Brief von Wilhelm Deurer (Hamburger DMG-Vertreter) an WM (10.12.1902) betr. Artikel im Herold, der WMs Verdienste anerkennt.

Korrespondenz zwischen WM und Emil Jellinek 1904 - 1910:

Jellinek an WM (18.3.1904) betr. Krankheit WMs, zur beabsichtigten Fusion zwischen der DMG und einer französischen Fabrik.

WM an Jellinek (11.2.1905) betr. Reise eines Mitarbeiters nach Nizza.

WM an Jellinek (14.11.1905) betr. Klage WM über Kompetenzbeschneidungen und Ingnorierung seiner Verdienste um die DMG, Bericht über seine Tätigkeit nach überstandener Krankheit, Klage über Äußerungen Jellineks in der Korrespondenz mit der DMG, Bericht über Neukonstruktion mit geändertem Zündverfahren.

WM an Jellinek (7.1.1908) betr. WMs patentierten Vielfachöler, Anfrage bei Jellinek um finanzielle u. fachliche Unterstützung bei seinem neuen Gasofen-Heizsystem.

WM an Jellinek (16.7.1908) betr. ablehnenden Bescheid wegen Lizenzvergabe des Ölers, Bericht über Konstruktionsfortschritte.

WM an Jellinek (2.9.1908) betr. reklamiertes Zahnradschaltwerk.

WM an Jellinek (3.4.1909) betr. Bericht über seine neue Tätigkeit als Gasofenbauer, Bitte um Darlehen und um Diskretion.

WM an Jellinek (18.7.1910) betr. Vermutung, daß Schmierapparate in Wagen der Österreichischen DMG verwendet werden, Freude über Rennsiege von Porsche.

Korrespondenz zwischen WM u. Direktor Carl Stein von der Gasmotorenfabrik Deutz 1913:
WM an Stein (22.8.1913) betr. Prioritätsstreit mit der DMG, Erinnerungen an die ersten Versuche mit Benzin.
WM an Stein (4.9.1913) betr. Prioritätsstreit, Vorschlag, ein neutraler Fachmann solle eine Klarlegung veröffentlichen, Klage über die Art und Weise seines Ausscheidens aus der DMG, Charakterisierung von Gottlieb Daimler.
Dr. Arnold Langen an WM (20.9.1913) betr. Antwortbrief, Einladung zum 50jährigen Jubiläum.
Brief WM an Dr. Langen (25.9.1913) betr. Annahme der Einladung, Zurverfügungstellung seiner Erinnerungen.
Brief von WM an Alfred Vischer, American Mercedes Company, (18.4.1926) betr. Dank für die Geburtstagsglückwünsche, Erinnerung an seine Amerika-Reise vor 50 Jahren.
2 Postkarten (Repros) an WM von Freunden
[Alte Signatur: Biogr. Maybach 16]

9   **Geburtstage WMs 1916 - 1971**
Presseberichte zum 70. Geburtstag am 9.2.1916:
    AAZ Berlin Nr. 7 u. 8 1916, Automobil- u. Flugtechnische Gesellschaft Feb. 1916,
    Automobilwelt - Flugwelt Nr. 7, 13.2.1916
Zum 125. Geburtstag WMs am 9.2.1971: Motortechnische Zeitschrift
    Feb. 1971, MTU-heute März 1971 u.a.
    [Alte Signatur: Biogr. Maybach 24]

10   **Tod WMs am 29.12.1929; Todestage 1929 - 1954**
Presseberichte zum Tode WMs:
    Sonderabdruck Zeitschrift VDI, L'Auto
    (Januar 1930).
    Grabstätte WMs auf dem Uff-Kirchhof in
    Bad Cannstatt.
Presseberichte zum 25. Todestage aus:
    Cannstatter Zeitung, Marbacher Zeitung, Schwarzwälder Bote, Schwäbisches Tagblatt u.a. (Dez. 1954).
    [Alte Signatur: Biogr. Maybach 25, 30]

11   **Ehrungen und Gedenktafeln für WM 1938 - 1986**
Gedenktafel am Mahle-Bürohaus in Bad Cannstatt:
    Presseberichte: NS-Kurier (30.5.1938), Der Mahle-Kamerad (Dez. 1941), Mahle-Nachrichten für unsere Mitarbeiter (6/1968),
Fotos der Gedenktafel.
    Gedenkrelief im Ehrensaal des Deutschen Museums:

Korrespondenz von Jean Raebel (Direktor i. R. der MMB) mit dem Vorstand des Deutschen Museums und der Daimler-Benz AG, Broschüre der MMB anläßlich der Feierstunde zur Enthüllung des Reliefs im Deutschen Museum (15.7.1965),
Pressebericht: Das Schnauferl (Juli 1965).
Namensgebung für die Gewerbliche Berufs- u. Fachschule Bad Cannstatt in Wilhelm Maybach-Schule (1969).
Reproduktion eines Ölbildes von WM.
Fotos von und Rechnung für eine Bronzekopfes von WM (1986).
Wilhelm Maybach-Schule Heilbronn.
[Alte Signatur: Biogr. Maybach 2]

12   **Briefe von BM und WM, Verwandten, Freunden zur Silberhochzeit (5.9.1903) 1903**
Postkarte von Marie Habermaas (4.9.1903).
Brief BMs an ihren Mann (Freudenstadt, 5.9.1903), mit Negativ, Beilage: Glückwunschkarte von Sohn Adolf.
Antwortbrief WMs (Cannstatt, 6.9.1903).
Brief von BM an Bertha Sigle (5.9.1903).
Brief von Ida März (5.9.1903).
Glückwunschbrief von Johanna Sigle (5.9.1903).
Zwei Briefe von Ernst u. Clara Oeburg (5.9.1903).
[Alte Signatur: Biogr. Maybach 15]

13   **Sohn KM 1938 - 1979**
Radiointerview (Reichssender Stuttgart) mit KM über seinen Vater (1938).
Ehrungen in der Presse:
    Zum 60. Geburtstag: Völkischer Beobachter, Stuttgarter Nachrichten (6./7.7.1939).
    Zum 80. Geburtstag: Motorbericht DDD (1.7.1959).
    Zum 100. Geburtstag: Frankfurter Allgemeine Zeitung (4.7.1979), Schwäbische Zeitung (6.7.1979).
    [Alte Signatur: Biogr. Maybach 3, 28, 34]

14   **Familienangehörige und Nachkommen WMs 1902 - 1986**
BM:
    Brief-Bruchstück von WM aus der Kur (3.7.1902) an BM,
    Brief von Emma Ehmend an BM (15.10.1903),
    Postkarte von Fritz Kübler an BM (22.12.1903).
Familien-Stammbaum der Maybachs.
Kurzbiografie des Bruders von WM, Karl Maybach.
Bericht von dessen Urenkel Michael T. Maybach.
Dankschreiben für Kondolenz-Briefe zum Tode Günter W. Maybachs (Juni/Juli 63).
Familien-Foto Maybach/Daimler (5.7.1984).

[Alte Signatur: Biogr. Maybach 3]

15 Presseberichte zum Prioritätsstreit WM/Daimler um den Benzinmotor mit dazugehöriger Korrespondenz 1902 - 1924
Darin u.a.:
Württemberger Zeitung (1913), 4 Ausschnitte.
Brief von WM an die DMG.
AAZ Berlin (1915/1916), 2 Ausschnitte,
Brief der DMG an die AAZ (21.2.1916),
Antwortbrief (23.2.1916).
Das Motorschiff und Motorboot (1916), 1 Ausschnitt,
Brief der DMG an die Redaktion dieser Zeitschrift mit Anlage: Schreiben von Baurat Paul Daimler (22.2.1916).
Berliner Zeitung am Mittag (1916), 1 Ausschnitt,
Brief der B.Z. an die DMG (28.2.1916),
Brief der DMG an Paul Daimler (8.3.1916),
Briefe der DMG an die Redaktion der B.Z. (8.3., 9.3. und 17.3.1916),
Brief von Paul Daimler an die Redaktion der B.Z. (8.3.1916).

Das Fahrzeug (1916), 1 Ausschnitt,
Brief der DMG an die Redaktion dieser Zeitschrift mit Anlage: Schreiben von Baurat Paul Daimler (22.2.1916).
AAZ (1924), 1 Ausschnitt.
[Alte Signatur: Biogr. Maybach 17 - 23]

16 Presseberichte über WM 1930 - 1986
Darin u.a.:
Nach seinem Tod erschienene Zeitungsausschnitte.
Rezensionen zur Biographie Rathke, Kurt: Wilhelm Maybach - Anbruch eines neuen Zeitalters. 1953.
[Siehe auch: Bibliothek, Sign. V/Maybach]
[Alte Signatur: Biogr. Maybach 26, 32]

17 Archivmaterial der MTU Friedrichshafen über Maybach 1971 - 1979
Verzeichnis des Archivmaterials über WM (Stand: 15.5.1971) = MTU-Findliste.
MTU-Pressemappe zum 100. Geburtstag von KM am 6.7.1979, mit 10 Fotos.

Historische Unterlagen über Wilhelm Maybach und die DMG bei der MTU Friedrichshafen

Ordner 1

Anstellungsverträge zwischen WM und der Gasmotoren-fabrik, Deutz (6.12.1872), Gottlieb Daimler (18.4.1882), der DMG (8.11.1895).
Briefwechsel zwischen der DMG und WM (nach 1907).
Protokolle und Aufsichtsratsanträge.
Vertragsentwürfe zur Fusion der DMG mit der Motoren-fahrzeug- und Motorenfabrik Berlin-Marienfelde.
Streitsache »Wilkins« gegen DMG.
Ermächtigung von Karl Linck zum Generalbevollmäch-tigten durch Gottlieb Daimler (7.7.1893).

Ordner 2

Private Dokumente:
  Reisepaß (1915), Heimatschein (1856), Zeugnis vom Bruderhaus Reutlingen (1869), handschriftlicher Le-benslauf (1925).
Aufzeichnungen aus den Jahren 1915 - 1925:
  »Über meine Tätigkeit bei der Gasmotorenfabrik Deutz von 1872 - 1882«, »Daten u. Erinnerungen aus meiner Jugendzeit«, »Meine Zusammenarbeit mit Gottlieb Daimler und sonstige Aufzeichnungen aus den verschiedensten Etappen meines Lebens«.
Generalvollmacht von BM für Emma Maybach (Tochter von WM) als Alleinvertreterin in allen Vermögens- und Rechtsangelegenheiten.
Entwürfe zur Geschichte des Automobilbaus.

Ordner 3

Militärlastwagen- und Automobil-Lieferlisten der DMG.
Empfänger-Adressen von Phönix-Wagen (1892 - 1900).
Entwürfe und Berechnungen für einen Gasofen und eine Gasheizung.
Vertrag über Lieferungen eines Heeres-Nachrichtenwa-gens mit 20 PS-Motor (1906).
Aufsatz über hydraulische Wechselgetriebe (1913).
Motor-Diagramme, Versuchsberichte, Verbesserungsvor-schläge, Handskizzen von Motoren und Einzelteilen.

Ordner 4

Briefwechsel WMs mit Vorgesetzten und Zeitgenossen
1895 - ca. 1913
Buchstabe A - K

Ordner 5

Briefwechsel WMs mit Vorgesetzten und Zeitgenossen
1895 - ca. 1913
Buchstabe L - Z

Ordner 6

Veröffentlichungen über WM und seine Erfindungen in Fachzeitschriften, Tageszeitungen, Firmenprospekte
1860 - 1913

Ordner 7

Veröffentlichungen über WM und seine Erfindungen in Fachzeitschriften, Tageszeitungen, Firmenprospekte
1914 - 1932

Ordner 8

Veröffentlichungen über WM und seine Erfindungen in Fachzeitschriften, Tageszeitungen, Firmenprospekte
1933 - 1945

Ordner 9

Veröffentlichungen über WM und seine Erfindungen in Fachzeitschriften, Tageszeitungen, Firmenprospekte
1946 - ca. 1960

Ordner 10

Korrespondenz
1930 - 1945
Buchstaben A - M

Ordner 11

Korrespondenz
1930 - 1945
Buchstaben N - Z

Ordner 12
Historische Aufzeichnungen von Mitarbeitern (Bartholomäi, Schnaitmann usw.) und Familienmitgliedern (BM und Emma Maybach usw.), die teilweise auch das Privatleben beschreiben.
Manuskript von Ober-Ing. C. Lutz (Mitarbeiter in der Patentabteilung) »Wilhelm Maybach und die Anfänge des Motoren- und Kraftfahrzeugbaues in Deutschland« (1946).

Ordner 13
Dokumente über Ehrungen, Ernennungen und Glückwunschschreiben, Pressenachruf zum Tode WMs und Kondolenzschreiben (1929).

Ordner 14
Patentschriften der Gasmotorenfabrik Deutz aus dem 19. Jahrhundert, ebenso Patentschriften anderer Firmen oder Einzelpersonen, soweit sie sich mit dem Verbrennungsmotor oder Teilen hierfür und seiner Anwendung in Motorenfahrzeugen befassen.

Ordner 15
Patente von Gottlieb Daimler und der DMG, Cannstatt (In- und Ausland).

Ordner 16
Alte Patentgesetze, Verfügungen etc. (In- und Ausland).

Ordner 17
Briefwechsel WMs mit seinem Sohn KM.
1907 - 1908

Ordner 18
Schriftwechsel über die Ende 1950 erschienene Dokumentensammlung von Paul Siebert (Daimler-Historiker) »Gottlieb Daimler zum Gedächtnis«.
Manuskript zu einer Rundfunksendung des Süddeutschen Rundfunks (SDR) am 29.12.1954 anläßlich des 25. Todestages von WM »Meilensteine am Lebensweg von Wilhelm Maybach« von Dipl.-Ing. Adolf Reitz (Mitarbeiter des SDR).

Ordner 19
Allgemeine Korrespondenz um G. Daimler und WM.

Ordner 20
Niederschriften von KM, Ober-Ing. C. Lutz und anderen für das Buch von Dr. Kurt Rathke »Wilhelm Maybach - Anbruch eines neuen Zeitalters« (1951/52).

Ordner 21
Buch von Dr. Kurt Rathke »Wilhelm Maybach - Anbruch eines neuen Zeitalters«: Empfängerlisten, Dankschreiben, Buch-Besprechungen in der Tages- und Fachpresse, Änderungsvorschläge bei einer eventuellen Neuauflage.

Ordner 22
Korrespondenz mit Prof. Schnauffer wegen Material für das Buch »Geschichte des deutschen Verbrennungsmotorenbaues von 1860 - 1918«.

Ordner 23
Bedeutende Veröffentlichungen zur Geschichte des Verbrennungsmotors und des Automobils.

Ordner 24
Unterlagen über den Prioritätsstreit um das erste Motorfahrzeug zwischen französischen und deutschen Geschichtsforschern.
Korrespondenz mit dem Präsidenten des Automobilclubs in Nizza, Louis Bonneville, und über dessen Buch »L'Auto et L'Amerique, Dates et Faits« (1937 - 1939).

Ordner 25
Korrespondenz über die Aufnahme der Büste WMs in den Ehrensaal des Deutschen Museums (1954 - ca. 1965).

Karton 1
30 kleine Notizbücher mit handschriftlichen Notizen von WM aus den Jahren 1876 - 1908. [Inhaltliche Beschreibung der Notizbücher siehe Anlage.]
Handschriftlicher Bericht WMs über seine Reise nach Amerika vom 9.9. bis 3.12. 1876 zur Ausstellung in Philadelphia.
Original-Konstruktionszeichnungen von WM (ca. 1881).
Motoren-Diagramme aus den Jahren 1876 - 1882.
Kopierbuch Nr. 1 [241 Seiten Kopien wichtiger Briefe und Berichte WMs aus der Zeit von 1896 bis etwa 1909].
Berechnungsbuch [117 von WM handgeschriebene Seiten mit 10 Blatt Zeichnungsfilmen].

Karton 2
Aluna-Pausen von Anstellungsverträgen, wichtigen Briefen und Veröffentlichungen enthält u.a.: Zeugnis des Bruderhauses, Anstellungsverträge [wie Ordner 1 und 2]. Korrespondenz mit Prof. Matschoß, Prof. Wilke, Emil Jellinek und anderen.
Veröffentlichungen und sonstige geschichtliche Aufsätze aus der Frühzeit des Automobils.
Material von Prof. Schnauffer für Buch Prof. Sass. Korrespondenz und Manuskripte »Deutsches Museum« wegen Aufnahme WMs zusammen mit Gottlieb Daimler in den Ehrensaal in Form eines Doppel-Reliefs (1954 - 1965), Festzeitschrift zu diesem Ereignis.
Zeitungsartikel über WM (1930 - 1953).

Zeitungsartikel über Gustav-Werner-Stiftung (1949).
Prospekt »100 Jahre Bruderhaus« (1951).
Rundfunkvortrag von Prof. Buschmann über WM (1971).
Sonderdruck »Gottlieb Daimler, Wilhelm Maybach« zur Gedächtnisausstellung in Heilbronn 1.12.1979 - 1.1.1980.

Karton 3

Buch von Dr. Kurt Rathke »Wilhelm Maybach - Anbruch eines neuen Zeitalters«.
Buch von Prof. Sass »Geschichte des deutschen Verbrennungsmotorenbaues von 1860 - 1918«.

Karton 4

Zwei Fotoalben mit Reproduktionen von Zeitungsausschnitten aus der Zeit von 1885 - 1907: Erste Motoren, erste Automobile, Berichte über erste Automobilrennen in Frankreich, England und Deutschland.
»25 Jahre DMG 1890 - 1915« - Festschrift zum 25jährigen Firmenjubiläum der DMG.

Karton 5

Materialsammlung (in Form von Buchbänden) von Prof. Schnauffer für das Buch von Prof. Sass »Geschichte des deutschen Verbrennungsmotorenbaues von 1860 - 1918«, Titel der Bände (jeweils bestehend aus Text und Anlagen):
>»Wilhelm Maybach in Deutz« (1872 - 1882),
>»Die Entwicklung raschlaufender Viertaktmotoren durch Daimler und Maybach« (1882 - 1887),
>»Die von Daimler und Maybach auf dem Seelberg entwickelten Motoren« (1887 - 1890),
>»Die Entwicklungsarbeiten in der Königstrasse und im Hotel Hermann« (1891 - 1895).
>»Die Luftschiff- und Flugzeugmotorenentwicklung im Maybach-Motorenbau Friedrichshafen« (1909 - 1918).
Zeichnungsrolle:
>Die Rolle enthält das Original, ein Ozalid und eine Pause, der von WM gefertigten und von Gottlieb Daimler am 3. Juni 1885 unterschriebenen Zeichnung des ersten schnelllaufenden Benzinmotors. Der Motor, der eine Bohrung von 50 mm, einen Hub von 100 mm und eine Leistung von etwa 1/2 PS hatte, wurde in ein Motorrad eingebaut.
Filmrolle:
>Die Rolle enthält einen Film von Briefen »Zeitungsfehde DB/Deutz und Stellungnahme W. Maybachs« (1913).

Anlage zu Karton 1: WMs Notizbücher

Die Notizen bestehen zum Teil nur aus Schlagworten und flüchtigen Skizzen, zum Teil sind es aber auch etwas ausführlichere Beschreibungen und deutliche Zeichnungen. Die überblicksmäßige Aufzählung der Inhalte erfolgt alphabethisch und sagt nichts über deren Häufigkeit aus, die Detailerschließung beschränkt sich auf umfangreichere Einträge.

Nr. 1, 1876/1877 (143 Seiten):
Adressen, Berechnungen, persönliche Notizen, Skizzen, Zeichnungen enthält u.a.: Berechnung der mittleren Kolbengeschwindigkeit bei 1, 2 und 3 PS (Seite 1), Berechnung eines Fliehkraftregulators (Seite 12), Berechnung der Wellendurchmesser aus den Zylinderdurchmessern (Seite 20),Preis, Lieferzeiten und Riemenscheiben für neue Ottomotoren (Seite 25), Kreuzkopfzapfenberechnung und Schieberabmessungen (Seite 86), Schwungradberechnungen (Seite 99), Zeichnung eines Hauses in Löbenzell vom 15. Februar 1877 (Seite 139).
Nr. 2, 1878 (Ingenieur-Kalender für Maschinen- und Hüttentechniker 1878, 138 Seiten bedruckt, von WM beschrieben 62 Notizseiten):
Berechnungen, persönliche Notizen, Skizzen enthält u.a.: Berechnung des Ungleichförmigkeitsgrades einer 4-PS-Maschine (Seite 5), Regulatorberechnung (Seite 20/21).

Nr. 3, 1882 (82 Seiten):
Adressen, Berechnungen, Exzerpte aus technischen Zeitschriften, Inhaltsangaben von Patenten (deutsche und englische), persönliche Notizen, Skizzen enthält u.a.: Skizze von Peneaux' Steam Tricycle (Seite 4), Visitenkarte von G. Bernard Wilkins (zwischen Seite 43 und 44).

Nr. 4, 1882/1884 (77 Seiten):
Patente - Auflistungen, Bemerkungen zu rechtlichen Fragen, Inhaltsangaben enthält u.a.:
Watsonpatente (Seite 16/17, 20/21, 25, 28/29, 36-38), Auflistung von Patentkosten (Seite 48), Zusatzpatent für Luftschiffe und Torpedoboote (1.000 U/Min) (Seite 50), Ablauf des Deutzer Hauptpatentes in verschiedenen Ländern (Seite 53), Zusatzpatent für den Zündhut für dauernden Betrieb (Seite 54/55).

Nr. 5, 1884 (75 Seiten):
Berechnungen, Patente, Skizzen, Versuchsberichte enthält u.a.:
Skizze für einen Motor mit Ventil im Kolben (Seite 14/15), Skizze des Pendelregulators (Seite 19), Überlegungen zur Luftkühlung des Motors (Seite 45), Neue Überlegungen über Glührohrzündung, sogar mittels Abkühlung des Glührohrs (Seite 47), Bemerkungen über die Elektrische Bahn zu Brighton/England (Seite 49), Skizze einer Benzinpumpe (Seite 53), Söhnlein verletzt WMs Patent 28 022 - Glührohrzündung (Seite 55).

Nr. 6, 1889 (Ingenieur-Kalender für Maschinen- und

Hütten-Ingenieure 1889, 200 Seiten bedruckt, von WM beschrieben 74 Notizseiten):
Adressen, Berechnungen, persönliche Notizen, Skizzen enthält u.a.:
Bemerkungen zu Connellys Gasmotor für Straßenbahnen (Seite 72).

Nr. 7, 1889/1890 (185 Seiten):
Adressen, Berechnungen, persönliche Notizen, Skizzen, Versuchsberichte enthält u.a.:
Notizen vom Aufenthalt bei der Weltausstellung in Paris (Seite 1 ff.), Berichte von Ausfahrten mit französischen Autos (Seite 25), Bericht über Versuche mit der Wasserkühlung (Seite 52/53), Bericht über Versuch der Wasserkühlung mit Frostschutzmittel bei Kältegraden von -18°C (Seite 60), Benz sucht Stelle für seinen Sohn (Seite 151).

Nr. 8, 1890/1891 (77 Seiten):
Adressen, Berechnungen, persönliche Notizen, Skizzen enthält u.a.:
technische Angaben zum Riedingerschen Aluminium Motorgehäuse (Seite 23), Skizze eines Getriebes mit vier Gängen (Seite 24), Skizze eines 4-Sitzer-Vis-à-Vis (Seite 42), Meinungsäußerungen und Überlegungen WMs zum Anstellungs-vertrag mit der DMG (Seite 62, 65-72).

Nr. 9, 1891/1892 (40 Seiten):
Adressen, Berechnungen, persönliche Notizen, Skizzen enthält u.a.:
Weitere Bemerkungen zum Vertrag mit der DMG (Seite 1/2), Patentgesuch für Lade- und Mischverfahren für Petrolmotoren (S. 10-13), Bemerkungen und Skizze zu den Spannrollen (Seite 14/15), Skizze für Schraubenfeder in Kutschwagen (Seite 16), Skizze eines Zwei-Sitzers (Seite 22) und eines Vier-Sitzers mit Verdeck (Seite 29).

Nr. 10, 1891/1892 (174 Seiten):
Adressen, Berechnungen, persönliche Notizen, Skizzen enthält u.a.:
Fahrt von Heilbronn nach Wimpfen mit 39 namentlich aufgezählten Personen am 31.5.1891 (Seite 3-5), Skizze und technische Angaben zu Wagen II (Seite 115/116).

Nr. 11, 1892/1893 (139 Seiten):
Adressen, Berechnungen, Skizzen, Versuchsberichte enthält u.a.:
Skizze des Vollgummiprofils (Seite 3), Beschreibung einer Probefahrt vom 4.10.1892 (Seite 10), Überlegungen zum Vergaserpatent (Seite 70-82), Skizzen zu den Vergaserversuchen (Seite 90-92), Überlegungen zum Petroleummotor-Patent (Seite 113-115), Übernahme des Duttenhofer-Anteils (Seite 130).

Nr. 11 a, 1893/1894 (138 Seiten):
Adressen, Bemerkungen zu verschiedenen Materialien, Berechnungen, Skizzen, Versuchsberichte enthält u.a.:
Skizze für die Sitze eines größeren Wagens (Seite 45), Anstände anläßlich einer Probefahrt nach Murrhardt und Gaildorf am 17.6.1893 (Seite 69/70), Lohnabrechnungen für 5 Lehrlinge und 13 Gesellen (Seite 104 und 108), Unfallbericht von einer Fahrt nach Oberndorf (Seite 133).

Nr. 12, 1895 (70 Seiten):
Adressen, Berechnungen, Skizzen, Versuchsberichte enthält u.a.:
Gewicht des Victoria-Wagens von 840 kg und des 4-PS-Motors von 345 kg (Seite 11), Riemen für Junghans-Wagen (Seite 18), Bericht über geschäftliche Auseinandersetzungen mit Daimler, Duttenhofer, Gross und Lorenz (Seite 29-34), Vertragsentwurf mit der DMG (Seite 36/37), Skizze für stufenloses Riemengetriebe (Seite 44/45).

Nr. 13, 1895/1896 (96 Seiten):
Adressen, Berechnungen, Skizzen, Versuchsberichte enthält u.a.:
Berechnungen für einen Wagen für 40 Personen (Seite 5), Gedanken über eine elektrische Zündung mittels Dynamo (Seite 28), Batterie für Omnibusbeleuchtung findet Verwendung (Seite 32), Bericht von Probefahrt am 28.4.1896 (Seite 86), Zeichnung eines vorneliegenden Motors vom April 1896 (Seite 91).

Nr. 14, 1896 (137 Seiten):
Adressen, Berechnungen, persönliche Notizen, Skizzen, Versuchsberichte enthält u.a.:
Zusammenarbeit mit Magirus (Seite 46), Bemerkung über »Porzellanzündhüte« (Seite 62), Gedanke eines Anhängerwagens (Seite 83), Überlegungen zu einer Feldbahnlokomotive mit elektrischer Kraftübertragung (Seite 85/86), Gewichtsberechnungen für den Victoriawagen und den Jagdwagen (Seite 133/134).

Nr. 15, 1896/1897 (unpaginiert):
Adressen, Berechnungen, persönliche Notizen, Skizzen, Versuchsberichte enthält u.a.:
Skizzen für ein Riemengetriebe, Berechnungen der Kompressor-Dimensionen, Skizzen des Röhrenkühlers, Kühlversuche mit Röhrenkühler, Skizze eines Gasventils, Wagenskizze Vis-à-Vis, Phaeton wiegt 1.140 kg, Vertrag mit New York.

Nr. 16, 1898 (unpaginiert):
Adressen, Berechnungen, persönliche Notizen, Skizzen, Versuchsberichte enthält u.a.:
Überlegungen zum Omnibusbau.

Nr. 17, 1898 (unpaginiert):
Adressen, Berechnungen, persönliche Notizen, Skizzen, Versuchsberichte enthält u.a.:
Kontakt mit Baurat Klose, Kühlversuche bei einer Wassertemperatur von 100°C, die ersten beiden Postwagen für Künzelsau werden geliefert (26.9.1898), Victoriawagen für Zürich, Frage der Schutzmarke »Daimler« in Holland, Entscheidungsfahrt mit Prof. Teichmann am 16.11.1898. 12-PS-Luftschiffmotor für Graf Zeppelin, Aufenthalt vom 29.6. bis 6.7.1898 in Paris.

Nr. 18, 1899 (unpaginiert):
Adressen, Berechnungen, persönliche Notizen, Skizzen, Versuchsberichte enthält u.a.:
Gedanken WMs darüber, warum Benz die Glührohrzündung nicht verwendet, 2 Söhnlein-Patente, Wagenpreise liegen je nach PS-Zahl zwischen 15.000 bis 18.500 Mark.

Nr. 19, 1899 (unpaginiert):
Adressen, Berechnungen, persönliche Notizen, Skizzen, Versuchsberichte enthält u.a.:
Vertreter für Benz hat 60 Wagen verkauft, Auflistung der Ausrüstung für einen Postomnibus.

Nr. 20, 1900 (unpaginiert):
Adressen, Berechnungen, persönliche Notizen, Skizzen, Versuchsberichte enthält u.a.:
Bericht über die von Jellinek gewünschten Modernisierungen am
10 PS-Wagen, Wünsche und Anregungen von Autobesitzern.

Nr. 21, 1900 (Werbebüchlein der Continental Pneumatic, unpaginiert):
Adressen, Berechnungen, persönliche Notizen, Skizzen enthält u.a.:
Bemerkungen zu veschiedenen französischen Modellen.

Nr. 22, 1901/1902 (unpaginiert):
Adressen, Berechnungen, persönliche Notizen, Skizzen enthält u.a.:
Wünsche von Duttenhofer bezüglich verschiedener Verträge, u.a. den von Loutzkoy.

Nr. 23, 1902 (unpaginiert):
Adressen, Berechnungen, persönliche Notizen, Skizzen enthält u.a.:
Hinweis: »Saugventile müssen gesteuert werden«.

Nr. 24, 1902 (unpaginiert):

Adressen, Berechnungen, persönliche Notizen, Skizzen enthält u.a.:
Bemerkungen über Edison.

Nr. 25, 1903 (unpaginiert):
Adressen, Berechnungen, persönliche Notizen, Skizzen enthält u.a.:
Skizzen zum gemeinsamen Verbrennungsraum und zu Ventilkammern, Gedanken zum Luftantrieb der Wagen.

Nr. 25a, 1903 (unpaginiert):
Adressen, Berechnungen, persönliche Notizen, Skizzen enthält u.a.:
Gedanken zur Einstellung von Arbeitern und Ausnutzung von Maschinen, Auflistung der Vorhaben für die Jahre 1903/1904.

Nr. 26, 1905/1906 (unpaginiert):
Adressen, Berechnungen, persönliche Notizen, Skizzen enthält u.a.:
Vermerk über Reise nach Paris zum Autosalon zusammen mit Sohn KM 12.12.1905, Bemerkungen über verschiedene Autotypen, Maybach-Patent Verdampfungskühlung von 16. April 1904, Erwähnung weiterer Patente, Gedanken über Öfen und Schmierapparate, Gedanken über Mängelbehebung bei Gasöfen.

Nr. 27, 1907 (unpaginiert):
Adressen, Berechnungen, persönliche Notizen, Skizzen enthält u.a.:
Bericht von einer Besprechung mit Direktor Stein, Gedanken über Dampföfen, Rückblick auf die Zeit vor 25 Jahren.

Nr. 28, 1908 (Werbeblock der Champagnerfirma Charles Heidsieck, Reims, unpaginiert):
Adressen, Berechnungen, persönliche Notizen, Skizzen enthält u.a.:
Erster Hinweis auf Luftschraube.

Nr. 29, 1923/1927 (Taschenkalender der Disconto-Gesellschaft Berlin für das Jahr 1923, am Ende ca. 10 Seiten handschriftlich beschrieben, unpaginiert):
persönliche Notizen.

Nr. 30, 1928 (1 Seite beschrieben):
Notiz zum Daimler-Jahresbericht von 1928.

Ohne Nr., 1928/29 (Block, unpaginiert):
Adressen, persönliche Notizen, technische Bemerkungen.

Personen- und Stichwortverzeichnis